Merk • Werther • Engel

Kommentar zur Muster-Holzbaurichtlinie

Kommentar zur Muster-Holzbaurichtlinie

mit 135 Abbildungen und 32 Tabellen

Prof. Dr.-Ing. Michael Merk

Prof. Dr.-Ing. Norman Werther

Dr.-Ing. Thomas Engel

RM Rudolf Müller

Bibliografische Information der Deutschen Nationalbibliothek
Die Deutsche Nationalbibliothek verzeichnet diese Publikation in der Deutschen Nationalbibliografie; detaillierte bibliografische Daten sind im Internet über http://dnb.d-nb.de abrufbar.

Maßgebend für das Anwenden von Regelwerken, Richtlinien, Merkblättern, Hinweisen, Verordnungen usw. ist deren Fassung mit dem neuesten Ausgabedatum, die bei der jeweiligen herausgebenden Institution erhältlich ist. Zitate aus Normen, Merkblättern usw. wurden, unabhängig von ihrem Ausgabedatum, in neuer deutscher Rechtschreibung abgedruckt.

Das vorliegende Werk wurde mit größter Sorgfalt erstellt. Verlag, Herausgeber und Autoren können dennoch für die inhaltliche und technische Fehlerfreiheit, Aktualität und Vollständigkeit des Werkes keine Haftung übernehmen.

Aus Gründen der besseren Lesbarkeit wird bei Personenbezeichnungen und personenbezogenen Hauptwörtern die männliche Form verwendet. Entsprechende Begriffe gelten im Sinne der Gleichbehandlung grundsätzlich für alle Geschlechter. Die verkürzte Sprachform hat nur redaktionelle Gründe und beinhaltet keine Wertung.

Wir freuen uns, Ihre Meinung über dieses Fachbuch zu erfahren. Bitte teilen Sie uns Ihre Anregungen, Hinweise oder Fragen per E-Mail: fachmedien.brandschutz@rudolf-mueller.de mit.

Lektorat: Petra Lindner, Kescheid
Coverdesign: Inga Lämmlein Grafikdesign, Rodgau
Umschlaggestaltung: Satz+Layout Werkstatt Kluth GmbH
Satz: Hackethal Producing, Bergisch Gladbach
Druck und Bindearbeiten: westermann DRUCK | pva, Braunschweig

Printed in Germany

ISBN 978-3-86235-484-9 (Buch-Ausgabe), Produktionscharge *001
ISBN 978-3-86235-490-0 (E-Book als PDF)
ISBN 978-3-86235-491-7 (Buch + E-Book), Produktionscharge *001

Vorwort

Liebe Leserinnen und Leser,

nun ist es endlich so weit: Der Kommentar zur Neufassung der Muster-Holzbaurichtlinie (MHolzBauRL) liegt druckfrisch in Ihren Händen. Wir freuen uns sehr, Ihnen dieses Werk überreichen zu dürfen.

Mit diesem Kommentar möchten wir, die Autoren, Ihnen die Hintergründe, Zielsetzungen und fachlichen Zusammenhänge der MHolzBauRL 2024 umfassend und praxisnah erläutern. Die Neufassung der Richtlinie markiert einen weiteren bedeutenden Schritt hin zu einem ökologisch wie ökonomisch optimierten Bauen – und das bis an die Hochhausgrenze. Sie ist das Ergebnis mehrjähriger intensiver Forschungsarbeit, zahlreicher Diskussionen sowie eines kontinuierlichen Entwicklungsprozesses im modernen Holzbau, nicht zuletzt in der daran arbeitenden Projektgruppe zur MHolzBauRL.

Bereits im Rahmen der grundlegenden Forschungsarbeiten wurde deutlich, dass nicht allein neue Regelungen den Fortschritt bestimmen, sondern vor allem das fundierte Wissen und das Verständnis ihrer Hintergründe. Nur wer die MHolzBauRL nicht lediglich anwendet, sondern ihre Systematik, Schutzziele und technischen Zusammenhänge durchdringt, wird in Planung und Ausführung dauerhaft erfolgreiche Bauprojekte realisieren können.

Ein zentraler Aspekt ist dabei der sachgerechte Umgang mit brennbaren Baustoffen. Wichtig ist in diesem Zusammenhang die baurechtliche Ausgangslage: Die Bauordnungen formulieren ihre Anforderungen grundsätzlich baustoffneutral. Sie definieren ein einheitliches Schutzniveau für Gebäude – unabhängig von der gewählten Bauweise. Entscheidend ist allein, dass das durch die Umsetzung der bauordnungsrechtlichen Anforderungen geforderte Sicherheitsniveau erreicht wird.

Die Konkretisierungen der MHolzBauRL sind vor diesem Hintergrund zu verstehen: Sie zeigen auf, unter welchen technischen und konstruktiven Voraussetzungen mit Holz eine Gleichwertigkeit des Schutzniveaus gegenüber anderen Bauweisen sichergestellt werden kann. Der Einsatz brennbarer Baustoffe erfordert ein vertieftes Verständnis ihrer Eigenschaften und ihres Verhaltens im Brandfall. Werden Materialien – etwa Holzweichfaserprodukte – an ungeeigneter Stelle verwendet, können erhebliche Risiken entstehen. Umso bedeutsamer ist das Bewusstsein für brandschutztechnische Zusammenhänge, insbesondere vor dem Hintergrund, dass das Bauordnungsrecht mittlerweile Gebäude in Holzbauweise mit bis zu acht Geschossen zulässt. Dieses Vertrauen in die Bauweise verpflichtet zu höchster fachlicher Sorgfalt.

Im ersten Teil dieses Kommentars möchten wir Sie gewissermaßen auf den „Holzweg" führen – im besten Sinne des Wortes. Wir laden Sie ein, sich mit den Grundlagen, der historischen Entwicklung und den konzeptionellen Leitgedanken der Richtlinie auseinanderzusetzen und dabei die Begeisterung für das Bauen mit Holz weiter zu vertiefen. Im Kommentar in Teil C werden die einzelnen Abschnitte und Regelungsinhalte der MHolzBauRL systematisch erläutert und in ihren fachlichen Kontext eingeordnet.

Dabei ist stets zu berücksichtigen, dass die MHolzBauRL eine allgemein anzuwendende und prinzipgebende Richtlinie darstellt. Sie kann naturgemäß nicht jeden Einzelfall abschließend regeln. Gerade deshalb ist das Wissen um ihre Hintergründe von entscheidender Bedeutung. Es schafft die Grundlage, um im Bedarfsfall sachgerecht mit Abweichungsanträgen umzugehen, ungünstige Regelungen zu hinterfragen und zugleich gestalterische wie konstruktive Spielräume verantwortungsvoll zu nutzen. Wir danken Ihnen herzlich für Ihr Vertrauen und wünschen Ihnen bei der Lektüre anregende Erkenntnisse und für Ihre praktische Arbeit mit der neuen Richtlinie viel Erfolg – sowie zahlreiche, auf dem Kommentar aufbauende, gelungene Projekte in Holzbauweise.

München, im September 2026

Ihre Autoren
Michael Merk
(Herausgeber und Autor),
Norman Werther und
Thomas Engel

Die Informationen sind in diesem Werk wie folgt aufbereitet:

blau: Richtlinientext MHolzbauRL (Stand September 2024) der Fachkommission Bauaufsicht der Bauministerkonferenz

blau + kursiv: *MHolzbauRL – Erläuterungen (Stand Februar 2026)*

schwarz (ohne besondere Kennzeichnung): Kommentar

Inhalt

Teil A Grundlagen

1 MHolzBauRL – Kurzfassung

Die Muster-Holzbaurichtlinie (MHolzBauRL) konkretisiert im Grundsatz die bauordnungsrechtlichen Anforderungen nach

- § 26 Abs. 2 Satz 1 Nummer 3 Musterbauordnung (MBO) für hochfeuerhemmende Bauteile,
- § 26 Abs. 2 Satz 4 MBO für abweichend hochfeuerhemmende und abweichend feuerbeständige Bauteile,
- § 28 Abs. 5 Satz 2 MBO für Außenwandbekleidungen aus Holz oder Holzwerkstoffen.

Die Richtlinie ist insoweit als antizipierte Konkretisierung (oder auch Regelvermutung für die Erfüllung) der bauordnungsrechtlichen Anforderungen zu verstehen. Bei Einhaltung ihres Anwendungsbereichs sowie ihrer Vorgaben kann regelmäßig davon ausgegangen werden, dass die Anforderungen der §§ 26 und 28 MBO erfüllt sind. Bei Abweichungen hiervon dürfen die betreffenden Bauteile im Regelfall nicht als hochfeuerhemmend, abweichend hochfeuerhemmend oder feuerbeständig bezeichnet werden. Entsprechendes gilt für Außenwandbekleidungen als Äquivalent zu „schwerentflammbar".

In diesem Verständnis fungiert die MHolzBauRL als planerischer Gestaltungsleitfaden für Aufbau und Zusammensetzung der erfassten Bauteile.

Nicht vom Regelungsbereich erfasst sind Bauteile, die im Wesentlichen nichtbrennbar sein müssen und bauordnungsrechtlich als „feuerbeständig und aus nichtbrennbaren Baustoffen" gefordert sind. Hierzu zählen insbesondere Bauteile in Kellergeschossen, in unterirdischen Mittel- und Großgaragen, Brandwände sowie (Fahr-)Schachtwände der Gebäudeklasse 5, ferner Bauteile in Gebäuden oberhalb der Hochhausgrenze. Ebenfalls nicht erfasst sind die Planung, Bemessung und Ausführung von Bauteilen in Gebäuden mit Nutzungseinheiten, Räumen oder brandschutztechnisch nicht voneinander abgetrennten Raumgruppen mit „grundsätzlich" mehr als 400 m^2 sowie Gebäude, die bestimmungsgemäß von nicht selbstrettungsfähigen Personen genutzt werden.

Die Richtlinie behandelt die beiden gängigen Holzbauweisen – die Holztafelbauweise und die Massivholzbauweise – und enthält hierzu Vorgaben, insbesondere zur Ausbildung von Fugen und Anschlüssen.

Darüber hinaus regelt sie Außenwandbekleidungen aus brennbaren Baustoffen und deren zugehörige Maßnahmen, wie z. B. die Brandsperren. Dieser Regelungsteil ist systematisch eigenständig, da weder ein Gebäude in Holzbauweise vorausgesetzt wird noch ein Holzgebäude zwingend mit einer

Außenwandbekleidung aus Holz versehen sein muss. Inhaltlich hätten beide Bereiche auch in getrennten Dokumenten geregelt werden können. Der Abschnitt 7 „Hinterlüftete Außenwandbekleidungen aus Holz und Holzwerkstoffen" ist zudem klar von den Regelungen zu „Hinterlüfteten Außenwandbekleidungen" nach Anhang 6 Muster-Verwaltungsvorschrift Technische Baubestimmungen (aktuell in der Fassung MVV TB 2025/1) zu unterscheiden. Beide betreffen unterschiedliche Bekleidungsarten und dürfen weder verwechselt noch vermischt werden.

Abschnitt 3 definiert die allgemeinen Anforderungen an das Brandverhalten und den Feuerwiderstand. Festgelegt werden sowohl die Beschaffenheit und Mindestanforderungen an Baustoffe als auch die erforderlichen Mindestleistungen der Bauteile. Abschnitt 4 konkretisiert die Anforderungen an feuerwiderstandsfähige Bauteile in Holzbauweise. Schwerpunktmäßig werden die Ausführung der brandschutztechnischen Bekleidungen, die Ausbildung von Öffnungen sowie die Zulässigkeit und Begrenzung brennbarer Bauteiloberflächen geregelt. Abschnitt 5 beschreibt in Verbindung mit Anhang 3 die Ausbildung von Fügungen und Anschlüssen zur Sicherstellung des Raumabschlusses gegenüber Rauch und Flammen. Installationen dürfen in Bauteilen nach dieser Richtlinie nur eingeschränkt angeordnet und geführt werden. Die maßgeblichen Randbedingungen werden in Abschnitt 6 geregelt; im Wesentlichen betrifft dies Einzelleitungen in Holztafel- und Massivholzbauteilen.

Abschnitt 7 behandelt eigenständig die hinterlüfteten Außenwandbekleidungen. Dieser Abschnitt enthält detaillierte Vorgaben, die zu einer bauordnungsrechtlich hinreichenden Begrenzung der Brandausbreitung in und auf der Außenwandbekleidung führen. Die geregelten Maßnahmen betreffen insbesondere nichtbrennbare Oberflächen in der Hinterlüftungsebene, Anforderungen an dort angeordnete Dämmstoffe sowie – als zentrale Maßnahme – horizontale und vertikale Brandsperren. Zusätzlich werden Anforderungen an Zugänge für die Feuerwehr zur Durchführung von Löschmaßnahmen formuliert.

Die Abschnitte 8 und 9 enthalten Regelungen zur Bauleitung, zur Bestätigung der Übereinstimmung der Ausführung mit der Richtlinie sowie zu den spätestens bis Baubeginn vorzuhaltenden Planunterlagen. Bauordnungsrechtlich sind diese Regelungen nicht eigenständig erforderlich, da entsprechende Grundpflichten bereits in den Muster- bzw. Landesbauordnungen verankert sind. Sie stellen daher im Wesentlichen eine richtlinienspezifische Konkretisierung dar.

Die Anhänge A 1 bis A 3 enthalten Verfahren und Tabellen zum Nachweis der Feuerwiderstandsdauer sowie zur Bewertung der Wirkung von Brandschutzbekleidungen und Fügungen und Anschlüssen. Als Technische Baubestimmung ersetzen sie allgemeine bauaufsichtliche Prüfzeugnisse (abP) und – bei Einhaltung der Vorgaben – auch allgemeine Bauartgenehmigungen. Ungeachtet dessen sind die bauteilbezogenen Nachweise weiterhin separat nach den in Bezug genommenen Technischen Regeln zu führen. Für klar definierte Fallgestaltungen unter eindeutig festgelegten Randbedingungen enthält die Richtlinie jedoch Vorgaben, die einen anderweitigen gesonderten Nachweis entbehrlich machen.

Anhang 4 enthält abschließend weitergehende Ausführungen zur Bestätigung der Übereinstimmung der Bauart mit dieser Richtlinie.

Abschließend sei noch ein Hinweis zum Umgang mit dem Wort „grundsätzlich" in der Richtlinie gegeben. An insgesamt 7 Stellen wurde das Wort „grundsätzlich" bewusst von der Projektgruppe verwendet.

Im juristischen Vokabular hat der Begriff „grundsätzlich" eine relativ klare normative Funktion. Er kennzeichnet eine Regelanforderung („Grundsatz mit Ausnahmemöglichkeit"), von der unter bestimmten rechtlich geregelten Voraussetzungen begründet abgewichen werden kann. Entscheidend ist dabei, wie die Abweichung rechtlich begründet wird und welcher bauordnungsrechtliche Charakter ihr zugewiesen wird. Eine pauschale Aussage kann hier nicht getroffen werden, daher ist im Einzelfall die Notwendigkeit eines materiellen Abweichungsantrages nach § 67 der MBO zu prüfen.

Tabelle A.1 stellt die entsprechenden Sätze mit Aufführung der Fundstellen zusammen.

Tabelle A.1: Zusammenstellung der Stellen, in denen die Richtlinie durch das Wort „grundsätzlich" auf Ausnahmemöglichkeiten hinweist

Nr.	Fundstelle MHolzBauRL	Richtlinientext
1	Abschnitt 1 Satz 9	*„Die Richtlinie ist grundsätzlich nur anwendbar bei Gebäuden mit brandschutztechnisch abgetrennten Räumen/Raumgruppen, die nicht größer als 400 m² sind."*
2	Abschnitt 2.2 Satz 2	*„Bauteile mit verfüllten Hohlräumen sind grundsätzlich wie solche der Holztafelbauweise nach Abschnitt 2.1 zu betrachten."*
3	Abschnitt 4.3 c Satz 3	*„Diese Regelung gilt grundsätzlich nicht für Sonderbauten nach § 2 Absatz 4 der Musterbauordnung."*
4	Abschnitt 6.1 Satz 3	*„Sie sind grundsätzlich in Vorsatzschalen oder in Schächten und Kanälen zu führen."*
5	Abschnitt 7.2.4 Satz 2	*„Die Brandsperren sind durchgehend und grundsätzlich in Höhe der Geschossdecken anzuordnen."*
6	Abschnitt A 2 Satz 1	*„Die Feuerwiderstandsfähigkeit von Decken muss gemäß der Muster-Verwaltungsvorschrift Technische Baubestimmungen grundsätzlich sowohl von oben nach unten als auch von unten nach oben erfüllt sein."*
7	Abschnitt A 3 Satz 5	*„Entsprechende Maßnahmen sind grundsätzlich auf beiden Seiten eines raumabschließenden Bauteils beziehungsweise für jeden Brandübertragungsweg separat zu planen und auszuführen."*

Im Kommentar in Teil C wird an den jeweiligen Stellen näher auf die Thematik eingegangen.

2 Mehrgeschossiger Holzbau – Historie

2.1 Geschichte des mehrgeschossigen Holzbaus in Deutschland

Beginn

Holz zählt zu den ältesten Baustoffen der Menschheit und wurde in Mitteleuropa bereits in prähistorischer Zeit für den Bau von Behausungen genutzt. In Deutschland war Holz über Jahrhunderte hinweg das dominierende Baumaterial, insbesondere in den waldreichen Regionen wie Bayern, dem Schwarzwald oder dem Harz.

Die wesentlichen Merkmale früher Holzbauten waren die Verwendung von massiven Baumstämmen für Pfahlbauten, verschiedenste Konstruktionsarten von Blockbauten in alpinen und norddeutschen Regionen sowie die Entwicklung des Fachwerkbaus im Mittelalter.

Ab dem Mittelalter setzte sich der Fachwerkbau als dominierende Technik für mehrgeschossige Gebäude durch. Noch heute sind viele Städte wie z. B. Quedlinburg, Esslingen am Neckar, Marburg oder auch Goslar für ihre historischen Fachwerkbauten bekannt. Der Fachwerkbau zeichnete sich wegen seiner stabilen Konstruktion durch komplexe Holzverbindungen und damit hohe Tragfähigkeit als bevorzugte Bauweise aus. Zudem besaß der Fachwerkbau aufgrund der Duktilität der Holz-Holz-Verbindungen eine hohe Anpassungsfähigkeit an verschiedene Baugründe oder auch in Erdbebengebieten. Allgemein war der Rohstoff Holz regional leicht verfügbar und erleichterte so diese Bauweisen. Im 17. und 18. Jahrhundert erlebte der Fachwerkbau seine Blütezeit. Viele Häuser wurden mehrgeschossig errichtet, oft mit vorkragenden Stockwerken, um den Platz optimal zu nutzen. Die Dächer waren meist steil geneigt, um Regen und Schnee abzuleiten.

Erste brandschutztechnische Restriktionen und ihre Auswirkungen

Aufgrund verheerender Stadtbrände – z. B. der Hamburger Brand von 1842, aber auch schon zuvor 1662 in Passau, 1689 in Heidelberg, 1726 in Reutlingen, 1757 in Zittau – wurden vielerorts strenge Vorschriften für Holzbauten eingeführt. In vielen deutschen Städten wurde der Bau neuer Holzhäuser stark eingeschränkt oder gänzlich verboten. Mauerwerk und später Beton ersetzten zunehmend Holz als Baumaterial für mehrgeschossige Gebäude.

Mit der Industrialisierung wurden neue Baumaterialien wie Stahl und Beton entwickelt, die eine höhere Tragfähigkeit und einen besseren Brandschutz ermöglichten. Der Holzbau, insbesondere der mehrgeschossige, spielte nur noch eine untergeordnete Rolle. Für ländliche Wohnhäuser, landwirtschaftliche Gebäude und kleinere Bauwerke blieb Holz weiterhin ein wichtiges Material.

Neustart

Nach dem Zweiten Weltkrieg wurde Holz vor allem im Fertighausbau wieder populär. Einer der bekanntesten Vorreiter war das erste Fertighaus für Albert Einstein in Caputh bei Potsdam, das 1929 errichtet wurde (siehe

Abb. A.1: Albert Einsteins Sommerhaus (erstes Fertighaus) (Quelle: Sebastian Wallroth, CC BY 3.0 „https://creativecommons.org/licenses/by/3.0", via Wikimedia Commons)

Abb. A.1). Die Bauweise war eine Kombination aus Fachwerk- und Tafelbauweise mit vorgefertigten Holzelementen. In den 1970er-Jahren stieg die Popularität weiter an.

Gleichzeitig wurde die Entwicklung innovativer Bauprodukte in Verbindung mit neuen Technologien zur Herstellung vorangetrieben. Vor allem durch die weiter ausgereifte Klebetechnik war es möglich, Produkte aus Holz mit homogenisierten Eigenschaften herzustellen. Das heute als Brettschichtholz (BSH) bekannte Bauprodukt geht beispielsweise auf den deutschen Zimmermann Otto Hetzer aus Weimar zurück. Er gilt als einer der Pioniere der Brettschichtholztechnik und meldete 1906 ein Patent für die Herstellung gebogener Bauteile aus verleimtem Holz („Hetzer-System") an.

Trotz aller Innovationen blieb der Holzbau in Deutschland weiterhin stark reguliert und wurde selten für Gebäude über 2 bis 3 Stockwerke hinaus genutzt. Als wesentliches Argument gegen die Verwendung von Holz in Gebäuden mit mehr als 3 Geschossen wurde der notwendig zu überstehende „Ausbrand" eines Gebäudes aufgeführt. Diese Denkweise wurde vornehmlich durch die Kriegsjahre geprägt, in denen während der Bombenangriffe auf deutsche Städte Löschmaßnahmen nicht oder nur eingeschränkt durchführbar waren und somit Gebäude bzw. Gebäudeteile ausbrannten. Aus Ziegel und Beton errichtete Gebäude erlöschen dahin gehend von selbst und behalten zumindest in ihrer Grundstruktur noch einen Teil ihrer Standfestigkeit, weshalb unmittelbar ein Komplettversagen ausgeschlossen werden konnte. 3 Geschosse galten – nach den Landesbauordnungen als Gebäude geringer Höhe – als obere Grenze für Holzbauten.

Abb. A.2: Erstes Holzhaus nach amerikanischer Holzbauweise in Deutschland, Hofangerstraße 160 in München (Quelle: Prof. Herbert Meyer-Sternberg)

Renaissance des mehrgeschossigen Holzbaus

Seit den 1990er-Jahren erlebt der Holzbau eine Renaissance. Gründe dafür sind das gestiegene Umweltbewusstsein, verbesserte Holztechnologien und die damit verbundene Auseinandersetzung mit den Brandschutzvorschriften.

Mit der Entwicklung und Verbreitung erster Massivholzprodukte wie z. B. Brettsperrholz (Cross Laminated Timber [CLT]) oder Furnierschichtholz als neuartige flächige Holzwerkstoffe durch Verklebung von Holz- und/oder Furnierlagen sowie neuartige stabförmige Holzwerkstoffprodukte wurden hohe Gebäude aus Holz technisch realisierbar. Die überwiegenden Erfindungen stammen aus Europa; beispielsweise fanden die ersten Entwicklungen des CLT ab ca. 1990 an der Technischen Universität Graz statt.

Die Oberste Baubehörde im Bayerischen Staatsministerium des Innern brachte 1992 das Modellvorhaben „Mietwohnungen in Holzsystembauweise" auf den Weg. 23 Projekte wurden im Rahmen dieses Vorhabens realisiert, unter anderem zwei viergeschossige Gebäude, als „Holzhäuser in amerikanischer Bauweise" (siehe Abb. A.2) bezeichnet. Die Modellvorhaben wurden über Bayern hinweg an den Standorten Erlangen-Büchenbach, Erlenbach, Ingolstadt-Buxheimer Weg, Ingolstadt-Permoserstraße, München-Altperlach, Nürnberg-Zerzabelshof, Regensburg, Schwabach, Schweinfurt und Sulzbach-Rosenberg realisiert.

Diese ersten mehrgeschossigen Wohngebäude in Holzbauweise markierten einen bedeutenden Meilenstein im modernen Holzbau, da sie als erste Gebäude dieser Art unter Beantragung einer Vielzahl bauordnungsrechtlicher Abweichungen in Deutschland genehmigt wurden. Mit 4 Geschossen überschritten sie die damals übliche Begrenzung von 2 bis 3 Stockwerken für Holzbauten. Sie trugen wesentlich zur Entwicklung von Brandschutzkonzepten und zur Anpassung der Bauordnungen bei, die später den Weg für weitere Holzbauprojekte ebneten.

Abb. A.3: Beispiele für mehrgeschossigen Holzbau: oben RIO – Riem Ost München (Massivholzbauweise) (Quelle: Lukas Reumschüssel), links WA 14 Ost Prinz-Eugen-Park München (Kombination Holztafelbau- und Massivholzbauweise)

Die stetige Weiterentwicklung von Holzbauweisen und die kontinuierliche Forschung und Auseinandersetzung mit der Erfüllung der gestellten Schutzziele eröffneten immer neue Möglichkeiten. Der moderne mehrgeschossige Holzbau reicht heutzutage bis zur Hochhausgrenze (bis zu 8 Geschossen). Abb. A.3 zeigt zwei gute Beispiele für mehrgeschossige Holzgebäude in hybrider Bauweise.

Deutschland entwickelt sich zunehmend zu einem Vorreiter im modernen Holzbau, insbesondere durch bedeutende staatliche Förderprogramme und zahlreiche erfolgreich umgesetzte Pilotprojekte. Die Kombination aus traditionellem Wissen und neuen Technologien macht den mehrgeschossigen Holzbau zu einer zukunftsweisenden Bauweise im urbanen Raum.

Zusammenfassend lässt sich festhalten, dass der mehrgeschossige Holzbau längst die experimentelle Phase hinter sich gelassen hat und sich nicht mehr im Stadium des „Trial and Error" befindet, sondern vielmehr als eine hoch entwickelte, technisch und konstruktiv ausgereifte sowie durchweg etablierte Bauweise anzusehen ist.

2.2 Weg zum heutigen Stand der Bauordnung und der Richtlinie (Historie Bauordnungsrecht)

Mit Einführung der fünf Gebäudeklassen in der MBO im Jahr 2002 wurde ein wichtiger Grundstein für das mehrgeschossige Bauen mit brennbaren Baustoffen in Deutschland gelegt. Mit der neuen Definition der fünf Gebäudeklassen wurde eine feingliedrigere Struktur im Vergleich zur vorhergehenden Unterteilung in „Gebäude geringer Höhe" und darüber geschaffen. Damit wurde erstmals der Einsatz der Holzbauweise über 3 Geschosse hinaus unter spezifischen Auflagen ermöglicht. Für die Verwendung brennbarer Konstruktionsbaustoffe in der Gebäudeklasse 4 wurden hochfeuerhemmende Konstruktionen gefordert. Voraussetzung war der Nachweis, dass die Ausbreitung von Rauch und Brandgasen sowie verdeckter Brände innerhalb der Konstruktion ausgeschlossen werden kann. Per bauordnungsrechtlicher Definition nach § 26 Abs. 2 MBO durften diese Bauteile *„aus brennbaren Baustoffen bestehen"* und mussten *„allseitig eine brandschutztechnisch wirksame Bekleidung aus nichtbrennbaren Baustoffen (Brandschutzbekleidung) und Dämmstoffe aus nichtbrennbaren Baustoffen haben"*.

In einem vom Deutschen Institut für Bautechnik (DIBt) über die Deutsche Gesellschaft für Holzforschung (DGfH) geförderten Forschungsvorhaben wurde durch theoretische und experimentelle Grundlagenuntersuchungen der Nachweis erbracht, dass die oben genannten Risiken mittels entsprechender konstruktiver Brandschutzmaßnahmen kompensiert werden können. Die Erkenntnisse des Forschungsvorhabens wurden direkt in den Entwurf einer „Muster-Richtlinie über brandschutztechnische Anforderungen an Bauteile von Gebäuden der Gebäudeklasse 4 in Holzbauweise" (Muster-Holzbaurichtlinie [M-HFHHolzR]) eingebracht, die zusammen mit der Projektgruppe Brandschutz der Fachkommission Bauaufsicht erarbeitet wurde.

Die Richtlinie wurde 2004 zur Konkretisierung der neuartigen Bauweise veröffentlicht. Der Anwendungsbereich der Richtlinie umfasste Holz-Systembauweisen, die einen gewissen Grad der Vorfertigung aufweisen, wie die Holzständer-, Fachwerk- oder Holztafelbauweise. Massivholzbauteile waren, mit Ausnahme der Brettstapelbauweise für Deckenbauteile, zu dieser Zeit noch nicht enthalten. Als Mindestleistung für die erforderliche Brandschutzbekleidung wurde das Kapselkriterium K_260 eingeführt. Die nichtbrennbaren Dämmstoffe mussten einen Schmelzpunkt von > 1.000 °C aufweisen und durften keine Neigung zum Glimmen bzw. Schwelen zeigen.

Die wissenschaftlichen Erkenntnisse, auf denen die Richtlinie basierte, wurden insbesondere im Hinblick auf die Brandschutzbekleidung in mehreren Forschungsvorhaben, wie z. B. von Hosser et al. (2013) und Gräfe et al. (2014) weiter überprüft bzw. Optimierungspotenziale wurden erarbeitet. Ebenfalls wurde die nun geregelte mehrgeschossige Holzbauweise im Rahmen zahlreicher Bauvorhaben über ganz Deutschland verteilt dem Praxistest unterzogen und es wurde festgestellt, dass hinsichtlich der Regelungen noch umfassender Bearbeitungsbedarf existierte. Besonders deutlich wurde dies am Beispiel der ökologischen Mustersiedlung in Holzbauweise, die zwischen 2014 und 2020 im südlichen Bereich des Prinz-Eugen-Parks der bayerischen Landeshauptstadt München entstand. Die unterschiedlichen Gebäudetypen mit rund 600 Wohneinheiten bildeten zur damaligen Zeit die größte zusammenhängende Holzbausiedlung Deutschlands. Hierfür wurden beispielsweise sowohl aufgrund der fehlenden Regelungen für die Gebäudeklasse 5 als auch grundsätzlich für das Bauen mit Massivholz eigens „lokale Baubestimmungen“ im Rahmen des Forschungsvorhabens „Methodenentwicklung zur Beschreibung von Zielwerten zum Primärenergieaufwand und CO_2-Äquivalent von Baukonstruktionen zur Verknüpfung mit Grundstücksvergaben und Qualitätssicherung bis zur Entwurfsplanung“ (Hafner et al., 2017) durch die Technische Universität München erarbeitet. Aber auch an anderen Orten in Deutschland wurden Holzbauprojekte durchgeführt, die weit über den Regelungskreis der M-HFHHolzR hinausgingen und das große bauordnungsrechtliche Erweiterungspotenzial aufzeigten.

Knapp 16 Jahre nach Bekanntmachung der M-HFHHolzR wurde mit der neu erarbeiteten MHolzBauRL (2020) die Öffnung der Holzbauweise für das Bauen bis zur Hochhausgrenze sukzessive fortgeführt. Im Vorfeld wurde wiederum die bauordnungsrechtliche Zulässigkeit der Verwendung brennbarer Baustoffe für Bauteile, die nach § 26 Abs. 2 Satz 4 MBO *„hochfeuerhemmend und sogar feuerbeständig sein müssen“*, in die Muster- bzw. den Landesbauordnungen aufgenommen. Die Ausführung musste der vorgenannten, neu erarbeiteten Technischen Baubestimmung (TB) MHolzBauRL entsprechen. Diese ermöglichte erstmals auch den geregelten Einsatz massiver flächiger Holzbauelemente (z. B. Brettsperrholz) im mehrgeschossigen Bauen. In gleicher Weise wurden auch Außenwandbekleidungen aus Holz für mehrgeschossige Gebäude bis zur Hochhausgrenze sowohl in den Landesbauordnungen auf Basis der Vorlage nach § 28 Abs. 5 Satz 2 MBO als auch in der MHolzBauRL neu aufgenommen. Die Regelungen der damit dreiteilig aufgebauten Richtlinie entsprachen im Wesentlichen

- der hochfeuerhemmenden Holztafelbauweise der Vorgängerversion M-HFHHolzR,
- für die Massivholzbauweise dem bereits zuvor lokal existierenden Regelwerk des Hamburger Bauprüfdiensts zum Bauen mit Massivholz (Bauprüfdienst [BPD] 2018-3, 2018) sowie
- für die brennbaren Außenwandbekleidungen der Veröffentlichung aus dem Teilprojekt 02 zur Hightech-Offensive Bayern (Merk/Winter, 2008) aus dem Jahr 2008.

Schnell wurde klar, dass diese Richtlinie zwar einen bedeutenden Fortschritt darstellte, jedoch bereits mit dem Erscheinen wieder erheblicher Überarbeitungsbedarf bestand. Anfang 2021 wurde eine dafür bestellte Projektgruppe mit der Fortschreibung beauftragt. Die Gründung dieser Projektgruppe erfolgte durch ein Auftragsschreiben der Bauministerkonferenz vom 18.11.2020 an die Fachkommission Bauaufsicht. Als Arbeitsauftrag wurde die „Fortschreibung der Musterholzbaurichtlinie, insbes. Pflege und Weiterentwicklung der Musterholzbaurichtlinie auf der Grundlage der Ergebnisse von Forschung und Wissenschaft“ benannt.

Die nun vorliegende und hier zu kommentierende, komplett überarbeitete beziehungsweise neu erarbeitete Fassung der MHolzBauRL aus dem Jahr 2024 bringt eine umfassende Weiterentwicklung in technischer, anwendungsbezogener und methodischer Hinsicht mit sich. Die Richtlinie

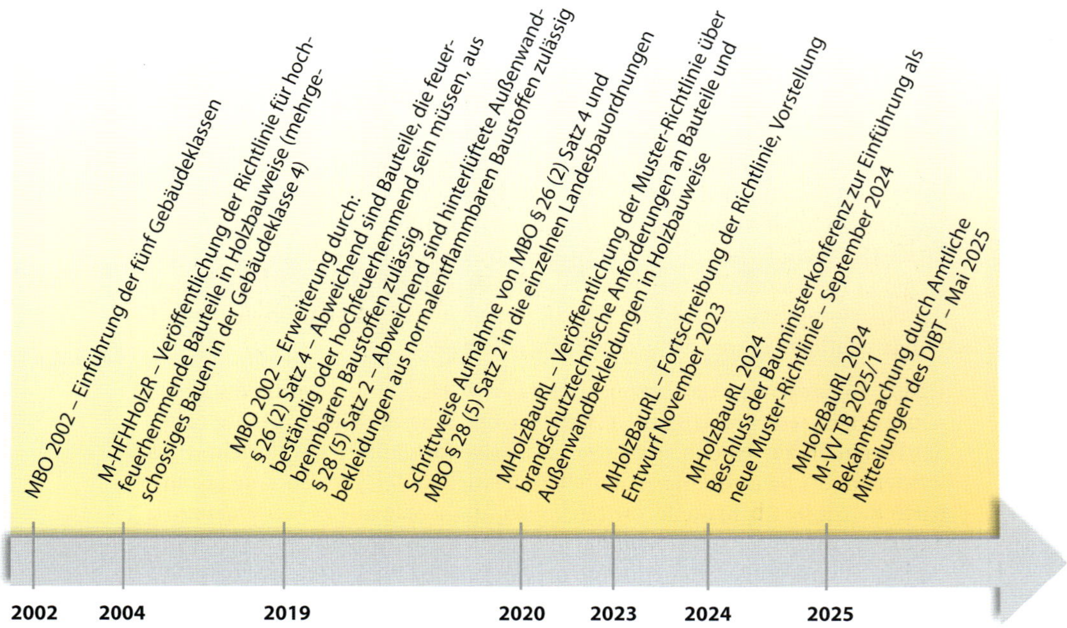

Abb. A.4: Zeitliche Entwicklung des Bauordnungsrechts im Hinblick auf das mehrgeschossige Bauen mit Holz

berücksichtigt nicht nur den aktuellen Stand der Technik und Forschung (mit wesentlichem Anteil durch Ergebnisse aus dem Forschungsvorhaben TIMpuls (Engel et al., 2022), sondern etabliert mit der Umstellung auf die Schutzzeit t_{ch} ein neues Nachweismodell für die brandschutztechnisch wirksame Bekleidung, das die zuvor verwendete Kapselbekleidung K_260 vollständig ersetzt. Darüber hinaus wurden klare Vorgaben für reduzierte Bekleidungsvarianten, Außenwandbekleidungen und Installationsführungen erarbeitet. Zuletzt wurde mittels eines neu formulierten Nachweissystems sowohl für die Feuerwiderstandsdauer als auch für die Schutzbekleidung das bis dato bestehende Problem der auslaufenden und nicht mehr verlängerbaren abP gelöst. Mit der Überarbeitung wurden auch die Regelungen zum Nachweis von Fügungen und Anschlüssen signifikant erweitert. Hier erfolgte ein Wechsel von der bislang auf einzelne Anschlüsse beschränkten Darstellung mittels Prinzipskizzen hin zu einer umfassenden Systematik, mit der nun sämtliche Fügungs- und Anschlusssituationen mit den erforderlichen konstruktiven Maßnahmen belegt und nachgewiesen werden. Bei der Erarbeitung wurde auf eine Stimmigkeit zum Inhalt der parallel überarbeiteten Technischen Baubestimmung DIN 4102-4 (zum damaligen Zeitpunkt A1 Papier, heute als DIN 4102-4 „Brandverhalten von Baustoffen und Bauteilen – Teil 4: Zusammenstellung und Anwendung klassifizierter Baustoffe, Bauteile und Sonderbauteile [2025] veröffentlicht) geachtet.

Allgemein sind deutliche Vereinfachungen in der Planung, Bemessung und Ausführung zu erwarten. Abb. A.4 zeigt die zeitliche Entwicklung der „Holzbau-Richtlinie" bis zum heutigen Stand im Frühjahr 2025.

3 Bauweisen im Holzbau

3.1 Vorbemerkungen

Die Holzbauweisen für mehrgeschossige Gebäude unterscheiden sich prinzipiell durch ihre Konstruktionsweise sowie durch die Anwendung und Kombination unterschiedlicher Materialien bzw. Baustoffe.

Im modernen Holzbau haben sich mehrere Prinzipien als Bauweisen etabliert mit jeweils spezifischen Stärken und Schwächen für den mehrgeschossigen Wohnungs-, Büro- oder Bildungsbau. Typische Bauweisen im mehrgeschossigen Holzbau sind der Holztafelbau, der Massivholzbau, die Skelettbauweise, die Holz-Beton-Verbund-Bauweise sowie diverse weitere hybride Bauweisen als Kombination aus verschiedenen Werkstoffen, zum Teil mineralisch, aber auch rein holzbasiert. Nachfolgend werden die wesentlich relevanten Bauweisen in ihrem Aufbau beschrieben und die Vor- und Nachteile sowie der überwiegende Einsatzbereich dargestellt. Allen Bauweisen ist gemein, dass sie für den Einsatz in mehrgeschossigen Gebäuden, aber auch schon beginnend bei den Einfamilienhäusern, mit einem sehr hohen Vorfertigungsgrad und für das Bauwesen im Allgemeinen in höchster Präzision und Maßhaltigkeit aus Zimmereien und Holzbauwerken auf die Baustelle zur weiteren Montage geliefert werden. Die Grundlagen der Vorfertigung werden in Teil A, Kapitel 5 beschrieben.

Die nachfolgenden Beschreibungen der Bauweisen sind allgemein gehalten und haben noch keinen direkten Bezug zur Systematik der MHolzBauRL. Diese fasst Bauweisen in Gruppen zusammen (siehe Teil C, Abschnitt 2).

3.2 Holztafelbauweise (Timber Frame)

Der Begriff Holzrahmenbauweise wird im allgemeinen Sprachgebrauch häufig synonym zur Holztafelbauweise verwendet. Normativ und fachlich korrekt ist jedoch die Bezeichnung Holztafelbauweise. In technischen Regelwerken, Richtlinien und Genehmigungsverfahren ist der Begriff Holztafelbauweise der übliche und maßgebliche Terminus, während Holzrahmenbauweise als umgangssprachlich geprägte, gleichbedeutende Bezeichnung verstanden wird.

Die Holztafelbauweise ist eine heute überwiegend industriell, unter kontrollierten Bedingungen vorgefertigte Bauweise, bei der großformatige, flächige Wand-, Decken- und Dachelemente aus einem statisch wirkenden Holzrahmen mit beidseitiger Beplankung oder Bekleidung und dazwischenliegender Dämmebene hergestellt werden. Die werkseitig vorgefertigten Elemente werden auf der Baustelle durch entsprechende Fügungen zu Wand-, Decken- oder Dachbauteilen montiert (siehe Teil A, Kapitel 4).

Insbesondere im mehrgeschossigen Holzbau hat sich die Holztafelbauweise aufgrund ihres günstigen Eigengewichts, der hohen Vorfertigungstiefe, der guten bauphysikalischen Eigenschaften sowie der wirtschaftlichen und konstruktiven Flexibilität etabliert. In mehrgeschossigen Gebäuden kommt sie selten als reine Holzbauweise vor, sondern überwiegend in Hybridkonstruktionen, z. B. in Verbindung mit Stahlbeton-Treppenräumen und/oder Massivholzwänden und -decken sowie Trockenbauwänden. Wegen der im Kern

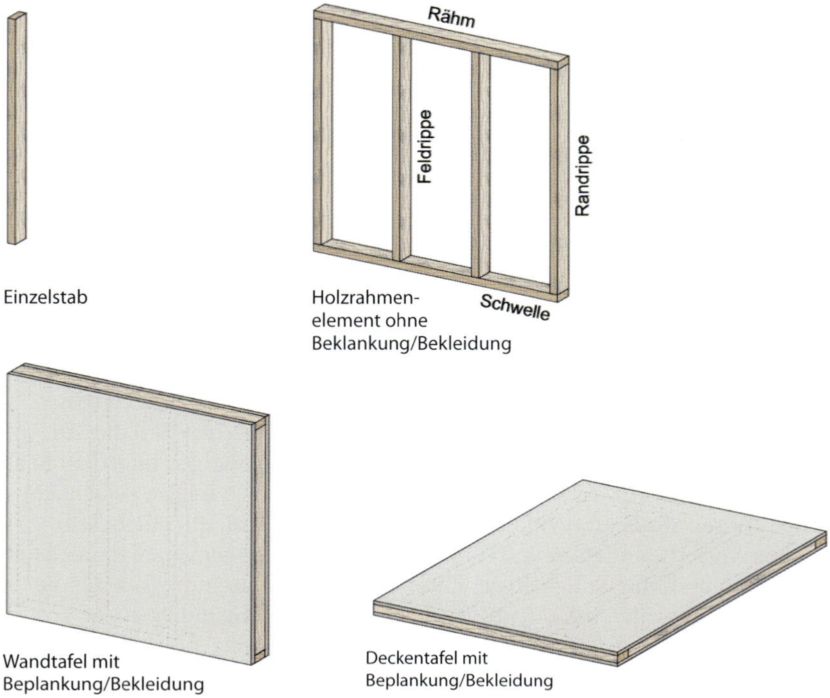

Abb. A.5: Vom Einzelstab zum beplankten Holztafelbauelement

gelegenen Dämmebene gilt die Holztafelbauweise meist als beste Option für Außenwandkonstruktionen.

Tragfähigkeit, Aussteifung, Brand-, Schall- und Wärmeschutz werden integrativ im Bauelement realisiert. Holztafelelemente können sowohl vertikale Lasten (Eigen- und Nutzlasten) abtragen als auch horizontale Aussteifungsfunktionen (Wind- und Erdbebenlasten) als scheibenartig wirkende Wandtafeln übernehmen. Die in jeglicher Funktion (tragend und aussteifend, raumabschließend, nicht tragend und nicht raumabschließend) vorkommenden Bauteile bestehen im Wesentlichen aus einzelnen stabförmigen Komponenten aus Holzprodukten sowie aus Beplankungen oder Bekleidungen auf einer oder beiden Seiten, die mit den stabförmigen Komponenten verklebt oder mittels mechanischer Befestigungsmittel verbunden sind.

Die Bestandteile des Wandrahmens sind Ständer, oft auch als Stiele bezeichnet (vertikale Riegel), unten liegende Schwellen (untere Riegel) und oben liegende Rähme (obere Riegel). Hinzu kommen in Bereichen von Fenstern und sonstigen Öffnungen Stürze, Riegel oder sonstige Verstärkungen im jeweiligen Öffnungsbereich. Bestandteile bei Deckenbauteilen sind die in Spannrichtung laufenden Deckenbalken sowie die umlaufenden Randbalken. Analog zur Wand werden im Bereich von Öffnungen Verstärkungen, sog. Wechselhölzer, eingebaut. Die Rahmen- und Rippenhölzer sind zunächst stumpf oder mit einfachen Holz-Holz-Verbindungen (z. B. Stirnblatt)

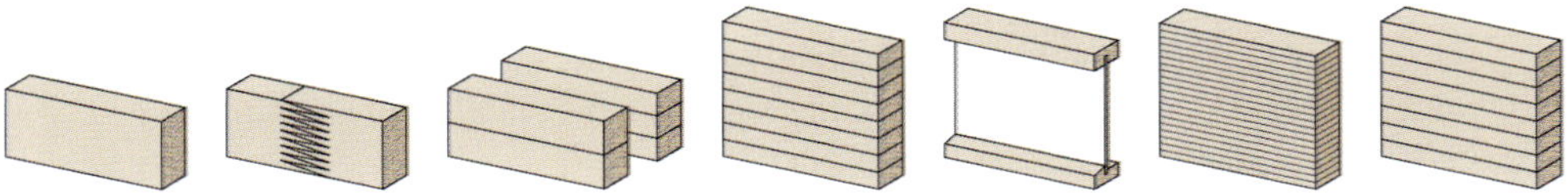

Abb. A.6: Typisierte Darstellung der einzelnen im Holztafelbau verwendeten stabförmigen Hölzer

zu einem Rahmen mit einzelnen Gefachen zusammengefügt. In wenigen Fällen werden, um die nachteilige Querdruckfähigkeit der horizontal liegenden Schwellen eines Holztafelelements zu umgehen, die vertikalen Stiele durch z. B. Ausblattung der Schwelle direkt auf das darunterliegende Bauteil geführt (Lastdurchleitung). Der Achsabstand der vertikalen Rippen beträgt in der Regel ein Viertel von 2,50 m gleich 625 mm, vereinzelt kommen auch größere Achsmaße mit einem Drittel von 2,50 m gleich 833 mm oder 815 mm zur Anwendung.

Abb. A.5 zeigt die verschiedenen Bestandteile eines Wandrahmens.

Die Rippen- und Rahmenhölzer (siehe Abb. A.6) bestehen je nach Einsatzgebiet und statischer Belastung aus

- Vollholz (VH) aus Nadel- (NH) oder Laubholz (LH) nach DIN 14081-1 „Holzbauwerke – Nach Festigkeit sortiertes Bauholz für tragende Zwecke mit rechteckigem Querschnitt – Teil 1: Allgemeine Anforderungen" (2019),
- keilgezinktem Vollholz (KVH) nach DIN EN 15497 „Keilgezinktes Vollholz für tragende Zwecke – Leistungsanforderungen und Mindestanforderungen an die Herstellung" (2014),
- Brettschichtholz nach DIN EN 14080 „Holzbauwerke – Brettschichtholz und Balkenschichtholz – Anforderungen" (2013) bzw. nach Europäischer Technischer Bewertung (European Technical Assessment [ETA]) entsprechend EAD 130320-00-0304 „Glued Laminated Timber Made of Solid Hardwood" (2018),
- Balkenschichtholz (Duo-/Triobalken) nach DIN EN 14080 oder abZ,
- vorgefertigten Holzträgern und -stützen als Holzverbundbauteile nach ETA entsprechend EAD 130367-00-0304 „Composite Wood-Based Beams and Colums" (2018) bzw. EAD 130031-00-0304 „Metal Web Beams and Colums" (2018),
- Furnierschichtholz (LVL, Baubuche) nach DIN EN 14374 „Holzbauwerke – Furnierschichtholz für tragende Zwecke – Anforderungen" (2005),
- Brettschichtholz aus Laubholz (glued laminated timber, structural laminated veneer lumber made of hardwood [GLVL]) nach ETA entsprechend EAD 130010-00-0304 „ Glued Laminated Timber Made Of Hardwood – Structural Laminated Veneer Lumber Made of Beech" (2015) oder EAD 130337-00-0304 „Glued Laminated Veneer Lumber" (2019).

Erst mit der Anordnung einer darauf befestigten Beplankung wird der Rahmen zum Tafelelement und kann lastabtragende und aussteifende Funktionen übernehmen. Für die Beplankung eignen sich ebenfalls eine Vielzahl von unterschiedlichen Plattenmaterialien. Diese sind

- Massivholzplatten nach DIN EN 13986 „Holzwerkstoffe zur Verwendung im Bauwesen – Eigenschaften, Bewertung der Konformität und Kennzeichnung“ (2015) bzw. DIN EN 13353 „Massivholzplatten (SWP) – Anforderungen“ (2022),
- Oriented-Strand-Board(OSB)-Platten nach DIN EN 13986 bzw. DIN EN 300 „Platten aus langen, flachen, ausgerichteten Spänen (OSB) – Definitionen, Klassifizierung und Anforderungen“ (2006),
- kunstharzgebundene Spanplatten nach DIN EN 13986 bzw. DIN EN 312 „Spanplatten – Anforderungen“ (2010),
- Faserplatten nach DIN EN 13986 bzw. DIN EN 622 „Faserplatten – Anforderungen“ Teil 2 bis 5,
- zementgebundene Spanplatten nach DIN EN 13986 bzw. DIN EN 634-1 „Zementgebundene Spanplatten – Anforderungen – Teil 1: Allgemeine Anforderungen“ (1995) und DIN EN 634-2 „Zementgebundene Spanplatten – Anforderungen – Teil 2: Anforderungen an Portlandzement (PZ) gebundene Spanplatten zur Verwendung im Trocken-, Feucht- und Außenbereich“ (2007),
- Sperrholz nach DIN EN 13986 bzw. DIN EN 636 „Sperrholz – Anforderungen“ (2015),
- plattenförmiges tragendes Furnierschichtholz nach DIN EN 14374,
- Brettsperrholz nach ETA entsprechend EAD 130005-00-0304 (2015) sowie
- Gipsfaserplatten nach DIN EN 15283-1 „Faserverstärkte Gipsplatten – Begriffe, Anforderungen und Prüfverfahren – Teil 1: Gipsplatten mit Vliesarmierung“ (2009) oder DIN EN 15283-2 „Faserverstärkte Gipsplatten – Begriffe, Anforderungen und Prüfverfahren – Teil 2: Gipsfaserplatten“ (2009).

Die Hohlräume bzw. Gefache zwischen den einzelnen Rippen werden mit Dämmstoff ausgefüllt. Generell ist bei der Holztafelbauweise sowohl eine Teil- als auch eine Vollausdämmung denkbar; im Regelungsbereich der MHolzBauRL sind jedoch nur voll ausgedämmte Konstruktionen zulässig. Ebenso eignen sich im Allgemeinen eine Vielzahl von biogenen und mineralischen Wärmedämmstoffen und -systemen für den Holztafelbau, jedoch wird die Auswahl durch die MHolzBauRL entsprechend den Vorgaben auf mineralische Wärmedämmstoffe nach DIN EN 13162 „Wärmedämmstoffe für Gebäude – Werkmäßig hergestellte Produkte aus Mineralwolle (MW) – Spezifikation“ (2015) bzw. DIN EN 14064-1 „Wärmedämmstoffe für Gebäude – An der Verwendungsstelle hergestellte Wärmedämmung aus Mineralwolle (MW) – Teil 1: Spezifikation für Schüttdämmstoffe vor dem Einbau“ (2019) mit einem Schmelzpunkt von mindestens 1.000 °C reduziert. Als Dämmstoffe kommen Mineralwolle, holzbasierte Dämmstoffe, wie Holzfaser, Zellulose, sowie Naturfaser-Dämmstoffe, wie Hanf, Flachs, Schafwolle, und in Ausnahmefällen synthetische, erdölbasierte Dämmstoffe infrage. Dämmstoffe müssen so ausgewählt werden, dass sie den bauphysikalischen und brandschutztechnischen Anforderungen entsprechen.

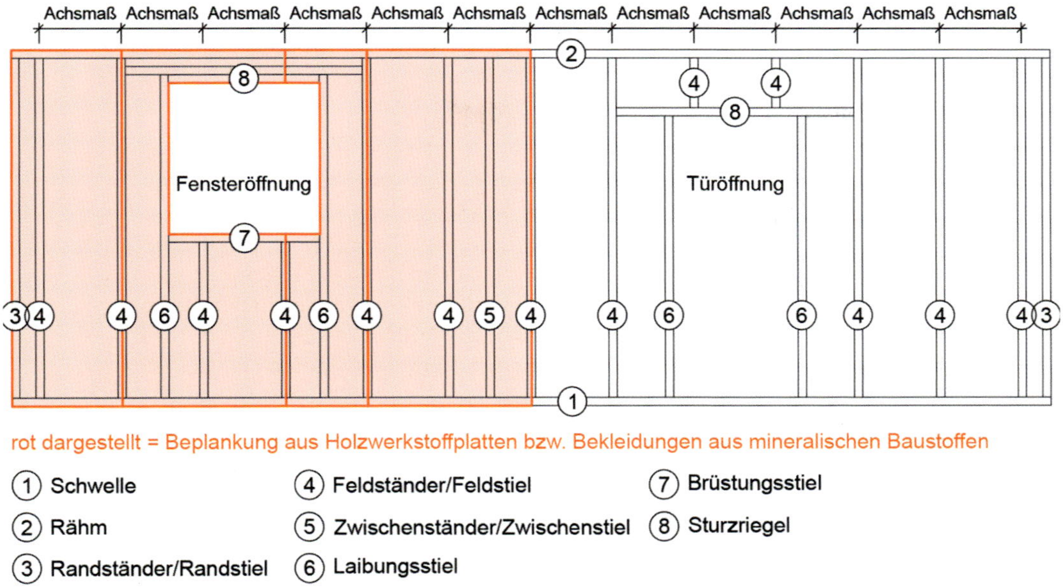

Abb. A.7: Bezeichnung der Bestandteile einer Holztafelbauwand mit rasterunabhängigen Öffnungen

Den jeweiligen Abschluss bilden die (Element-)Bekleidungen. Neben den bereits zuvor aufgeführten Beplankungen eignen sich für die reine Bekleidung auch

- Gipskartonplatten nach DIN EN 520 „Gipsplatten – Begriffe, Anforderungen und Prüfverfahren“ (2009) und DIN 18180 „Gipsplatten – Arten und Anforderungen“ (2014),
- Gipsfaserplatten nach DIN EN 15283-2 und
- Lehmbauplatten nach DIN 18948 „Lehmplatten – Anforderungen, Prüfung und Kennzeichnung“ (2024).

Abb. A.7 zeigt beispielhaft die konstruktive Ausbildung einer Holztafelbauwand mit ihren Komponenten. Sowohl die Auflistung der stabförmigen als auch die der Beplankungs- und Bekleidungsmaterialien dürfen nicht als abschließend angesehen werden. Es ist davon auszugehen, dass Fortentwicklungen und Innovationen künftig weitere geeignete Stab- und Plattenmaterialien für die jeweiligen Einsatzbereiche liefern werden.

Der grundsätzliche Unterschied zwischen Beplankungen und Bekleidungen besteht in der Funktion. Bekleidungen bilden im Wesentlichen nur den raum- oder außenseitigen Abschluss der Elemente. Im Falle von Bauteilen nach der MHolzBauRL übernehmen sie, je nach gestellter Höhe der Anforderung, eine Funktion zum Schutz vor Entzündung der dahinter angeordneten brennbaren Komponenten. Im Falle von Außenwänden bildet die Bekleidung den äußeren Abschluss, der je nach Ausbildung der darauf angeordneten Außenwandbekleidung als zweite wasserführende Ebene zusätzlich den bedingten Schutz vor Witterung übernimmt. Durch aufgebrachte Beplankungen werden aussteifende Scheiben für den Abtrag von

Horizontal- und Aussteifungslasten gebildet. Dabei können je nach Art und vorhandenen Eigenschaften Beplankungen gleichzeitig die Funktionen einer Bekleidung erfüllen.

Holztafelbauwände können in üblicher Ausführung die vertikalen Lasten von 4 bis 5 Geschossen abtragen. Die maßgeblichen Herausforderungen bestehen sowohl im Nachweis der Standsicherheit unter Normaltemperatur als auch im Brandfall. Kritisch sind hierbei insbesondere die Stabilität der Wände gegenüber Ausknicken sowie die begrenzte Lastübertragungsfähigkeit von Holz orthogonal zur Faserrichtung. Beim Ausknicken handelt es sich um ein Stabilitätsversagen, bei dem sich die Stiele der Holztafelbauwand infolge einer zu hohen Druckbeanspruchung zunächst orthogonal zur Tafelebene aus der Wandebene heraus verformen. Durch die dadurch entstehende Exzentrizität erhöhen sich die Biegemomente zusätzlich, bis schließlich das Tragglied infolge des Stabilitätsversagens ausknickt und versagt. Unter Verwendung besonderer Holzwerkstoffe im Bereich der horizontalen Rahmenhölzer (Schwelle und Rähm) lassen sich die lastabtragenden Eigenschaften auch weiter ertüchtigen, sodass 6 oder mehr Geschosse vertikal abgetragen werden können.

Der große Vorteil in der Holztafelbauweise ist im hohen Vorfertigungsgrad sowie dem geringen Flächengewicht der Konstruktionen zu sehen. Unter intelligenter Anordnung und Schichtfolge der einzelnen Beplankungs- und Bekleidungskomponenten lassen sich mit dem Holztafelbau auch gute Schallschutzergebnisse erzielen. Die Holztafelbauweise ist gut mit den in den in Teil A, Kapitel 3.3 bis 3.6 beschriebenen Bauweisen gut kombinierbar.

Der Holztafelbau ist vielseitig einsetzbar. Typische Einsatzgebiete sind der Ein- und Mehrfamilienhausbereich, der mehrgeschossige Wohnungsbau sowie der Gewerbebau. Mit der Einführung der MHolzBauRL 2024 existieren nur noch sehr wenige Grenzen zum Einsatz der Holztafelbauweise.

3.3 Massivholzbauweise (Mass Timber Construction)

Unter der Massivholzbauweise sind monolithisch wirkende, flächige oder stabförmige Holzbauteile aus industriell gefertigten Vollholz- oder Holzwerkstoffkomponenten zu verstehen. Die einzelnen Bestandteile – beispielsweise Brettlamellen, Kanthölzer oder Furniere – können gleichgerichtet oder systematisch orthogonal angeordnet sein. Der Verbund erfolgt durch mechanische Verbindungsmittel wie Nägel, Klammern oder Schrauben, durch Verdübelung oder Verklebung, wobei die Verklebung mehrlagiger Brett- oder Kantholzlagen heute die häufigste Produktform darstellt. Abhängig vom konstruktiven Aufbau können horizontal eingesetzte Bauteile wie Decken oder Dächer ein- oder zweiachsig lastabtragend wirken. Vertikal angeordnete Elemente übernehmen neben der Abtragung von Vertikallasten zugleich aussteifende Funktionen. Nicht tragende Massivholzbauteile sind im konstruktiven Holzbau praktisch nicht vorhanden, da aufgrund der hohen Steifigkeit und des Fugenschlusses stets eine Lastbeteiligung erfolgt.

Im allgemeinen Sprachgebrauch wird unter Massivholzbauweise überwiegend die Brettsperrholzbauweise verstanden. Diese ist im Vergleich zur Holztafelbauweise eine vergleichsweise junge Bauweise. Die Entwicklung des Brettsperrholzes (CLT) begann in den frühen 1990er-Jahren im Alpenraum, insbesondere in Österreich, Deutschland und der Schweiz. Grundlage ist das Prinzip der kreuzweise verklebten Vollholzlamellen, wodurch eine hohe Formstabilität sowie eine ausgeprägte Scheibenwirkung erreicht werden.

In der Anfangsphase wurde Brettsperrholz vor allem im Wohnungs- und Geschosswohnungsbau eingesetzt. Parallel dazu sind erste Bemessungsansätze sowie Brandmodelle zur systematischen Beschreibung des Trag- und Brandverhaltens entstanden. In der Etablierungsphase zwischen etwa 2005 und 2015 erfolgte die Aufnahme in nationale und europäische Regelwerke, u. a. durch bauaufsichtliche Zulassungen und Europäische Technische Bewertungen. In diesem Zeitraum wurden umfassende Nachweise zum Trag-, Brand-, Schall- und Erdbebenverhalten geführt. In der Folge verbreitete sich die Bauweise zunehmend im mehrgeschossigen Wohn- und Bürogebäudebau, häufig in Kombination mit Brettschichtholztragwerken, wodurch hybride Massivholzsysteme entstanden.

Seit etwa 2015 gilt Brettsperrholz als gleichwertige Massivbauweise neben Stahlbeton und Mauerwerk. Es findet verstärkt Anwendung im mehrgeschossigen Bau, im Hochhausbau sowie in Bildungs- und Sonderbauten. Wesentliche Treiber dieser Entwicklung sind die günstige CO_2-Bilanz, der hohe Vorfertigungsgrad mit verkürzten Bauzeiten sowie die inzwischen präzise und verlässliche brandschutztechnische Bemessung. Aktuelle Weiterentwicklungen betreffen optimierte Lagenaufbauten, leistungsfähige Verbindungsmittel, weiterentwickelte Systemdetails sowie den vermehrten Einsatz sichtbarer Holzoberflächen.

Parallel zur Entwicklung des Brettsperrholzes im Alpenraum wurde in Skandinavien, insbesondere in Finnland, bereits seit den 1970er-Jahren Furnierschichtholz (Laminated Veneer Lumber [LVL]) industriell entwickelt. Dabei werden dünne Furnierlagen überwiegend in Faserrichtung verklebt, wodurch hohe Tragfähigkeiten und eine ausgeprägte Maßhaltigkeit erzielt werden. Ab den 1980er-Jahren etablierte sich LVL als Ingenieurholzprodukt für tragende Bauteile wie Träger, Stützen und Scheiben. Die frühzeitige Entwicklung normierter Bemessungsansätze sowie material- und brandschutztechnischer Nachweise ermöglichte den breiten Einsatz im konstruktiven Holzbau.

In der weiteren Entwicklung wurde Furnierschichtholz insbesondere im mehrgeschossigen Holzbau und in hybriden Tragwerkskonzepten eingesetzt, häufig in Kombination mit Brettschichtholz und später auch mit Brettsperr-

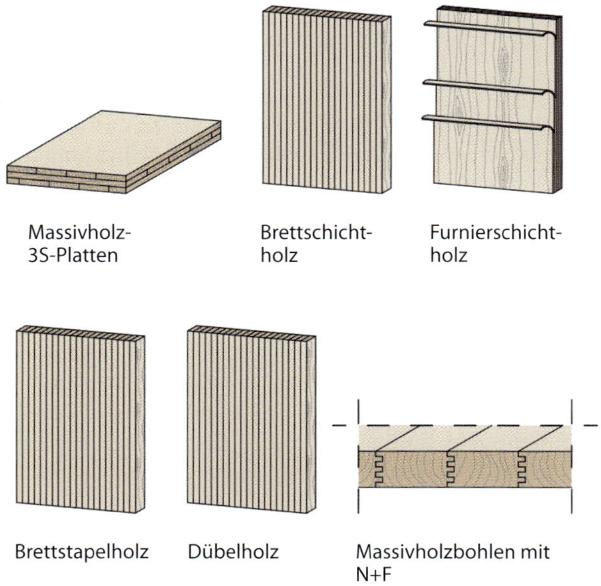

Abb. A.8: Typisierte Darstellung einzelner Massivholzprodukte

holz. Während Brettsperrholz primär plattenförmige und zweiachsig wirkende Elemente bereitstellt, ergänzt Furnierschichtholz die Massivholzbauweise um hochtragfähige, linienförmig wirkende Bauteile und stellt damit eine zentrale Komponente des ingenieurmäßigen Holzbaus dar.

Folgende Massivholzprodukte (siehe Abb. A.8) werden üblicherweise im Holzbau eingesetzt:

- Massivholzplatten (MH) bis zu einer max. Dicke von 90 mm nach DIN EN 13986,
- Brettschichtholz (BSH) liegend verwendet nach DIN EN 14080,
- Furnierschichtholzplatten und BauBuche-Platten nach DIN EN 14374,
- Massivholzplatten mit mechanischen bzw. metallischen Verbindungsmitteln (Nail Laminated Timber [NLT]) nach ETA entsprechend EAD 130002-00-0304 „Solid wood slab element – element of dowel jointed timber boards to be used as a structural element in buildings“ (2015),
- Massivholzplatten geklebt (CLT) nach ETA entsprechend EAD 130005-00-0304,
- Brettstapel-, Dübelholz (Dowel Laminated timber, DowelLam [DLT]) nach ETA entsprechend EAD 130011-00-0304 „Prefabricated Wood Slab Element Made Of Mechanically Jointed Square-Sawn Timber Members To Be Used As A Structural Element In Buildings“ (2016) bzw. EAD 130323-00-0304 „Prefabricated wood slabs of milled softwood timber to be used as structural element in buildings“ (2020),

- Massivholzplatten mit durch Verzahnung oder Schwalbenschwanz verbundenen Lagen nach ETA entsprechend EAD 130013-00-0304 „Solid Wood Slab Element – Element Of Timber Boards Jointed by Dovetail Connections To Be Used As Structural Element In Buildings“ (2015),
- zusammengefügte Massivholzplatten aus einzelnen kreuzverleimten Mehrfach-Nut-und-Feder-Bohlen nach ETA entsprechend EAD 130191-00-0304 „Prefabricated Wood Slab Elements Made Of Jointed Cross Laminated Log Elements To Be Used as structural element in buildings“ (2018)“,
- Massivholzplatten aus miteinander verklebten OSB-Platten nach ETA entsprechend EAD 140015-00-0304 „Walls, Roofs And Ceilings Made Of OSB-Panels Which Are Glued Together On Their Surfaces“ (2018).

Auch diese Auflistung kann nicht als abschließend angesehen werden. Es ist davon auszugehen, dass Fortentwicklungen und Innovationen weitere geeignete Plattenmaterialien für die jeweiligen Einsatzbereiche liefern werden.

Die Massivholzbauweise zeichnet sich durch eine hohe Tragfähigkeit und Steifigkeit aus und eignet sich damit hervorragend für die Errichtung hoher mehrgeschossiger Gebäude. Die Massivholzelemente besitzen aufgrund ihrer meist orthogonal angeordneten Einzelschichten eine hohe Formstabilität und eine hohe Homogenität ihrer Eigenschaften. Dies bedeutet, dass mit einem nur geringen Schwind- und Quellverhalten bei Änderung der Holzfeuchtigkeit zu rechnen ist. Einzig die hochverdichteten Holzwerkstoffe wie Furnierschichtholz sind als anfällig für Feuchteeinwirkung zu betrachten.

Massivholz ist im Wesentlichen hohlraumfrei und daher in seinem Abbrandverhalten vorhersehbar. Je nach Dicke bzw. Anzahl der Einzelschichten des Massivholzelementes sind jegliche Feuerwiderstände erreichbar. Bei verklebten Produkten entsteht bezüglich der brandschutztechnischen Eigenschaften ein wesentlicher Unterschied, je nachdem, welcher Klebstoff bei der Herstellung verwendet wird. Diesbezüglich werden die Klebstoffe nach dem künftigen Eurocode DIN EN 1995-1-2 „Eurocode 5: Bemessung und Konstruktion von Holzbauten – Teil 1-2: Allgemeine Regeln – Tragwerksbemessung für den Brandfall“ (derzeitige Entwurfsfassung prEN 1995-1-2 „Eurocode 5 – Design of timber structures Part 1-2: Structural fire design“ [2023]) unterschieden in „Bondline Integrity“ und „Non Bondline Integrity“. Die Unterscheidung betrifft das Verhalten durch Lagen- bzw. Schichtenabfallen unter Brandbeanspruchung und damit das schnellere oder langsamere Abbrandverhalten der Platten.

Die Eigenschaften sowohl des Wärmeschutzes als auch des Schallschutzes hängen stark von der Art und Zusammensetzung des jeweiligen Massivholzprodukts ab. Gute Dämmwirkung haben z. B. Massivholzprodukte, bei denen in der Herstellung durch Profilierung der Lamellen in gewissem Grad „Luftkammern“ erzeugt werden. Meist werden bei der Massivholzbauweise jedoch die Platten mit außenseitig angeordneten Dämmschichten kombiniert. Um die gestellten Schallschutzanforderungen zu erfüllen, müssen regelmäßig spezielle Maßnahmen (z. B. Masse-Feder-Systeme), üblicherweise Schallschutzlager, angeordnet werden.

Durch die Möglichkeit, im Gegensatz zur Holztafelbauweise Holzoberflächen sichtbar zu belassen, ergibt sich bei der Massivholzbauweise zudem ein hoher ästhetischer Wert.

Das Einsatzgebiet von Massivholz ist nahezu uneingeschränkt. Als Decken- und Wandbauteil kommt es immer dann zum Einsatz, wenn hohe Vertikal- und Aussteifungslasten abgetragen werden sollen. Auch vertikale (Aufzugs-) Schächte und Treppenräume werden unter Einsatz der Massivholzbauweise errichtet.

3.4 Skelettbauweise

Die Skelettbauweise im Holzbau ist ein offenes, rasterbasiertes Tragsystem, bei dem die Lasten ausschließlich über ein System aus Stützen, Riegeln, Unterzüge und Stürze, also stabförmigen Komponenten, abgetragen werden. Für die vertikalen und horizontalen Stäbe kommen dieselben Produkte wie im Holztafelbau (siehe Teil A, Kapitel 3.2) zum Einsatz.

Die Aussteifung des Skeletts kann durch Diagonalverbände analog zu Fachwerken übernommen werden. In den meisten Fällen werden aber in einzelne Gefache des Skeletts aussteifende Wandscheiben integriert und/oder das Skelett selbst wird in Gebäudekerne (Aufzugsschächte, Treppenräume) rückverankert. Alle übrigen Wände sind in der Regel nicht tragend. Sie sind dann meist als nicht tragende Außenwände in Holztafelbauweise und innere (Trenn-)Wände in Trockenbauweise (Metallständerwände) ausgeführt.

Diese Bauweise ermöglicht große gestalterische Freiheit, flexible Grundrisse und großzügige Fensterflächen. Zudem lassen sich für alle nicht tragenden, nicht raumabschließenden Wände, die in Holzbauweise bauordnungsrechtlich nur feuerhemmend sein müssen, auch biogene Dämmstoffe und sichtbare Oberflächen realisieren.

Die Skelettbauweise wird aufgrund der Möglichkeit großer Spannweiten der einzelnen Rahmen überwiegend im mehrgeschossigen Objektbau angewendet. Dies sind beispielsweise Verwaltungsbauten, Bildungsbauten, Bürogebäude und sonstige Gewerbebauten. Auch im Wohnungsbau wurde die Skelettbauweise bereits erfolgreich angewendet.

Ein wesentlicher Vorteil der Skelettbauweise ist die gute und vielfältige Kombinationsmöglichkeit mit anderen Holzbauweisen bis hin zur mineralischen Bauweise (Hybridbau).

3.5 Holzmodulbau (Raummodule aus Holz)

Die Holzmodulbauweise mit einzelnen Raummodulen ist ein industriell vorgefertigtes Bauverfahren, bei dem komplette dreidimensionale Raumeinheiten (Module) in einem Werk aus Holz und Holzwerkstoffen hergestellt und auf der Baustelle zu einem Gebäude zusammengefügt werden (siehe Abb. A.9). Die Module umfassen je nach Vorfertigungsgrad bereits die wesentlichen tragenden, dämmenden, installativen und ausbautechnischen Komponenten.

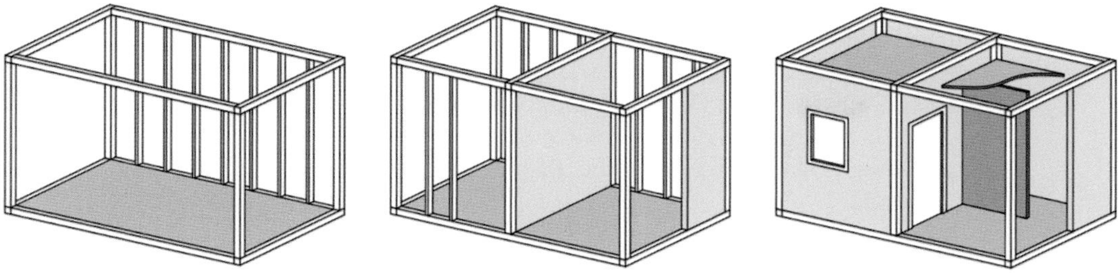

Abb. A.9: Verschiedene Grade der Vorfertigung von Raummodulen vom einzelnen Skelett bis zum fertig installierten Modul

Der konstruktive Aufbau der Raummodule kann im Wesentlichen als ein Kombinieren und Zusammenfügen der zuvor beschriebenen Holztafel- und Massivholzbauweise gesehen werden. Die Raummodule können einheitlich aus nur einer der beiden Bauweisen bestehen oder in Kombination, z. B. Massivholz für die tragenden Innenwände und Holztafelelemente für die nicht tragenden Außen- und Flurwände, bestehen. Ebenfalls sind Kombinationen mit jeglichen mineralischen Elementen (z. B. Deckenplatten) möglich. Insofern kann damit das statische System, also der Lastabtrag innerhalb des Gebäudes, über die einzelnen Module passend auf die jeweilige Raum- und Flächenstruktur abgebildet werden.

Jedes Modul trägt seine Lasten in der Regel für sich selbst ab; das bedeutet, dass der Boden die Flächenlasten des Moduls aufnehmen und an die umliegenden Auflager ableiten muss. Decken- und Dachelemente bilden meist nur den oberen Modulabschluss und sind dementsprechend nicht tragend ausgeführt. Aussteifungslasten werden üblicherweise von Modul zu Modul nach unten weitergeleitet. In seltenen Fällen können alle Horizontallasten auch direkt über andere horizontale Gebäudeelemente (z. B. Laubengangplatten, notwendige Flure im Gebäudeinneren) und vertikal daran angeschlossene Gebäudekerne nach unten gebracht werden.

Analog zur bekannten Systematik von Baustellencontainern können durch das Weglassen einzelner Innenwände auch mehrere Module zu einem Raum zusammengefasst werden. Üblicherweise werden im mehrgeschossigen Holzbau maximal zwei Module zu einem Raum bzw. zu einer Raumgruppe/ Nutzungseinheit zusammengeschlossen, mehrere sind ebenfalls denkbar.

Die Verbindung der einzelnen Module auf der Baustelle erfolgt über Stahlwinkel, Schraubenverbindungen oder spezielle Modulverbinder.

Je nach Vorfertigungsgrad sind die Raummodule innenseitig teil- oder vollständig bekleidet. Für die Bekleidung kommen prinzipiell die gleichen Materialien wie bei der Holztafelbauweise infrage. Die gebräuchlichsten Plattenwerkstoffe sind Gipsfaser-, Gipskarton- oder Holzwerkstoffplatten.

In der Regel liegt eine Modulseite an der Außenwand. Dort wird das Modul bei hohem Vorfertigungsgrad bereits mit geeigneter Außenbekleidung versehen. Übliche Bekleidungen sind Außenwandbekleidungen aus Holz, hinterlüftete und nicht hinterlüftete Putzträgerplatten sowie hinterlüftete mineralische Fassadensysteme.

Aus bauphysikalischer und vor allem brandschutztechnischer Sicht sind jegliche Hohlräume zwischen den Modulen unabhängig von der Gebäudeklasse vollständig mit Dämmplatten, -matten oder Schüttdämmstoffen auszufüllen. Dadurch sollen weitestgehend Konvektionsströme ausgeschlossen werden. Bei mehrgeschossigen Gebäuden mit mehr als 3 Geschossen sind ausschließlich Dämmstoffe aus Mineralwolle mit Schmelzpunkt > 1.000 °C zu verwenden.

Bezüglich Wärme- und Schallschutz gelten die gleichen Regeln wie bei der Holztafel- und Massivholzbauweise. Vertikal werden zwischen den übereinandergefügten Modulen Schallschutzlager eingelegt, horizontal sollen sich die einzelnen Module an keiner Flanke berühren.

Durch entsprechende Wand- und Deckenaufbauten sind jegliche Feuerwiderstände erreichbar, sodass keine eigentlichen Einschränkungen für den Einsatz existieren. Aufgrund der brennbaren Konstruktionsbaustoffe ist bauordnungsrechtlich die Grenze bei 22 m oberster Geschossfußboden (Hochhausgrenze) gesetzt. Bei Modulen mit hohen Vorfertigungsgraden ist die technische Gebäudeausstattung (TGA) meist bereits integriert. Elektro-, Sanitär- und ggf. Lüftungsinstallationen werden im Werk bereits vorinstalliert, und Leitungsschächte sind brandschutztechnisch abgeschottet. Je nach Heizungs-, Lüftungs- und Sanitär(HLS)-Planung ist eine zentralisierte oder dezentrale Haustechnik möglich (z. B. je Modul ein Bad oder ein Technikmodul). Die Verknüpfung der einzelnen Module erfolgt in vielen Fällen in leicht zugänglichen Bereichen, wie z. B. Flurbereichen, die an einer Seite direkt am Modul anschließen. An dieser Seite werden im Modul zweckmäßigerweise auch die Installationen der Nass- und Küchenzellen angeordnet.

Die Module werden per Lkw zur Baustelle angeliefert. Dort werden die maximalen Transportabmessungen mit 4,00 m Breite, 3,80 m Höhe und 12,00 m Länge vielfach ausgereizt. Größere Module erfordern Sondertransporte.

Die Montagezeiten für Gebäude in Modulbauweise betragen je nach Größe und Anzahl der Module wenige Tage bis Wochen. Die Module werden meist mittels Mobilkränen ohne Zwischenlagerung „just in time“ angeliefert und aufeinandergesetzt.

Die Anwendungsbereiche sind vielfältig. Voraussetzung ist eine systematische Planung der Einheiten, sodass sich wiederkehrende Strukturen zur Modulabbildung ergeben. Der Einsatz ist bei Wohngebäuden (Mehrfamilienhäusern, Studentenwohnheimen), Büro- und Verwaltungsgebäuden, Schulen und Kindergärten sowie Hotels, Boardinghäusern und temporären Unterkünften zu sehen. Auch innerstädtische Aufstockungen und Nachverdichtungen sind in Modulbauweise denkbar.

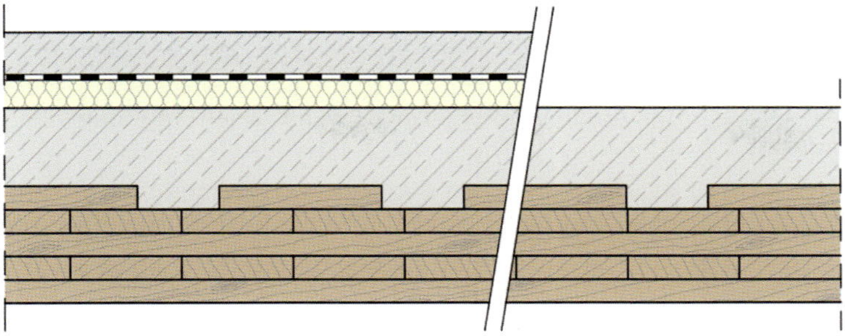

Abb. A.10: Beispiel für ein Holz-Beton-Verbundbauteil mit und ohne zusätzlichen Fußbodenaufbau

3.6 Hybride Bauweisen

Grundsätzlich kann unter einer hybriden Bauweise im Holzbau jegliche systematische Kombination aus unterschiedlichen Baumaterialien, wie z. B. Holz mit Beton, Stahl und/oder sonstigen z. B. faserverstärkten Bauelementen, verstanden werden. Ziel ist es stets, die jeweils besten Materialeigenschaften für Tragfähigkeit, Gebrauchstauglichkeit und Nachhaltigkeit in einem Gesamttragwerk zu integrieren. Dieser Ansatz geht über einzelne Verbundbauteile hinaus und kann ganze Gebäudesysteme betreffen.

Üblich sind zudem Mischkonstruktionen aus mineralischen Bauweisen in Kombination mit Holzbau – beispielsweise in Form von Außenwänden aus Holztafelbau für Stahlbetongebäude oder Aufstockungen aus Holz auf bestehende Gebäude in mineralischer Bauweise. Möglich sind auch Holz-Stahl-Kombinationen.

Eine der häufigsten hybriden Bauweisen ist die Holz-Beton-Verbundbauweise (siehe Abb. A.10). Diese Bauweise kann sowohl für horizontale als auch vertikale Bauteile eingesetzt werden, wobei die Holz-Beton-Verbunddecke die üblichste Anwendung darstellt. Ziel ist, das statisch optimale Zusammenwirken beider Materialien in einem gemeinsamen Querschnitt zu erhalten.

Das konstruktive Prinzip ist die Verbundwirkung, wobei der Beton überwiegend die Druckkräfte in der oberen Querschnittszone übernimmt und das Holz primär in der Zugzone wirkt. Schubverbindungsmittel (z. B. eingedrehte Schrauben, Verbundverbinder, eingeklebte Stäbe oder Kerven) übertragen die Längsschubkräfte zwischen beiden Materialien und verhindern Relativverschiebungen.

Durch die Verbundwirkung entstehen gegenüber reinen Holzdecken deutlich höhere Biegesteifigkeiten und Tragfähigkeiten sowie verbesserte Schwingungseigenschaften bei gleichzeitig reduziertem Eigengewicht im Vergleich zu reinen Stahlbetondecken. Typische Anwendungsbereiche sind Decken in Wohn-, Büro- und Bestandsgebäuden (z. B. Aufbeton auf Holzbalkendecken im Bestand). Neben den statischen Vorteilen bietet die Bauweise zusätzliche bauphysikalische Verbesserungen, insbesondere im Brand-, Schall- und Schwingungsschutz.

Üblich sind zudem Mischkonstruktionen aus mineralischen Bauweisen in Kombination mit Holzbau – beispielsweise in Form von Außenwänden aus Holztafelbau für Stahlbetongebäude oder Aufstockungen aus Holz auf bestehende Gebäude in mineralischer Bauweise. Möglich sind auch Holz-Stahl-Kombinationen.

4 Bauprodukte und Bauarten

Das Bauordnungsrecht unterscheidet grundsätzlich zwischen Bauprodukten und Bauarten. Nach § 2 MBO sind sinngemäß Bauprodukte einzelne hergestellte Produkte, Baustoffe, Bauteile oder Teile von Anlagen, die dauerhaft in bauliche Anlagen eingebaut zu werden. Gebäude sind als bauliche Anlagen zu verstehen, die vom Menschen betreten und genutzt werden.

Bei **Bauprodukten** handelt sich also um konkrete, in Verkehr gebrachte Produkte mit definierten Eigenschaften, die nach § 16b MBO bei ordnungsgemäßer Instandhaltung während einer dem Zweck entsprechenden angemessenen Zeitdauer die an sie gestellten Anforderungen erfüllen und gebrauchstauglich sind. Entscheidend ist die stoffliche oder bauteilbezogene Identität des einzelnen Produkts. Ebenfalls entscheidend ist, dass eine Herstellung unter definierten, immer gleich bleibenden und im Sinne qualitätsrelevanter Betrachtungen prüfbarer Rahmenbedingungen erfolgt. Typische und allgemein bekannte Beispiele für Bauprodukte sind Brettsperrholzplatten, Furnierschichtholzträger, Betonstahl, Brandschutzplatten sowie Verbindungsmittel. Bauprodukte werden hinsichtlich ihrer Leistungseigenschaften bewertet und gekennzeichnet.

Soweit sie von einer harmonisierten europäischen Norm erfasst sind, unterliegen sie der EU-Bauproduktenverordnung vom 27. November 2024 und erhalten eine CE-Kennzeichnung mit zugehöriger Leistungserklärung (siehe § 16c MBO). In diesem Fall liegt die Verantwortung für die deklarierten Eigenschaften beim Hersteller, der im Rahmen einer werkseigenen Produktionskontrolle und ggf. unter Einbindung notifizierter Stellen die Konformität sicherzustellen hat. Die Qualitätssicherung erfolgt im Herstellwerk. Planer und Ausführende sind demgegenüber dafür verantwortlich, ein geeignetes Produkt auszuwählen und es fachgerecht einzubauen, jedoch nicht für dessen intrinsische Materialeigenschaften.

Existieren keine europäischen technischen Regeln zur Bewertung von Produkten, also sog. harmonisierte europäische Produktnormen (hENs) oder Europäische Bewertungsdokumente (EADs), so muss das Bauprodukt national geregelt und zugelassen werden. Dies kann, soweit vorhanden, wiederum auf Basis einer bekannt gemachten Technischen Baubestimmung, also in der MVV TB 2025/1 aufgeführten bzw. bekannt gemachten DIN-Normen, erfolgen (siehe § 17 MBO). Bei wesentlicher Abweichung davon oder dem Fehlen einer passenden Technischen Baubestimmung oder einer allgemein anerkannten Regel der Technik muss die Verwendbarkeit im Rahmen einer allgemein bauaufsichtlichen Zulassung, eines allgemein bauaufsichtlichen

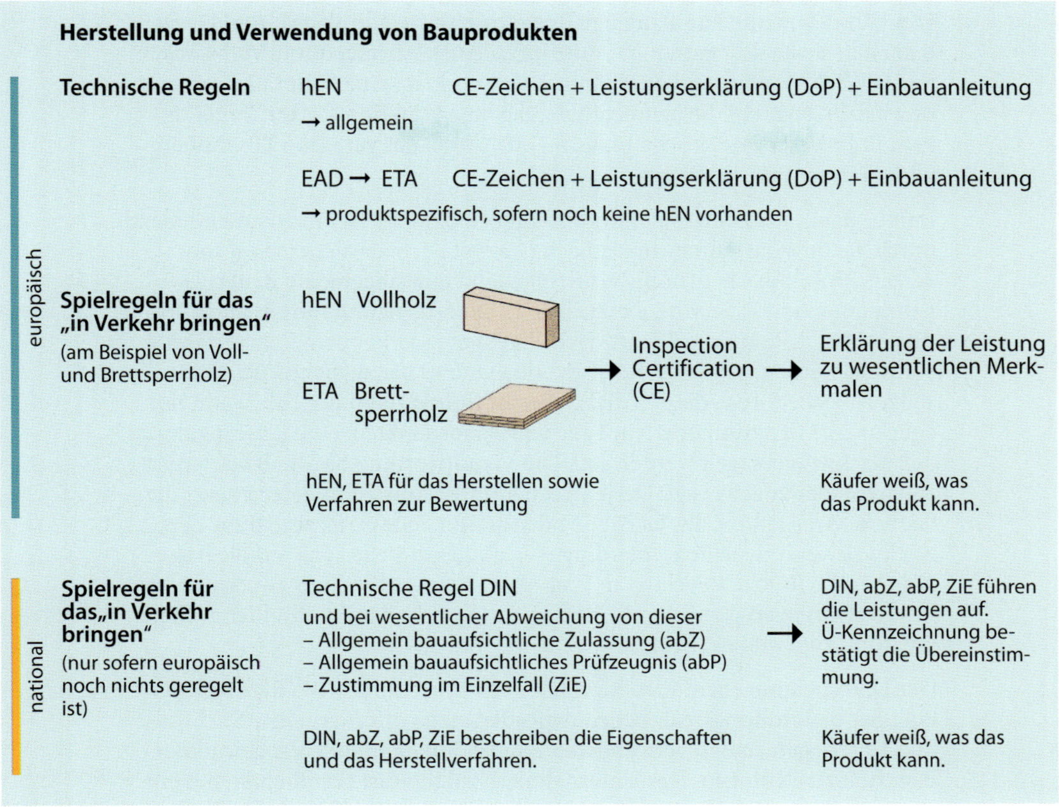

Abb. A.11: Zusammenstellung der Verfahren zur Kennzeichnung von Bauprodukten

Prüfzeugnisses oder vorhabenbezogen als Zustimmung im Einzelfall erfolgen (siehe §§ 18 bis 20 MBO). Die Übereinstimmung des Bauproduktes wird mit den zugrunde gelegten Regelungen dann durch den Hersteller nicht mit einem „CE", sondern mit einem „Ü" gekennzeichnet.

Das europäische und das nationale Verfahren sind sich im Grundsatz sehr ähnlich. Allgemein gilt jedoch: Ist für die (Grund-)Leistungen eines Produktes eine europäische Kennzeichnung möglich, darf es national hierzu keine weitere Regelung mehr geben (Verbot der Doppelkennzeichnung). Abb. A.11 zeigt die beschriebenen Abläufe und Regelungen für die Bauprodukte.

Demgegenüber bezeichnet der Begriff der **Bauart** nicht ein einzelnes Produkt, sondern das Zusammenfügen von Bauprodukten zu baulichen Anlagen oder zu Teilen davon (siehe § 2 Abs. 11 MBO). Eine Bauart beschreibt somit ein konstruktives System und dessen Funktionsweise, also die Art und Weise, wie mehrere Bauprodukte in bestimmter Anordnung und mit definierten Anschlussdetails zusammenwirken. Beispiele hierfür sind Fügungen von Wandelementen an Bauteilen oder Anschlüsse von Wand- und Deckenbauteilen sowie das bauseitige Aufbringen eines Wärmedämm-Verbundsystems (WDVS). Während das einzelne Bauprodukt seine Materialkennwerte bereitstellt, entsteht die baurechtlich relevante Funktion – etwa Tragfähigkeit, Brandschutz oder Schallschutz – erst durch das geregelte Zusammenwirken innerhalb der Bauart.

Immer dann, wenn diese Funktionsfähigkeit bzw. die Art nicht abschließend durch Technische Baubestimmungen geregelt ist, bedarf es eines gesonderten Anwendbarkeitsnachweises. Dies sind eine allgemeine Bauartgenehmigung oder eine vorhabenbezogene Bauartgenehmigung (siehe § 16a Abs. 2 MBO). Kann die Bauart nach allgemein anerkannten Prüfverfahren beurteilt werden, so genügt auch ein allgemeines bauaufsichtliches Prüfzeugnis (siehe § 16a Abs. 3 MBO). Dies ist immer dann der Fall, wenn nur eine einzige Funktion oder, im Falle von Bauprodukten, eine Leistung durch den Nachweis geregelt werden soll. Die Verantwortung für die Bauarten ist zunächst klar zugewiesen. Derjenige, der unter Anwendung der Bauart die bauliche Anlage bzw. das Gebäude oder dessen Teile errichtet, ist für den Nachweis verantwortlich. Allerdings sei an dieser Stelle auch auf die bauordnungsrechtliche Regelung in § 54 Abs. 1 Satz 2 MBO hingewiesen, in der dem Entwurfsverfasser klar die Verantwortung für das Funktionieren seines Entwurfs zugewiesen wird.

Der Unternehmer (bzw. Errichter) hat nach § 55 Satz 2 MBO die zur Erfüllung der bauordnungsrechtlichen Anforderungen erforderlichen Nachweise und Unterlagen zu den verwendeten Bauprodukten und den angewandten Bauarten zu erbringen. Der Unternehmer/Errichter ist verpflichtet, die mit der technischen Baubestimmung oder dem Anwendbarkeitsnachweis übereinstimmende Ausführung zu bestätigen.

Die Qualitätssicherung erfolgt wesentlich auf der Baustelle, da die geforderte Leistung maßgeblich von der korrekten Ausführung, der Einhaltung der Detailvorgaben und der fachgerechten Montage abhängt. Bauleitung und ausführende Unternehmen tragen insoweit eine zentrale Verantwortung für die Übereinstimmung der ausgeführten Bauart mit den genehmigten oder geregelten Vorgaben (Errichtererklärung nach § 16a Abs. 5 MBO).

An dieser Stelle sei darauf hingewiesen, dass insbesondere bei der Planung, Bemessung und Ausführung mehrgeschossiger Gebäuden ein zu spätes Festlegen von Bauarten und der zugehörigen Bauprodukte, inklusive der jeweiligen Nachweisführung, feststellbar zu erheblichen Problemen führt. Es wird dementsprechend empfohlen, bereits im Rahmen der Vorplanung mittels z. B. Bauteilkatalogen die einzelnen Bauteile, deren Fügungen und Anschlüsse sowie die mögliche Nachweisführung ausreichend zu definieren. Änderungen können sich im weiteren Verlauf durch die Entwurfs- und Genehmigungsplanung oder auch durch Alternativvorschläge im Rahmen

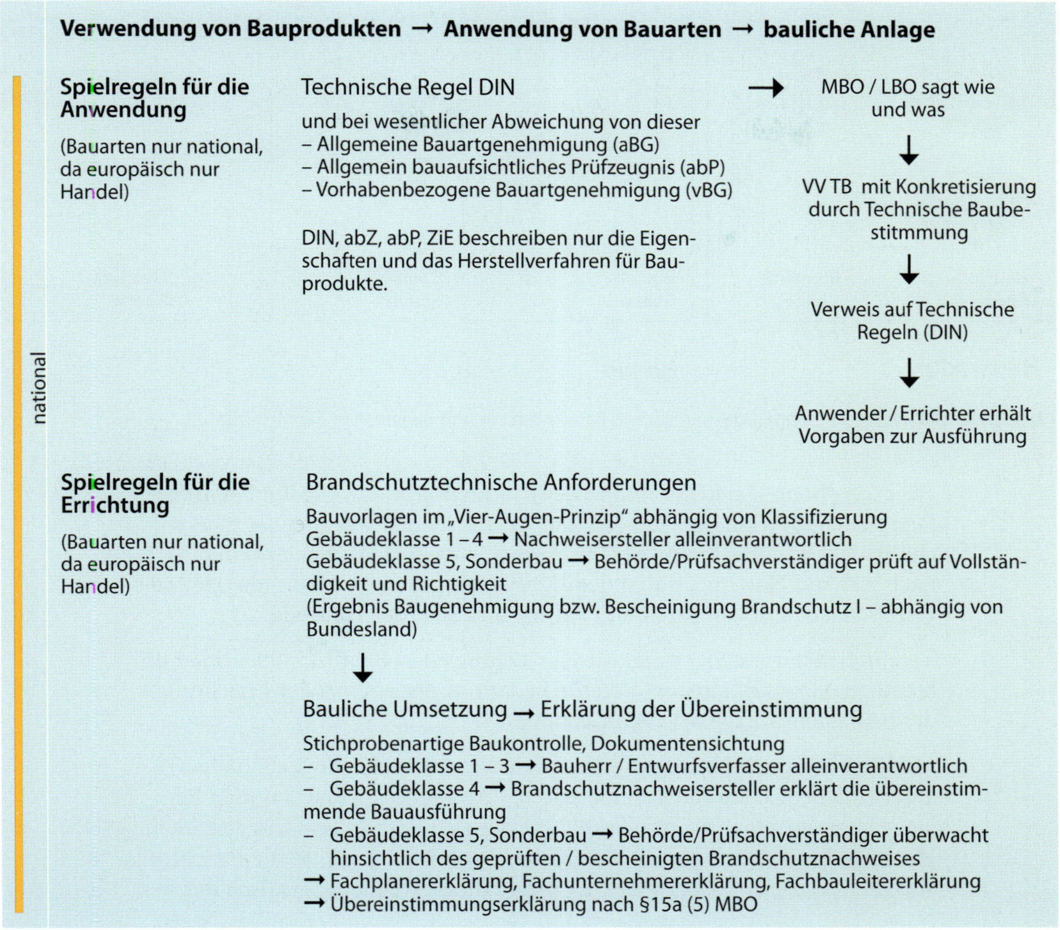

Abb. A.12: Darstellung der Zusammenhänge der Anwendung bzw. Regelungen von Bauarten

der Auftragsvergabe selbstverständlich ergeben. Eine Nachweisführung erst zum Zeitpunkt der Werksplanung und Ausführung wird jedenfalls als zu spät angesehen.

Abb. A.12 visualisiert die Zusammenhänge der Anwendung bzw. der Regelung von Bauarten.

Zusammenfassend lässt sich festhalten, dass die Eigenschaften von Bauprodukten definiert und nachgewiesen werden, während Bauarten erst durch das konstruktive Zusammenwirken mehrerer Bauprodukte eine bestimmte baurechtlich relevante Funktion in einer baulichen Anlage erfüllen. Bei Bauprodukten liegt der Schwerpunkt der Verantwortung und Qualitäts-

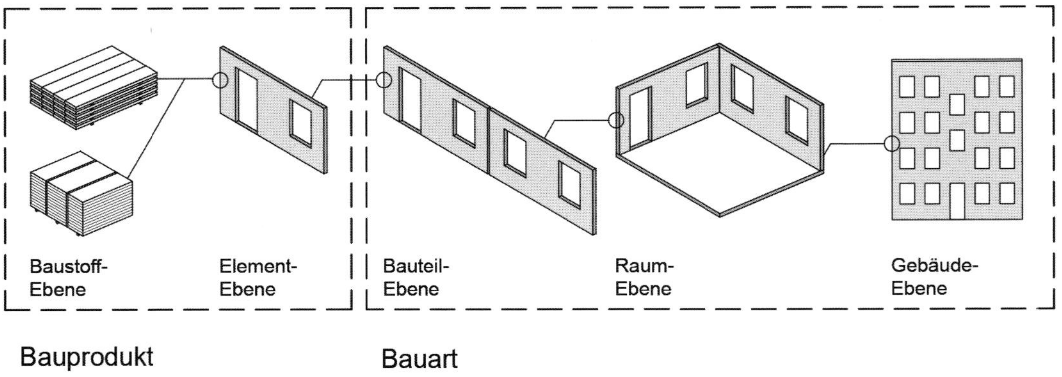

Abb. A.13: Darstellung der Regelungsbereiche zu Bauprodukten und Bauarten in der MHolzBauRL

sicherung beim Hersteller und in der Produktionskontrolle. Bei Bauarten liegt sie dagegen bei den Planern und Ausführenden sowie in der Überwachung der ordnungsgemäßen Umsetzung, je nach Gebäudeklasse und ggf. nach Art und Nutzung, durch den Entwurfsverfasser, die Behörde oder den Prüfsachverständigen bzw. den Prüfingenieur auf der Baustelle.

Vereinfacht dargestellt erfolgt die Herstellung eines Bauprodukts immer hinter einem „Produktionstor" und die Bauart immer am Ort der Errichtung der baulichen Anlage bzw. des Gebäudes.

Mit Blick auf die MHolzBauRL lässt sich die Unterscheidung ebenfalls veranschaulichen. Während sich die ersten 4 Abschnitte primär mit den Belangen der einzelnen Bauprodukte bzw. der als Bauprodukte vorgefertigten Elemente beschäftigt, steht in den Abschnitten 5 bis 9 primär die Errichtung, also die Bauart, im Fokus. Abb. A.13 stellt diese Aufteilung grafisch dar.

5 Vorfertigung im Holzbau

Die Vorfertigung ist ein zentrales Element des modernen Holzbaus und von großer Bedeutung.

Durch die werkseitige Herstellung und damit die mögliche industrielle Fertigung von Elementen in kontrollierter Umgebung, die später auf der Baustelle zu den jeweiligen Bauteilen zusammengefügt werden, ergeben sich gegenüber den konventionellen Bauweisen erhebliche Vorteile. Diese sind zusammengefasst

- eine hohe Präzision und hohe Maßgenauigkeit (Toleranzen liegen im Zehntel- bis Millimeterbereich);
- eine hohe Nachhaltigkeit durch optimierten Materialeinsatz und geringeren Energieverbrauch;
- eine geringe Menge von Abfallstoffen auf der Baustelle;

- schnelle Bauzeiten durch Montage großflächiger, vorgefertigter Elementtafeln anstelle des Zusammensetzens einzelner kleinteiliger Bauprodukte;
- geringer Platzbedarf zur Zwischenlagerung von zum Bau erforderlichen Produkten, Elemente werden just in time angeliefert und verbaut;
- Witterungsunabhängigkeit durch Produktion in Werkhallen; bei guter Montageplanung genügen kurze Zeitfenster zur Errichtung, sodass nur minimale wetterbedingte Verzögerungen auftreten;
- gleichbleibende Qualität durch stets gleichartige und ortsunveränderte Produktionsbedingungen; dies ermöglicht eine kontinuierliche Überprüfung und Sicherstellung der Qualität.

Aus brandschutztechnischer Sicht stellt das Bauen unter Verwendung von Elementen mit hohem Vorfertigungsgrad zudem eine erhöhte Sicherheit in Bezug auf Brände während der Bauzeit dar. In vielen englischsprachigen Ländern werden Holzgebäude durch bauseitiges Zusammenfügen einzelner Hölzer zu frei stehenden ungeschützten Rahmenkonstruktionen errichtet. Erst anschließend erfolgen die Bekleidung und Ausdämmung der Konstruktionen. Einer der bekanntesten Baustellebrände ist das Feuer von Beaufort Park, Colindale (Nordwest-London) im Juni 2006. Der Brand in dem im Bau befindlichen mehrgeschossigen Holzbau breitete sich innerhalb weniger Minuten über mehrere Stockwerke aus. Die Holzkonstruktion war zu diesem Zeitpunkt noch nicht geschützt (keine Brandschutzbekleidungen, offene Hohlräume). Die Gebäudeteile brannten vollständig nieder.

Elemente mit hohem Vorfertigungsgrad, wie in Deutschland überwiegend hergestellt, bieten im Gegensatz dazu eine hohe Sicherheit gegenüber solchen Bränden, da hier die brennbaren Strukturen und Hohlräume bereits teilweise bzw. vollständig mineralisch bekleidet und ausgedämmt sind. Dies hemmt wesentlich die Ausbreitung in der Entstehungsphase eines Brandes.

Neben den klassisch schon seit vielen Jahren werkseitig hergestellten Wand-, Decken- und Dachelementen in reiner Holzbauweise wurde die Vorfertigung kontinuierlich, insbesondere für die Errichtung von mehrgeschossigen Gebäuden mit immer wiederkehrenden Systemelementen, deutlich ausgeweitet. Zu den heutzutage vielfach für den Holzbau vorgefertigten Bauprodukten zählen auch

- aus verschiedenen Baustoffen vorgefertigte, hybride Bauelemente wie z. B. der Holz-Beton-Verbundbauweise,
- vorgefertigte Lösungen zur Installationsführung durch raumabschließende Bauteile wie z. B. fertig zum Einbau bestückte Kombischotts,
- vorgefertigte Sanitär-, Elektro- und Lüftungsmodule,
- Raummodule aus Holz und Holzwerkstoffen.

Ein weiteres entscheidendes Merkmal ist der Grad der Vorfertigung. Angefangen von einem einfachen Zusammenfügen eines Holzrahmens mit einer einseitigen Beplankung zu einer Holztafel als geringster Vorfertigungsgrad

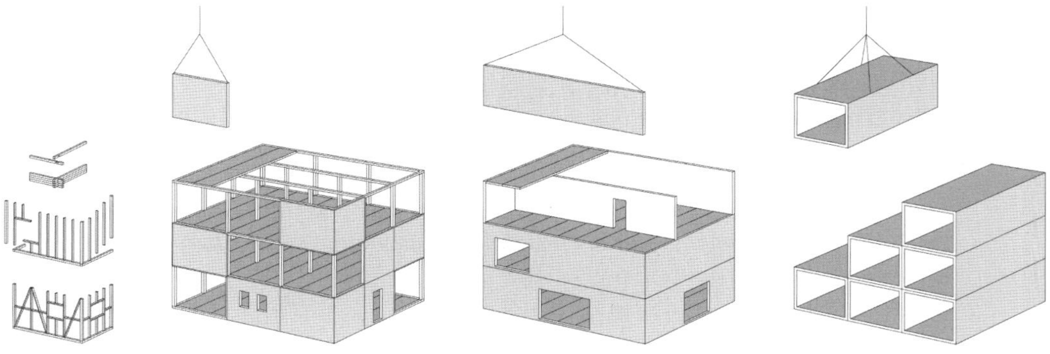

Abb. A.14: Darstellung des Vorfertigungsgrades und der Gestaltungsfreiheiten über die verschiedenen Bauweisen

reicht die Spanne bis zum allseitig fertig beplankten und bekleideten Element, das auf der Baustelle später nicht mehr oder nur geringfügig ergänzt und nachbearbeitet werden muss (siehe Abb. A.14).

Durch den hoch entwickelten Einsatz von CAD/CAM-Lösungen wird heutzutage bereits überwiegend im Rahmen der Ausführungs- und Werkplanung ein digitaler Zwilling des Bauobjektes erstellt. In manchen Fällen reicht diese Planungspräzision auch schon in die Entwurfsphase hinein. Innerhalb des digitalen Zwillings werden die Einzelbauelemente zu Gruppen in flächige Elemente oder Raummodule zusammengefügt. Durch die vollständige Planung innerhalb eines Modells und die hohe Präzision in der Herstellung kann ein problemloses Fügen der vorgefertigten Elemente und Module auf der Baustelle sichergestellt werden. Gerade dies stellt sich auch als sehr vorteilhaft im Hinblick auf die brandschutztechnischen Eigenschaften solcher Anschlüsse und Fügungen dar. Geringe Fugendicken und wenig einzuplanende Toleranzen wirken sich sehr positiv auf die Begrenzung des Durchtritts von Feuer und Rauch aus.

Da es sich bei allen Formen der Vorfertigung jeweils um die Herstellung neuer Bauprodukte handelt, muss im Vorfeld der Werkplanung geprüft werden, ob für die geplante Fertigungstiefe eine entsprechende Regelung vorliegt und ob es sich um ein sog. „geregeltes" Bauprodukt handelt. Sofern das Bauprodukt nicht durch eine europäische Regelung erfasst ist und somit CE-gekennzeichnet werden kann, muss entweder eine Technische Baubestimmung oder ein Verwendbarkeitsnachweis vorliegen (siehe Teil A, 4). Alle allgemein geregelten vorgefertigten Holzbauprodukte werden in der MVV TB unter Abschnitt C 2.3.1 aufgeführt. Nach Stand MVV TB 2025/1 sind dies derzeit ausschließlich geklebte und nicht geklebte, einseitig oder beidseitig geschlossene Holztafelbauteile.

Tabelle A.2: Darstellung der noch fehlenden Regelungen für im mehrgeschossigen Holzbau typische Bauprodukte (rot), ergänzt zu MVV TB 2025/1, Tabelle C2, lfd. Nr. C 2.3.1 ff., S. 99

C 2.3	**Bauprodukte für den Holzbau**		
C 2.3.1	**Vorgefertigte Bauteile**		
lfd. Nr.	**Bauprodukt**	**Technische Regel/ Ausgabe**	**Übereinstimmungsbestätigung**
C 2.3.1.4	beidseitig geschlossene, nicht geklebte Holztafelemente DIN 1052-11, Typ M1	DIN 1052-11:2022-12 Zusätzlich gilt sinngemäß: Richtlinie für die Überwachung von Wand-, Decken- und Dachtafeln für Holzhäuser in Tafelbauart nach DIN 1052-1 bis -3 (1992-06).	Übereinstimmungszertifikat durch eine anerkannte Zertifizierungsstelle (ÜZ), gilt auch für Nichtserienfertigung
C 2.3.1.5	beidseitig bekleidete oder beplankte geklebte Wand-, Decken- und Dachelemente, z. B. Tafelelemente für Holzhäuser in Tafelbauart	DIN 1052-10:2012-05	ÜZ, gilt auch für Nichtserienfertigung
C 2.3.1.6	einseitig geschlossene, nicht geklebte Holztafelelemente nach DIN 1052-11, Typ M1A und M1B	DIN 1052-11:2022-12	Übereinstimmungszertifikat des Herstellers (ÜH)
C 2.3.1.7	einseitig geschlossene, nicht geklebte Holztafelelemente nach DIN 1052-11, Typ M1C	DIN 1052-11:2022-12	ÜZ, gilt auch für Nichtserienfertigung
C 2.3.1.X	vorgefertigte Elemente mit Kern aus Holzmassivelementen, Typ M	DIN 1052-11:2026-03	ÜZ
C 2.3.1.Y	vorgefertigte Elemente mit Kern aus geklebten Verbundteilen oder geklebten Rippen- oder Kastenelementen nach DIN 1052-10, Typ V	DIN 1052-11:2026-03	ÜZ
C 2.3.1.Z	vorgefertigte Raummodule in Holzbauweise, Typ R	DIN 1052-11:2026-03	ÜZ

Anmerkung: Diese Darstellung dient nur der Veranschaulichung der Systematik und stellt keine Vorgabe oder Vorveröffentlichung einer künftigen MVV TB dar.

Für alle weiteren regelmäßig im mehrgeschossigen Holzbau eingesetzten vorgefertigten Holzbauprodukte wurde bereits eine zugehörige Technische Regel erarbeitet und als Norm DIN 1052-11 „Holzbauwerke – Herstellung und Ausführung von Holzbauwerken – Teil 11: Vorgefertigte Wand-, Decken- und Dachelemente und Raummodule – Anforderungen an die Herstellung“ (2026) im „Weißdruck“ veröffentlicht. Damit die Bauprodukte geregelt sind, muss die vorgenannte Norm noch in die Technischen Baubestimmungen mit aufgenommen werden. Tabelle A.2 zeigt die aktuell (Stand: Frühjahr 2026) enthaltenen geregelten Bauprodukte (schwarz) und die künftig mit aufzunehmenden „neuen“ Bauprodukte entsprechend der Systematik nach DIN 1052 (rot).

Anmerkung: Die Darstellung der roten Zeilen dient ausschließlich der Erklärung der Regelungssystematik und stellt keine Vorgabe oder Vorveröffentlichung einer künftigen MVV TB dar. Eine Aufnahme dieser Norm wird voraussichtlich erst in der MVV TB 2027 möglich sein. Bis zu diesem Zeitpunkt sind die entsprechenden Bauprodukte entweder im Rahmen einer allgemein bauaufsichtlichen Zulassung oder Zustimmung im Einzelfall zur regeln. Werden technisch alle Vorgaben der MHolzBauRL bzw. DIN 4102-4 erfüllt, handelt es sich bei der Regelung nur noch um eine ersatzweise Zuweisung auf das Verfahren nach DIN 1052.

6 Gebäudeklassen und Anforderungen

In Deutschland ist für jegliche Baumaßnahme, sei es die Änderung, Erweiterung oder die Neuerstellung eines Gebäudes, die entsprechende Gebäudeklasse als Grundlage für die Ermittlung der bauordnungsrechtlichen Anforderungen zu bestimmen.

Die Einteilung der Gebäude in Gebäudeklassen erfolgt nach § 2 Abs. 3 MBO. Maßgeblich sind die Gebäudehöhe, die Anzahl und die Größe der Nutzungseinheiten sowie die Gebäudeart. Die Gebäudehöhe bestimmt sich nach § 2 Abs. 3 Satz 2 MBO aus der Höhe des Fußbodens des obersten Aufenthaltsraumes über der Geländeoberfläche im Mittel.

Die Gebäudeklasse ist im Anschluss Grundlage für die brandschutztechnischen Anforderungen an Bauteile und Baustoffe nach §§ 26 bis 30 MBO sowie für die Anforderungen an Rettungswege nach § 33 MBO.

Gebäude der Gebäudeklasse 1 sind nach § 2 Abs. 3 Nummer 1 MBO frei stehende Gebäude mit einer Höhe von nicht mehr als 7 m und höchstens zwei Nutzungseinheiten von jeweils nicht mehr als 400 m². Gebäudeklasse 2 erfasst nach § 2 Abs. 3 Nummer 2 MBO Gebäude gleicher Höhe und Nutzungseinheitenzahl, jedoch ohne das Merkmal „frei stehend“. Gebäudeklasse 3 umfasst nach § 2 Abs. 3 Nummer 3 MBO sonstige Gebäude mit einer Höhe von nicht mehr als 7 m. Gebäudeklasse 4 betrifft nach § 2 Abs. 3 Nummer 4 MBO Gebäude mit einer Höhe von mehr als 7 und bis zu 13 m. Gebäudeklasse 5 umfasst Gebäude nach § 2 Abs. 3 Nummer 5 MBO mit einer Höhe von mehr als 13 m. Die Gebäudeklassifizierung ist immer eindeutig, Abweichungen sind generell nicht möglich (siehe Abb. A.15).

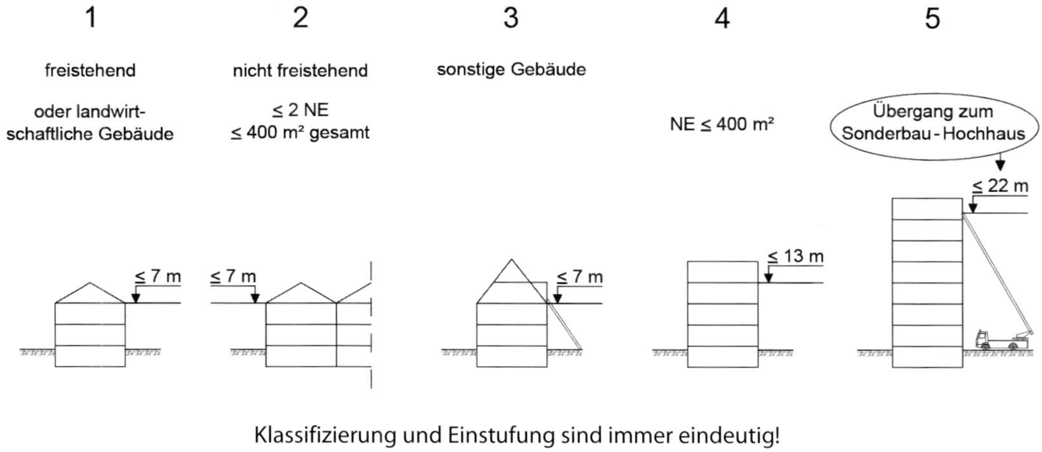

Abb. A.15: Grafische Zusammenstellung der 5 Gebäudeklassen nach deutschem Bauordnungsrecht

Ab einer Höhe von 22 m des obersten Geschossfußbodens über der Geländeoberkante im Mittel beginnt das Hochhaus als besondere Gebäudeart. Dies ist ein entsprechendes Beispiel für den Tatbestand eines Sonderbaus. Eine unter Berücksichtigung von § 2 Abs. 4 Nummer 20 MBO abschließende Auflistung weiterer Tatbestände zu Gebäuden „besonderer Art und Nutzung" findet sich im Anschluss an die Gebäudeklassen unter § 2 Abs. 4 MBO. Die Gebäudeklassifizierung nach Gebäudeklassen sowie die Feststellung eines Sonderbautatbestandes sind grundsätzlich getrennt voneinander vorzunehmen. Jede fest mit dem Erdboden verbundene bauliche Anlage, die selbstständig benutzbar und überdeckt ist, von Menschen betreten werden kann sowie geeignet oder bestimmt ist, dem Schutz von Menschen, Tieren oder Sachen zu dienen, wird nach § 2 Abs. 2 MBO als Gebäude eingestuft und ist folgend in eine der fünf Gebäudeklassen einzuteilen. Unabhängig von der Gebäudeklasse wird der Sonderbautatbestand festgestellt.

Die Systematik der Gebäudeklassen nach § 2 Abs. 3 MBO führt zu einer abgestuften Erhöhung der brandschutztechnischen Anforderungen mit zunehmender Gebäudehöhe. Über die Gebäudeart (z. B. Gebäudeausdehnung) und/oder die Nutzungskomplexität können zur Verwirklichung der allgemeinen Anforderungen nach § 3 MBO bzw. der Einhaltung der brandschutztechnischen Schutzziele nach § 14 MBO zusätzliche Anforderungen gestellt werden. Zur Vermeidung zu hoher, nicht gebäude- bzw. nutzungsverträglicher Anforderungen können analog aber auch Erleichterungen gestattet werden. Zu unterscheiden ist zwischen „ungeregelten" Sonderbauten, die keiner zugehörigen Rechtsverordnung unterliegen, und „geregelten" Sonderbauten, für die klare Anforderungen, bauordnungsrechtlich eingeführt, definiert sind. Ziele sind die Sicherstellung der Standsicherheit im Brandfall, die wirksame Begrenzung der Brandausbreitung sowie die Gewährleistung ausreichender Rettungswege für das jeweilige Risikopotenzial.

Als grundlegende Anforderung über alle Gebäudeklassen kommt abschließend die Ermöglichung wirksamer Löschmaßnahmen hinzu.

7 Holzbauplanung

Der integrale Planungsprozess ist im Holzbau, insbesondere im mehrgeschossigen Holzbau, keine optionale Methodik, sondern eine zwingende Voraussetzung für funktionierende wirtschaftliche und genehmigungsfähige Gebäude. Die hohe Systemabhängigkeit von Tragwerk, Bauphysik, Brandschutz, Haustechnik, Vorfertigung und Montage erfordert ein frühes, gleichzeitiges und abgestimmtes Mitwirken aller relevanten Fachplaner.

Der Holzbau ist durch seine geringen Toleranzen, eine hohe Vorfertigungstiefe und ausgeprägte Funktionsüberlagerungen charakterisiert. Tragstruktur, brandschutztechnische Funktionslagen, die haustechnische Installationsführung, Schallschutz-, Wärme- und Feuchteschutzmaßnahmen sowie Fügungs- und Anschlussdetails greifen unmittelbar ineinander. Entscheidungen in frühen Phasen, etwa zur Rasterung, zur Wahl der Decken- und Wandsysteme oder zur Gebäudeorganisation, haben unmittelbare Auswirkungen auf alle Fachdisziplinen und sind später nur mit erheblichem zeitlichem und monetärem Mehraufwand oder mit Qualitätsverlust korrigierbar (Leanwood, 2019; Kreiner/Schickhofer, 2016; Schneider/Hölscher, 2018).

Besonders relevant ist hierbei, dass bei der überwiegenden Zahl realisierter Wohn- und Geschäftsgebäude die Flächen bereits in sehr frühen Planungsstadien festgelegt sind. Dies ist einerseits auf die von Bundesland zu Bundesland wechselnden Rahmenbedingungen der Förderlandschaft (z. B. geförderter Wohnbau) zurückzuführen, andererseits auf bereits vollzogene oder vorbereitete Verkäufe von Wohnungen und sonstigen Nutzungseinheiten. Änderungen an Grundrissen, Bauteildicken oder Konstruktionsaufbauten sind unter diesen Voraussetzungen nicht mehr oder nur mit hohem wirtschaftlichem und rechtlichem Aufwand möglich und verursachen meist erhebliche eine Diskussionslage. Konkret können scheinbar kleine nachträgliche Anpassungen, etwa der Austausch einer Brandschutzbekleidung von 15 auf 18 mm Dicke aufgrund falsch angenommener Anforderungen, sich als hochproblematisch erweisen, da sie unmittelbar Flächenverluste, Abweichungen von Förderkriterien, Anpassungen von Kaufverträgen oder erneute Genehmigungs- und Nachweisverfahren nach sich ziehen (Leanwood, 2019; Schneider/Hölscher, 2018).

Bestenfalls werden Bauteilaufbauten, Systementscheidungen sowie deren funktionale Leistungsfähigkeit und Nachweisbarkeit (Brand-, Schall-, Wärme-, Tragverhalten) bereits in der Leistungsphase 2 der Honorarordnung für Architekten und Ingenieure (HOAI) mit hoher Planungssicherheit festgelegt. Der integrale Planungsprozess ist somit Voraussetzung dafür, dass diese frühe Festlegung fachlich korrekt, robust und dauerhaft tragfähig erfolgen kann.

In der klassischen Planungsabfolge planen die Beteiligten ihre Fachbereiche nacheinander. Dieses Vorgehen ist im mehrgeschossigen Holzbau besonders problematisch. Zusammengefasst führt diese Planungsabfolge typischerweise zu folgenden Problemen (Leanwood, 2019):

- Kollisionsprobleme: Leitungen, Tragwerk, Brandschutz- und Schallschutzanforderungen konkurrieren um denselben Bauraum.
- Änderungskaskaden: Späte Anpassungen in einem Fachbereich erzwingen Rückänderungen in bereits abgeschlossenen Planungen anderer Disziplinen.
- Verlust der Systemlogik: Ursprünglich konsistente Entwurfsideen werden durch nachträgliche Kompromisse fragmentiert.
- Kosten-, Termin- und Förderrisiken: Folgen sind Umplanungen, Sonderlösungen, Flächenverluste oder Abweichungen von Förderkriterien.

Dem Entwurfsverfasser kommt damit eine noch zentralere koordinierende Verantwortung zu. Seine Aufgabe endet nicht mit dem architektonischen Konzept, sondern umfasst das funktionale Gelingen des Gesamtsystems. An dieser Stelle sei auf die Festlegungen der MBO zur Qualifikation und Aufgabenerfüllung des Entwurfsverfassers hingewiesen. In § 54 MBO wird festgelegt, dass

- der Entwurfsverfasser nach Sachkunde und Erfahrung zur Vorbereitung des jeweiligen Bauvorhabens geeignet sein muss; er ist **für die Vollständigkeit und Brauchbarkeit** seines Entwurfs **verantwortlich**;
- der Entwurfsverfasser dafür zu sorgen hat, dass die für die Ausführung notwendigen Einzelzeichnungen, Einzelberechnungen und Anweisungen den öffentlich-rechtlichen Vorschriften entsprechen;
- soweit der Entwurfsverfasser auf einzelnen Fachgebieten nicht die erforderliche Sachkunde und Erfahrung hat, er geeignete Fachplaner heranziehen muss;
- der Entwurfsverfasser für das ordnungsgemäße Ineinandergreifen aller Fachplanungen verantwortlich bleibt.

Konkret bedeutet dies:

- rechtzeitige Einbindung aller relevanten Fachplaner (Tragwerk, Bauphysik, Brandschutz, TGA, Holzbauunternehmen/Fertigungsplanung);
- Koordination des Ineinandergreifens rückläufiger Planungselemente: Erkenntnisse aus Fachplanungen müssen iterativ in den Entwurf zurückgeführt, bewertet und integriert werden;
- Sicherstellung der System- und Flächenkompatibilität: Der Entwurf muss unter realistischen rechtlichen, fördertechnischen und konstruktiven Randbedingungen dauerhaft funktionieren.
- Verantwortung für frühe Festlegungen: Bauteilaufbauten, Systementscheidungen und deren Nachweisstrategie müssen früh belastbar definiert werden, da spätere Anpassungen vielfach ausgeschlossen sind.
- Der Entwurfsverfasser übernimmt damit die Rolle des Systemintegrators, der die verschiedenen Fachbeiträge zu einem konsistenten, genehmigungs- und marktfähigen Gesamtentwurf zusammenführt.

Mit der Ausschreibung von Bauleistungen müssen die wesentlichen bautechnischen Nachweise vollständig und belastbar abgesichert sein. Die Verantwortung für die Nachweisführung darf dabei nicht auf die Ausführenden verlagert werden. Diese haben im Wesentlichen die Aufgabe, die Planung auf Grundlage der im Rahmen der Genehmigungs- und Ausführungsplanung erstellten Bauvorlagen umzusetzen und eine mit der Planung übereinstimmende Bauausführung sicherzustellen. Entsprechend der HOAI obliegen dem Entwurfsverfasser in den Leistungsphasen 1 bis 4 die Grundlagenermittlung, die Vor- und Entwurfsplanung sowie die Genehmigungsplanung einschließlich der Koordination der Fachplanungen und der Erstellung aller für das Genehmigungsverfahren erforderlichen Unterlagen und Nachweise. In der Leistungsphase 5 ist er darüber hinaus für die Ausführungsplanung verantwortlich, in der der Entwurf konstruktiv, technisch und funktional vollständig durchgearbeitet wird. Damit trägt der Entwurfsverfasser die Verantwortung dafür, dass der entwickelte Entwurf nicht nur genehmigungsfähig, sondern auch technisch umsetzbar ist und im Bauablauf sowie im späteren Betrieb funktionsfähig umgesetzt werden kann.

Aber auch die Fachplaner sind gefordert,

- ihre Anforderungen und Randbedingungen frühzeitig und eindeutig zu formulieren,
- systemische Auswirkungen ihrer Fachentscheidungen transparent darzulegen,
- innerhalb der gegebenen Flächen- und Systemgrenzen lösungsorientiert mitzuwirken und
- die frühe Festlegung von Bauteil- und Nachweiskonzepten aktiv abzusichern.

Diese Herangehensweise entspricht den Grundsätzen der Lean-Planung, wie sie u. a. in der Veröffentlichung von Leanwood (2019) beschrieben werden. Holzbau wird dort explizit als kooperativer Entwicklungsprozess verstanden, bei dem Entscheidungen möglichst früh und auf fundierter fachlicher Basis getroffen werden, spätere Umplanungen als Form von Verschwendung vermieden werden und Planungssicherheit als zentrales Qualitätsmerkmal gilt.

Vor dem Hintergrund frühzeitiger Flächen- und Rasterfestlegungen kommt der integralen Planung im mehrgeschossigen Holzbau eine zentrale Bedeutung zu. Aufgrund der hohen Vorfertigungstiefe, der engen Verzahnung von Tragwerk, Brandschutz, Bauphysik und Ausbau sowie der daraus resultierenden geringen Anpassungsfähigkeit im späteren Projektverlauf ist eine frühzeitige und interdisziplinär abgestimmte Planung nicht nur technisch geboten, sondern auch wirtschaftlich und rechtlich erforderlich.

Der Holzbau weist zudem eine erhöhte Fehlersensitivität auf. Planungsfehler lassen sich im Vergleich zu massiven Bauweisen regelmäßig nicht oder nur mit erheblichem technischem und wirtschaftlichem Aufwand korrigieren. Insbesondere Eingriffe in tragende oder brandschutztechnisch klassifizierte Bauteile, Änderungen an Bekleidungslagen oder Anpassungen von

Anschlussdetails sind im fortgeschrittenen Bauzustand nur eingeschränkt möglich. Die Bauweise ist daher gegenüber Planungsungenauigkeiten weniger robust als konventionelle Bauarten. (Kreiner/Schickhofer, 2016; Schneider/Hölscher, 2018)

Vor diesem Hintergrund ist eine durchgängige Qualitätssicherung bereits in frühen Planungsphasen sicherzustellen. Dies umfasst insbesondere die konsistente Abstimmung aller Fachdisziplinen, eine präzise Detailplanung sowie die frühzeitige Berücksichtigung bauordnungsrechtlicher und ausführungstechnischer Randbedingungen.

Teil B Muster-Richtlinie über brandschutztechnische Anforderungen an Bauteile und Außenwandbekleidungen in Holzbauweise (MHolzBauRL)

Muster-Richtlinie über brandschutztechnische Anforderungen an Bauteile und Außenwandbekleidungen in Holzbauweise (MHolzBauRL)

Fassung 24. September 2024

Inhaltsverzeichnis

1 Anwendungsbereich

[1]Diese Richtlinie regelt hochfeuerhemmende Bauteile nach § 26 Absatz 2 Satz 2 Nummer 3 der Musterbauordnung[1] sowie abweichend hochfeuerhemmende und abweichend feuerbeständige Bauteile im Sinne von § 26 Absatz 2 Satz 4 der Musterbauordnung[1]. [2]Feuerwiderstandsfähige Bauteile nach dieser Richtlinie sind mit brandschutztechnisch wirksamer Bekleidung (Brandschutzbekleidung) nach Abschnitt 3.4 und soweit erforderlich mit Dämmstoffen nach Abschnitt 3.3 auszuführen. [3]Bei Beachtung der Regelungen entsprechen hochfeuerhemmende Bauteile mit Brandschutzbekleidung § 26 Absatz 2 Satz 2 Nummer 3 der Musterbauordnung[1]. [4]Sie gilt auch für Wände anstelle von Brandwänden gemäß § 30 Absatz 3 Satz 2 Nummer 1 und 2 der Musterbauordnung[1].

[5]Es wird unterschieden in Holztafelbauweise und Massivholzbauweise.

[6]Die Richtlinie gilt als Technische Regel für die Ausführung von Fugen zwischen einzelnen Elementen sowie Anschlüssen von Bauteilen untereinander. [7]Bauarten bedürfen keiner weiteren Anwendbarkeitsnachweise, sofern sie von dieser Richtlinie erfasst sind.

[8]Darüber hinaus regelt die Richtlinie Außenwandbekleidungen aus Holz und Holzwerkstoffen nach § 28 Absatz 5 Satz 2 der Musterbauordnung[1].

[9]Die Richtlinie ist grundsätzlich nur anwendbar bei Gebäuden mit brandschutztechnisch abgetrennten Räumen/Raumgruppen, die nicht größer als 400 m^2 sind. [10]Für Sonderbauten ist die Richtlinie nur anwendbar, wenn zusätzlich eine bestimmungsgemäße Nutzung für selbstrettungsfähige Personen vorgesehen ist. [11]Eine brandschutztechnische Abtrennung kann mindestens ausgebildet werden durch Trennwände nach § 29 Absatz 2 Nr. 1 der Musterbauordnung[1] oder notwendige Flure nach § 36 der Musterbauordnung[1]. [12]Eine bestimmungsgemäße Nutzung für selbstrettungsfähige Personen liegt auch in den Fällen von § 50 Absätze 1 und 2 ausgenommen Absatz 2 Satz 2 Nummer 3 (Einrichtungen des Gesundheitswesens) der Musterbauordnung[1] vor.

[13]Diese Richtlinie ist nicht anzuwenden für Bauteile in Kellergeschossen nach § 2 Absatz 6 Satz 1 Halbsatz 2 der Musterbauordnung[1] sowie in unterirdischen Mittel- und Großgaragen.

2 Begriffe

2.1 Holztafelbauweise

[1]Die Holztafelbauweise im Sinne dieser Richtlinie besteht aus tragenden und/oder raumabschließenden Bauteilen aus Verbundelementen aus Holzrippen mit beidseitiger Beplankung und/oder Bekleidung. [2]Eine Dämmung gemäß Abschnitt 3.3 wird in der Konstruktionsebene zwischen den Holzrippen (Gefache) angeordnet. [3]Auf den Holzrippen dürfen ein- oder beidseitig entsprechende Beplankungen (z. B. Holzwerkstoffplatten) angeordnet werden. [4]Jeweils raumseitig hat die Holztafelbauweise nach dieser Richtlinie

1 Nach Landesrecht

eine Brandschutzbekleidung aus nichtbrennbaren Baustoffen, um die brennbaren Baustoffe mindestens über einen definierten Zeitraum vor Entzündung zu schützen. [5]Die Holzrippen und Beplankungen/Bekleidungen sind mechanisch miteinander verbunden.

[6]Schallschutztechnisch notwendige Zwischenräume in zweischaligen Trennwänden sind mit nichtbrennbaren Dämmstoffen vollständig auszufüllen. [7]Weitergehende Anforderungen wie in Abschnitt 3.3 beschrieben, werden an diese Dämmung nicht gestellt.

2.2 Massivholzbauweise

[1]Die Massivholzbauweise im Sinne dieser Richtlinie besteht aus Elementen ohne Hohlräume (hohlraumfrei). [2]Bauteile mit verfüllten Hohlräumen sind grundsätzlich wie solche der Holztafelbauweise nach Abschnitt 2.1 zu betrachten; ausgenommen sind schallschutztechnisch notwendige Zwischenräume in zweischaligen Trennwänden, die mit nichtbrennbaren Dämmstoffen vollständig ausgefüllt sind (siehe Abschnitt 2.1 Satz 6 und 7). [3]Massivholzelemente bestehen aus Schichten einzelner Holzlamellen oder Holzwerkstoffplatten, die mechanisch miteinander verbunden oder verklebt sind. [4]Einzelne produktionsbedingte Fugen zwischen den dichtgestoßenen Lamellen sowie (Entlastungs-) Nuten bleiben unberücksichtigt, soweit diese Fugen im Rahmen des Nachweises des Bauproduktes nach Abschnitt 3.2 geregelt sind.

[5]Zur Massivholzbauweise zählen auch Verbundbauteile, bei denen eine Kombination mit Schichten aus nichtbrennbaren Baustoffen erfolgt (sogenannte Hybrid-Bauweise wie zum Beispiel Holz-Beton-Verbunddecken). [6]Dies gilt gleichermaßen auch für Bestandteile der Skelettbauweise, wie Stützen, Träger und plattenförmige Bauteile, sofern diese hohlraumfrei hergestellt sind.

2.3 Fugen und Anschlüsse

Konstruktiv wird unterschieden in Plattenfugen/-stöße der Bekleidung, Elementfugen (Fuge zwischen zwei einzelnen Elementen, die zu einem flächigen Bauteil zusammengefügt werden) und Bauteilfugen (Fuge zwischen zwei Bauteilen, die zusammengefügt werden, zum Beispiel Anschluss Wand/Geschossdecke).

2.4 Außenwandbekleidung

Unter dem Begriff Außenwandbekleidung ist die gesamte, auf eine tragende oder nichttragende Außenwand aufgebrachte Bekleidung aus Holz oder Holzwerkstoffen zu verstehen, die aus mehreren Schichten insbesondere der hierfür notwendigen Bekleidung, Unterkonstruktionen sowie eventueller Dämmstoffe bestehen kann.

2.5 Brandsperre

[1]Brandsperren sind horizontal oder vertikal angeordnete konstruktive brandschutztechnische Maßnahmen, die der Begrenzung der Brandausbreitung innerhalb und an der Oberfläche von Außenwandbekleidungen für eine ausreichend lange Zeit dienen. [2]Eine Brandsperre nach dieser Richtlinie muss nichtbrennbar sein und ist aus Stahlblech auszuführen.

3 Allgemeine Anforderungen an das Brandverhalten und die Feuerwiderstandsfähigkeit

3.1 Allgemeines

[1]Die Richtlinie konkretisiert die materiellen brandschutztechnischen Anforderungen an Bauteile und regelt die Anschlüsse dieser Bauteile untereinander. [2]Soweit Anschlüsse nicht in dieser Richtlinie beschrieben sind oder hierfür keine Technische Baubestimmung herangezogen werden kann, bedarf es eines Anwendbarkeitsnachweises gemäß § 16a der Musterbauordnung[1].

[3]Anforderungen aus anderen Technischen Baubestimmungen, insbesondere zur Standsicherheit und Dauerhaftigkeit, bleiben von dieser Richtlinie unberührt.

[4]Die in dieser Richtlinie enthaltenen Anforderungen an die Art und die Anordnung von Verbindungsmitteln beschränken sich auf Aspekte zur Gewährleistung des Raumabschlusses, insbesondere der Vorbeugung einer Rauchausbreitung über Bauteilfugen.

3.2 Nachweis der erforderlichen Feuerwiderstandsdauer

[1]Die erforderliche Feuerwiderstandsdauer von Bauteilen nach dieser Richtlinie ist nachzuweisen. [2]Der Nachweis kann nach Anhang 1 geführt werden.

3.3 Dämmstoffe

[1]Dämmstoffe in und auf Bauteilen nach dieser Richtlinie müssen nichtbrennbar sein und einen Schmelzpunkt von mindestens 1000°C entsprechend DIN 4102-17:2017-12 aufweisen, sofern in dieser Richtlinie nichts anderes bestimmt ist. [2]Sie sind als vollständig ausfüllende Gefachdämmung formschlüssig auszuführen. [3]Einlagige Dämmschichten sind vollflächig und dicht gestoßen einzubauen. [4]Bei zweilagigen beziehungsweise mehrlagigen Dämmschichten sind die Stöße zu versetzen. [5]Matten- oder plattenförmige Dämmschichten sind mit einem Übermaß von mindestens 2 Prozent der Gefachbreite einzubauen.

[6]Dämmschichten in Fußbodenaufbauten sind aus brennbaren Baustoffen zulässig, wenn der Fußbodenaufbau mit einer Brandschutzbekleidung nach Abschnitt 4.2 oder 4.3 Buchstabe d nach oben abschließt.

3.4 Brandschutztechnisch wirksame Bekleidung

[1]Die brandschutztechnisch wirksame Bekleidung (Brandschutzbekleidung) muss aus nichtbrennbaren Baustoffen bestehen. [2]Sie muss eine Entzündung der tragenden und aussteifenden sowie raumabschließenden Bauteile aus Holz oder Holzwerkstoffen während eines ausreichenden Zeitraumes verhindern.

[3]Dies wird insbesondere mit Gipsplatten (Feuerschutzplatte Typ GKF) nach DIN 18180:2014-09 in Verbindung mit mindestens Typ DF nach DIN EN 520:2009-12 oder aus Gipsfaserplatten (GF, Rohdichte mindestens 1.100 kg/m^3) nach DIN EN 15283-2:2009-12 oder mit entsprechenden Leistungseigenschaften nach Europäischer Technischer Bewertung jeweils in Verbindung mit den Abschnitten 4.2 und 4.3 dieser Richtlinie erfüllt.

[4]Alternativ darf für Brandschutzbekleidungen ein Nachweis über die Schutzwirkung nach Anhang 1, Abschnitt A 1.5 dieser Richtlinie geführt werden.

[5]Die Brandschutzbekleidung darf beim Nachweis der Feuerwiderstandsdauer angerechnet werden und bei Standsicherheitsnachweisen als Beplankung (statisch mitwirkend) angesetzt werden. [6]Dort nachgewiesene Klammern und Schnellbauschrauben dürfen in diesem Falle durch mindestens gleichwertige Verbindungsmittel nach DIN EN 14592:2012-07 ersetzt werden.

3.5 Folien

Normalentflammbare Folien, Membranen und Bahnen für die Bauteilabdichtung zur Erzielung einer Wind- beziehungsweise Luftdichtheit sowie normalentflammbare Dampfbremsen und wasserabweisende Folien sind zulässig.

4 Anforderungen an feuerwiderstandsfähige Bauteile in Holzbauweise

4.1 Allgemeines

[1]Hochfeuerhemmende Bauteile in Holztafelbauweise sowie abweichend hochfeuerhemmende Bauteile in Holztafel- und Massivholzbauweise müssen einen Nachweis als tragende und/oder raumabschließende Bauteile über die Feuerwiderstandsdauer von mindestens 60 Minuten haben.

[2]Abweichend feuerbeständige Bauteile in Holztafelbau- und Massivholzbauweise müssen einen Nachweis als tragende und/oder raumabschließende Bauteile über die Feuerwiderstandsdauer von mindestens 90 Minuten haben.

[3]Sofern sich bei Anwendung der vereinfachten Nachweistabellen in den Abschnitten 4.2 oder 4.3 sowie aus mitgeltenden technischen Nachweisen unterschiedliche Verbindungsmittelabstände ergeben, ist jeweils der kleinste Wert maßgeblich, bei unterschiedlichen Einbindetiefen im Holzbauteil ist der jeweils größte Wert maßgebend.

4.2 Ausführung der brandschutztechnisch wirksamen Bekleidung

[1]Die Anforderung nach Abschnitt 3.4 Satz 2 gilt als erfüllt, wenn für hochfeuerhemmende oder abweichend hochfeuerhemmende Bauteile ein Ausschluss der Entzündung nach DIN EN 1995-1-2:2010-12 für t_{ch} von mindestens 60 Minuten (Zeitpunkt des Beginns der Verkohlung hinter dem Bekleidungssystem), für abweichend feuerbeständige Bauteile für t_{ch} von mindestens 90 Minuten, nachgewiesen ist. [2]Die Anforderungen gelten alternativ als erfüllt, wenn die Brandschutzbekleidung nach Abschnitt 3.4 entsprechend den Vorgaben nach Tabelle 1 (t_{ch} mindestens 60 Minuten mit 2 × 15 mm Plattendicke) beziehungsweise Tabelle 2 (t_{ch} mindestens 90 Minuten mit 2 × 18 mm Plattendicke) ausgeführt wird.

[3]Die Brandschutzbekleidung muss mindestens zweilagig sein, sofern nachstehend nichts anderes geregelt ist. [4]Plattenfugen sind mit Fugenversatz, Stufenfalz oder Nut- und Federverbindungen auszubilden, so dass keine durchgängigen Fugen entstehen; auch Stumpfstöße nach Anhang 3 sind zulässig.

[5]Die Befestigung der Brandschutzbekleidung hat direkt an der Holzkonstruktion (Tragkonstruktion) zu erfolgen. [6]Sie kann ebenfalls an einer zusätzlichen Unterkonstruktion erfolgen, wenn die Zwischenräume der Unterkonstruktion mit nichtbrennbaren Dämmstoffen nach Abschnitt 3.3 vollständig ausgefüllt werden. [7]Eine Befestigung „Platte in Platte" ist nicht zulässig. [8]Für die Ausbildung der Längs- und Querfugen sind die Stoßfugen der Platten direkt auf der Holz- oder Unterkonstruktion anzuordnen. [9]Der Fugenversatz der beiden Plattenlagen zueinander ist mit mindestens 100 mm auszuführen.

Tabelle 1: Brandschutzbekleidung sowie Verbindungsmittel und Abstände für eine Befestigung an der Holzkonstruktion (Tragkonstruktion) für hochfeuerhemmende Holztafelbauteile beziehungsweise abweichend hochfeuerhemmende Massivholzbauteile

Brandschutzbekleidung nach Abschnitt 3.4	**Abstand (a) der Befestigungsmittel untereinander auf der Trag- oder Unterkonstruktion** **Reihenabstände: Wand e ≤ 625 mm, Decke e ≤ 400 mm**				**Abstand zum Plattenrand bzw. zur Plattenfuge**
	1. Lage (innen)		2. Lage (außen)		
	Klammern*	Schnellbauschrauben*	Klammern*	Schnellbauschrauben*	
2 x 15 mm Gipsplatte (GKF)	≥ Ø 1,5 mm x 35 mm x 11,25 mm a ≤ 240 mm	≥ Ø 3,5 mm x 35 mm a ≤ 300 mm	≥ Ø 1,5 mm x 50 mm x 11,25 mm a ≤ 80 mm	≥ Ø 3,5 mm x 50 mm a ≤ 150 mm	≥ 15 mm
2 x 15 mm Gipsfaserplatte (GF)	≥ Ø 1,5 mm x 35 mm x 11,25 mm a ≤ 300 mm	≥ Ø 3,5 mm x 35 mm a ≤ 300 mm	≥ Ø 1,5 mm x 50 mm x 11,25 mm a ≤ 150 mm	≥ Ø 3,5 mm x 50 mm a ≤ 150 mm	≥ 15 mm

* Klammern und Schnellbauschrauben nach DIN EN 14566:2009-10

Tabelle 2: Brandschutzbekleidung sowie Verbindungsmittel und Abstände für eine Befestigung an der Holzkonstruktion (Tragkonstruktion) für abweichend feuerbeständige Holztafel- beziehungsweise Massivholzbauteile

Brandschutz-bekleidung nach Abschnitt 3.4	Abstand (a) der Befestigungsmittel untereinander auf der Trag- oder Unterkonstruktion Reihenabstände: Wand e ≤ 625 mm, Decke e ≤ 400 mm				Abstand zum Plattenrand bzw. zur Plattenfuge
	1. Lage (innen)		2. Lage (außen)		
	Klammern*	Schnellbau-schrauben*	Klammern*	Schnellbau-schrauben*	
2 x 18 mm Gipsplatte (GKF)	≥ Ø 1,5 mm x 40 mm x 11,25 mm a ≤ 240 mm	≥ Ø 3,5 mm x 40 mm a ≤ 300 mm	≥ Ø 1,5 mm x 60 mm x 11,25 mm a ≤ 80 mm	≥ Ø 3,5 mm x 60 mm a ≤ 150 mm	≥ 15 mm
2 x 18 mm Gipsfaserplatte (GF)	≥ Ø 1,5 mm x 40 mm x 11,25 mm a ≤ 300 mm	≥ Ø 3,5 mm x 40 mm a ≤ 300 mm	≥ Ø 1,5 mm x 60 mm x 11,25 mm a ≤ 150 mm	≥ Ø 3,5 mm x 60 mm a ≤ 150 mm	≥ 15 mm

* Klammern und Schnellbauschrauben nach DIN EN 14566:2009-10

4.3 Reduzierung der brandschutztechnisch wirksamen Bekleidung nach Abschnitt 4.2

[1]Die Brandschutzbekleidung nach Abschnitt 4.2 darf unter nachfolgend beschriebenen Randbedingungen reduziert werden beziehungsweise entfallen. [2]Die Reduzierung ist nicht anzuwenden auf Wände anstelle von Brandwänden gemäß § 30 Absatz 3 Satz 2 Nummer 1 und 2 der Musterbauordnung[1] sowie § 35 Absatz 4 Nummer 2 der Musterbauordnung[1]. [3]Auf Bauteile, welche nach 4.3 c Satz 1 ausgeführt sind, dürfen keine weiteren Bekleidungslagen bzw. Konstruktionen aufgebracht werden.

a. [1]Anstelle von hochfeuerhemmenden Bauteilen in Holztafelbauweise dürfen in Gebäuden mit Nutzungseinheiten oder brandschutztechnisch abgetrennten Räumen/Raumgruppen bis maximal 200 m² Brutto-Grundfläche abweichend hochfeuerhemmende Bauteile mit einer mindestens zweilagigen Bekleidung, deren Schutzzeitraum 30 Minuten beträgt (t_{ch} mindestens 30 Minuten), ausgeführt werden.

   [2]Dies gilt ohne weiteren Nachweis als erfüllt, wenn die Brandschutzbekleidung aus zwei Lagen mit jeweils mindestens 12,5 mm Dicke besteht und die in Tabelle 3 aufgeführten Befestigungsmittel und deren Abstände beachtet werden. [3]Ferner gilt die Anforderung an die Brandschutzbekleidung ohne weiteren Nachweis als erfüllt, wenn die raumseitig angeordnete Brandschutzbekleidung einlagig mit mindestens 18 mm Dicke ausgeführt wird und bauteilseitig eine Holzwerkstoffplatte nach DIN EN 13986:2015-06 mit mindestens 12 mm (Rohdichte mindestens 500 kg/m³) angeordnet wird. [4]Die in Tabelle 4 aufgeführten Befestigungsmittel und deren Abstände sind zu beachten.

Tabelle 3: Reduzierte Brandschutzbekleidung sowie Verbindungsmittel und Abstände für eine Befestigung an der Holzkonstruktion (Tragkonstruktion) für abweichend hochfeuerhemmende Holztafelbauteile

Brandschutzbekleidung nach Abschnitt 3.4	**Abstand (a) der Befestigungsmittel untereinander auf der Trag- oder Unterkonstruktion** **Reihenabstände: Wand e ≤ 625 mm, Decke e ≤ 400 mm**				**Abstand zum Plattenrand bzw. zur Plattenfuge**
	1. Lage (innen)		2. Lage (außen)		
	Klammern*	Schnellbauschrauben*	Klammern*	Schnellbauschrauben*	
2 x 12,5 mm Gipsplatte (GKF)	≥ Ø 1,5 mm x 35 mm x 11,25 mm a ≤ 240 mm	≥ Ø 3,5 mm x 35 mm a ≤ 300 mm	≥ Ø 1,5 mm x 45 mm x 11,25 mm a ≤ 80 mm	≥ Ø 3,5 mm x 45 mm a ≤ 150 mm	≥ 15 mm
2 x 12,5 mm Gipsfaserplatte (GF)	≥ Ø 1,5 mm x 35 mm x 11,25 mm a ≤ 300 mm	≥ Ø 3,5 mm x 35 mm a ≤ 300 mm	≥ Ø 1,5 mm x 45 mm x 11,25 mm a ≤ 150 mm	≥ Ø 3,5 mm x 45 mm a ≤ 150 mm	≥ 15 mm

* Klammern und Schnellbauschrauben nach DIN EN 14566:2009-10

Tabelle 4: Reduzierte Brandschutzbekleidung sowie Verbindungsmittel und Abstände für eine Befestigung an der Holzkonstruktion (Tragkonstruktion) für abweichend hochfeuerhemmende Holztafelbauteile

Brandschutzbekleidung nach Abschnitt 3.4 + Holzwerkstoffplatte	**Abstand (a) der Befestigungsmittel untereinander auf der Trag- oder Unterkonstruktion** **Reihenabstände: Wand e ≤ 625 mm, Decke e ≤ 400 mm**				**Abstand zum Plattenrand bzw. zur Plattenfuge**
	1. Lage (innen)		2. Lage (außen)		
	Klammern*	Schnellbauschrauben*	Klammern*	Schnellbauschrauben*	
1 x 18 mm Gipsplatte (GKF) + 1 x ≥ 12 mm Holz-werkstoffplatte	≥ Ø 1,5 mm x 35 mm x 11,25 mm a ≤ 240 mm	≥ Ø 3,5 mm x 35 mm a ≤ 300 mm	≥ Ø 1,5 mm x 50 mm x 11,25 mm a ≤ 80 mm	≥ Ø 3,5 mm x 50 mm a ≤ 150 mm	≥ 15 mm
1 x 18 mm Gipsfaserplatte (GF) + 1 x ≥ 12 mm Holzwerkstoffplatte	≥ Ø 1,5 mm x 35 mm x 11,25 mm a ≤ 300 mm	≥ Ø 3,5 mm x 35 mm a ≤ 300 mm	≥ Ø 1,5 mm x 50 mm x 11,25 mm a ≤ 150 mm	≥ Ø 3,5 mm x 50 mm a ≤ 150 mm	≥ 15 mm

* Klammern und Schnellbauschrauben nach DIN EN 14566:2009-10

b. [1]Abweichend hochfeuerhemmende beziehungsweise abweichend feuerbeständige Bauteile in Massivholzbauweise dürfen in Gebäuden mit Nutzungseinheiten oder brandschutztechnisch abgetrennten Räumen/Raumgruppen bis maximal 200 m² Brutto-Grundfläche mit einer mindestens einlagigen Brandschutzbekleidung, deren Schutzzeitraum 30 Minuten beträgt (t_{ch} mindestens 30 Min.), ausgeführt werden. [2]Dies gilt ohne weiteren Nachweis als erfüllt, wenn die Brandschutzbekleidung mindestens 18 mm dick ist und die in Tabelle 5 aufgeführten Befestigungsmittel und deren Abstände beachtet werden.

Tabelle 5: Reduzierte Brandschutzbekleidung sowie Verbindungsmittel und Abstände für eine Befestigung an abweichend hochfeuerhemmenden und abweichend feuerbeständigen Massivholzbauteilen

Brandschutzbekleidung nach Abschnitt 3.4	Abstand (a) der Befestigungsmittel untereinander Reihenabstände: Wand e ≤ 625 mm, Decke e ≤ 400 mm		Abstand zum Plattenrand bzw. zur Plattenfuge
	Klammern*	Schnellbauschrauben*	
18 mm Gipsplatte (GKF)	≥ ø 1,5 mm x 40 mm x 11,25 mm a ≤ 80 mm	≥ ø 3,5 mm x 40 mm a ≤ 150 mm	≥ 15 mm
18 mm Gipsfaserplatte (GF)	≥ ø 1,5 mm x 40 mm x 11,25 mm ≤ 150 mm	≥ ø 3,5 mm x 40 mm a ≤ 150 mm	≥ 15 mm

* Klammern und Schnellbauschrauben nach DIN EN 14566:2009-10

c. [1]Für abweichend hochfeuerhemmende beziehungsweise abweichend feuerbeständige Massivholzbauteile in Gebäuden mit Nutzungseinheiten oder brandschutztechnisch abgetrennten Raumgruppen bis maximal 200 m² Brutto-Grundfläche sind entweder die Deckenunterseite oder Wandoberflächen mit einer Gesamtfläche von maximal 25 Prozent der Brutto-Grundfläche mit brennbaren Bauteiloberflächen zulässig. [2]Brennbare Oberflächen von einzelnen linienförmigen Bauteilen (zum Beispiel Stützen und Unterzüge) bleiben bei der Ermittlung der zulässigen Oberflächen nach Satz 1 unberücksichtigt.

   [3]Diese Regelung gilt grundsätzlich nicht für Sonderbauten nach § 2 Absatz 4 der Musterbauordnung[1].

d. Decken in Holzbauweise dürfen ohne obere Brandschutzbekleidung ausgeführt werden, wenn mindestens ein Fußbodenaufbau nach dem Anhang 2 dieser Richtlinie angeordnet wird und umlaufend mindestens in Dicke des Fußbodenaufbaus nichtbrennbare Randdämmstreifen angeordnet werden.

e. [1]An der Außenseite von Außenwänden, die hochfeuerhemmend, abweichend hochfeuerhemmend oder abweichend feuerbeständig sein müssen, darf die Brandschutzbekleidung auf einen Schutzzeitraum von 30 Minuten (t_{ch} mindestens 30 Minuten) reduziert werden. [2]Dies gilt als erfüllt, wenn die Brandschutzbekleidung mit mindestens 18 mm Dicke ausgeführt wird und die Anforderungen an die Befestigungsmittel und deren Abstände beachtet werden.

4.4 Öffnungen für Türen, Fenster, sonstige Einbauten und Durchführungen

[1]Werden in Holzbauteilen Öffnungen für Einbauten wie Fenster, Türen, Verteilerdosen und Lampenkästen oder Durchführungen hergestellt, ist die jeweils erforderliche Brandschutzbekleidung nach Abschnitt 4.2 beziehungsweise 4.3 ebenfalls in den Öffnungslaibungen anzuordnen, sofern nicht die Schutzwirkung der Brandschutzbekleidung auf andere Weise gewährleistet ist. [2]Die Verbindung der raumseitigen Bekleidungslagen mit der Laibungsbekleidung ist durch geeignete Stöße, z. B. Fugenversatz (siehe Prinzipskizze 1), Stufenfalz oder Nut- und Federverbindungen auszuführen; auch Stumpfstöße sind zulässig.

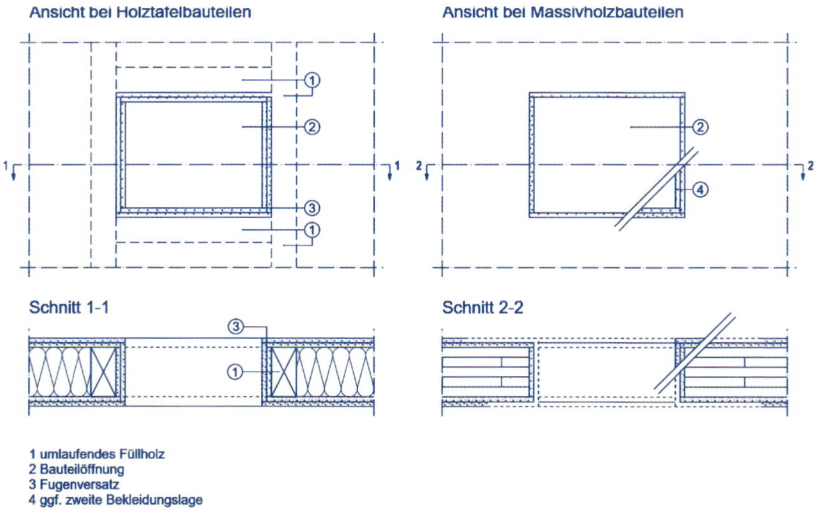

Prinzipskizze 1: Öffnungen für Einbauten wie Fenster, Türen, Verteilerdosen und Lampenkästen oder Durchführungen in Holztafel- und Massivholzbauteilen (obere Abbildung Ansicht, untere Abbildung Horizontalschnitt)

5 Anforderungen an die Fügung von Elementen und Anschlüsse von Bauteilen

[1]Fügungen von Elementen und Anschlüsse von Bauteilen sind so auszuführen, dass sie auch unter Brandeinwirkung wirksam sind und eine Übertragung von Feuer und Rauch ausreichend lange verhindern.

[2]Element- und Bauteilfugen, insbesondere die angeordnete Brandschutzbekleidung, dürfen bei durch Brandeinwirkung entstehenden Verformungen nicht aufreißen und dadurch die Wirkung nicht verlieren. [3]Dies gilt für die Bauteilanschlüsse als erfüllt, wenn im Anschlussbereich die stoßenden Bauteile kontinuierlich in Abständen von höchstens 500 mm mit Schrauben oder vergleichbar leistungsfähigen mechanischen Verbindungsmitteln konstruktiv miteinander verbunden werden.

[4]Element- und Bauteilfugen sind nach Technischer Baubestimmung auszuführen. [5]Alternativ können die Prinzipien nach dem Anhang 3 dieser Richtlinie angewendet werden. [6]Für andere Ausführungen bedarf es einer Bauartgenehmigung nach § 16a der Musterbauordnung[1].

[7]Anschlüsse von Bauteilen nach dieser Richtlinie an Wände und Decken mit einer geringeren Feuerwiderstandsfähigkeit müssen so ausgeführt werden, dass die Brandschutzbekleidung der höherwertigen Bauteile nicht unterbrochen wird.

6 Installationen in Bauteilen nach dieser Richtlinie

6.1 Allgemeines

[1]Installationen (Leitungs- und Lüftungsanlagen) dürfen in Bauteilen nach dieser Richtlinie nicht geführt werden, sofern nachfolgend nichts anderes geregelt ist. [2]Eine Führung von Installationen in mehrschaligen Aufbauten ist nicht zulässig. [3]Sie sind grundsätzlich in Vorsatzschalen oder in Schächten und Kanälen zu führen. [4]Die Führung von elektrischen Leitungen und Rohrleitungen für nichtbrennbare Medien, einzeln oder nebeneinander angeordnet, ist auf Rohdecken zulässig. [5]Sofern darüber brennbare Dämmstoffe angeordnet werden, ist eine Mindestüberdeckung der elektrischen Leitungen durch eine nichtbrennbare Schüttung oder eine nichtbrennbare Dämmung von mindestens 10 mm Dicke erforderlich (Prinzipskizze 2). [6]Sofern elektrische Leitungen in direktem Kontakt mit brennbaren Dämmstoffen angeordnet werden, ist die brennbare Oberfläche der Rohdecke durch eine mindestens 12,5 mm dicke Brandschutzbekleidung nach Abschnitt 3.4 zu schützen (Prinzipskizze 3). Abschnitt 3.3 bleibt unberührt. [7]Für Öffnungen in Wänden und Decken zur Durchführung von Schächten, Kanälen und von Installationen gilt Abschnitt 4.4 entsprechend.

[8]Als Installationen im Sinne dieser Richtlinie gelten neben Leitungen auch elektrische Einbauteile wie Steckdosen, Schalterdosen, Verteilerdosen und dergleichen.

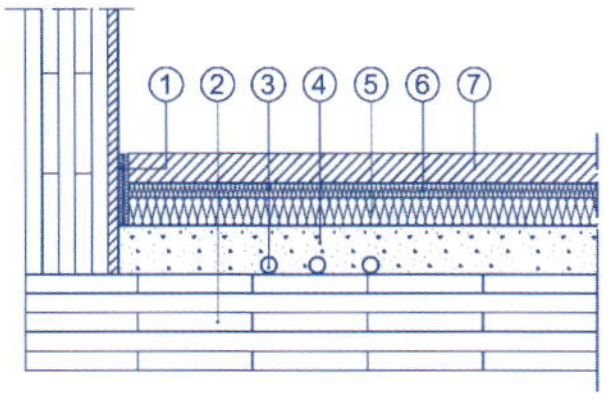

1 nichtbrennbarer Randdämmstreifen
2 Massivholzelement
3 Leitungsanlage
4 nichtbrennbare Schüttung – Leitungsüberdeckung ≥ 10 mm
5 brennbarer Dämmstoff
6 nichtbrennbarer (Trittschall-)Dämmstoff
7 Naß- oder Trockenestrich oder Gussasphalt

Prinzipskizze 2: Führung von Leitungsanlagen in Fußbodenaufbauten unterhalb einer nichtbrennbaren Schaltung (Vertikalschnitt)

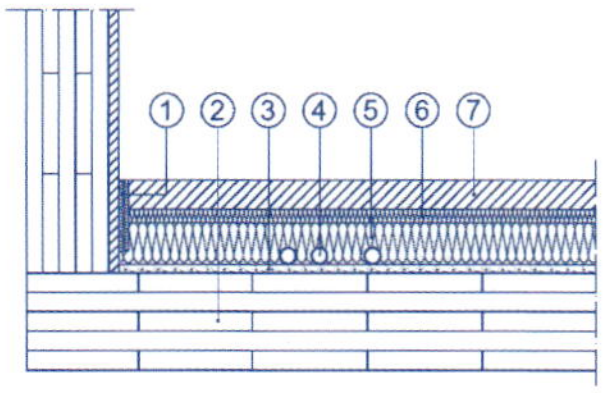

1 nichtbrennbarer Randdämmstreifen
2 Massivholzelement
3 Brandschutzbekleidung auf Massivholzdecke d ≥ 12,5 mm
4 Leitungsanlage
5 brennbarer Dämmstoff
6 nichtbrennbarer (Trittschall-) Dämmstoff
7 Naß- oder Trockenestrich oder Gussasphalt

Prinzipskizze 3: Führung von Leitungsanlagen in Fußbodenaufbauten mit Kontakt zu brennbaren Dämmstoffen (Vertikalschnitt)

6.2 Elektrische Installationen in Holztafelbauteilen

[1]Abweichend von Abschnitt 6.1 dürfen in Holztafelbauteilen mit einer Gesamtdämmschichtdicke von mindestens 100 mm einzelne Installationen mit einer Öffnungsfläche von insgesamt nicht mehr als 200 cm^2 je Gefach an jeder beliebigen Stelle, aber nicht unmittelbar gegenüberliegend, nach Prinzipskizze 4 eingebaut werden. [2]Elektrische Einbauteile müssen einen lichten Abstand von mindestens 500 mm zueinander aufweisen oder horizontal beziehungsweise vertikal durch mindestens ein Unterkonstruktionselement (Holzrippen) getrennt sein. [3]Im Bereich der Öffnungsfläche darf die Dämmschichtdicke um max. 25 Prozent komprimiert werden. [4]Zu elektrischen Einbauteilen dürfen einzelne Leitungen in den Holztafelbauteilen geführt werden.

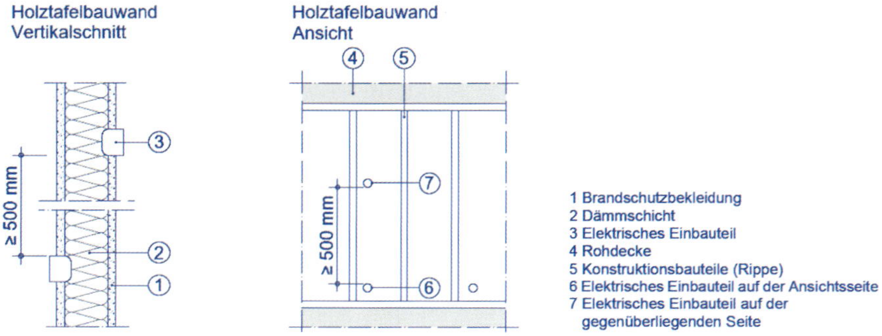

Prinzipskizze 4: Anordnung von elektrischen Einbauteilen in Holztafelbauwänden

[5]Zu Konstruktionsbauteilen aus brennbaren Baustoffen ist ein Mindestabstand von 150 mm notwendig, wobei der Wandhohlraum in diesem Bereich mit Dämmstoffen gemäß Abschnitt 3.3 vollständig auszufüllen ist. [6]Der Mindestabstand von 150 mm kann unterschritten werden, wenn die näher liegenden Konstruktionsbauteile (Rippe) im Gefach durch eine Brandschutzbekleidung nach Abschnitt 3.4 mit einer Dicke d_1 von mindestens 18 mm mit einer vertikalen Überdeckung von jeweils mindestens 500 mm Länge der Bekleidung (Prinzipskizze 5, Legende Nummer 1) geschützt werden. [7]Die Ausführung der Dämmung gemäß Abschnitt 3.3 in diesem Bereich bleibt davon unberührt.

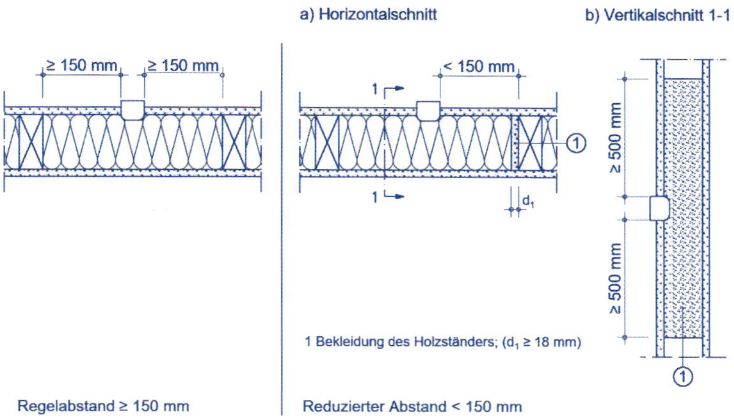

Prinzipskizze 5: Regel- und reduzierter Abstand von elektrischen Einbauteilen zu brennbaren Konstruktionsbauteilen

6.3 Elektrische Installationen in Massivholzbauteilen

[1]Abweichend von Abschnitt 6.1 dürfen in Massivholzbauteilen einzelne elektrische Einbauteile mit einer Öffnungsfläche von insgesamt nicht mehr als 110 cm² an jeder beliebigen Stelle, aber nicht unmittelbar gegenüberliegend, eingebaut werden. [2]Elektrische Einbauteile müssen einen lichten Abstand von mindestens 500 mm zueinander aufweisen. [3]Im Bereich der Öffnungsfläche darf die für den Raumabschluss brandschutztechnisch notwendige Mindestbauteildicke um max. 25 Prozent reduziert werden.

[4]Zu elektrischen Einbauteilen darf unmittelbar hinter der Bekleidungslage ein Kanal mit einer Breite von nicht mehr als 27 mm und einer Tiefe von nicht mehr als 27 mm in Faserrichtung ausgefräst werden. [5]In dem Kanal darf eine entsprechende Zu- und Ableitung zu dem jeweiligen elektrischen Einbauteil angeordnet werden. [6]Die Anordnung eines Leerrohres im Kanal ist zulässig. [7]Andere Kanäle im Inneren von Massivholzbauteilen sowie die Leitungsführung innerhalb von zweischaligen Bauteilen sind nicht zulässig. [8]Zu elektrischen Einbauteilen dürfen einzelne Leitungen oberflächennah in den Massivholzbauteilen geführt werden.

[9]Der Nachweis der Standsicherheit bleibt unberührt.

7 Hinterlüftete Außenwandbekleidungen aus Holz und Holzwerkstoffen bei Gebäuden der Gebäudeklasse 4 und 5

7.1 Allgemeines

[1]Für die Konkretisierung von § 28 Absatz 5 Satz 2 der Musterbauordnung[1] gilt diese Richtlinie. [2]Der Anhang 6 der Muster-Verwaltungsvorschrift Technische Baubestimmungen findet keine Anwendung.

[3]Außenwandbekleidungen aus Holz und Holzwerkstoffen nach Abschnitt 2.4 sind bei Gebäuden der Gebäudeklasse 4 und 5 zulässig, sofern die Begrenzung einer Brandausbreitung durch geeignete Maßnahmen nachgewiesen wird. [4]Dies gilt als erfüllt, wenn die Anforderungen nach den Abschnitten 7.2 und 7.3 eingehalten werden und der vertikale Abstand zwischen horizontalen Brandsperren gemäß Abschnitt 7.2.4 maximal 4 m beträgt.

[5]Für andere Ausführungen bedarf es einer Bauartgenehmigung nach § 16a der Musterbauordnung[1].

7.2 Maßnahmen zur Begrenzung der Brandausbreitung

7.2.1 Nichtbrennbare Oberflächen von Außenwänden

[1]Oberflächen von Außenwänden müssen nichtbrennbar sein. [2]Wände aus brennbaren Baustoffen benötigen eine durchgehende nichtbrennbare Bekleidung in ausreichender Dicke. [3]Dies gilt als erfüllt mit einer mindestens 18 mm dicken Bekleidung gemäß Abschnitt 3.4; bei Verwendung nichtbrennbarer Dämmstoffe in nichttragenden Außenwandkonstruktionen ist eine Bekleidungsdicke von 15 mm ausreichend. [4]Es sind jeweils die Vorgaben zu Befestigungen nach Abschnitt 4.2 beziehungsweise 4.3 zu beachten.

[5]Anstelle der nichtbrennbaren Bekleidung nach Satz 2 dürfen auch nichtbrennbare, formstabile Dämmstoffe nach Abschnitt 3.3 verwendet werden, wenn diese vollflächig über eine Dicke von mindestens 80 mm und eine Rohdichte von mindestens 50 kg/m^3 oder mindestens 60 mm und eine Rohdichte von mindestens 115 kg/m^3 verfügen. [6]Die Dämmstoffe (Platten/Matten) sind mittels der Konterlattung der Außenwandbekleidung (siehe Prinzipskizze 6, Legende Nummer 4) auf der dahinterliegenden Außenwand mechanisch zu befestigen. [7]Abweichend zu Satz 5 dürfen zur Befestigung der horizontalen Brandsperre horizontale Riegel (siehe Prinzipskizze 6, Legende Nummer 1 a) mit einem für die Befestigung konstruktiv erforderlichen Querschnitt die Schicht der Dämmstoffplatten/-matten unterbrechen.

[8]Bautechnisch für den Witterungsschutz oder die Feuchtigkeitsregulierung notwendige Folien, Membranen und Bahnen sind wie in Abschnitt 3.5 beschrieben zulässig.

7.2.2 Dämmstoffe

Dämmstoffe der Außenwandbekleidung müssen nichtbrennbar sein. Abschnitt 7.2.1 bleibt unberührt.

7.2.3 Lüftungsspalt

[1]Die Tiefe der Unterkonstruktion für einen Lüftungsspalt ist auf maximal 60 mm zu begrenzen (zum Beispiel einfache Lattung 30 mm, doppelte Lattung beziehungsweise Kreuzlattung mit maximal 2 × 30 mm). [2]Bei einer Kreuzlattung ist der Lüftungsspalt jeweils zwischen Fenstern, mindestens jedoch in horizontalen Abständen von nicht mehr als 5 m, durch Aufdopplung der vertikalen Lattung zu schließen.

7.2.4 Horizontale Brandsperren

[1]Bei Außenwandbekleidungen sind jeweils geschossweise ausreichend auskragende horizontale Brandsperren auszuführen. [2]Die Brandsperren sind durchgehend und grundsätzlich in Höhe der Geschossdecken anzuordnen. [3]Sie sind auf der Oberfläche der Außenwand anzuschließen (vergleiche Prinzipskizze 6). [4]Die Befestigungsmittel sind bis in die tragende Konstruktion der Außenwand zu führen.

[5]Brennbare Teile der Außenwandbekleidung (Schalung oder Unterkonstruktion) müssen einen Mindestabstand von 20 mm zur Brandsperre aufweisen.

[6]Das Maß des horizontalen Mindestüberstandes der Brandsperre über die Außenkante der Außenwandbekleidung (Maß *X*) ist abhängig vom jeweiligen Bekleidungstyp und der Ausrichtung der Außenwandbekleidung gemäß Prinzipskizze 6 und Tabelle 6 zu bestimmen. [7]Je nach Maß der Auskragung der horizontalen Brandsperren (Maß *Z*) ist für $Z \leq 150$ mm eine Blechdicke von 1,5 mm erforderlich, für $Z > 150$ mm ist eine Blechdicke von 2,0 mm erforderlich. [8]Für diese Konstruktionen sind die Angaben zu Material und Befestigung zu beachten.

[9]Die Elemente der Brandsperren sind kraftschlüssig fugenlos (Fugenbreite von nicht mehr als 1 mm) miteinander zu verbinden. [10]Dies gilt als erfüllt, wenn die Stoßüberlappung mindestens 150 mm beträgt oder auf beiden Seiten mindestens zwei Verbindungsmittel (zum Beispiel Nieten) aufweist oder verschweißt ist.

[11]Durchführungen für zum Beispiel Regenfallrohre sind zulässig, wenn diese einen Mindestabstand von 50 mm zur Holzaußenwandbekleidung aufweisen, aus Stahlblech (Mindestdicke mindestens 1,5 mm) ausgeführt sind und der Ringspalt umlaufend nicht mehr als 2 mm beträgt.

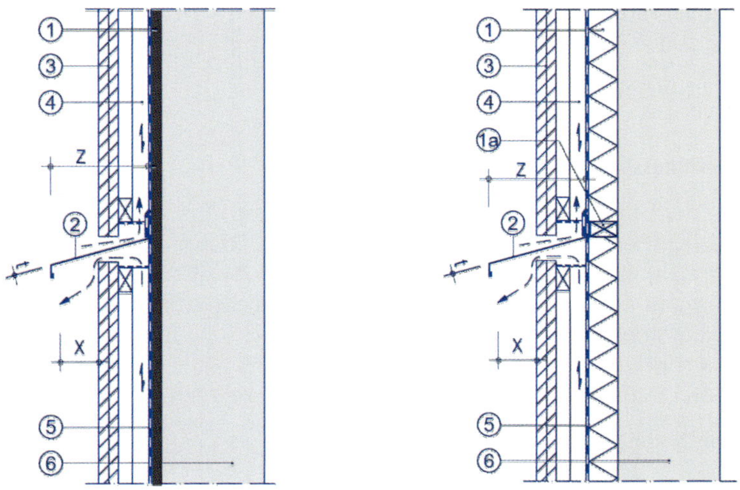

1 Bekleidung nach Abschnitt 7.2.1 (links: nichtbrennbare Bekleidung nach Satz 2, rechts: Dämmstoffplatte/-matte nach Satz 5)
1a horizontaler Riegel zur Befestigung der horizontalen Brandsperre (nach Abschnitt 7.2.1 Satz 7)
2 horizontale Brandsperre nach Abschnitt 7.2.4; Stahlblech, kein Aluminium
Dicke t ≥ 1,5 mm für freie Auskragung Z ≤ 150 mm
Dicke t ≥ 2,0 mm für freie Auskragung Z > 150 mm
Befestigung Brandsperre bis in die tragende Konstruktion der Außenwand
mit Stahlschrauben Ø ≥ 4 mm, e ≤ 200 mm
3 Außenwandbekleidung nach Tabelle 6
4 Konterlattung und Lüftungsspalt nach Abschnitt 7.2.3
5 zweite wasserführende Ebene (Folie nach Abschnitt 7.2.1 Satz 6)
6 Außenwand (bis zum Lüftungsspalt (4))

Prinzipskizze 6: Ausführung und Befestigung von horizontalen Brandsperren
(X: Mindestüberstand Brandsperre, siehe Tabelle 6; Z: Maß der Auskragung)

Tabelle 6: Mindestanforderungen an die Baustoffe sowie Überstand der horizontalen Brandsperre — Maß X

Außenwandbekleidung	Baustoff	Schemaskizze	Ausführungsbeispiele	Ausrichtung	Maß X – Mindestauskragung der Brandsperre
Flächiger Holzwerkstoff	■ Rohdichte ≥ 350 kg/m³ ■ Fläche geschlossen ■ Plattendicke ≥ 20 mm ■ Kantenlänge ≥ 625 mm ■ Plattenfläche ≥ 1,0 m²		■ Massivholzplatten ■ Furniersperrholz ■ Furnierschichtholz	horizontal/ vertikal	≥ 50 mm
Formschlüssige Schalung	■ Rohdichte ≥ 350 kg/m³ ■ Beplankungsdicke ≥ 20 mm ■ Brettbreite: kernfrei ≤ 160 mm ■ Entlastungs- und Schattennuten: ▪ Restdicke ≥ 14 mm ▪ Breite ≤ 5 mm ▪ Achsabstand ≥ 30 mm	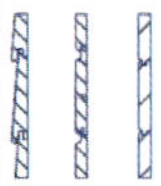	■ Deckleistenschalung mit Profil ■ Nut und Feder	horizontal	≥ 50 mm
		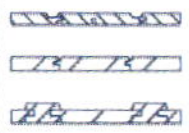		vertikal	≥ 100 mm
Kraftschlüssige Schalung	■ Rohdichte ≥ 350 kg/m³ ■ Beplankungsdicke ≥ 20 mm ■ Brettbreite frei ■ Entlastungs- und Schattennuten: ▪ Restdicke ≥ 14 mm ▪ Breite ≤ 5 mm ▪ Achsabstand ≥ 30 mm	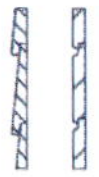	■ Schalung überfälzt ■ Stülpschalung ■ T-Leistenschalung	horizontal	≥ 100 mm
				vertikal	≥ 150 mm
Offene Schalung	■ Rohdichte ≥ 350 kg/m³ ■ Beplankungsdicke ≥ 20 mm ■ Brettbreite frei ■ Brettquerschnittsfläche ≥ 1.000 mm² ■ Entlastungsnuten: ▪ Restdicke ≥ 14 mm ■ Dicke Abdeckleisten ≥ 14 mm ■ Brettbreite frei		■ Offene Schalung ■ Leistenschalung ■ Deckelschalung ■ Stülpschalung ■ Deckleistenschalung	horizontal	≥ 200 mm
		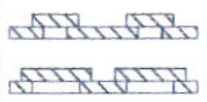		vertikal	≥ 250 mm

[12]Im Bereich von Innenecken ist die Brandsperre mit einer Mindestlänge zu beiden Schenkelseiten von mindestens 1,0 m aus einem Stück herzustellen.

[13]Zur Begrenzung der Brandausbreitung in Innenecken von Außenwänden sind besondere Vorkehrungen zu treffen. [14]Das gilt als erfüllt,

- wenn die Außenwandbekleidung im Bereich der Innenecke jeweils zu beiden Seiten mit einer mindestens 1,0 m breiten nichtbrennbaren Bekleidung ausgeführt wird oder
- wenn die horizontalen Brandsperren im Bereich der Innenecke jeweils zu beiden Seiten über die Länge von 1,0 m mindestens 0,25 m über die Außenwandbekleidung auskragen (siehe Prinzipskizze 7).

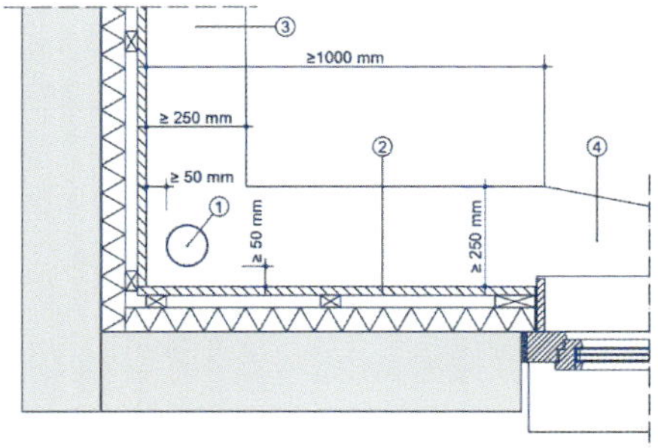

1 Regenfallrohr nach Abschnitt 7.2.4 mit umlaufenden Ringspalt ≤ 2 mm
2 kraftschlüssige bzw. offene Außenwandbekleidung nach Tabelle 6
3 überstehende Brandsperre ≥ 250 mm
4 Reduzierung Brandsperre auf Maß X nach Tabelle 6

Prinzipskizze 7: Ausbildung der Außenwandbekleidung bei Innenecken der Außenwand (Horizontalschnitt)

[15]Bei formschlüssigen Schalungen sowie flächigen Holzwerkstoffplatten (siehe Tabelle 6) darf das Maß des Überstandes der horizontalen Brandsperre in Innenecken von Außenwänden auf 0,10 m reduziert werden, sofern Öffnungen einen Abstand von mindestens 1,0 m zur Innenecke einhalten (siehe Prinzipskizze 8).

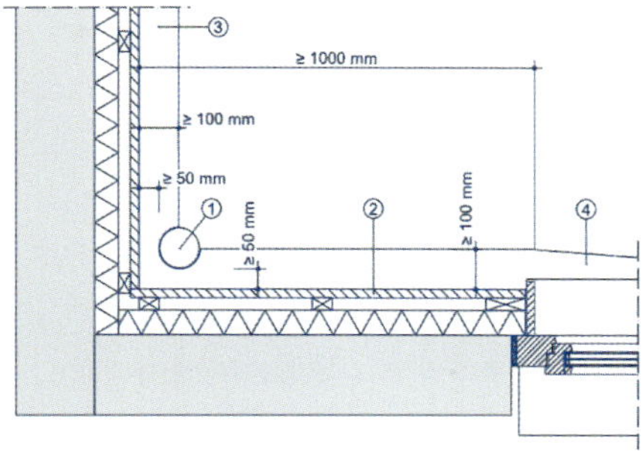

1 Regenfallrohr nach Abschnitt 7.2.4 mit umlaufenden Ringspalt ≤ 2 mm
2 flächige bzw. formschlüssige Außenwandbekleidung nach Tabelle 6
3 überstehende Brandsperre ≥ 100 mm
4 Reduzierung Brandsperre auf Maß X nach Tabelle 6

Prinzipskizze 8: Überstehende horizontale Brandsperre in Innenecke, hier: flächige Holzwerkstoffplatte (Horizontalschnitt)

[16]Im Bereich von Fensterelementen sind horizontale Brandsperren nicht erforderlich, sofern durch die Art der Fensteranordnung eine Brandausbreitung im Lüftungsspalt ausgeschlossen ist (zum Bespiel geschossübergreifende Fensterelemente).

7.2.5 Vertikale Brandsperren

[1]Im Bereich von Brandwänden beziehungsweise Wänden nach § 30 der Musterbauordnung[1], die anstelle von Brandwänden zulässig sind, ist die brennbare Außenwandbekleidung über eine Breite von mindestens 1,0 m durch nichtbrennbare Baustoffe zu unterbrechen. [2]Der Lüftungsspalt darf über die Brandwand nicht hinweggeführt werden, sondern ist mindestens in Brandwanddicke mit einem im Brandfall formstabilen Dämmstoff nach Abschnitt 3.3 und einer Nennrohdichte von mindestens 100 kg/m^3 auszufüllen (siehe Prinzipskizze 9). [3]§ 30 Absatz 7 Satz 1 der Musterbauordnung[1] bleibt unberührt.

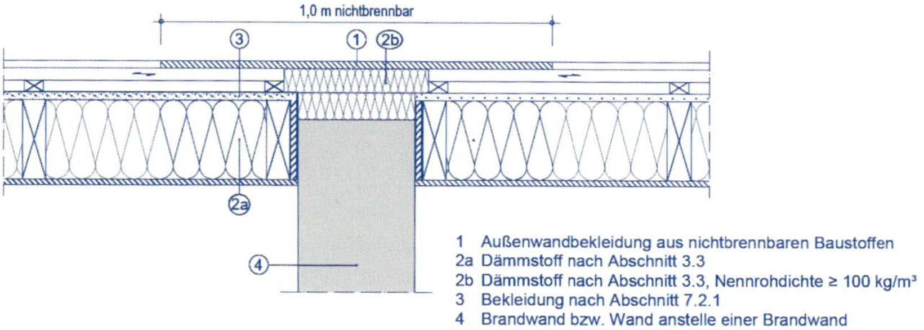

Prinzipskizze 9: Ausbildung Außenwandbekleidung im Bereich von Brandwänden (Horizontalschnitt)

[4]Bei Außenwandbekleidungen sind bei der Ausbildung von Außenecken besondere Vorkehrungen zur Begrenzung einer Brandausbreitung erforderlich. [5]Das gilt als erfüllt mit einer Verblockung im Lüftungsspalt der Außenecke mit mindestens 50 mm breiten Holzlatten (siehe Prinzipskizze 10).

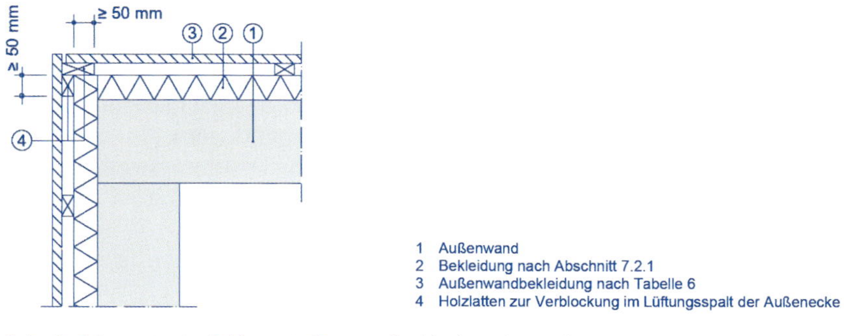

Prinzipskizze 10: Ausbildung Außenwandbekleidung bei Außenecken (Horizontalschnitt)

7.3 Wirksame Löscharbeiten für die Feuerwehr

[1]Jede Gebäudeseite mit einer Außenwandbekleidung aus Holz oder Holzwerkstoffen muss für wirksame Löscharbeiten erreicht werden können. [2]Im Einvernehmen mit der Brandschutzdienststelle sind auf dem Grundstück gegebenenfalls Zu- oder Durchfahrten und Bewegungsflächen, entsprechend der Technischen Baubestimmung Nummer A 2.2.1.1 der Muster-Verwaltungsvorschrift Technische Baubestimmungen herzustellen.

8 Bauleitung, Übereinstimmungsbestätigung

8.1 Bauleitung

Der Bauherr hat nach § 53 in Verbindung mit § 56 der Musterbauordnung[1] einen Bauleiter zu benennen, der die Erfüllung der Anforderungen dieser Richtlinie auf der Grundlage der in Abschnitt 9 geforderten Planunterlagen systematisch stichprobenartig überwacht und dokumentiert.

8.2 Übereinstimmungsbestätigung

[1]Die Ausführung der Bauart nach dieser Richtlinie bedarf der Bestätigung der Übereinstimmung durch den Anwender der Bauart (Unternehmer) nach § 16a Absatz 5 der Musterbauordnung[1]. [2]Die Mindestangaben nach Anhang 4 sind zu beachten.

9 Planunterlagen

[1]Zusätzlich zu den Bauvorlagen[1] sind rechtzeitig vor Beginn der Errichtung der betreffenden Bauteile Unterlagen zu erstellen und auf der Baustelle vorzuhalten, um eine Ausführung des Bauvorhabens in Übereinstimmung mit dieser Richtlinie zu ermöglichen und zu dokumentieren. [2]Zu den Unterlagen gehört insbesondere die Ausführungsplanung mit

- Übersichtszeichnungen
- Detailzeichnungen zum Aufbau der Bauteile und zu allen relevanten Ausführungsdetails (zum Beispiel Bauteilfugen, Elementfugen)
- Verwendbarkeits- und Anwendbarkeitsnachweise beziehungsweise Leistungserklärungen für Bauprodukte mit CE-Kennzeichnung (§ 55 Absatz 1 Satz 2 der Musterbauordnung[1]
- Dokumentation des Einvernehmens mit der Brandschutzdienststelle bei Außenwandbekleidungen aus Holz und Holzwerkstoffen

Anhang 1

A 1 Nachweis der Feuerwiderstandsdauer und der Brandschutzbekleidung

A 1.1 Allgemeines

[1]Der Nachweis der Feuerwiderstandsdauer bezüglich der Standsicherheit im Brandfall sowie des Nachweises des Raumabschlusses kann

- nach DIN EN 1995-1-2:2010-12 – Abschnitt A 1.2 dieser Richtlinie oder
- nach DIN 4102-4 in jeweils eingeführter Fassung oder
- nach Europäisch Technischer Spezifikation – Abschnitt A 1.3 dieser Richtlinie

geführt werden.

[2]Abweichend von Satz 1 darf der Nachweis des Raumabschlusses nach Abschnitt A 1.4 dieser Richtlinie geführt werden.

[3]Abweichend zu den Tabellen in Abschnitt 4.2 und 4.3 dieser Richtlinie darf der Nachweis auf ausreichenden Schutz vor Entzündung der brennbaren Konstruktionsbauteile durch eine brandschutztechnisch wirksame Bekleidung nach Abschnitt A 1.5 dieser Richtlinie geführt werden.

[4]Prüfungen nach europäischen Prüfnormen sind durch nach Verordnung (EU) Nr. 305/2011 entsprechend notifizierte Prüfstellen durchzuführen.

A 1.2 Nachweis der erforderlichen Feuerwiderstandsdauer nach DIN EN 1995-1-2

[1]Der Nachweis ist nach DIN EN 1995-1-2:2010-12 Abschnitt 2.4 zu führen.

[2]Alternativ zur Bemessung durch Berechnung darf die Brandbemessung nach DIN EN 1995-1-2:2010-12 Abschnitt 2.4.1 (6) auch auf der Grundlage von Brandversuchen oder einer Kombination aus Brandversuchen und Berechnungen erfolgen. [3]Die Tragfähigkeit und/oder der Raumabschluss sind auf Basis von Versuchen nach DIN EN 1363-1:2012-10, DIN EN 1363-2:1999-10, DIN EN 1364-1:1999-10, DIN EN 1365-1:2013-08, DIN EN 1365-2:2000-02, DIN EN 1365-3:2000-02 und DIN EN 1365-4:1999-10 zu ermitteln. [4]Die Klassifizierung muss nach DIN EN 13501-2:2023-12 erfolgen.

[5]Bei unsymmetrischem Aufbau ist der Nachweis von beiden Seiten zu führen.

[6]Anmerkung: Der konstruktive Aufbau der Prüfkörper soll sicherstellen, dass sich dieser bei der Brandprüfung gleichmäßig auslenkt/verformt.

[7]Für die Bestimmung der Bemessungswerte der maximalen Normal- und Biegespannungen aus den Versuchen sind folgende Gleichungen anzuwenden:

- für Normalspannung $\sigma_{c,0,d,fi} \leq 0{,}8\ \sigma_{c,0,\text{Prüflast}}$
- für Biegespannung $\sigma_{m,d,fi} \leq 0{,}8\ \sigma_{m,\text{Prüflast}}$

mit

- $\sigma_{c,0,d,fi}$ Bemessungswert der Normalspannung im Bauteil im Brandfall
- $\sigma_{c,0,\text{Prüflast}}$ Normalspannung im Bauteil resultierend aus der aufgebrachten Prüflast
- $\sigma_{m,d,fi}$ Bemessungswert der Biegespannung im Bauteil im Brandfall
- $\sigma_{m,\text{Prüflast}}$ Biegespannung im Bauteil resultierend aus der aufgebrachten Prüflast

[8]Anmerkung: Die Bestimmung der Bemessungswerte darf auch direkt auf im Brandversuch aufgebrachte Lasten bezogen werden (80% der Prüflast).

[9]Bezüglich der Feuerwiderstandsdauer als nachgewiesen gelten nur Konstruktionen und deren Bestandteile, die in Gegenstand und Ausführung dem Klassifizierungsbericht entsprechen. [10]Dies gilt unabhängig von den Festlegungen im Anwendungsbereich des Klassifizierungsberichts. [11]Abschnitt 4.4 und Abschnitt 6 dieser Richtlinie bleiben unberührt. [12]Erweiterte Anwendungsbereiche sind ausschließlich nach DIN EN 13501-2:2023-12 zulässig.

A 1.3 Nachweis der Feuerwiderstandsdauer mit Europäisch Technischer Spezifikation

Die Leistungserklärung in Verbindung mit der Europäisch Technischen Bewertung muss folgende Angaben enthalten:

- Die Angabe der Feuerwiderstandsdauer als Klassifikation nach DIN EN 13501-2:2023-12 zum spezifischen Aufbau des Bauproduktes oder
- die Festlegung eines Rechenmodelles inklusive der erforderlichen Eingangsparameter (z. B. Abbrandrate), mit der die Feuerwiderstandsdauer berechnet werden kann.

A 1.4 Raumabschließende Bauteile ohne zusätzlichen Nachweis

A 1.4.1 Allgemeiner Nachweis für Wände

[1]Für nach Abschnitt 4.2 „vollständig bekleidete“ Holztafelbauteile mit nichtbrennbaren Dämmstoffen gemäß Abschnitt 3.3 sowie Massivholzbauteile mit einer Mindestdicke der Konstruktionsebene (Massivholz beziehungsweise der Holzrippe) von 80 mm genügt als Nachweis für den Raumabschluss der Nachweis der ausreichenden Standsicherheit im Brandfall. [2]Die Fügung von Elementen ist entsprechend den Anforderungen nach Abschnitt 5 auszuführen.

Tabelle A 1.4.1: Allgemeiner Nachweis des Raumabschlusses von Holztafel- (Abschnitt 2.1) sowie Massivholzbauteilen (nach Abschnitt 2.2)

Raumabschluss	Brandschutzbekleidung nach Abschnitt 4.2	Mindestdicke der Konstruktionsebene (Massivholz bzw. der Holzrippe) [mm][a]	Zu führender Nachweis für tragende Bauteile
60 min	Tabelle 1 bzw. $t_{ch} \geq 60$ min	80	Standsicherheit nach EN 1995-1-2
90 min	Tabelle 2 bzw. $t_{ch} \geq 90$ min	80	

[a] Wenn Hohlräume oder Gefache vorhanden sind, dann sind diese vollständig mit Dämmstoffen nach Abschnitt 3.3 auszufüllen.

A 1.4.2 Allgemeiner Nachweis für Massivholzbauteile unbekleidet oder mit reduzierter Brandschutzbekleidung

[1]Für Bauteile mit reduzierter Brandschutzbekleidung nach Abschnitt 4.3 Buchstabe b oder unbekleidete Bauteile nach Abschnitt 4.3 Buchstabe c kann der Nachweis des Raumabschlusses über den Nachweis der eingehaltenen Mindestmassivholzdicke für Wände nach Tabelle A 1.4.2 und für Decken nach Tabelle A 1.4.3 geführt werden. [2]Die Fügung von Elementen ist entsprechend den Anforderungen des Abschnitts 5 dieser Richtlinie auszuführen.

Tabelle A 1.4.2: Nachweis des Raumabschlusses von Wänden in Massivholzbauweise

Beidseitige Brandschutzbekleidung Mindestdicke [mm] von Feuerschutzplatten (GKF) oder Gipsfaserplatten (GF)	Mindestdicke Massivholzelemente[a] [mm]	Feuerwiderstandsdauer in Minuten
-	120[b]	60
-	180[b]	90
18	90	60
18	130	90

[a] Nach Abschnitt 2.2

[b] Bei stumpfgestoßenen, mechanisch verbundenen Massivholzelementen ist zur Verhinderung von Konvektionsströmen beidseitig eine mindestens einlagige Bekleidung nach Abschnitt 3.4 bzw. aus Plattenwerkstoffen nach DIN EN 12467:2018-07, DIN EN 13986:2015-06 oder DIN EN 14374:2005-02 anzuordnen. Die Bekleidung muss eine geschlossene Fläche aufweisen und über das gesamte Bauteil mindestens stumpf gestoßen eingebaut werden.

Tabelle A 1.4.3: Nachweis des Raumabschlusses von Decken in Massivholzbauweise

Beidseitige Brandschutzbekleidung[a] Mindestdicke [mm] von Feuerschutzplatten (GKF) oder Gipsfaserplatten (GF)	Mindestdicke Brettsperrholzelemente[b] [mm]	Mindestdicke Brettschichtholzelemente [mm]	Feuerwiderstandsdauer in Minuten
-	170[c]	120	60
-	220[c]	160	90
18	110	100	60
18	190	140	90

[a] Oberseitige Brandschutzbekleidung ersetzbar gemäß Abschnitt 4.3 Buchstabe d

[b] Nach Abschnitt 2.2

[c] Bei stumpfgestoßenen, mechanisch verbundenen Massivholzelementen ist zur Verhinderung von Konvektionsströmen deckenoberseitig eine mindestens einlagige Brandschutzbekleidung nach Abschnitt 3.4 bzw. ein Fußbodenaufbau nach Abschnitt 4.3 Buchstabe d anzuordnen. Die Brandschutzbekleidung nach Abschnitt 3.4 muss eine geschlossene Fläche aufweisen und über das gesamte Bauteil mindestens stumpf gestoßen eingebaut werden.

A 1.5 Allgemeiner Nachweis der brandschutztechnisch wirksamen Bekleidung

[1]Der Nachweis des ausreichenden Schutzes vor Entzündung der brennbaren Konstruktionsbauteile während des definierten Zeitraumes darf für Bekleidungen nach Abschnitt 3.4 nach DIN EN 1995-1-2:2010-12 Abschnitt 3.4.3.3 sowohl rechnerisch als auch durch Brandversuch nach DIN EN 13381-7:2019-09 geführt werden. [2]Es sind für die Ermittlung von t_{ch} Brandversuche nach DIN EN 13381-7:2019-09 Abschnitt 13.2.2 durchzuführen.

[3]Als Schutzzeit t_{ch} ist der Wert $t_{ch,frame\text{-}test\text{-}specimen}$ aus dem zum Brandversuch zugehörigen Klassifizierungsbericht nach DIN EN 13501-2:2023-12 zu verwenden.

[4]Die Schutzzeit einer Brandschutzbekleidung mit K2-Klassifizierung darf bei gleicher Minutenanzahl der entsprechenden Schutzzeit t_{ch} als gleichwertig angenommen werden.

[5]Bezüglich der für die Befestigung der Brandschutzbekleidung erforderlichen Verbindungsmittel ist ein Abgleich zu den Mindestanforderungen aus dem Nachweis der Feuerwiderstandsdauer vorzunehmen. [6]Die geringeren Abstände bzw. größeren Verbindungsmittel sind maßgebend.

Anhang 2

A 2 Deckenbauteile — Nachweis für eine Brandbeanspruchung von oben

[1]Die Feuerwiderstandsfähigkeit von Decken muss gemäß der Muster-Verwaltungsvorschrift Technische Baubestimmungen grundsätzlich sowohl von oben nach unten als auch von unten nach oben erfüllt sein. [2]Für eine Brandbeanspruchung von oben, kann bei Anordnung von Fußbodenaufbauten nach Prinzipskizze A 2.1 die Anforderung an die oberseitige Brandschutzbekleidung von Decken nach Abschnitt 4.2 beziehungsweise 4.3 Buchstabe d dieser Richtlinie und der Feuerwiderstand nach Abschnitt 3.2 dieser Richtlinie als erfüllt angesehen werden.

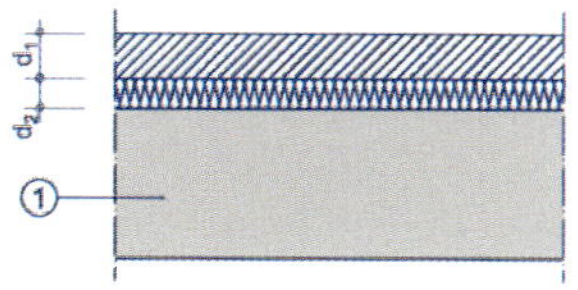

1 Rohdecke in Holztafel- oder Massivholzbauweise, ggf. mit zusätzlichen Schichten nach Abschnitt 6.1
d_1 Naß-, Trockenestrich oder Gussasphalt
d_2 Dämmschicht oder Schüttung

Prinzipskizze A 2.1: Darstellung Fußbodenaufbau — Zuweisung dl/d2 (Horizontalschnitt)

Tabelle A 2.1: Mindestdicken von Fußbodenaufbauten für Deckenbauteile ohne weiteren Nachweis für eine Brandbeanspruchung von oben

Deckenbauteile	**Mindestdicken für schwimmenden Estrich oder Fußboden [mm]**		
	Nichtbrennbare Mineralwolle Dämmschicht oder Blähperlit [a]	**Gipsplatte/ Gipsfaserplatte** [b] (schwimmender Estrich)	**Estrich**[c] **oder nichtbrennbare Fertigteilestrichplatten** [c] **oder Gussasphalt** (Fußboden)
	d_2	d_1	d_1
t_{ch} = 60 min für Bauteile hochfeuerhemmend bzw. abweichend hochfeuerhemmend	20	-	30
	20	2 x 12,5	-
	-	-	60
t_{ch} = 90 min für Bauteile abweichend feuerbeständig	30	-	45
	20	25	-
	20	-	55
	20	2 x 15	-
	-	-	80

[a] Nichtbrennbare Mineralwolle nach DIN EN 13162:2015-04 mit $\rho \geq 30$ kg/m³, Blähperlit nach DIN EN 13169:2015-04 mit $\rho \geq 130$ kg/m³

[b] Bekleidung nach Abschnitt 3.4 dieser Richtlinie

[c] Estrich nach DIN EN 13813:2003-01 und DIN 18560-1:2021-02

Anhang 3

A 3 Element- und Bauteilanschlüsse ohne weiteren Nachweis

[1]Anschlüsse und Fügungen von raumabschließenden Bauteilen zwischen Elementen (Elementfugen) und zu angrenzenden Bauteilen (Bauteilfugen) sind dicht auszuführen, um die raumabschließende Funktion sicherzustellen. [2]Die nachfolgend dargestellten Maßnahmen (siehe Prinzipskizze A 3.1) dienen der ausreichenden Vorbeugung der Übertragung von Feuer und Rauch.

[3]Unter Einhaltung der nachfolgend beschriebenen Konstruktionsprinzipien kann davon ausgegangen werden, dass der Feuerwiderstand der flächigen Bauteile trotz Bauteil- und Elementfugen auch unter Berücksichtigung flankierender Bauteile erhalten bleibt.

[4]Die Dichtheit von Anschlüssen und Fügungen zur Vorbeugung der Übertragung von Feuer und Rauch kann durch Ausführung nach Tabelle A 3.1 erreicht werden. [5]Entsprechende Maßnahmen sind grundsätzlich auf beiden Seiten eines raumabschließenden Bauteils beziehungsweise für jeden Brandübertragungsweg separat zu planen und auszuführen.

[6]Verspachtelungen und Verfugungen als äußere Abdichtung im Bereich von Anschlüssen und Fügungen sind in der Dicke der Brandschutzbekleidung auszuführen. [7]Die Breite von Dichtungsmaßnahmen in der Kontaktfläche muss mindestens der Breite der Rippen der angeschlossenen Tragkonstruktion entsprechen. [8]Abweichend dazu darf für unbekleidete Massivholzelemente die äußere Abdichtung auch in der Ebene der ersten 15 mm der Tragkonstruktion erfolgen. [9]Die verbleibende Kontaktfläche ist entsprechend der Maßnahmen nach Tabelle A 3.1 auszuführen.

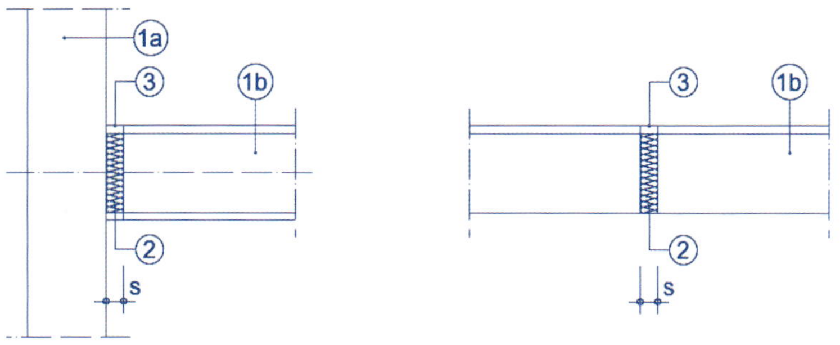

a) Bauteilfügung b) Elementfügung

1a raumabschließendes Bauteil Wand/Decke
1b raumabschließendes Bauteil Wand/Decke
2 Maßnahme/Ausführung Kontaktfläche nach Tabelle A 3.1
3 Maßnahme äußere Abdichtung (brandzugewandte bzw. brandabgewandte Seite) nach Tabelle A 3.1

Prinzipskizze A 3. 1: Ausführung von Element- und Bauteilfugen – Zuordnung der Maßnahmen nach Tabelle A 3.1

Tabelle A 3.1: Ausführungsprinzipien für Bauteilanschlüsse und Elementfugen

Zeile	Variante	Maßnahme/Ausführung in der Kontaktfläche	Ort und Maßnahme zur äußeren Abdichtung und Angaben zur seitlichen Anordnung (brandzugewandte bzw. brandabgewandte Seite)[3]
	Ausführung mit Fuge der Breite s in der Kontaktfläche, $0 < s \leq 30$ mm (siehe Prinzipskizze A 3.1)		
1	dicht gestoßen $s \leq 0{,}5$ mm	keine Maßnahme notwendig	keine Maßnahme notwendig
2	$s \leq 2$ mm	keine Maßnahme notwendig	nur brandabgewandte Seite a), b), c), d) oder e)
3	$s \leq 5$ mm	Dichtungstreifen aus mindestens normalentflammbarem Dämmstoff mit $\rho \geq 50$ kg/m³ im unkomprimierten Zustand[1] oder aus Dämmstoff gemäß DIN EN 13162:2015-04 mit $\rho \geq 15$ kg/m³ im unkomprimierten Zustand[1]	nur brandzugewandte Seite: a), b) oder c)
4	$s \leq 15$ mm	Dichtungsstreifen / Schalldämmlager mindestens normalentflammbar mit $\rho \geq 200$ kg/m³ oder Brandschutzdichtmasse bzw. im Brandfall aufschäumende Baustoffe	nur brandzugewandte Seite: a), b) oder c)
5	$s \leq 30$ mm	Dichtungsstreifen aus Mineralwolle-Dämmstoffen mit Schmelzpunkt ≥ 1.000°C nach DIN 4102-17:2017-12 und $\rho \geq 30$ kg/m³ im unkomprimierten Zustand[1]	keine zusätzliche Maßnahme notwendig

Maßnahmen zur außenseitigen Abdichtung im Bereich von Fugen und Kehlen:

a) Verspachtelung;
b) Brandschutzdichtmasse[2];
c) vollständige Abdeckung mit der Brandschutzbekleidung der flächigen Bauteile bzw. durch Fußbodenaufbau;
d) dauerelastische Verfugung[2] bzw. komprimiertes Dichtungsband[2] oder
e) luftdichte Abklebung.

[1]Im eingebauten Zustand muss der Dämmstoff mindestens auf die Hälfte seiner Ausgangsdicke komprimiert werden.

[2]Entsprechende Maßnahmen dürfen auch innerhalb der Kontaktfuge angeordnet werden sofern diese mindestens 20 mm innerhalb des jeweiligen rechnerischen Restholzquerschnittes liegen. Abweichend dazu darf für Brandschutzdichtmassen/-stoffe/-bänder dieses Vorhaltemaß auf 0 reduziert werden.

[3]Soweit nichts anderes bestimmt ist, bezieht sich die Feuerwiderstandsfähigkeit auf jede der möglichen Brandeinwirkungsrichtungen.

[10]Ergänzend zu den Ausführungsprinzipien nach Tabelle A 3.1 können Elementfugen zur Vorbeugung der Übertragung von Feuer und Rauch ausgeführt werden als:

a) Fugen mit Abdeckung durch Brandschutzbekleidungen oder Fußbodenaufbau (Prinzipskizze A 3.2)

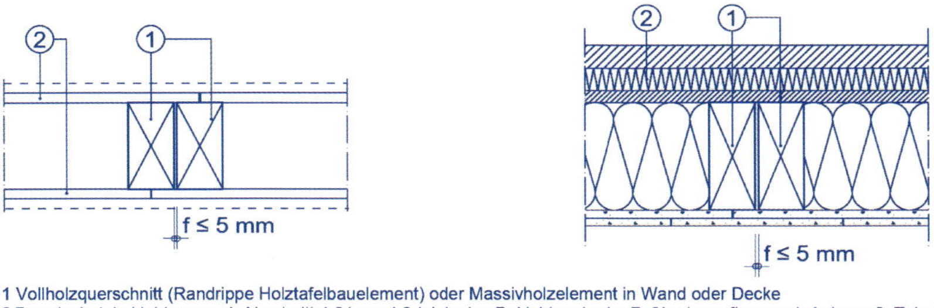

1 Vollholzquerschnitt (Randrippe Holztafelbauelement) oder Massivholzelement in Wand oder Decke
2 Brandschutzbekleidung nach Abschnitt 4.2 bzw. 4.3 (einlagige Bekleidung) oder Fußbodenaufbau nach Anhang 2, Tabelle

Prinzipskizze A 3.2: Ergänzende Ausführung von Elementfugen als stumpfer Stoß bei Holztafelbauelementen

b) Verbindungen mit Stufenfalz, mit Nut-Feder, mit eingelegter Feder (Dicke mindestens 19 mm) oder mit beidseitig angeordnetem Deckbrett (Dicke mindestens 19 mm); die Überdeckung des Deckbrettes, der Fremdfeder oder des Fugenversatzes durch das verbleibende Restholz muss nach Abbrand (Bemessungswert der Abbrandtiefe nach DIN EN 1995-1-2:2010-12) mindestens 20 mm betragen (Prinzipskizze A 3.3 bis Prinzipskizze A 3.5).

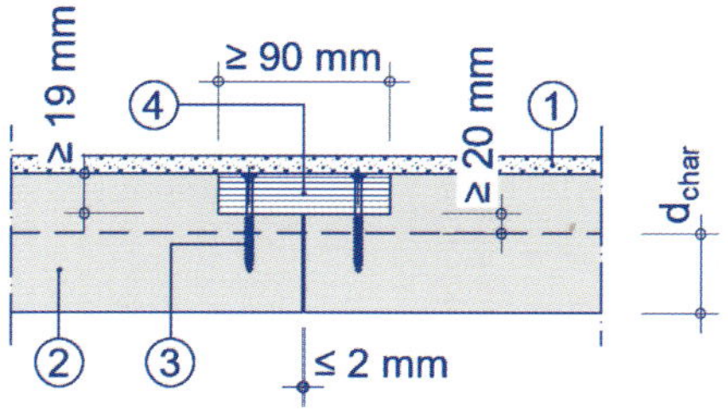

1 Brandschutzbekleidung nach Abschnitt 4.2 bzw. 4.3 oder Fußbodenaufbau nach Anhang 2, Tabelle A 2.1
2 Massivholzelement
3 Verbindungsmittel
4 Deckbrett
d_{char} Bemessungswert der Abbrandtiefe nach DIN EN 1995-1-2:2010-12

Prinzipskizze A 3.3: Elementstoßausbildung von Massivholzelementen mit Deckbrettverbindung

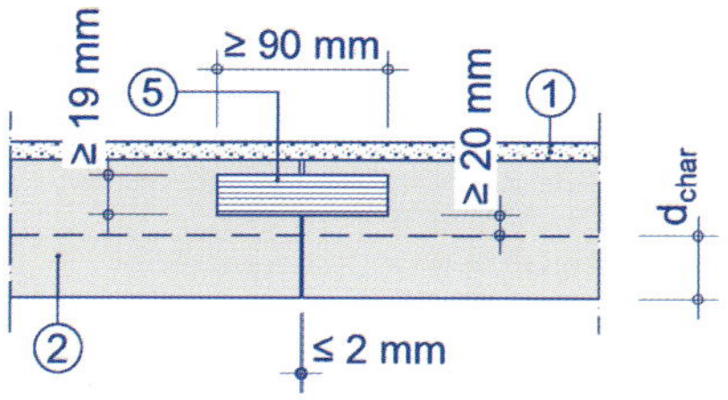

1 Brandschutzbekleidung nach Abschnitt 4.2 bzw. 4.3 oder Fußbodenaufbau nach Anhang 2, Tabelle A 2.1
2 Massivholzelement
5 Fremdfederverbindung
d_{char} Bemessungswert der Abbrandtiefe nach DIN EN 1995-1-2:2010-12

Prinzipskizze A 3.4: Elementstoßausbildung von Massivholzelementen mit Fremdfederverbindung

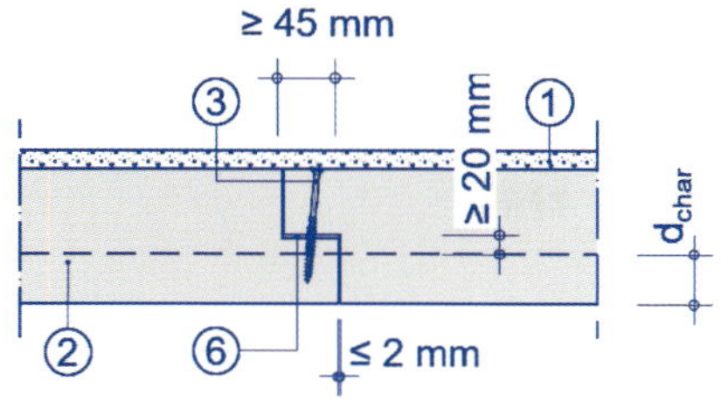

1 Brandschutzbekleidung nach Abschnitt 4.2 bzw. 4.3 oder Fußbodenaufbau nach Anhang 2, Tabelle A 2.1
2 Massivholzelement
3 Verbindungsmittel
6 Stufenfalz mit eingelegtem komprimierten Dichtungsband oder Dichtungsstreifen aus Mineralwolle gemäß Zeile 3 der Tabelle A 3.1
d_{char} Bemessungswert der Abbrandtiefe nach DIN EN 1995-1-2:2010-12

Prinzipskizze A 3.5: Elementstoßausbildung von Massivholzelementen zum Nachweis des Raumabschlusses

Anhang 4

A 4 Übereinstimmungsbestätigung

[1]Die Bestätigung der Übereinstimmung der Bauart mit dieser Richtlinie muss soweit zutreffend folgende Angaben enthalten:

- hochfeuerhemmende tragende Wand/Decke/Außenwand/nichttragende Innenwand/Außenwand mit brandschutztechnisch wirksamer Bekleidung nach Abschnitt 4.2 der MHolzBauRL nach § 26 Absatz 2 Satz 2 Nummer 3 MBO und/oder
- hochfeuerhemmende/feuerbeständige tragende Wand/Decke/Außenwand/nichttragende Innenwand/Außenwand mit brandschutztechnisch wirksamer Bekleidung nach Abschnitt 4.2 der MHolzBauRL und aus brennbaren Baustoffen zulässig nach § 26 Absatz 2 Satz 4 MBO und/oder
- hochfeuerhemmende/feuerbeständige tragende Wand/Decke/Außenwand/nichttragende Innenwand /Außenwand mit Brandschutzbekleidung nach Abschnitt 4.3 der MHolzBauRL und aus brennbaren Baustoffen zulässig nach § 26 Absatz 2 Satz 4 MBO und/oder
- hochfeuerhemmende Wand anstelle einer Brandwand, auch unter zusätzlicher mechanischer Beanspruchung hochfeuerhemmend und mit brandschutztechnisch wirksamer Bekleidung nach Abschnitt 4.2 der MHolzBauRL, gemäß § 30 Absatz 3 Satz 2 Nummern 1 und 2 MBO und/oder
- als hochfeuerhemmende Wand eines notwendigen Treppenraumes, auch unter zusätzlicher mechanischer Beanspruchung und mit voller brandschutztechnisch wirksamer Bekleidung nach Abschnitt 4.2 der MHolzBauRL, nach § 35 Absatz 4 Satz 1 Nummer 2 MBO und/oder
- Außenwandbekleidung nach Abschnitt 7 dieser Richtlinie

[2]Für die versuchstechnisch erbrachten Nachweise zur Standsicherheit im Brandfall, Raumabschluss und brandschutztechnisch wirksamer Bekleidung sind die Angaben des Klassifizierungsberichtes nach DIN EN 13501-2:2023-12 inklusive zugehöriger Prüfberichtsnummer jeweils unter Angabe des Datums erforderlich.

Fachkommission Bauaufsicht der Bauministerkonferenz Projektgruppe MHolzBauRL

Erläuterung zur Muster-Holzbaurichtlinie (MHolzBauRL September 2024)

Stand: 16.02.2026

Kommentar zu der Erläuterung zur Muster-Holzbaurichtlinie (MHolzBauRL September 2024) der Autoren

Zu Abschnitt 1 (Anwendungsbereich)

Die Muster-Holzbau-Richtlinie regelt Bauarten zur Errichtung feuerwiderstandsfähiger Bauteile in den Gebäudeklassen 4 und 5 unter definierten Randbedingungen, einschließlich Element- und Bauteilfugen sowie Anforderungen bezüglich der Planung von Holzbauten (zum Beispiel Begrenzung des Anteils brennbarer Oberflächen), die Anordnung von brandschutztechnisch wirksamen Bekleidungen und Außenwandbekleidungen aus brennbaren Baustoffen.

Die Muster-Holzbau-Richtlinie ist die Technische Baubestimmung für oben genannte Bauarten. Damit ist für diesen Anwendungsbereich eine allgemeine Bauartgenehmigung nicht erforderlich. Sofern für Sonderbauten Konstruktionen gemäß der Richtlinie zur Anwendung kommen, sind auch für diese Konstruktion keine Bauartgenehmigungen erforderlich.

Wesentliche Abweichungen von den hier beschriebenen technischen Regelungen (siehe graphische Darstellungen am Ende dieser Erläuterung) für die Bauarten bedürfen nach § 16a Musterbauordnung (MBO) einer vorhabenbezogenen Bauartgenehmigung (vBG) oder allgemeinen Bauartgenehmigung (aBG).

Für in der Muster-Holzbau-Richtlinie enthaltenen Konkretisierungen bauordnungsrechtlicher Anforderungen kommt eine Abweichung nur nach § 67 Musterbauordnung in Betracht. Bauordnungsrechtliche Anforderungen in den Technischen Baubestimmungen sind beispielsweise Anforderungen an das Brandverhalten von Baustoffen oder die Größe von Nutzungseinheiten beziehungsweise brandschutztechnisch abgetrennten Raumgruppen.

Bauteile, die nicht hochfeuerhemmend oder feuerbeständig sein müssen, und Außenwandbekleidungen in den Gebäudeklassen 1 bis 3 werden in der Richtlinie nicht geregelt.

Die Begriffe „abweichend hochfeuerhemmend“ und „abweichend feuerbeständig“ bezeichnen Bauteile gemäß § 26 Absatz 2 Satz 4 der Musterbauordnung, welche die benannte Feuerwiderstandsfähigkeit aufweisen, jedoch aus brennbaren Baustoffen bestehen dürfen.

Definitionen im Sinne der Richtlinie:

1. *hochfeuerhemmende Holzbauteile mit 60 Minuten Feuerwiderstandsdauer: Holztafelbauteile mit Brandschutzbekleidung (t_{ch} = 60 min beziehungsweise t_{ch} = 30 min auf der Außenseite von Außenwandbauteilen)*

2. *abweichend hochfeuerhemmende Holzbauteile mit 60 Minuten Feuerwiderstandsdauer: Holztafelbauteile mit reduzierter Brandschutzbekleidung (t_{ch} = 30 min) sowie Massivholzbauteile mit oder ohne Brandschutzbekleidung (t_{ch} = 0 / 30 / 60 min)*
3. *abweichend feuerbeständige Holzbauteile mit 90 Minuten Feuerwiderstandsdauer: Holztafelbauteile mit Brandschutzbekleidung (t_{ch} = 90 min beziehungsweise t_{ch} = 30 min auf der Außenseite von Außenwandbauteilen) sowie Massivholzbauteile mit oder ohne Brandschutzbekleidung (t_{ch} = 0 / 30 / 90 min)*

Die Abschnitte 2.1 „Allgemeines" und 2.2 „Standardgebäude" der Muster-Richtlinie über brandschutztechnische Anforderungen an Bauteile und Außenwandbekleidungen in Holzbauweise Fassung Oktober 2020 (im Folgenden MHolzBauRL 2020 genannt) wurden aufgehoben. Diese sind in Abschnitt 1 aufgegangen beziehungsweise können wegen der Anwendbarkeit der Richtlinie in neuer Fassung auf bestimmte Sonderbauten entfallen. Im Zuge der Neufassung wurde die Ordnungsstruktur der Richtlinie von Gebäudeklassen auf die Anforderungen an die Feuerwiderstandsfähigkeit der Bauteile im Sinne von § 26 der Musterbauordnung umgestellt.

Die Muster-Holzbau-Richtlinie öffnet grundsätzlich die Anwendung für bestimmte Sonderbauten im Sinne von § 2 Absatz 4 der Musterbauordnung. Eine bestimmungsgemäße Nutzung für selbstrettungsfähige Personen liegt insbesondere nicht bei Krankenhäusern, Pflegeheimen und baulichen Anlagen für freiheitsentziehende Maßnahmen vor.

Die Anwendung der Muster-Holzbau-Richtlinie kommt regelmäßig nicht in Betracht, sofern die Verwendung brennbarer Baustoffe aufgrund der Musterbauordnung oder aufgrund bauordnungsrechtlicher Vorschriften ausdrücklich ausgeschlossen ist (vergleiche beispielsweise Abschnitt 3.1.1 Muster-Hochhaus-Richtlinie – MHHR).

Kommentar zu Abschnitt 1 (Anwendungsbereich)

Mit der Formulierung in Absatz 3 sind die Technischen Baubestimmungen die Bauarten betreffend, wie z. B. DIN EN 1995-1-2 oder DIN 4102-4 zum Nachweis der Feuerwiderstandsdauer, gemeint. Wird von diesen Technischen Baubestimmungen wesentlich abgewichen, bedarf es nach § 16a MBO wie üblich einer vorhabenbezogenen oder allgemeinen Bauartengenehmigung als Anwendbarkeitsnachweis. Zudem erfolgt innerhalb der Richtlinie an zwei Stellen der direkte Verweis auf die Notwendigkeit einer Bauartengenehmigung bei Abweichung von Abschnitt 5 zu den Fügungen und Anschlüssen sowie in Abschnitt 7 zu den hinterlüfteten Außenwandbekleidungen aus Holz.

Zu Abschnitt 2.1 (Holztafelbauweise)

Die Bezeichnung Holzrahmenbauweise wird als Synonym verwendet.

Regelmäßig kann gemäß Abschnitt 3.4 die brandschutztechnisch wirksame Bekleidung auch die Funktionen einer Beplankung und/oder einer Bekleidung zur Erreichung des Feuerwiderstandes übernehmen und umgekehrt; die jeweils höherwertigen Anforderungen sind zu erfüllen (zum Beispiel Dicke der Bekleidung, Einbindetiefen von Verbindungsmitteln).

Zu Abschnitt 2.2 (Massivholzbauweise)

„Bauteile mit verfüllten Hohlräumen" sind insbesondere Bauteile mit Hohlräumen von maßgeblichen Ausdehnungen, nicht Bauteile mit nur produktions- oder montagebedingten, punktuellen Hohlräumen. Dabei ist nicht relevant, anhand welcher Maßnahmen diese Hohlräume geschützt werden. Dementsprechend gelten Bauteile in Massivholzbauweise nicht als Bauteile mit verfüllten Hohlräumen.

Zweischalige Konstruktionen (zum Beispiel im Modulbau oder bei Aufstockungen zwischen oberster Bestandsdecke und neuer Massivholzdecke mit vollständiger nichtbrennbarer Ausdämmung der horizontalen Bauteilfuge) sind im Sinne der Richtlinie wie zweischalige Trennwände in Massivholzbauweise zu betrachten. In wie weit die Bestandsdecke analog einer zweiten Schale zur Erreichung des Schutzzieles herangezogen werden kann, ist im jeweiligen Anwendungsfall zu entscheiden.

Kommentar zu Abschnitt 2.2 (Massivholzbauweise)

Die Formulierung in Absatz 2 untermauert die Beschreibung im Kommentar zu Abschnitt 2.2.

Zu Abschnitt 2.4 (Außenwandbekleidung)

Hinterlüftete Außenwandbekleidungen weisen einen Lüftungsspalt zwischen der Außenwandbekleidung und der Außenwandkonstruktion auf, der – jedenfalls abschnittsweise – zuströmende Luft in der Regel von unten und abströmende Luft in der Regel nach oben ermöglicht.

Belüftete Außenwandbekleidungen sind nicht Gegenstand der Richtlinie; sie weisen einen Lüftungsspalt zwischen der Außenwandbekleidung und der Außenwandkonstruktion auf, der – jedenfalls abschnittsweise – von unten einen Luftaustausch ermöglicht, nach oben jedoch geschlossen ausgeführt ist.

Außenwandbekleidungen ohne Hohlraum weisen keinen Lüftungsspalt zwischen der Außenwandbekleidung und der Außenwand auf; sie sind gemäß § 28 der Musterbauordnung auszuführen und sind nicht Gegenstand der Richtlinie.

Kommentar zu Abschnitt 2.4 (Außenwandbekleidungen)

Die in Absatz 2 aufgeführten belüfteten Außenwandbekleidungen aus Holz werden, auch wenn sie nicht unmittelbar Gegenstand der Richtlinie sind, im Kommentar zu Abschnitt 7 entsprechend eingestuft und bewertet.

Ergänzend zur Formulierung in Absatz 3 stellen Außenwandbekleidungen ohne Hohlräume aus normalentflammbaren Baustoffen, wie beispielsweise Holzschindeln, eine Abweichung nach § 67 MBO dar und sind im Einzelfall zu bewerten.

Zu Abschnitt 3 (Allgemeine Anforderungen an das Brandverhalten und die Feuerwiderstandsfähigkeit)

Die Feuerwiderstandsfähigkeit ergibt sich aus der Feuerwiderstandsdauer und Anforderungen an die brandschutztechnisch wirksame Bekleidung sowie Anforderungen an die Element- und Bauteilfugen.

Zu Abschnitt 3.2 (Nachweis der erforderlichen Feuerwiderstandsdauer)

Feuerwiderstandsdauer beschreibt die Zeit, in der Tragfähigkeit und/oder Raumabschluss der Bauteile bei einer Brandeinwirkung nach Einheits-Temperaturzeitkurve (ETK) erhalten bleiben.

Die Nachweismöglichkeiten für die Feuerwiderstandsdauer und die Schutzzeit der brandschutztechnisch wirksamen Bekleidung sind in den grafischen Darstellungen am Ende dieses Dokuments erläutert.

Zu Abschnitt 3.3 (Dämmstoffe)

Hohlraumbrände sind schwer zu erkennen und schwer zu beherrschen. Bei Schwel- beziehungsweise Glimmprozessen in Dämmstoffen werden zudem kritische Konzentrationen des Atemgiftes Kohlenstoffmonoxid (CO) gebildet, das durch Bauteile diffundiert und potentiell eine Gefahr für Gebäudenutzende darstellt. Es ist daher geboten, die Gefahr von Bränden innerhalb der Konstruktionen zu minimieren, was durch eine hohlraumfreie Durchbildung der Bauteile beziehungsweise ein vollständiges Ausfüllen von Hohlräumen mit nichtbrennbaren Dämmstoffen erreicht werden kann.

Normalentflammbare Dämmstoffe sind für hochfeuerhemmende, abweichend hochfeuerhemmende, feuerbeständige beziehungsweise abweichend feuerbeständige Bauteile nicht Gegenstand der Richtlinie. Sie sind auch in den Fällen zulässig, in denen an Bauweisen keine besonderen beziehungsweise keine anderen Anforderungen an das Brandverhalten von Baustoffen gestellt werden, zum Beispiel in nichttragenden Außenwänden nach § 28 Absatz 2 Satz 1 Halbsatz 2 der Musterbauordnung und in Dächern.

Schüttdämmstoffe, wie zum Beispiel Einblasdämmung, können verwendet werden, wenn die Anforderungen gemäß Abschnitt 3.3 eingehalten werden. Schüttdämmstoffe sind wie einlagige Dämmschichten zu betrachten.

Zweilagige Dämmschichten sollen mit einem Stoßversatz der halben Dämmstoffdicke eingebaut werden.

Dämmschichten aus brennbaren Baustoffen in Fußbodenaufbauten sind zulässig und in Abschnitt 4.3 Buchstabe d und Abschnitt 6.1 näher geregelt.

Zu Abschnitt 3.4 (Brandschutztechnisch wirksame Bekleidung)

Die Begriffe brandschutztechnisch wirksame Bekleidung und Brandschutzbekleidung werden in der Richtlinie gleichbedeutend angewendet. Die Anforderungen an die Brandschutzbekleidung im Sinne der Richtlinie werden nunmehr aus DIN EN 1995-1-2:2010-12 und 1995-1-2-N/A:2010-12 abgeleitet; somit ist der Bezug nicht mehr DIN EN 13501-2:2023-12 (K260), sondern

DIN EN 13381-7:2019-09 (t_{ch}). Bauteile mit Brandschutzbekleidung, welche den Anforderungen gemäß DIN EN 13501-2:2023-12 in Verbindung mit DIN EN 14135:2004-11 ($K_2$30/$K_2$60) entsprechen, können jedoch grundsätzlich weiterhin angewendet werden.

Die Schutzwirkung einer brandschutztechnisch wirksamen Bekleidung be-/verhindert dabei eine Entzündung der Holzbauteile über einen definierten Zeitraum. Die Brandschutzbekleidung hat zugleich einen positiven Einfluss auf das Brandverhalten der Bauteile.

Andere Bekleidungen können angewendet werden, wenn die erforderlichen Kriterien nach den Abschnitten 4.2 beziehungsweise 4.3 an eine Brandschutzbekleidung nach der Richtlinie erfüllt sind.

Der allgemeine Nachweis der brandschutztechnisch wirksamen Bekleidung ist im Anhang 1, Abschnitt A 1.5 der Richtlinie definiert und in den grafischen Darstellungen am Ende dieses Dokuments erläutert. Die alternative Nachweisführung nach Satz 4 bezieht sich auf Bekleidungen nach Satz 3. Die Regelungen des Satzes 1 bleiben unberührt.

Die Dicke der angegebenen Brandschutzbekleidungen zur Erzielung von Schutzzeiten t_{ch} 60 oder 90 Minuten ergeben sich aus umfangreichen experimentellen Untersuchungen. Bei Anwendung von Berechnungsverfahren zur Ermittlung der Schutzzeiten t_{ch} nach DIN EN 1995-1-2 ergeben sich geringere rechnerische Schutzzeiten, da Berechnungsverfahren grundsätzlich zu auf der sicheren Seite liegenden Ergebnissen führen.

Zu Abschnitt 3.5 (Folien)

Normalentflammbare Folien, Membranen und Bahnen für die Bauteil- und auch die Fugenabdichtung zur Erzielung einer Wind- beziehungsweise Luftdichtheit sowie normalentflammbare Dampfbremsen, wasserabweisende sowie zusätzlich wasserableitende Folien sind zulässig.

Dachabdichtungen fallen nicht in den Anwendungsbereich der Richtlinie.

Zu Abschnitt 4 (Anforderungen an feuerwiderstandsfähige Bauteile in Holzbauweise)

Die Abschnitte 4 und 5 der MHolzBauRL 2020 werden in Abschnitt 4 zusammengeführt.

Zu Abschnitt 4.1 (Anforderungen an feuerwiderstandsfähige Bauteile in Holzbauweise – Allgemeines)

Die Feuerwiderstandsfähigkeit ergibt sich aus der Feuerwiderstandsdauer (zum Beispiel aus DIN 4102-4:2016-05 oder DIN EN 1995-1-2:2010-12 und 1995-1-2/NA:2010-12) und Anforderungen an die brandschutztechnisch wirksame Bekleidung sowie Anforderungen an die Element- und Bauteilfugen.

Zu Abschnitt 4.2 (Ausführung der brandschutztechnisch wirksamen Bekleidung)

Zu Begriff und Anforderung siehe Abschnitt 3.4.

Der Wert t_{ch} (time to charring) gemäß DIN EN 1995-1-2:2010-12 benennt den Zeitpunkt des Beginns der Verkohlung hinter der Brandschutzbekleidung.

Zu Abschnitt 4.3 (Reduzierung der brandschutztechnisch wirksamen Bekleidung nach Abschnitt 4.2)

Die Größe eines brandschutztechnisch zusammenhängenden Bereichs (Raum oder Raumgruppe) beeinflusst die Branddynamik, die Wahrscheinlichkeit einer Brandentstehung, die potentielle Brandausbreitung, die Dauer und Wirksamkeit von Löschmaßnahmen und damit auch die möglichen Brandfolgen. Aus diesem Grund können bei kleineren brandschutztechnisch zusammenhängenden Bereichen reduzierte Bekleidungen ein vergleichbares Schutzniveau gewährleisten.

Auch der Anteil von sichtbaren Holzoberflächen eines Brandraumes beeinflusst die Branddynamik. Mit steigendem Anteil sichtbarer Holzoberflächen wird unter anderem die Brandentwicklungsdauer verkürzt sowie die Wärmestromdichte und damit auch die Auswirkung des Raumbrandes nach einem Flashover außen an der Fassade erhöht. Dies lässt eine schnellere und umfangreichere Brandausbreitung über die Fassade erwarten, sofern keine anderen baulichen oder anlagentechnischen Maßnahmen wirksam werden.

Die Erleichterungstatbestände von Abschnitt 4.3 können kombiniert angewendet werden.

Die Anforderungen betreffen nur die in der Richtlinie geregelten Bauteile, nicht solche Bauteile, an die die Richtlinie keine Anforderungen stellt.

Zu Abschnitt 4.3 Buchstabe a

Der Begriff „bauteilseitig" meint die Anordnung hinter der Brandschutzbekleidung.

Zu Abschnitt 4.3 Buchstabe c

Die Begrenzung der zu erwartenden Brandausbreitung durch eine Beschränkung der brennbaren Oberflächen ist erforderlich, da sonst eine Beherrschbarkeit von Bränden nicht mehr hinreichend gegeben wäre. Die vorgegebenen Anteile von Sichtholzdecken und Wandoberflächen der Richtlinie stellen Obergrenzen dar. Die Begrenzung der brennbaren Wandoberflächen auf 25 Prozent bezieht sich entgegen der bisherigen Regelungen auf die Bruttogrundfläche der brandschutztechnisch abgetrennten Raumgruppe, um eine eindeutige Regelung zu haben.

Die Wandoberflächen ergeben sich gegebenenfalls durch deren Abwicklung. Bei einer Vielzahl von linienförmigen Bauteilen (zum Beispiel Skelettbauten) sind die raumseitig sichtbaren brennbaren Oberflächen dieser Bauteile bei der Flächenermittlung zu berücksichtigen.

Wird die Gesamtfläche von 25 Prozent der Bruttogrundfläche über alle Oberflächen von Wänden, an die bauordnungsrechtliche Anforderungen gestellt werden, überschritten, so ist die Summe der brennbaren Oberflächen in geeig-

neter Weise zu reduzieren. Für Bauteile nach der Richtlinie kann diese Reduzierung nur durch eine nach Abschnitt 4.2/4.3 definierte Brandschutzbekleidung erfolgen. Für andere Bauteile (zum Beispiel nichttragende Außenwände, nichttragende Flurwände) kann die Reduzierung durch eine nichtbrennbare Bekleidung in ausreichender Dicke im Sinne der Konkretisierung nach MVV TB 2025/1, dort Nummer A 2.1.12, erfolgen.

Die „grundsätzliche" Nichtanwendbarkeit der reduzierten Anforderung an eine Brandschutzbekleidung gemäß Abschnitt 4.3 c für Sonderbauten lässt gleichwohl eine individuelle Erleichterung für Sonderbauten im Einzelfall zu. Dabei ist das Erreichen der Schutzziele im Rahmen eines Abweichungsantrages § 67 Musterbauordnung in geeigneter Weise nachzuweisen.

Kommentar zu Abschnitt 4.3 Buchstabe c

In Absatz 3 werden in den Erläuterungen Anforderungen über die Richtlinie hinaus formuliert. Diese Anforderungen betreffen eine Bekleidung in ausreichender Dicke (wie in § 35 Abs. 5 Nr. 2 bzw. § 36 Abs. 6 Nr. 2 oder § 39 Abs. 2 Satz 1 MBO jeweils in Verbindung mit MVV TB 2025/1, dort Nummer A 2.1.12) von Bauteilen außerhalb des Regelungsbereiches der MHolzBauRL. Für diese Forderung besteht mit Blick auf die MBO und die MHolzBauRL keine gesetzliche Grundlage.

Zu Abschnitt 4.3 Buchstabe d

Die Feuerwiderstandsfähigkeit von Decken muss grundsätzlich sowohl von oben nach unten als auch von unten nach oben erfüllt sein. Die Klassifikationen berücksichtigen lediglich eine Brandbeanspruchung von unten nach oben. Damit auf eine zusätzliche Brandprüfung mit Brandbeanspruchung auf der Oberseite verzichtet werden kann, muss der obere Abschluss von feuerwiderstandsfähigen Holzdecken diesem Abschnitt genügen. Die Höhen des umlaufend verlegten, nichtbrennbaren Randdämmstreifen muss mindestens der Dicke des nach Anhang 2 erforderlichen Fußbodenaufbaus entsprechen; lediglich die unterste nichtbrennbare Schicht des Fußbodenaufbaus darf unter dem Randdämmstreifen durchgeführt werden.

Sofern innerhalb des Fußbodenaufbaus Installationen geführt werden sollen, ist Abschnitt 6.1 zu beachten.

Kommentar zu Abschnitt 4.3 Buchstabe d

In Absatz 1, letzter Halbsatz wird aufgeführt, dass lediglich die *„unterste nichtbrennbare Schicht des Fußbodenaufbaus […] unter dem Randdämmstreifen durchgeführt werden"* darf. Die in Anhang 2 aufgeführten Fußbodenaufbauten stellen die Äquivalenz zur Schutzbekleidung von oben nach Abschnitt 4.2 der Richtlinie dar. Nur über diese brandschutztechnisch erforderliche Aufbaudicke ist der mineralische Randdämmstreifen zu führen. Alle darunterliegenden Schichten müssen entsprechend nicht bis an den Randdämmstreifen geführt bzw. dürfen darunter durchgeführt werden.

Zu Abschnitt 4.3 Buchstabe e

Aufgrund der erwartungsgemäß geringeren Brandbeanspruchung der Außenseite der Außenwand kann eine Reduzierung der Brandschutzbekleidung berücksichtigt werden; Grundlage dafür ist die Außenbrandkurve, die – anders als die Einheits-Temperaturzeitkurve (ETK) – die Brandeinwirkung für nichttragende raumabschließende Bauteile außerhalb des eigentlichen Brandraumes normiert abbildet. Die reduzierte Bekleidung an der Außenseite von Außenwänden darf sowohl für die Massivholz- als auch die Holztafelbauweise angewendet werden.

In der Öffnungslaibung ist die höhere Anforderung an die Brandschutzbekleidung grundsätzlich bis zur äußeren Oberfläche der Außenwand und somit auch hinter dem Rahmen des Öffnungsabschlusses auszuführen. Linienförmige Unterbrechungen der Brandschutzbekleidung sind jedoch zulässig (siehe Abschnitt 4.4), so dass der Rahmen des Öffnungsabschlusses auch in der Ebene der Brandschutzbekleidung liegen kann.

Zu Abschnitt 4.4 (Öffnungen für Türen, Fenster, sonstige Einbauten und Durchführungen)

Öffnungsabschlüsse, wie Türen oder Schottungen, die in Wänden mit 60 beziehungsweise 90 Minuten Feuerwiderstand nach Muster-Holzbau-Richtlinie zulässig sind, stellen in Wänden nach Abschnitt 4.3 regelmäßig dann keine wesentliche Abweichung dar, wenn die Ausführung der Brandschutzbekleidung in der Laibung den Einbaubedingungen des Ver- beziehungsweise Anwendbarkeitsnachweises dieser Öffnungsabschlüsse entspricht.

Die Brandschutzbekleidung in der Laibungsöffnung kann für den Einbau des Öffnungsabschlusses linienförmig unterbrochen werden (siehe Abschnitt 4.3 e).

Kommentar zu Abschnitt 4.4

Die Formulierung in Absatz 2 bezieht sich auf die Möglichkeit, dass bei Verwendung von z. B. Holzfenstern mit Blockrahmen die Laibungsbekleidung in diesem Bereich reduziert bzw. unterbrochen ausgeführt werden kann. Dies wird im Kommentar zu Abschnitt 4.4 nochmals detailliert beschrieben.

Zu Abschnitt 5 (Anforderungen an die Fügung von Elementen und Anschlüsse von Bauteilen)

Die Abmessungen der in Abständen von höchstens 500 mm geforderten mechanischen Verbindungsmittel ergeben sich aus dem Standsicherheitsnachweis für Normaltemperaturen.

Eine Unterbrechung der Brandschutzbekleidung des brandschutztechnisch höherwertigen Bauteils liegt dann nicht vor, wenn ein Bauteil mit einer brandschutztechnischen Bekleidung in mindestens der Leistung der unterbrochenen Bekleidung angeschlossen wird.

Die für den Nachweis der Element- und Bauteilfugen in Betracht kommenden Technischen Baubestimmung sind in den grafischen Darstellungen am Ende dieses Dokuments erläutert.

Zu Abschnitt 6.1 (Installationen in feuerwiderstandsfähigen Bauteilen in Holzbauweise – Allgemeines)

Ziel der Anforderung des Abschnitts 6.1 ist die Vermeidung der Entzündung brennbarer Baustoffe in der Umgebung von technischen Installationen (insbesondere elektrische Leitungen). Vermieden werden soll die Anordnung von Leitungen im Bündel insbesondere oberhalb von Holzdecken.

Kommentar zu Abschnitt 6.1

Der in Abschnitt 2 Satz 2 formulierte Begriff „Bündel" ist abschließend nicht genauer definiert. Die Führung mehrerer Leitungen typischer haustechnischer Installationen zur Versorgung von Nutzungseinheiten auf Decken sind aus brandschutztechnischer Sicht unkritisch zu sehen. Besondere, über das übliche Installationsmaß hinausgehende Leitungsführungen bedürfen einer Betrachtung im Einzelfall.

Zu Abschnitt 6.3 (Elektrische Installationen in Massivholzbauteilen)

Wenn Leitungen in unbekleideten Massivholzbauteilen geführt werden sollen, so ist dies statt „unmittelbar hinter der Bekleidungslage (in Faserrichtung)" „unmittelbar hinter der Decklage (in Faserrichtung)" möglich. Eine Führung entgegen der Faserrichtung dieser einen Lage ist nicht vorgesehen; eine Leitungsführung „um die Ecke" ist damit nicht möglich.

Kommentar zu Abschnitt 6.3

Diese Formulierungen widersprechen den Vorgaben der MHolzBauRL. Es wird auf Abschnitt 6.3 Satz 7 MHolzBauRL verwiesen, in dem eindeutig eine Leitungsführung innerhalb von Massivholzbauteilen ausgeschlossen wird, und Abschnitt 2.2 MHolzBauRL, in dem explizit Hohlräume in Massivholzbauteilen ausgeschlossen werden.

Zu Abschnitt 7.1 (Hinterlüftete Außenwandbekleidungen aus Holz und Holzwerkstoffen bei Gebäuden der Gebäudeklasse 4 und 5 – Allgemeines)

Klarstellend wird darauf hingewiesen, dass diese Regelung für Gebäude der Gebäudeklassen 1 bis 3 nicht gilt. Die Regelungen aus Abschnitt 7 finden auch bei hinterlüfteten Außenwandbekleidungen aus Holz und Holzwerkstoffen bei anderen Bauweisen (zum Beispiel Mauerwerksbau) Anwendung, soweit es sich um Gebäudeklasse 4 oder 5 handelt.

Die Regelung bedeutet nicht, dass eine Gleichwertigkeit mit einer Außenwand aus nichtbrennbaren oder schwerentflammbaren Baustoffen gegeben ist. Die beschriebene Ausführung ist lediglich im Rahmen einer Gesamtbetrachtung unter Berücksichtigung der Einsatzmöglichkeiten der Feuerwehr zulässig. Die in der Muster-Holzbau-Richtlinie dargestellte Lösung mit Holz als normalentflammbarem Baustoff sieht differenzierte, konstruktive Maßnahmen unter Einbezug des abwehrenden Brandschutzes vor. Dieser Paradigmenwechsel zur nicht selbst verlöschenden Fassade (zum Beispiel nach einem Zimmerbrand) bedingt die enge Verknüpfung mit den sich aus den Feuerwehrgesetzen der Länder ergebenden Standards und der in der Regel kommunal organisierten Feuerwehr als Einrichtung der Gemeinde, die daher im Einvernehmen beteiligt wird. Generell handelt es sich jedoch nicht um Fassaden, die eine schwerentflammbare Eigenschaft aufweisen, sondern um eine bauordnungsrechtlich akzeptierte Alternativlösung.

Belüfteten Außenwandbekleidungen sind im Gegensatz zu hinterlüfteten Außenwandbekleidungen derzeit nicht von der Musterbauordnung erfasst.

Für Anwendungen von Außenwandbekleidungen aus brennbaren Baustoffen mit Abständen zwischen den horizontalen Brandsperren von mehr als 4 Metern liegen aktuell keine gesicherten, allgemeingültigen Erkenntnisse vor.

Zu Abschnitt 7.2.1 (Maßnahmen zur Begrenzung der Brandausbreitung – nichtbrennbare Oberflächen von Außenwänden)

Die Oberfläche von Außenwänden liegt von außen betrachtet hinter der Außenwandbekleidung und unmittelbar hinter dem gegebenenfalls vorhandenen Lüftungsspalt. Die nichtbrennbare Schicht als äußerer Abschluss der Außenwand ist Teil der Außenwand.

Die nichtbrennbare Oberfläche begrenzt die Branddynamik zwischen der Außenwandbekleidung aus Holz und der dahinterliegenden Außenwand und schützt Wände aus brennbaren Baustoffen sowie die in nichttragenden Außenwänden potentiell zulässigen normalentflammbaren Dämmstoffe vor einer Entzündung. Für alternative Bekleidungen ist die ausreichende Dicke über eine gleichwertige Leistungsfähigkeit nachzuweisen; hierfür kann auf die Regelung in Abschnitt 4.3 e zurückgegriffen werden.

Die nichtbrennbare Bekleidung sowie die anstelle der Bekleidung möglichen nichtbrennbaren Dämmstoffplatten/-matten sind keine Brandschutzbekleidung gemäß Abschnitt 4.2.

Einzelne Folien, Membranen und Bahnen aus mindestens normalentflammbaren Baustoffen, die bautechnisch für den Witterungsschutz oder die Feuchtigkeitsregulierung notwendig sind, beeinflussen das Brandverhalten der Bauteile nicht.

Zu Abschnitt 7.2.2 (Dämmstoffe)

Die hier angesprochenen Dämmstoffe liegen vor der in Abschnitt 7.2.1 genannten nichtbrennbaren Schicht und somit meist direkt am Lüftungsspalt.

Zu Abschnitt 7.2.3 (Lüftungsspalt)

Der Begriff Lüftungsspalt wird in der Erläuterung zu Abschnitt 2.4 näher definiert.

Zu Abschnitt 7.2.4 (Horizontale Brandsperren)

Die Erforderlichkeit der Befestigung in der tragenden Konstruktion der Außenwand ergibt sich aus Brandversuchen, die gezeigt haben, dass nur so die Brandweiterleitung über Brandsperren aus Stahlblech hinreichend behindert werden kann.

Horizontale Brandsperren sind in Höhe der Geschossdecke anzuordnen, da die Geschossdecke das trennende Bauteil darstellt. Alle anderen Fälle (zum Beispiel auf Höhe der Fensterbrüstungen) sind von der Richtlinie nicht abgedeckt.

Eine diesbezügliche Abweichung ist bezüglich aller einzuhaltenden Anforderungen (zum Beispiel Brandausbreitung über die Geschossgrenze, kontinuierlichen Befestigung in der tragenden Konstruktion) ist nachzuweisen (gegebenenfalls durch Brandversuche).

Bei einem durchgehenden Fensterband kann die horizontale Brandsperre insoweit entfallen, als dadurch die Brandausbreitung nicht begünstigt wird.

Fallrohre dürfen in der Dämmebene nach Abschnitt 7.2.1 Satz 5 geführt werden, sofern die Schutzwirkung in Form der Mindestdicken der nichtbrennbaren Schicht nicht beeinträchtigt wird.

Zu Abschnitt 7.3 (Wirksame Löscharbeiten für die Feuerwehr)

Da ein aktives Eingreifen der Feuerwehr erforderlich wird, ist die Erreichbarkeit der Fassade zum primären Löschen eines oberflächlichen Brandes eine Mindestanforderung.

Aufgrund der durchgehenden nichtbrennbaren Schicht (vergleiche Abschnitt 7.2.1) und der oben offenen Konstruktion, wird bei den hier beschriebenen hinterlüfteten Außenwandbekleidungen aus Holz und Holzwerkstoffen davon ausgegangen, dass in der Regel ein Löschen vom Boden aus möglich ist. Dafür können leistungsfähige Strahlrohre, Feuerwehrzugänge, Löschwasserversorgung und – bei entsprechenden Abständen von der öffentlichen Verkehrsfläche – Bewegungsflächen für Feuerwehrfahrzeuge erforderlich werden (vergleiche § 5 der Musterbauordnung). Die dann zu fordernden Bewegungsflächen sind nicht identisch mit den Aufstellflächen für Drehleiterfahrzeuge bei der Herstellung eines zweiten Rettungsweges über Rettungsgeräte der Feuerwehr, da hier lediglich eine Erreichbarkeit mit Löschmittel erforderlich ist und nicht die Anleiterbarkeit einzelner Fassadenöffnungen. Die erforderlichen Randbedingungen wurden praktisch überprüft und vom Fachausschuss Vorbeugender Brand- und Gefahrenschutz der deutschen Feuerwehren in einer Empfehlung (2023-03) zusammengefasst. Diese kann als Grundlage für eine Ermessensausübung herangezogen werden.

Das Einvernehmen mit der Brandschutzdienststelle ist grundlegend für den notwendigen Abgleich in Bezug auf den abwehrenden Brandschutz der kommunalen Feuerwehr vor Ort (Leistungsfähigkeit, Ausstattung).

Zu Abschnitt 8 (Bauleitung, Übereinstimmungsbestätigung)
Zu Abschnitt 8.1 Bauleitung

Es wird darauf hingewiesen, dass während der Bauphase je nach Stand der Arbeiten brandschutztechnisch relevante Situationen vorliegen können und daher geeignete Brandschutzmaßnahmen erforderlich sein können. Diese liegen in der Verantwortung der für die Baustelle Verantwortlichen.

Verfügt die Bauleitung nicht über die erforderliche Sachkunde und Erfahrung, können gemäß § 56 Absatz 2 Satz 2 der Musterbauordnung geeignete Fachbauleiter für Holzbau und für Trockenbau bestellt werden, die die Durchführung der Anforderungen der Richtlinie auf der Grundlage der in Abschnitt 9 geforderten Planunterlagen überwachen.

Zu Anhang 1 (Nachweis der Feuerwiderstandsdauer und der Brandschutzbekleidung)

Die Möglichkeiten der Nachweise sind in den grafischen Darstellungen am Ende dieses Dokuments erläutert.

Zu Anhang 1, Abschnitt A 1.2 (Nachweis der erforderlichen Feuerwiderstandsdauer nach DIN EN 1995-1-2)

Die Reduzierung der Bemessungswerte der Beanspruchbarkeit im Brandfall beziehungsweise die Reduzierung der Prüflasten berücksichtigt die Variation der Festigkeits- und Steifigkeitseigenschaften der Holzbauprodukte, die im Regelfall bei der Prüfung von Holzbauteilen nicht für jeden Prüffall einzeln bestimmt werden können.

Der Nachweis der mechanischen Beanspruchung für Wände anstelle von Brandwänden nach § 30 Abs. 3 Satz 2 Nr. 1 Musterbauordnung kann nach DIN EN 1363-1 in Verbindung mit DIN EN 1363-2 geführt werden.

Zu Anhang 1, Abschnitt A 1.4 (Raumabschließende Bauteile ohne zusätzlichen Nachweis)

Die unter Anhang A 1.4 aufgeführten Bauteile erfüllen bei Einhaltung der angegebenen Randbedingungen die hier definierten Brandschutzanforderungen, ohne gesonderte, zusätzliche Nachweise erbringen zu müssen.

Die Angabe von Mindestdicken in den Tabellen A 1.4.1, A 1.4.2 und A 1.4.3 beziehen sich auf die Abmessungen im Kaltfall.

Die Fußnote c zu Tabelle A 1.4.3 schließt deckenoberseitig eine Kombination von Brandschutzbekleidung nach Abschnitt 3.4 mit einem Fußbodenaufbau nach Abschnitt 4.3 d nicht aus. Die Schutzwirkung dieser Schicht darf dabei jedoch nicht unterbrochen sein.

Kommentar zu Anhang 1, Abschnitt A 1.4 (Raumabschließende Bauteile ohne zusätzlichen Nachweis)

Die Formulierung in Absatz 3 zielt auf eine flächige Schutzwirkung der oberseitigen Bekleidung der Decken ab. Dies umfasst die Brandschutzbekleidung bzw. den Fußbodenaufbau sowie den ggf. vorhandenen Stoßbereich bei einer nebeneinander angeordneten Anwendung beider vorgenannten Möglichkeiten. Diese Schutzwirkung ist auch bei dieser Ausführung mit unterschiedlichen Teilbereichen sicherzustellen. Eine mögliche Ausführung ist der Kommentierung zu Anhang A 1.4.2 zu entnehmen.

Zu Anhang 1, Abschnitt A 1.5 (Allgemeiner Nachweis der brandschutztechnisch wirksamen Bekleidung)

Alle anderen bauordnungsrechtlichen Anforderungen sind ebenfalls zu beachten.

Zu Anhang 2 (Deckenbauteile – Nachweis für eine Brandbeanspruchung von oben)

Die unter Anhang 2 aufgeführten Bauteile erfüllen bei Einhaltung der angegebenen Randbedingungen die hier definierten Brandschutzanforderungen, ohne gesonderte, zusätzliche Nachweise erbringen zu müssen.

Die Integration einer Dämmstoffebene aus einem brennbaren Baustoff (gegebenenfalls Holzweichfaserplatte) in den Fußbodenaufbau ist in Abschnitt 6.1. (Allgemeines) geregelt.

Im Anhang 2 werden die Mindestdicken der jeweiligen Schichten des Fußbodenaufbaus definiert. Zusätzliche Schichten entsprechend Prinzipskizzen 2 und 3, die gegebenenfalls aus brennbaren Baustoffen bestehen können, sind möglich. Zudem können die dargestellten Schichten dicker ausgeführt werden.

Die Grundlage für die Angabe der Mindestdicke von Estrichen als alleinige brandschutztechnisch wirksame Bekleidung für die Erreichung der Schutzzeiten gegen Entzündung ist die Forschungsarbeit „F-REI 90" BBSR-Online-Publikation Nr. 24/2022.

Zu Anhang 3 (Element- und Bauteil-Anschlüsse ohne weiteren Nachweis)

Alle Maßnahmen müssen in Abhängigkeit des zu erwartenden Spaltmaßes gewählt werden, um eine wirkungsvolle Dichtheit der Fuge zu gewährleisten. Auch wenn die beschriebenen Maßnahmen in verschiedenen Fugenarten auftreten können (Element-/Bauteilfugen; vertikal/horizontal etc.), sind die anzuwendenden Maßnahmen prinzipiell in Art und Weise der Ausführung gleich. Verspachtelungen sind grundsätzlich nur bei Bekleidungslagen vorgesehen und entsprechen dort dem Material der jeweiligen Bekleidung.

Brandschutzdichtmassen sind mindestens normalentflammbare Bauprodukte, die im Holzbau für die Abdichtung von Bauteilfugen im Brandfall geeignet sind; zum Beispiel Brandschutzmasse mit Leistungserklärung auf Basis EAD 350141-00-1106. Dauerelastische Verfugungen können, anders als Brandschutzdichtmasse, nicht direkt an der Abbrandkante eingesetzt werden, sondern müssen zum Beispiel 20 mm in die Fuge eingerückt werden.

Zu brandschutztechnischen Dichtsystemen findet sich unter https://www.dibt.de/de/bauprodukte/informationsportal-bauprodukte-und-bauarten/produktgruppen/bauprodukte-detail/bauprodukt/feuerwiderstandsfaehige-

fugensysteme. Die hier definierten Ausführungen sind durch Forschungsprojekte wissenschaftlich hinterlegt und erfüllen die Anforderungen.

Die „Leitdetails für Bauteilanschlüsse in den Gebäudeklassen 4 und 5“ (siehe holzbau handbuch Reihe 3, Teil 5, Folge 2, https://informationsdienst-holz.de/publikationen/leitdetails-fuer-bauteilanschluesse-gebaeudeklasse-4-und-5), stellen die Anforderungen aus Tabelle A 3.1 graphisch dar.

Kommentar zu Anhang 3 (Element- und Bauteilanschlüsse ohne weiteren Nachweis)

Das in Absatz 2 geforderte Einrücken um 20 mm in die Fuge bezieht sich auf die Abbrandgrenze (siehe Kommentar und zusätzlich Anhang A 3, Tabelle A 3.1, Fußnote 2 MHolzBauRL).

Der in Absatz 3 aufgeführte Link soll auf https://www.dibt.de/de/bauprodukte/informationsportal-bauprodukte-und-bauarten/produktgruppen/bauprodukte-detail/bauprodukt/feuerwiderstandsfaehige-fugensysteme verweisen. Die dort aufgeführten Produkte sind gemäß den Erläuterungen anwendbar, auch wenn sich ihr originärer Anwendungsbereich im Bereich der mineralischen Bauweisen befindet.

Zu Anhang 4 (Übereinstimmungsbestätigung)

Die Übereinstimmungserklärung muss die nach Landesrecht erforderlichen Angaben enthalten und die jeweiligen Formerfordernisse erfüllen.

Neben den in Anhang 4 aufgeführten Bauarten sind dies insbesondere

- *Name und Anschrift des Errichters/des ausführenden Unternehmens*
- *Bezeichnung des Bauvorhabens/der baulichen Anlage und Lagebezeichnung des/der nach der benannten Bauart ausgeführten Bauteils/Bauteile*
- *Datum der Errichtung/der Fertigstellung*
- *Ort und Datum der Ausstellung der Erklärung*

Kommentar zu Anhang 4 (Übereinstimmungsbestätigung)

Ein Formerfordernis liegt gemäß den Landesbauordnungen (siehe § 16a MBO) nicht vor. Die in den Spiegelstrichen aufgeführten Informationen stellen eine Empfehlung abgeleitet aus typischen Erklärungen entsprechend allgemeiner Bauartengenehmigung (aBG) dar.

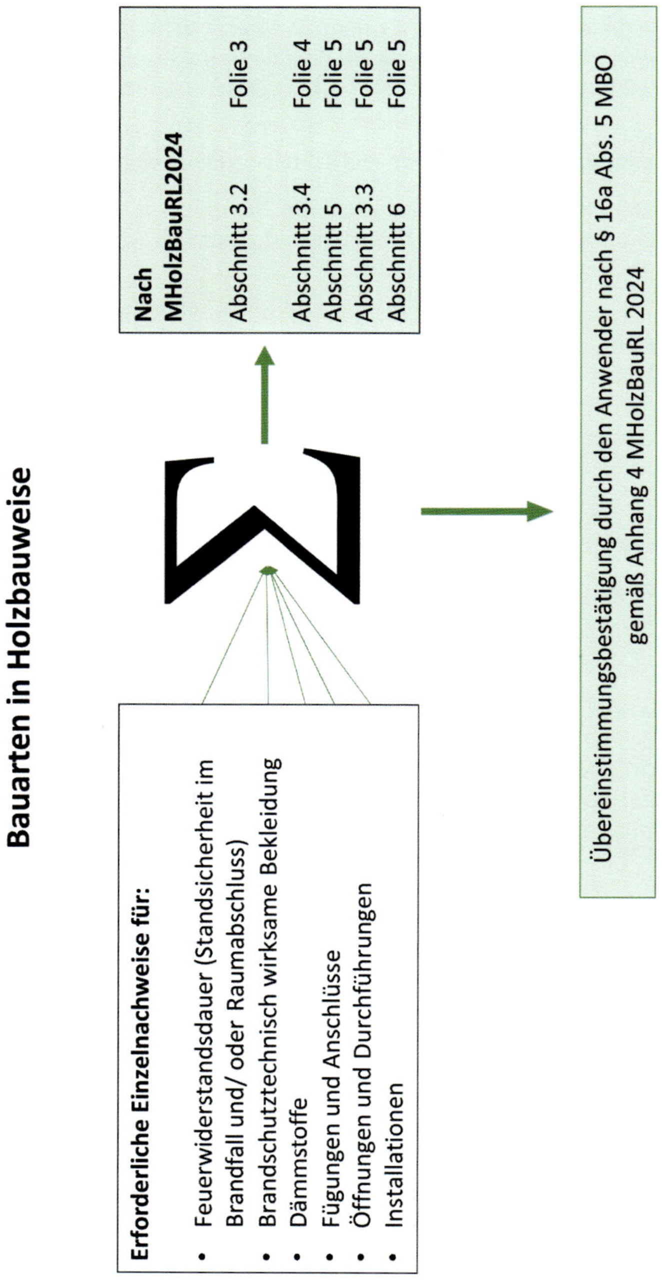
Bauarten in Holzbauweise
Erforderliche Einzelnachweise für:
• Feuerwiderstandsdauer (Standsicherheit im Brandfall und/ oder Raumabschluss)
• Brandschutztechnisch wirksame Bekleidung
• Dämmstoffe
• Fügungen und Anschlüsse
• Öffnungen und Durchführungen
• Installationen
Nach MHolzBauRL2024
Abschnitt 3.2 Folie 3
Abschnitt 3.4 Folie 4
Abschnitt 5 Folie 5
Abschnitt 3.3 Folie 5
Abschnitt 6 Folie 5
Übereinstimmungsbestätigung durch den Anwender nach § 16a Abs. 5 MBO gemäß Anhang 4 MHolzBauRL 2024

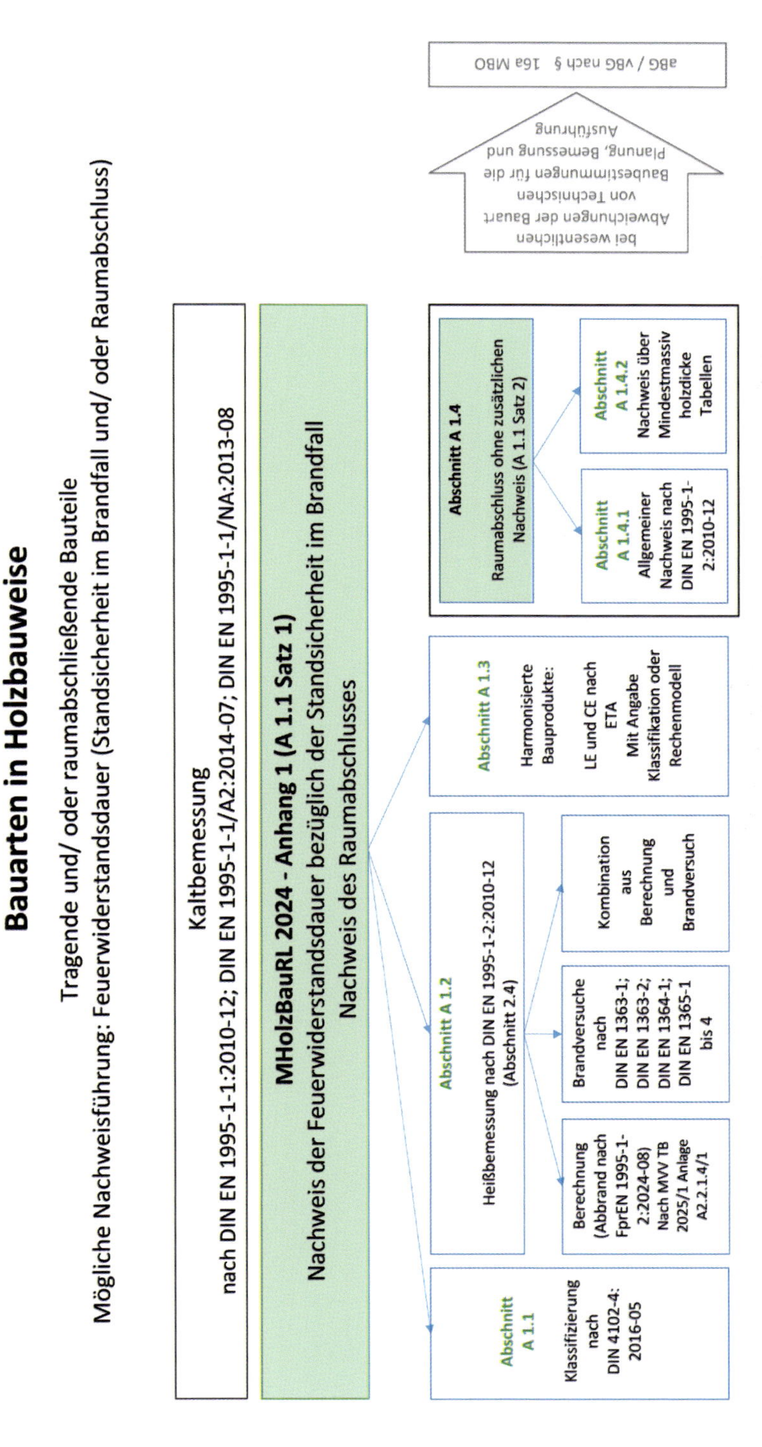
Bauarten in Holzbauweise
Tragende und/ oder raumabschließende Bauteile
Mögliche Nachweisführung: Feuerwiderstandsdauer (Standsicherheit im Brandfall und/ oder Raumabschluss)
Kaltbemessung
nach DIN EN 1995-1-1:2010-12; DIN EN 1995-1-1/A2:2014-07; DIN EN 1995-1-1/NA:2013-08
MHolzBauRL 2024 - Anhang 1 (A 1.1 Satz 1)
Nachweis der Feuerwiderstandsdauer bezüglich der Standsicherheit im Brandfall
Nachweis des Raumabschlusses
Abschnitt A 1.1
Klassifizierung nach DIN 4102-4: 2016-05
Abschnitt A 1.2
Heißbemessung nach DIN EN 1995-1-2:2010-12 (Abschnitt 2.4)
Berechnung (Abbrand nach FprEN 1995-1-2:2024-08) Nach MVV TB 2025/1 Anlage A2.2.1.4/1
Brandversuche nach DIN EN 1363-1; DIN EN 1363-2; DIN EN 1364-1; DIN EN 1365-1 bis 4
Kombination aus Berechnung und Brandversuch
Abschnitt A 1.3
Harmonisierte Bauprodukte:
LE und CE nach ETA Mit Angabe Klassifikation oder Rechenmodell
Abschnitt A 1.4
Raumabschluss ohne zusätzlichen Nachweis (A 1.1 Satz 2)
Abschnitt A 1.4.1
Allgemeiner Nachweis nach DIN EN 1995-1-2:2010-12
Abschnitt A 1.4.2
Nachweis über Mindestmassiv holzdicke Tabellen
bei wesentlichen Abweichungen der Bauart von Technischen Baubestimmungen für die Planung, Bemessung und Ausführung
aBG / vBG nach § 16a MBO

Bauarten in Holzbauweise

Mögliche Nachweisführung: Schutz der tragenden und/ oder raumabschließenden Bauteile vor Entzündung

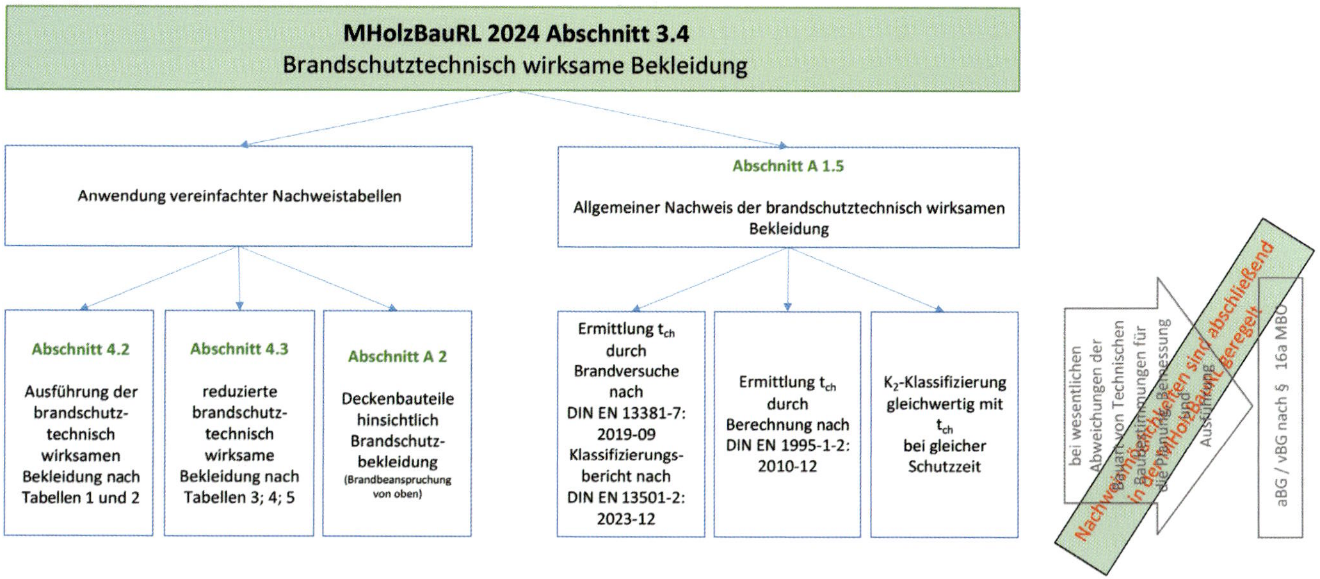

Teil C Kommentar

Hinweis

Im Kommentarteil werden die einzelnen Abschnitte der Richtlinie in blauer Schrift zitiert. Darunter wird jeder Abschnitt ausführlich kommentiert.

1 Anwendungsbereich

[1]Diese Richtlinie regelt hochfeuerhemmende Bauteile nach § 26 Absatz 2 Satz 2 Nummer 3 der Musterbauordnung[1] sowie abweichend hochfeuerhemmende und abweichend feuerbeständige Bauteile im Sinne von § 26 Absatz 2 Satz 4 der Musterbauordnung[1]. [2]Feuerwiderstandsfähige Bauteile nach dieser Richtlinie sind mit brandschutztechnisch wirksamer Bekleidung (Brandschutzbekleidung) nach Abschnitt 3.4 und soweit erforderlich mit Dämmstoffen nach Abschnitt 3.3 auszuführen. [3]Bei Beachtung der Regelungen entsprechen hochfeuerhemmende Bauteile mit Brandschutzbekleidung § 26 Absatz 2 Satz 2 Nummer 3 der Musterbauordnung[1]. [4]Sie gilt auch für Wände anstelle von Brandwänden gemäß § 30 Absatz 3 Satz 2 Nummer 1 und 2 der Musterbauordnung[1].

[5]Es wird unterschieden in Holztafelbauweise und Massivholzbauweise.

[6]Die Richtlinie gilt als Technische Regel für die Ausführung von Fugen zwischen einzelnen Elementen sowie Anschlüssen von Bauteilen untereinander. [7]Bauarten bedürfen keiner weiteren Anwendbarkeitsnachweise, sofern sie von dieser Richtlinie erfasst sind.

[8]Darüber hinaus regelt die Richtlinie Außenwandbekleidungen aus Holz und Holzwerkstoffen nach § 28 Absatz 5 Satz 2 der Musterbauordnung[1].

[9]Die Richtlinie ist grundsätzlich nur anwendbar bei Gebäuden mit brandschutztechnisch abgetrennten Räumen/Raumgruppen, die nicht größer als 400 m² sind. [10]Für Sonderbauten ist die Richtlinie nur anwendbar, wenn zusätzlich eine bestimmungsgemäße Nutzung für selbstrettungsfähige Personen vorgesehen ist. [11]Eine brandschutztechnische Abtrennung kann mindestens ausgebildet werden durch Trennwände nach § 29 Absatz 2 Nr. 1 der Musterbauordnung[1] oder notwendige Flure nach § 36 der Musterbauordnung[1]. [12]Eine bestimmungsgemäße Nutzung für selbstrettungsfähige Personen liegt auch in den Fällen von § 50 Absätze 1 und 2 ausgenommen Absatz 2 Satz 2 Nummer 3 (Einrichtungen des Gesundheitswesens) der Musterbauordnung[1] vor.

[13]Diese Richtlinie ist nicht anzuwenden für Bauteile in Kellergeschossen nach § 2 Absatz 6 Satz 1 Halbsatz 2 der Musterbauordnung[1] sowie in unterirdischen Mittel- und Großgaragen.

1 Nach Landesrecht

Kommentar

Die MHolzBauRL ist im Wesentlichen als Technische Baubestimmung für Bauteile zur Errichtung mehrgeschossiger Gebäude in Holzbauweise heranzuziehen. Hauptsächlich gilt sie hierbei als „Konstruktionsrichtlinie" für die Gebäudeklassen 4 und 5 (Ausnahmen sind z. B. innere Brandwände oder Kellergeschossdecken in der Gebäudeklasse 3). Zusätzlich erfüllt sie eine in großer Diskussion stehende „Zwitterfunktion", über die sie auch zum Teil bauordnungsrechtliche Vorgaben, wie z. B. die 400 m^2- oder Sonderbaubegrenzung vorhält.

Sie konkretisiert die bauliche Ausbildung feuerwiderstandsfähiger Bauteile (siehe **Abschnitt 1 Sätze 2 und 5**) und definiert für deren Anwendbarkeit Randbedingungen (siehe **Abschnitt 1 Sätze 9 und 10**). Zusätzlich gibt sie vor, wie einzelne Bauelemente zu Bauteilen zu fügen sind, als auch, wie Bauteile untereinander anzuschließen sind (siehe **Abschnitt 1 Satz 6**). Sie regelt und begrenzt die Anordnung von Installationen in Holzbauteilen, sowohl in Wandbauteilen als auch in Geschossdecken.

In Ergänzung zu den Vorgaben zur Beschaffenheit und Ausführung der Bauteile werden im **Anhang A 1** der Richtlinie auch Verfahren für den Nachweis der Standsicherheit, des Raumabschlusses sowie des Schutzes vor Entzündung aufgezeigt.

In einem eigenen, von den Regelungen zu den vorgenannten feuerwiderstandsfähigen Bauteilen nahezu unabhängigen Teil der Richtlinie werden Vorgaben für die Errichtung von Außenwandbekleidungen aus Holz und Holzwerkstoffen gemacht, die im bauordnungsrechtlichen Sinne eine Brandausbreitung ausreichend lang begrenzen und damit abweichend von der allgemeinen Anforderung der Schwerentflammbarkeit aus normalentflammbaren Baustoffen zulässig sind (siehe **Abschnitt 1 Satz 8**).

Zuletzt werden formale Regelungen zur Mindestanforderung an die Bestellung eines Bauleiters für Baumaßnahmen unter Anwendung der MHolzBauRL getroffen, um die Erfüllung der Anforderungen aus der Richtlinie entsprechend sicherzustellen. Abschließend wird vorgegeben, wie Verantwortlichkeiten im Bereich der Bauarten durch die Bestätigung der Übereinstimmung wahrzunehmen sind.

Abb. C.1 zeigt die Zuordnung der Regelungen der MHolzBauRL zu den einzelnen Phasen der Gebäudeerrichtung. Hieraus ist ersichtlich, dass die Richtlinie prinzipiell über alle Bereiche und Phasen Konkretisierungen zur entsprechenden Ausführung und im weiteren Sinne zur Erfüllung der bauordnungsrechtlichen Grundanforderungen enthält.

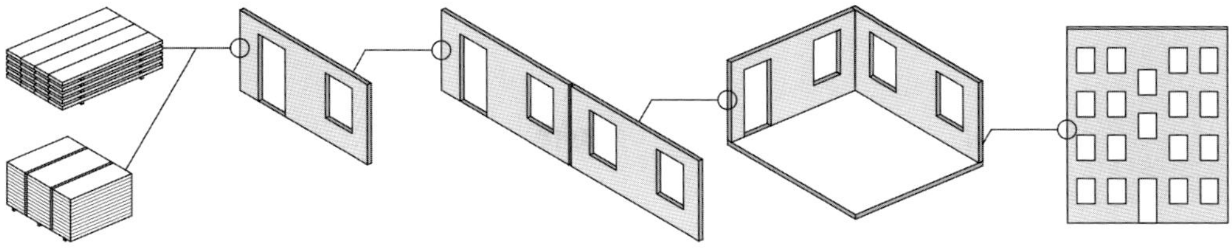

Abb. C.1: Zuordnung der Regelungen der MHolzBauRL zu den einzelnen Phasen der Gebäudeerrichtung

Abschnitt 1 Satz 1 enthält eine Aufzählung aller von der Richtlinie erfassten und konkretisierten Bauteilausführungen, die den in § 26 MBO allgemein gestellten Anforderungen an das Brandverhalten von Baustoffen und Bauteilen entspricht. **Abschnitt 1 Satz 2** ergänzt für alle nicht von § 26 Abs. 2 Satz 2 Nummer 3 MBO als hochfeuerhemmend erfassten Holzbauweisen dahin gehend, dass diese feuerwiderstandsfähigen Bauteile mit brandschutztechnisch wirksamer Bekleidung (Brandschutzbekleidung) und, soweit erforderlich, mit mineralischen Dämmstoffen auszuführen sind. **Abschnitt 1 Satz 4** stellt fest, dass auch Wände anstelle von Brandwänden (keine Brandwände!) von der Richtlinie erfasst werden.

Aus der Tatsache heraus, dass das mehrgeschossige Bauen traditionell überwiegend von mineralischen Baustoffen geprägt war, mussten mit der weiteren Öffnung des Bauordnungsrechts für den Holzbau im Jahr 2020 neben den drei „reservierten" Begriffen zu Feuerwiderstandsfähigkeiten feuerhemmend, hochfeuerhemmend und feuerbeständig weitere gefunden werden. In Übereinstimmung mit der Formulierung aus § 26 Abs. 2 Satz 4 MBO wurde hier das Wort „abweichend" gewählt, wodurch zwei neue Begriffe, „abweichend hochfeuerhemmend" und „abweichend feuerbeständig", entstanden sind.

In § 26 Abs. 2 Satz 2 und 3 MBO werden die drei Begriffe feuerhemmend, hochfeuerhemmend und feuerbeständig bezüglich der Brennbarkeit der Baustoffe sowie der Art und Weise der Zusammensetzung detailliert beschrieben. Mit dieser „Begriffsreservierung" konnten jedoch keine neuen für die Anwendung in mehrgeschossigen Gebäuden geeigneten Holzbauweisen beschrieben werden.

§ 26 Abs. 2 Satz 4 MBO enthält daher die Festlegung, dass diese anderen, nicht durch die Sätze 2 und 3 erfassten Bauteile, die jedoch den bauordnungsrechtlichen Forderungen hochfeuerhemmend oder feuerbeständig entsprechen sollen, aus brennbaren Baustoffen zulässig sind, sofern sie den Technischen Baubestimmungen nach § 85a MBO entsprechen.

Eine konkrete Beschreibung der Bauteile, wie sie in den Sätzen 2 und 3 vorgenommen wurde, erfolgte in der MBO nicht mehr, sondern erst durch die in der Richtlinie vorgenommene Konkretisierung. Aus baupraktischer Sicht sollte die mit Satz 4 eingeschlagene Vorgehensweise weiter forciert werden, um insbesondere eine vereinfachende und übersichtliche und damit auch weniger fehleranfällige Vorgabe zu machen. Die noch in § 26 Abs. 2 Satz 3 MBO vorhandene Beschreibung könnte demnach ersatzlos entfallen und die Bezeichnung hochfeuerhemmend analog zu feuerbeständig nur noch für im Wesentlichen nichtbrennbare Bauteile verwendet werden.

Abschnitt 1 Satz 5 gibt die beiden grundsätzlichen Bauweisen Holztafel- und Massivholzbauweise vor, die nach der Richtlinie geregelt und angewendet werden können. Die beiden Bauweisen werden in **Abschnitt 2.1 und 2.2 MHolzBauRL** definiert. Für alle weiteren Bauweisen, die sich nicht unter diese Beschreibung eingliedern lassen, ergibt sich weder eine Erfüllung des § 26 Abs. 2 Satz 4 MBO noch eine regelhafte Anwendung der MHolzBauRL. Daraus resultiert das Erfordernis eines Abweichungsantrages nach § 67 MBO sowie in der Folge für herzustellende Bauprodukte eine Zustimmung im Einzelfall (ZiE) nach § 20 MBO oder eine allgemeine bauaufsichtliche Zulassung (abZ) nach § 18 MBO und für die Errichtung eine vorhabenbezogene Bauartgenehmigung (vBG) nach § 16a Abs. 2 Satz 1 Nummer 2 MBO oder eine aBG nach § 16a Abs. 2 Satz 1 Nummer 1 MBO.

Lässt sich die Konstruktion bzw. das Bauprodukt gemäß einem anerkannten Prüfverfahren beurteilen, genügt ein allgemeines bauaufsichtliches Prüfzeugnis (abP) nach § 19 MBO. Dies steht auch nicht im Widerspruch zur Festlegung in den Technischen Baubestimmungen zu C 4, lfd. Nr. C4.1 und C4.2 MVV TB 2025/1, wonach Prüfzeugnisse nur für Bauarten, ausgenommen solche nach Abschnitt A 2, lfd. Nr. A 2.2.1.4 MVV TB 2025/1, ausgestellt werden dürfen.

Nachfolgende Bauteilbeschreibungen lassen sich zusammengefasst aus den Texten der MBO bzw. den jeweiligen Landesbauordnungen entnehmen und mit den klassischen Holzbauweisen in Verbindung bringen. Die Beschreibung umfasst sowohl eine zeitliche Leistungsanforderung als auch die funktionalen Eigenschaften der Bauteile unter Brandbeanspruchung.

› feuerhemmend

Bauteile aus brennbaren Baustoffen nach § 26 Abs. 2 Satz 2 Nummer 4 MBO

Für feuerhemmende Bauteile werden bauordnungsrechtlich keine spezifischen Anforderungen zu Bestandteilen und Baustoffen gestellt. Sämtlich Baustoffe müssen mindestens normalentflammbar sein, also der Brennbarkeitsklasse B2 national bzw. D-s_2-d_0 europäisch entsprechen. Aus brandschutztechnischer Sicht bedarf es auch keiner zwingenden Bekleidung zum Schutz vor Entzündung der einzelnen Bestandteile. Jegliche Bekleidungen sind optional.

Diese Feuerwiderstandsfähigkeit kann deshalb durch jede Holzbaubauweise, also Holztafelbau, Holzmassivbau, Block- und Fachwerkbau usw., erfüllt werden. Feuerhemmende Bauteile werden jedoch mit wenigen Ausnahmen (nichttragende Flur- und Außenwände) nicht den Gebäudeklassen 4 und 5 zugewiesen. Sie sind auch **nicht** Bestandteil der konkretisierenden Regelungen der MHolzBauRL, sondern werden über die Technische Baubestimmung DIN 4102-4 oder abP bzw. aBG nachgewiesen.

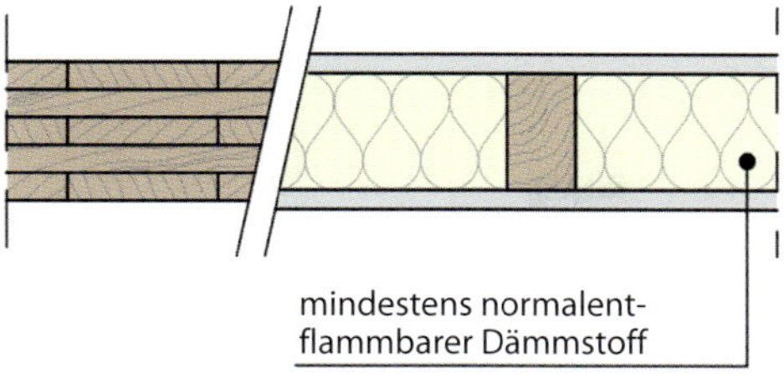

Abb. C.2: Beispiel für feuerhemmende Konstruktionen in Massivholz- und Holztafelbauweise

Abb. C.2 zeigt beispielhaft mögliche feuerhemmende Wandkonstruktionen, links eine unbekleidete Massivholzbauweise, rechts eine Holztafelbaukonstruktion mit einer nicht näher spezifizierten Bekleidung und brennbarem Dämmstoff.

Als Mindestzeitraum für die Leistungserbringung der Eigenschaften Standsicherheit im Brandfall und/oder Raumabschluss werden bauordnungsrechtlich 30 Minuten gefordert (siehe MVV TB 2025/1, Abschnitt A 2.1.3.2.4 und/oder A 2.1.3.3.4).

› hochfeuerhemmend

Bauteile, deren tragende und aussteifende Teile aus brennbaren Baustoffen bestehen und die allseitig eine brandschutztechnisch wirksame Bekleidung aus nichtbrennbaren Baustoffen (Brandschutzbekleidung) und Dämmstoffe aus nichtbrennbaren Baustoffen haben (nach § 26 Abs. 2 Satz 2 Nummer 3 MBO in Verbindung mit § 26 Abs. 2 Satz 3 Nummer 2 MBO)

Hochfeuerhemmende Bauteile sind in ihrer Baustoff- und Schichtzusammensetzung bereits in der MBO bzw. in den jeweiligen LBO genau definiert. Die Definition zielt im Wesentlichen auf eine Holztafelbauweise ab, deren Gefache mit mineralischem Dämmstoff ausgefüllt sind und die „allseitig" eine brandschutztechnisch wirksame Bekleidung aus nichtbrennbaren Baustoffen haben muss. Unter dem Begriff der brandschutztechnischen Bekleidung wird eine Leistung verstanden, die im Brandfall bzw. prüftechnisch unter Einwirkung der Einheits-Temperaturzeitkurve (ETK) eine Entzündung der dahinterliegenden tragenden und aussteifenden Struktur über mindestens die Klassifizierungszeit des Bauteils verhindert. Bauordnungsrechtlich soll für die Feuerwiderstandsfähigkeit hochfeuerhemmend generell eine Beteiligung der brennbaren Bestandteile am Brandgeschehen ausgeschlossen werden. Die einzige Ausnahme von diesem Grundsatz ergibt sich für hochfeuerhemmende Außenwände, die per Definition der MHolzBauRL unter Abschnitt 4.3 eine Reduzierung auf eine einlagige Bekleidung mit halbierter Schutzzeit zulässt. Rein formal besteht hier eine gewisse Unstimmigkeit zur Beschreibung, die aufgrund der detaillierten Beschreibung zu hochfeuerhemmenden Holzbauteilen nicht aufgehoben werden konnte.

Unter dem Begriff „allseitig" werden bautechnisch lediglich die jeweils raumseitigen Bauteilflächen verstanden. Eine notwendige Bekleidung der umlaufenden Bauteilschmalseiten (Schwelle, Randstiele, Rähm) wird nach gängiger Praxis nicht gefordert. Mit Ausnahme der Nichtbrennbarkeit werden im Bauordnungstext (MBO bzw. die entsprechenden LBO) noch keine

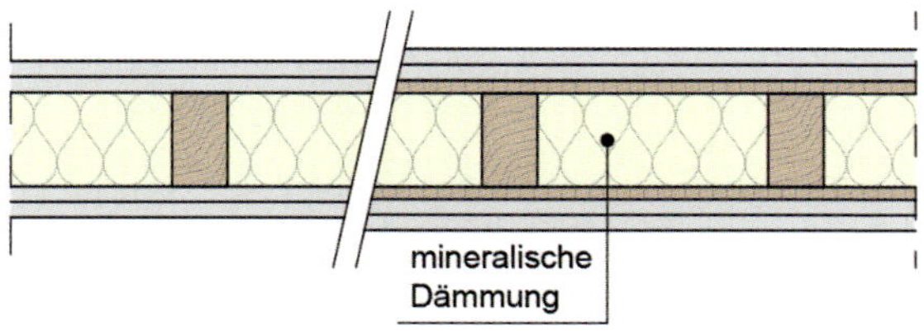

Abb. C.3: Hochfeuerhemmendes Holztafelbauteil sowie hochfeuerhemmende Wand anstelle einer Brandwand

Vorgaben gemacht. Die notwendige Zweilagigkeit wird z. B. erst durch die MHolzBauRL konkretisiert.

Abb. C.3 zeigt eine hochfeuerhemmende Wand sowie eine Wand anstelle einer Brandwand, die unter mechanischer Beanspruchung hochfeuerhemmend sein muss. Auf diese Brandwandersatzwand trifft die Definition hochfeuerhemmend ebenfalls zu, da einerseits der erforderliche zusätzliche Holzwerkstoff oder die Metallschicht und andererseits der halbierte Stielabstand für die Erfüllung der Beschreibung unschädlich sind. Die Zuweisung erfolgt in **Abschnitt 1 Satz 4**.

Als Mindestzeitraum für die Leistungserbringung der Eigenschaften Standsicherheit im Brandfall und/oder Raumabschluss werden bauordnungsrechtlich 60 Minuten gefordert (siehe hierzu **Abschnitt 4.1 Satz 1 MHolzBauRL** und MVV TB 2025/1, Abschnitt A 2.1.3.2.3 und/oder A 2.1.3.3.3).

› abweichend hochfeuerhemmend aus brennbaren Baustoffen

aus brennbaren Baustoffen zulässig, sofern sie den Technischen Baubestimmungen nach § 85a MBO entsprechen (nach § 26 Abs. 2 Satz 4 MBO)

Unter abweichend hochfeuerhemmend werden bauordnungsrechtlich die Bauweisen verstanden, die nicht der Beschreibung hochfeuerhemmender Bauteile zugeordnet werden können. Dementsprechend sind hierunter alle Holztafelbaukonstruktionen mit reduzierter Bekleidung zu verstehen, denen unterstellt werden muss, dass sich die brennbaren konstruktiven Bestandteile nach entsprechender Zeit am Brand beteiligen. Des Weiteren fallen hierunter auch die Massivholzbauweisen, sowohl unbekleidet als auch mit jeweiliger Bekleidung reduziert oder in voller Höhe der Schutzzeit.

Da in der MBO bzw. den LBO selbst Beschaffenheit und Zusammensetzung nicht festgelegt werden, verlagert sich die Konkretisierung auf die gemäß den Technischen Baubestimmungen anzuwendende MHolzBauRL.

Abb. C.4 zeigt beispielhaft mögliche abweichend hochfeuerhemmende Wandkonstruktionen, von links nach rechts eine reduziert rein mineralisch bekleidete Holztafelbauweise, eine kombiniert mit Holzwerkstoff und mineralisch bekleidete Holztafelbauweise und eine jeweils doppelt, einfach und nicht bekleidete Massivholzbauweise.

Als Mindestzeitraum für die Leistungserbringung der Eigenschaften Standsicherheit im Brandfall und/oder Raumabschluss werden bauordnungsrecht-

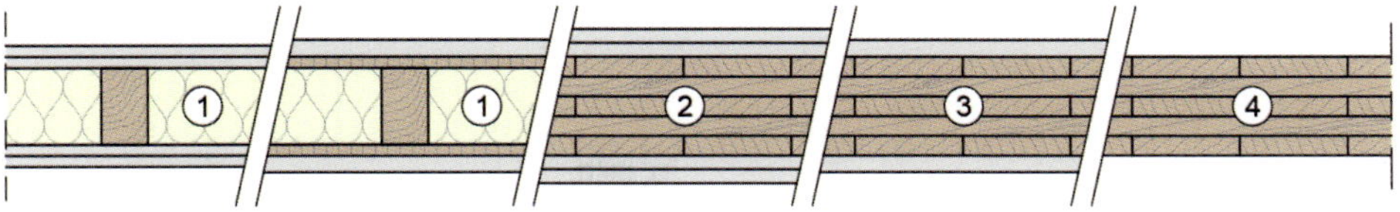

① reduziert bekleideter Holztafelbau nach Abschnitt 4.3a (NE / Raumgruppen ≤ 200 m²)
② voll bekleideter Massivholzbau nach Abschnitt 4.2 Satz 1 (NE / Raumgruppen ≤ 400 m²)
③ reduziert bekleideter Massivholzbau nach Abschnitt 4.3b (NE / Raumgruppen ≤ 200 m²)
④ unbekleideter Massivholzbau nach Abschnitt 4.3c (NE / Raumgruppen ≤ 200 m²)

Abb. C.4: Darstellung möglicher abweichend hochfeuerhemmender Wandkonstruktionen nach der MHolzBauRL

lich 60 Minuten gefordert (siehe hierzu **Abschnitt 4.1 Satz 1 MHolzBauRL** und Abschnitt A 2.1.3.2.8 und/oder A 2.1.3.3.8 MVV TB 2025/1 für die Holztafelbauweise sowie Abschnitt A 2.1.3.2.7 und/oder A 2.1.3.3.7 MVV TB 2025/1 für die Massivholzbauweise).

› feuerbeständig

Bauteile, deren tragende und aussteifende Teile aus nichtbrennbaren Baustoffen bestehen und die bei raumabschließenden Bauteilen zusätzlich eine in Bauteilebene durchgehende Schicht aus nichtbrennbaren Baustoffen haben (nach § 26 Abs. 2 Satz 2 Nummer 2 MBO in Verbindung mit § 26 Abs. 2 Satz 3 Nummer 1 MBO)

Die bauordnungsrechtliche Definition beschreibt feuerbeständige Bauteile als Konstruktionen, bei denen die für die Standsicherheit maßgeblichen Bestandteile – also die tragenden und aussteifenden Teile – vollständig aus nichtbrennbaren Baustoffen bestehen. Damit wird sichergestellt, dass die statische Grundstruktur des Bauteils im Brandfall nicht selbst zur Brandlast beiträgt und ihre Tragfähigkeit über die geforderte Dauer aufrechterhalten kann. Bei Bauteilen, die zusätzlich eine raumabschließende Funktion erfüllen, etwa Wände oder Decken, ist darüber hinaus eine in der Bauteilebene durchgehende Schicht aus nichtbrennbaren Baustoffen erforderlich. Diese Schicht muss flächig und ohne Unterbrechungen ausgebildet sein und gewährleistet den Raumabschluss gegenüber Feuer und Brandgasen.

Die Definition bedeutet jedoch nicht, dass feuerbeständige Bauteile vollständig frei von brennbaren Baustoffen sein müssen. Brennbare Bestandteile sind grundsätzlich zulässig, sofern sie keine tragende oder aussteifende Funktion übernehmen und nicht Teil der durchgehenden nichtbrennbaren Schicht sind bzw. diese in irgendeiner Weise überbrücken. Sie dürfen lediglich in untergeordneter Funktion, beispielsweise als einseitige Dämmstoffebene, Installationsschichten oder Bekleidungen, eingesetzt werden und müssen so angeordnet sein, dass sie die Tragfähigkeit und/oder den Raumabschluss über die geforderte Feuerwiderstandsdauer des Bauteils nicht beeinträchtigen. Entscheidend ist somit nicht das völlige Fehlen brennbarer Materialien, sondern deren brandschutztechnisch unkritische Einbindung

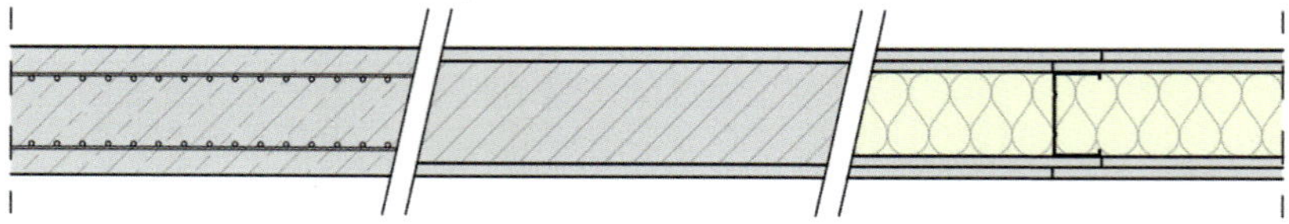

Abb. C.5: Darstellung von Beispielen feuerbeständiger Konstruktionen wie Beton-, Mauerwerk- und Trockenbauwände

in eine Konstruktion, deren wesentliche statische und raumabschließende Funktionen durch nichtbrennbare Baustoffe sichergestellt werden.

Feuerbeständige Bauteile sind nicht Bestandteil der Regelungen der MHolzBauRL. Die Verwendung des Begriffes feuerbeständig in Verbindung mit einer Holzbauweise ist immer falsch! Wird in Brandschutznachweisen die Forderung feuerbeständig aufgestellt, ist die Holzbauweise per Definition ausgeschlossen. Eine automatische Legitimierung durch § 26 Abs. 2 Satz 4 MBO ist nicht gegeben. Werden Bauteile vorgesehen, die feuerbeständig sein müssen und in Holzbauweise ausgeführt werden sollen, so ist diesen der Begriff „abweichend feuerbeständig“ zuzuweisen.

Als Mindestzeitraum für die Leistungserbringung der Eigenschaften Standsicherheit im Brandfall und/oder Raumabschluss werden bauordnungsrechtlich 90 Minuten gefordert (siehe MVV TB 2025/1, Abschnitt A 2.1.3.2.2 und/oder A 2.1.3.3.2).

Abb. C.5 zeigt drei typische feuerbeständige Konstruktionen aus Beton, Mauerwerk und Trockenbau.

› abweichend feuerbeständig aus brennbaren Baustoffen

aus brennbaren Baustoffen zulässig, sofern sie den Technischen Baubestimmungen nach § 85a MBO entsprechen (nach MBO § 26 Abs. 2 Satz 4)

Mit dem Begriff abweichend feuerbeständig werden geeignete Bauteile zusammengefasst, die ein bauordnungsrechtliches Äquivalent zu feuerbeständig darstellen. Dementsprechend sind hierunter Holztafelbaukonstruktionen mit voller, nicht reduziert ausgeführter Brandschutzbekleidung sowie die Massivholzbauweisen mit voller und reduzierter, inkl. in begrenztem Rahmen auch verzichteter Brandschutzbekleidung, zu verstehen.
Während bei abweichend feuerbeständigen Holztafelbauteilen generell davon ausgegangen wird, dass sich über die Klassifizierungszeit des Bauteils keine konstruktiven Bestandteile entzünden und am Brandgeschehen beteiligen, wird dies für unbekleidete Massivholzbauteile unmittelbar bzw. mit reduzierter Brandschutzbekleidung nach Ablauf der Schutzzeit akzeptiert.

Da in der MBO bzw. den LBO selbst Beschaffenheit und Zusammensetzung nicht festgelegt werden, verlagert sich die Konkretisierung auf die gemäß den Technischen Baubestimmungen anzuwendende MHolzBauRL.

Abb. C.6 zeigt beispielhaft mögliche abweichend feuerbeständige Wandkonstruktionen, von links nach rechts eine mineralisch vollständig bekleidete Holztafelbauweise, eine mineralisch vollständig bekleidete Massivholzbau-

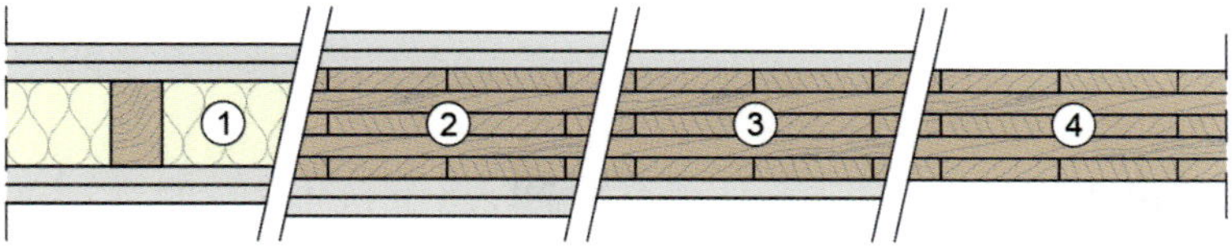

(1) voll bekleideter Holztafelbau nach Abschnitt 4.2 Satz 1 (NE / Raumgruppen ≤ 400 m²)

(2) voll bekleideter Massivholzbau nach Abschnitt 4.2 Satz 1 (NE / Raumgruppen ≤ 400 m²)

(3) reduziert bekleideter Massivholzbau nach Abschnitt 4.3b (NE / Raumgruppen ≤ 200 m²)

(4) unbekleideter Massivholzbau nach Abschnitt 4.3c (NE / Raumgruppen ≤ 200 m²)

Abb. C.6: Darstellung möglicher abweichend feuerbeständiger Wandkonstruktionen nach der MHolzBauRL

weise und eine reduziert, einfach bekleidete und eine nicht bekleidete Massivholzbauweise.

Als Mindestzeitraum für die Leistungserbringung der Eigenschaften Standsicherheit im Brandfall und/oder Raumabschluss werden bauordnungsrechtlich 90 Minuten angesetzt (siehe hierzu Kommentar zu **Abschnitt 4.1 Satz 2 MHolzBauRL** und Abschnitt A 2.1.3.2.8 und/oder A 2.1.3.3.8 MVV TB 2025/1 für die Holztafelbauweise sowie Abschnitt A 2.1.3.2.6 und/oder A 2.1.3.3.6 MVV TB 2025/1 für die Massivholzbauweise).

Zusammengefasst ergeben sich aus den Begrifflichkeiten unterschiedliche zugeordnete Bauweisen. Allerdings existiert bezüglich der beiden Begriffe „abweichend zu hochfeuerhemmend aus brennbaren Baustoffen" und „abweichend zu feuerbeständig aus brennbaren Baustoffen" keine einheitliche Systematik, was sich allein schon in der Zuordnung der notwendigen Feuerwiderstandsdauern der MVV TB 2025/1, Abschnitt A 2.1.3 zeigt. Hier müssen für die Zukunft eine weitere Deregulierung der MBO und eine konsequente Überarbeitung der zugehörigen bzw. nachgestellten Vorschriften erfolgen. Bezüglich der Begrifflichkeiten „abweichend zu hochfeuerhemmend aus brennbaren Baustoffen" sowie „abweichend zu feuerbeständig aus brennbaren Baustoffen im Holzbau" bietet der Internetauftritt www.brandschutznavigator.de eine gute Übersicht (vgl. Engel/Lechner 2025).

Mit **Abschnitt 1 Satz 6** wird die Richtlinie als Technische Regel für die Ausführung von Fugen zwischen einzelnen Elementen sowie Anschlüssen von Bauteilen untereinander benannt. Mit Erscheinen der DIN 4102-4 (2025) und deren voraussichtlicher Aufnahme in die MVV TB 2027 wird der Holzbauweise eine weitere Regel zur Verfügung gestellt. Im Rahmen der Erarbeitung der MHolzBauRL wurde jedoch darauf geachtet, dass sich grundsätzlich eine übereinstimmende Regelung ohne widersprüchliche Angaben ergibt. Theoretisch könnten mit Einführung der neuen DIN 4102-4 (2025) sogar die Ausführungen nach Abschnitt 5 MHolzBauRL in Verbindung mit Anhang A 3 der Richtlinie entfallen. Für alle hierzu abweichenden Ausführungen von Fügungen und Anschlüssen muss entsprechend **Abschnitt 1 Satz 7** bzw. nach MBO § 16a Abs. 2 Satz 1 ein bauaufsichtlicher Anwendbarkeitsnachweis eingeholt werden. Dies kann eine durch das DIBt ausgestellte allgemeine Bauartgenehmigung oder im Einzelfall eine durch die jeweilige

Oberste Bauaufsichtsbehörde des Bundeslandes erteilte vBG sein (siehe hierzu die ausführliche Beschreibung in Teil A, Kapitel 4).

Abschnitt 1 Satz 8 regelt Außenwandbekleidungen aus Holz und Holzwerkstoffen nach § 28 Absatz 5 Satz 2 MBO. Mit der zuletzt im Januar 2025 dahin gehend angepassten Hamburgischen Landesbauordnung regeln alle deutschen Bauordnungen, dass abweichend von der zentralen Anforderung des § 28 Abs. 3 Satz 1 MBO *„Oberflächen von Außenwänden sowie Außenwandbekleidungen [...] einschließlich der Dämmstoffe und Unterkonstruktionen schwerentflammbar sein [müssen]"*, hinterlüftete Außenwandbekleidungen mit Ausnahme der Dämmstoffe auch aus normalentflammbaren Baustoffen zulässig sind, sofern sie den Technischen Baubestimmungen nach § 85a MBO entsprechen. Über diesen Satz werden Außenwandbekleidungen aus Holz in den Gebäudeklassen 4 und 5 der MHolzBauRL zugewiesen.

Weitere Erläuterungen enthält die Kommentierung zu **Abschnitt 7 MHolzBauRL**.

Auch ist eine klare Abgrenzung der Regelungen der MHolzBauRL zur Technischen Baubestimmung in der MVV TB 2025/1, Anhang 6 vorzunehmen. Obwohl sich beide Regelungen auf hinterlüftete Außenwandbekleidungen beziehen, behandelt die MHolzBauRL ausschließlich Bekleidungen aus Holz und Holzwerkstoffen, die normalentflammbar sind, während Anhang 6 Vorgaben zu Bekleidungen aus mindestens schwerentflammbaren Baustoffen macht. Entsprechend sind die zu treffenden Maßnahmen bzw. Anforderungen nicht miteinander vergleichbar und teilweise divergent.

Mit **Abschnitt 1 Satz 9** wird die Anwendung der Richtlinie gezielt eingeschränkt. Es wird geregelt, dass die Richtlinie grundsätzlich nur bei Gebäuden anwendbar ist, bei denen entweder die Nutzungseinheiten oder auch nur Räume bzw. Raumgruppen mit einer brandschutztechnischen Abtrennung auf Bereiche nicht größer als 400 m^2 abgetrennt sind.

Eine brandschutztechnische Abtrennung kann sowohl durch die Anordnung von Trennwänden im Sinne des § 29 MBO als auch durch Unterteilung größerer Abschnitte durch notwendige Flure und die entsprechenden Umfassungswände nach § 36 MBO ausgebildet werden.

Für die Anwendung bei Gebäuden besonderer Art und Nutzung, wie z. B. Schulen oder Beherbergungsstätten, bei denen bauordnungsrechtlich zunächst keine spezifische Unterteilung in Nutzungseinheiten besteht, können unter intelligentem Einbezug geplanter Strukturen (Treppenräume, Flure, „Trennwände" usw.) entsprechende Unterteilungen vorgenommen werden. Die Anordnung von Wänden im Sinne von Trennwänden hat, solange diese nicht gleichzeitig Nutzungseinheiten trennen, keine Auswirkungen auf die Rettungswegführung.

In der Formulierung des Satzes 9 wurde bewusst das Wort „grundsätzlich" gewählt. Damit wird klargestellt, dass die Begrenzung der maximalen Größe von Nutzungseinheiten oder brandschutztechnisch abgetrennten Raumgruppen bei Gebäuden im Anwendungsbereich der MHolzBauRL im Regelfall bei 400 m^2 Bruttogrundfläche liegt. Der Begriff „grundsätzlich" eröffnet jedoch zugleich einen begrenzten Spielraum für atypische Konstellationen.

Überschreitungen dieser Flächengrenze können im Einzelfall zulässig sein, sofern nachvollziehbar nachgewiesen wird, dass die der Flächenbegrenzung zugrunde liegenden Schutzziele durch alternative bauliche und ggf. anlagentechnische Maßnahmen gleichwertig erfüllt werden. Voraussetzung hierfür ist die Zustimmung der genehmigenden Behörde bzw. des Prüfsachverständigen. Die Flächenüberschreitung ist im Einzelfall auf die Erfüllung der bauaufsichtlichen Schutzziele hin zu bewerten. In jedem Fall sind die Überschreitung sowie die vorgesehenen Kompensationsmaßnahmen einschließlich ihrer Begründung im Brandschutznachweis transparent und nachvollziehbar zu dokumentieren.

Bezüglich der Anwendung der Richtlinie auf Sonderbauten wurden die Abschnitte 2.1 „Allgemeines" und 2.2 „Standardgebäude" der Vorgängerrichtlinie (Fassung Oktober 2020) nicht mehr übernommen.

Die Richtlinie öffnet sich nun grundsätzlich für die Anwendung auf Sonderbauten im Sinne von § 2 Abs. 4 MBO. **Abschnitt 1 Satz 10** schränkt die ansonsten mit der neuen Fassung der Richtlinie geöffnete Anwendung auf Sonderbauten nur noch für wenige Fälle ein. Die Einschränkung kommt für eine bestimmungsgemäße Nutzung für nicht selbstrettungsfähige Personen zum Tragen. Diese liegt nach der Richtlinie in jedem Fall für Einrichtungen des Gesundheitswesens nach § 50 Abs. 2 Satz 2 Nummer 3 MBO vor. Es wird jedoch keine abschließende Aufzählung im Sinne des § 2 Abs. 4 MBO vorgenommen. Daher ist diesbezüglich für jeden Einzelfall einer besonderen Nutzung abzuwägen und zu begründen, ob die MHolzBauRL angewendet werden kann. Eine bestimmungsgemäße Nutzung für selbstrettungsfähige Personen liegt in jedem Fall nicht bei Krankenhäusern, Pflegeheimen und baulichen Anlagen für freiheitsentziehende Maßnahmen nach § 2 Abs. 4 Nummer 9, 10 und 14 MBO vor.

Wichtig ist, in diesem Zusammenhang generell festzuhalten, dass durch diese Öffnung im Rahmen der Brandschutzplanung und -prüfung ein erhöhtes Maß an Sorgfalt bei der Anwendung der Holzbauweise erforderlich ist, um eine mögliche Unterschreitung des geforderten Schutzniveaus zu vermeiden. Dies gilt insbesondere für den Bereich der ungeregelten Sonderbauten. In begründeten Einzelfällen muss hier ggf. der Einsatz brennbarer Baustoffe eingeschränkt oder ergänzend durch weitergehende Anforderungen beauflagt werden, sofern eine Unterschreitung des allgemeinen Schutzniveaus abzusehen ist. Dies wird im besten Fall bereits im Rahmen der Brandschutzplanung berücksichtigt oder muss entsprechend im späteren Vier-Augen-Prinzip durch die prüfende Behörde oder den hierfür beauftragten Prüfsachverständigen bzw. Prüfingenieur für Brandschutz beauflagt werden.

Im Bereich der geregelten Sonderbauten werden die Bauteile, an denen schutzzielorientiert bauordnungsrechtlich nichtbrennbare Ausführungen gefordert werden, mit der Anforderung „feuerbeständig und aus nichtbrennbaren Baustoffen" belegt. Diese Anforderung ist zwingend mit einer mineralischen Bauweise umzusetzen, es sei denn, es kann im Rahmen einer materiellen Abweichung nach § 67 MBO eine genehmigungsfähige Lösung mit oder ohne notwendige Kompensation dargestellt werden. Hier resultiert grundsätzlich kein Bedarf an weiteren Vorgaben. Analoges ergibt sich auch für die Ausführung von Brandwänden nach § 30 Abs. 3 Satz 1 MBO, für

Treppenraumwände in der Bauart von Brandwänden nach § 35 Abs. 4 Satz 1 Nummer 1 MBO sowie für notwendige Fahrschächte der Gebäudeklasse 5 nach § 39 Abs. 2 Satz 1 Nummer 1 MBO.

Abschnitt 1 Satz 13 schließt die Anwendung von Holzbauteilen nach der Richtlinie in Kellergeschossen nach § 2 Abs. 6 Satz 1 Halbsatz 2 MBO sowie in unterirdischen Mittel- und Großgaragen nach § 66 Abs. 3 Satz 2 Nummer 2 MBO aus. Neben der Tatsache, dass sich die Bauteile ohnehin überwiegend im erdberührten Bereich befinden und ihre Anwendung aus bauphysikalischer Sicht äußerst fragwürdig erscheint, stellen brennbare Bauteile in unterirdischen Geschossen im Brandfall zudem ein erhebliches Risiko hinsichtlich ungünstiger Brandentwicklungen sowie der Wirksamkeit von Löschmaßnahmen dar.

2 Begriffe

2.1 Holztafelbauweise

[1]Die Holztafelbauweise im Sinne dieser Richtlinie besteht aus tragenden und/oder raumabschließenden Bauteilen aus Verbundelementen aus Holzrippen mit beidseitiger Beplankung und/oder Bekleidung. [2]Eine Dämmung gemäß Abschnitt 3.3 wird in der Konstruktionsebene zwischen den Holzrippen (Gefache) angeordnet. [3]Auf den Holzrippen dürfen ein- oder beidseitig entsprechende Beplankungen (zum Beispiel Holzwerkstoffplatten) angeordnet werden. [4]Jeweils raumseitig hat die Holztafelbauweise nach dieser Richtlinie eine Brandschutzbekleidung aus nichtbrennbaren Baustoffen, um die brennbaren Baustoffe mindestens über einen definierten Zeitraum vor Entzündung zu schützen. [5]Die Holzrippen und Beplankungen/Bekleidungen sind mechanisch miteinander verbunden.

[6]Schallschutztechnisch notwendige Zwischenräume in zweischaligen Trennwänden sind mit nichtbrennbaren Dämmstoffen vollständig auszufüllen. [7]Weitergehende Anforderungen wie in Abschnitt 3.3 beschrieben, werden an diese Dämmung nicht gestellt.

Kommentar

Die Grundlagen zur Holztafelbauweise wurden bereits in Teil A, Kapitel 3.2 beschrieben und werden hier nicht mehr weiter behandelt. Die nachfolgende Kommentierung bezieht sich rein auf die Belange nach der MHolzBauRL.

In **Abschnitt 2.1 Satz 1** erfolgt zunächst eine grundsätzliche Beschreibung der Holztafelbauelemente. Sie bestehen als tragende und/oder raumabschließende Bauprodukte im Wesentlichen aus den folgenden funktionalen, tragenden oder nichttragenden, miteinander mechanisch verbundenen oder verklebten Komponenten bzw. Schichten. Der konstruktive Kern des Holztafelelements ist ein tragender Rahmen aus Vollholz oder Holzwerkstoffen, z. B. Konstruktionsvollholz (KVH), Brett- oder Balkenschichtholz (BSH), bis hin zu hochleistungsfähigen Holzwerkstoffen wie z. B. Furnierschichtholz (LVL bzw. GLVL) oder BauBuche (BauBU).

Grundsätzlich werden in den Gefachen der Holztafelbauweise immer Dämmstoffe angeordnet.

Nach **Abschnitt 2.1 Satz 2** sind die zwischen den vertikalen Holzständern oder -stielen entstehenden Gefache mit einem mineralischen Dämmstoff auszufüllen. Bezüglich der Beschaffenheit und Art der Verfüllung bzw. des Einbringens des Dämmstoffes wird auf **Abschnitt 3.3 MHolzBauRL** verwiesen. Im Wesentlichen sind Dämmstoffe zu wählen, die unter Temperatur- bzw. Brandbeanspruchung raumbeständig bleiben und keine Eigenschaft zum kontinuierlichen Schwelen oder Glimmen aufweisen. Überwiegend werden hierzu Produkte aus Steinwolle mit entsprechendem Schmelzpunkt und Glimmbrandnachweis eingesetzt. Grundsätzlich ist jeder Dämmstoff geeignet, der die Erfüllung der beiden vorgenannten Eigenschaften – einen Schmelzpunkt von mindestens 1.000 °C sowie keine Neigung zum Glimmen und Schwelen – im Versuch nachgewiesen und entsprechend belegt hat (siehe hierzu **Abschnitt 3.3 MHolzBauRL**). Diese Dämmung liefert auch einen Beitrag zum Feuerwiderstand. An dieser Stelle ist darauf hinzuweisen, dass alle Bauteile nach dieser Richtlinie immer „voll ausgedämmt" sind und keinerlei nicht verfüllte Hohlräume aufweisen dürfen. Die noch in der Vorgängerrichtlinie MHolzBauRL, Fassung 2020, zulässige teilausgedämmte, hochfeuerhemmende Holztafelbaudecke wurde in die Überarbeitung nicht mehr übernommen. Dies ist damit zu begründen, dass im Gegensatz zu der vorherigen Richtlinie unter definierten Bedingungen jetzt auch reduzierte Brandschutzbekleidungen zugelassen wurden, bei denen ein Einbrand der Konstruktion vor Erreichen der eigentlichen Klassifizierungszeit des Bauteils erwartet werden kann. Zudem erhielt die Holztafelbaudecke auch den Einzug in die Gebäudeklasse 5 als abweichend feuerbeständige Konstruktion.

Insbesondere bei Außenwänden ist raumseitig in der Regel eine Luftdichtheits- und ggf. Dampfbremsebene vorgesehen. Diese kann als separate Folie oder integriert über eine luftdichte Beplankung (z. B. verklebte OSB-Platten) erfolgen. Sie dient vor allem dem Schutz der Konstruktion vor Feuchteschäden und Wärmeverlust durch Konvektion, gewährleistet aber auch Dauerhaftigkeit und Schutz vor Luftschall. An angeordnete Folien werden aus brandschutztechnischer Sicht keine besonderen Anforderungen gestellt. Auf diesen Sachverhalt wird in **Abschnitt 3.5 MHolzBauRL** nochmals explizit eingegangen.

Wie bereits in Teil A, Kapitel 3.2 beschrieben, nehmen Wände in ihrer tragenden Funktion die vertikalen Gebäudelasten auf und leiten sie in die anschließenden Bauteile weiter. Als Deckenbauteile tragen sie die flächigen Lasten aus dem darüberliegenden Geschoss ab und leiten sie in die darunterliegenden Wände ab. Horizontale Lasten aus Wind- und Erdbebenkräften sowie aussteifende Lasten werden in Holztafelbauwände über sog. Kopflasten eingetragen und über die aussteifende Scheibenwirkung an die darunterliegende Decke oder im Erdgeschoss auf die Gründung abgetragen. Die Querschnitte und Abstände der Ständer werden in Abhängigkeit von den abzutragenden Lasten sowie den brandschutztechnischen Anforderungen bemessen.

Abschnitt 2.1 Satz 3 erläutert, dass für den Abtrag der horizontalen Lasten als Wandscheiben Beplankungen aus Holzwerkstoffen zum Einsatz kommen

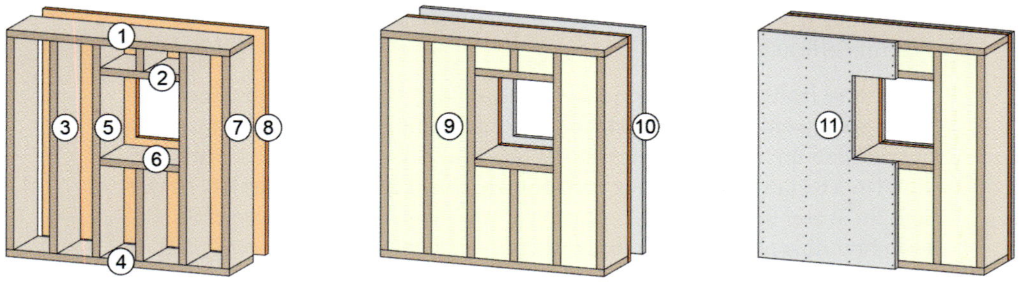

(1) Rähm
(2) Sturzriegel
(3) Feldständer/Feldstiel
(4) Schwelle
(5) Laibungständer/Laibungsstiel
(6) Brüstungsriegel
(7) Randständer/Randstiel
(8) aussteifende Beplankung ggf. Dampfbremse, luftdichte Ebene

(9) mineralische Gefachdämmung nach MHolzBauRL Abschnitt 3.3
(10) ein- oder mehrlagige brandschutztechnisch wirksame Bekleidung und Verbindungsmittel nach MHolzBauRL Abschnitt 3.4 i.V.m. Abschnitt 4.2 bzw. 4.3

(11) ein- oder mehrlagige brandschutztechnisch wirksame Bekleidung und Verbindungsmittel nach MHolzBauRL Abschnitt 3.4 i.V.m. Abschnitt 4.2 bzw. 4.3 (bei Außenwänden einlagig nach Abschnitt 4.3e)

Abb. C.7: Darstellung der Komponenten eines Holztafelbau-Wandelementes

können. Bis zu einem gewissen Grad sind auch Beplankungen aus Gipswerkstoffen, insbesondere Gipsfaserplatten, für diese Aufgabe geeignet. Die Beplankungen werden ein- oder beidseitig auf den Holzrahmen befestigt. Neben den Aspekten des Lastabtrages und der Standsicherheit (Tragfähigkeit, Verformungsverhalten und Erdbebensicherheit) leisten die Beplankungen auch einen Beitrag zum Brandschutz, zum Schallschutz und zur Luftdichtheit.

Raumseitig schließen Bauteile nach **Abschnitt 2.1 Satz 4** immer mit einer Brandschutzbekleidung aus nichtbrennbaren Baustoffen ab. Diese mineralischen Bekleidungen sollen die dahinterliegenden brennbaren Konstruktionsteile, also auch die Gefache, über einen ausreichenden Zeitraum vor Entzündung bzw. vor Einbrand in die Konstruktion selbst schützen. Was aus Sicht der Richtlinie unter dem „definierten Zeitraum vor Entzündung" zu verstehen ist, wird in **Abschnitt 4.2 und 4.3 MHolzBauRL** konkretisiert.

Abschnitt 2.1 Satz 5 gibt vor, dass die Verbindung zwischen Rahmen und Beplankung über mechanische Verbindungsmittel erfolgt. Zu solchen Verbindungsmitteln zählen insbesondere Nägel, Klammern, Schrauben, Winkel und Bleche.

Wenn auch nach den Technischen Baubestimmungen (siehe MVV TB 2025/1, Abschnitt C 2, lfd. Nr. 2.3.1.5 – beidseitig bekleidete oder beplankte geklebte Wand-, Decken- und Dachelemente, z. B. Tafelelemente für Holzhäuser in Tafelbauart) geklebte Holztafelbaukonstruktionen grundsätzlich als Bauprodukte eigenständig geregelt sind, werden sie von der MHolzBauRL nicht erfasst. Dies ist mit dem bei Klebfugen unter Hochtemperatureinwirkung verbundenen möglichen bzw. nicht allgemein erfassbaren

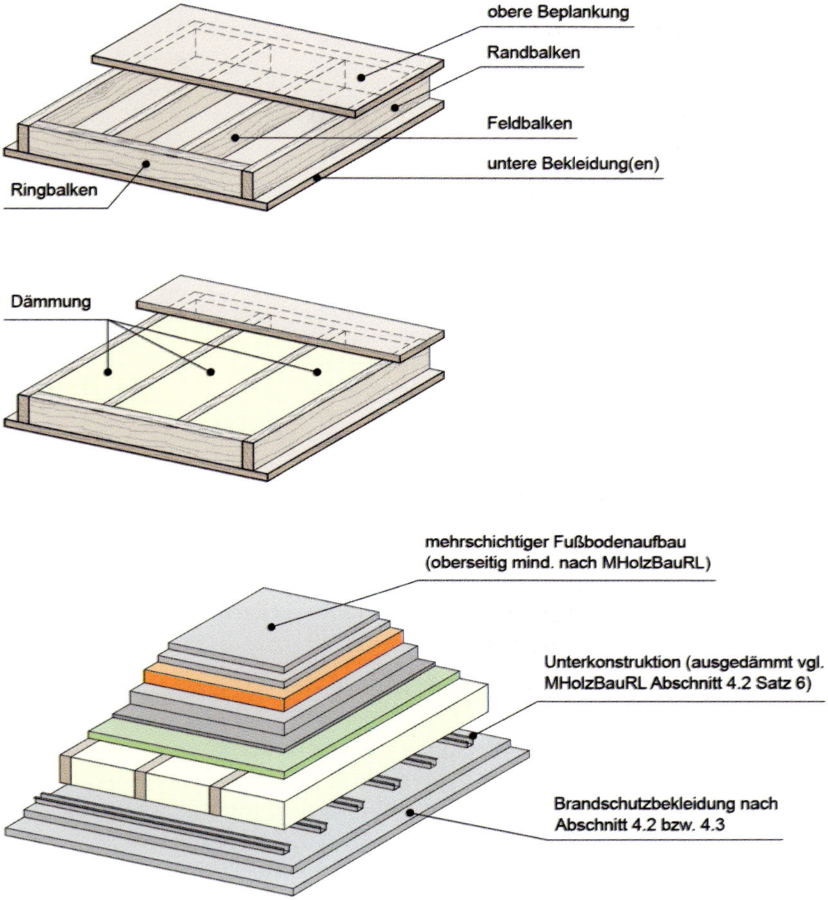

Abb. C.8: Darstellung der Komponenten eines Holztafelbau-Deckenelementes

Festigkeitsverlust zu begründen. Von der Aufnahme solcher Konstruktionen mit der damit einhergehenden komplexen Beschreibung der Anforderung an Verklebungen wurde abgesehen, da verklebte Holztafelbaukonstruktionen in der Praxis nur einen sehr geringen Anteil darstellen. Sollen solche Konstruktionen zum Einsatz kommen, muss ein Anwendbarkeitsnachweis nach § 16a MBO im Einzelfall (vBG) oder für eine wiederkehrende Anwendung (aBG) eingeholt werden. In diesem Nachweis ist auch die mögliche Anwendung der übrigen Teile der MHolzBauRL zu beurteilen.

Während die Auswahl zur Art der Verbindung der einzelnen Bestandteile des konstruktiven Rahmens sowie der Beplankung (siehe Abb. C.7 und C.8) ausschließlich der Tragwerksplaner vornimmt, sind die Anordnung und Bemessung der Verbindungsmittel für die Bekleidung von brandschutztechnischem Belang. Hierzu liefert die **MHolzBauRL** in **Abschnitt 4.2 und 4.3** in begrenztem Umfang für Klammer- und Schraubverbindungen detaillierte Vorgaben, bei deren Beachtung diesbezüglich keine weiteren Nachweise geführt werden müssen. Alternativ kann jedes davon abweichende Verbin-

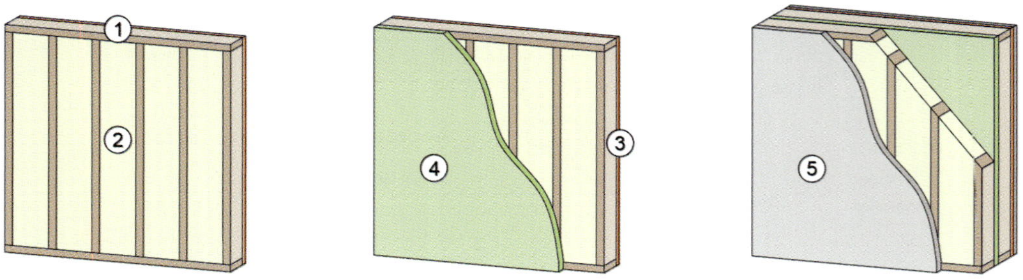

(1) einschalige Tafelbauwand mit einseitiger Beplankung
(2) mineralische Gefachdämmung nach MHolzBauRL Abschnitt 3.3

(3) aussteifende Beplankung (optional) ggf. zusätzlich luftdichte Ebene
(4) nichtbrennbare Dämmschicht vollständig hohlraumfüllend ohne weitergehene Anforderungen wie für Dämmstoffe nach Abschnitt 3.3

(5) zweischalige Holztafelwand als Trennwand mit dazwischenliegender nichtbrennbarer Dämmschicht entsprechend MHolzBauRL Abschnitt 2.1 Satz 6 und 7

Abb. C.9: Darstellung der Komponenten einer zweischaligen Trennwand nach Abschnitt 2.1 Satz 6 MHolzBauRL

dungsmittel oder jede Verbindungsmittelart auch im Rahmen eines normativen Brandversuches für die jeweilige Anwendung nachgewiesen werden (siehe **Abschnitt 3.4 Satz 4 MHolzBauRL**).

Sollen sowohl die lastabtragenden als auch die brandschutztechnischen Anforderungen als Leistungen von nur einer Schicht (Beplankung = Bekleidung) übernommen werden, müssen die Anforderungen an die Verbindungsmittelart und Anordnung sowohl aus dem Nachweis der Standsicherheit als auch aus der Erfüllung der Richtlinie erfüllt sein und im Rahmen der Werkplanung entsprechend beachtet werden. Auf diese Tatsache wird in **Abschnitt 3.4 Satz 5 und 6 MHolzBauRL** spezifisch eingegangen.

Wird die Holztafelbauweise als Trennwände zwischen Nutzungseinheiten eingesetzt und müssen damit auch erhöhte schallschutztechnische Eigenschaften erreicht werden, kommen häufig zwei- oder mehrschalige Konstruktionen zum Einsatz. Für diese Fälle stellt **Abschnitt 2.1 Satz 6** explizit klar, dass auch in diesen Bereichen keine Hohlräume angeordnet werden dürfen. Jegliche Zwischenräume sind vollständig mit nichtbrennbaren Dämmstoffen auszufüllen (siehe Abb. C.9). Nach **Abschnitt 2.1 Satz 7** müssen die für die Gefachdämmstoffe geltenden erhöhten bzw. weitergehenden Anforderungen nicht erfüllt werden. Insofern können hier schallschutztechnisch geeignete, biegeweiche mineralische Faserdämmstoffe (z. B. Glaswolle) zur Anwendung kommen.

Mit der vorbeschriebenen Konstruktion bzw. den vorbeschriebenen funktionellen Schichten ist aus brandschutztechnischer Sicht im Sinne der MHolzBauRL das feuerwiderstandsfähige Element bzw. Bauteil abgeschlossen. In Abhängigkeit von Nutzung und weiteren Anforderungen nicht brandschutztechnischer Natur können zusätzliche Schichten vorgesehen werden. Dies sind regelmäßig raumseitige Installations- oder zusätzliche Schallschutzebenen sowie außenseitige Außenwandbekleidungen in unterschiedlichster Art, wie Holzfassaden, WDVS oder sonstige hinterlüftete Konstruktionen wie z. B. Putzträgerplatten. Während für die raumseitigen zusätzlichen Schichten, mit Ausnahme der allgemeinen Forderung nach der Verwendung normalentflammbarer Baustoffe, keinerlei brandschutztechnische Anforderungen mehr existieren, gelten bei mehrgeschossigen Gebäuden an die Außenwandbekleidungen besondere Anforderungen in Bezug auf die Eingrenzung der Brandausbreitung in und auf diesen Bauteilen. Für diese Fälle sind die Technischen Baubestimmungen MHolzBauRL oder MVV TB 2025/1, Anhang 6 bzw. für WDVS die einschlägigen aBG zu beachten. Die sich daraus ergebenden Anforderungen sind mit den Anforderungen der Randschicht des feuerwiderstandsfähigen Bauteils sinn- und anforderungsgemäß in Übereinstimmung zu bringen.

Jegliche Holztafelbauweisen nach der MHolzBauRL schließen **immer** mit einer mineralischen Brandschutzbekleidung ab. Ausnahmen hiervon werden von der Richtlinie nicht abgedeckt und bedürfen eines eigenen Anwendbarkeitsnachweises nach § 16a MBO.

Obwohl der Verweis in **Abschnitt 2.2 Satz 2 MHolzBauRL**, also bei der Begriffsdefinition zur Massivholzbauweise, verortet wurde, wird die Thematik an dieser Stelle behandelt. *„Bauteile mit verfüllten Hohlräumen sind grundsätzlich wie solche der Holztafelbauweise nach Abschnitt 2.1 zu betrachten."* Ausgenommen sind lediglich schallschutztechnisch notwendige Zwischenräume in zweischaligen Trennwänden aus Massivholz analog zu den vorbeschriebenen zwei- oder mehrschaligen Holztafelbauwänden nach Abschnitt 2.1 Satz 6.

Dementsprechend ergeben sich für eine bedeutende Anzahl von in der Praxis bewährten und regelmäßig eingesetzten Wand- und Deckenkonstruktionen Problemstellungen mit der unmittelbaren Anwendung der Holzbaurichtlinie (siehe Abb. C.10).

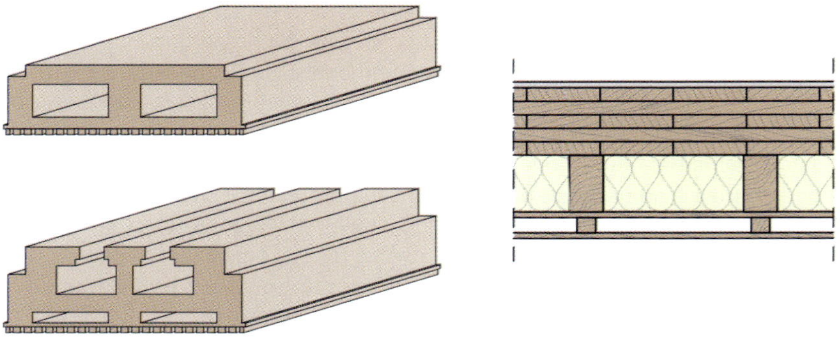

Abb. C.10: Aufgelöste Wand- und Deckenkonstruktionen unter Verwendung von Massivholzkomponenten

2.2 Massivholzbauweise

[1]Die Massivholzbauweise im Sinne dieser Richtlinie besteht aus Elementen ohne Hohlräume (hohlraumfrei). [2]Bauteile mit verfüllten Hohlräumen sind grundsätzlich wie solche der Holztafelbauweise nach Abschnitt 2.1 zu betrachten; ausgenommen sind schallschutztechnisch notwendige Zwischenräume in zweischaligen Trennwänden, die mit nichtbrennbaren Dämmstoffen vollständig ausgefüllt sind (siehe Abschnitt 2.1 Satz 6 und 7). [3]Massivholzelemente bestehen aus Schichten einzelner Holzlamellen oder Holzwerkstoffplatten, die mechanisch miteinander verbunden oder verklebt sind. [4]Einzelne produktionsbedingte Fugen zwischen den dichtgestoßenen Lamellen sowie (Entlastungs-) Nuten bleiben unberücksichtigt, soweit diese Fugen im Rahmen des Nachweises des Bauproduktes nach Abschnitt 3.2 geregelt sind.

[5]Zur Massivholzbauweise zählen auch Verbundbauteile, bei denen eine Kombination mit Schichten aus nichtbrennbaren Baustoffen erfolgt (sogenannte Hybrid-Bauweise wie zum Beispiel Holz-Beton-Verbunddecken). [6]Dies gilt gleichermaßen auch für Bestandteile der Skelettbauweise, wie Stützen, Träger und plattenförmige Bauteile, sofern diese hohlraumfrei hergestellt sind.

Kommentar

Sowohl die 2004 veröffentlichte M-HFHHolzR als auch die nachfolgende MHolzBauRL 2020 und der aktuell noch als Technische Baubestimmung eingeführte Eurocode DIN EN 1995-1-2 kennen bzw. behandeln aufgelöste Konstruktionen wie die beispielhaft aufgeführten Akustikkonstruktionen oder Massivholzkonstruktionen mit zusätzlichen Schichten (siehe Abb. C.10) als geschlossene Bauteilelemente nicht. Die einzige, bereits 2004 geregelte Massivholzbauweise war die Brettstapelbauweise, bei der einzelne Brettlamellen oder hochkant stehende Bohlen zu flächigen Bauteilen miteinander verbunden sind.

Abschnitt 2.2 Satz 1 stellt als wesentliche Definition der Massivholzbauweise die erforderliche Hohlraumfreiheit fest. Hohlräume haben maßgebliche Ausdehnungen. Nur produktions- oder montagebedingte punktuelle Hohlräume, wie z. B. einzelne geringe Fugen zwischen den Lamellen einer Brettlage, sind zulässig und bleiben von der Grundforderung nach Hohlraumfreiheit unberührt. Es ist nicht relevant, ob oder anhand welcher Maßnahmen Hohlräume geschützt werden. Sobald diese vorhanden sind, ist die Konstruktion mit den Vorgaben der Holztafelbauweise zu belegen. Auf diesen Umstand wird in **Satz 2** verwiesen (siehe hierzu auch die Kommentierung zu Abschnitt 2.1 MHolzBauRL). Wie bei der Holztafelbauweise werden schallschutztechnisch notwendige Zwischenräume in zweischaligen Trennwänden von diesen Grundsatzforderungen der Hohlraumfreiheit ausgenommen. Zweischalige Konstruktionen, wie sie bei Aufstockungen zwischen oberster Bestandsdecke und neuer Massivholzdecke vorkommen, sind bei vollständiger Ausfüllung der horizontalen Bauteilfuge mit nichtbrennbaren Dämmstoffen im Sinne dieser Richtlinie wie zweischalige Trennwände in Massivholzbauweise zu betrachten.

Satz 3 beschreibt allgemein die Zusammensetzung von Massivholzelementen. Diese bestehen aus Schichten bzw. Lagen einzelner Holz- oder Holzwerkstofflamellen, es können aber als einzelne Lagen auch Holzwerkstoffplatten zum Einsatz kommen. Die Verbindung der einzelnen Lamellen bzw. Lagen miteinander erfolgt mechanisch durch Klammern, Nägel, Dübel oder Ähnliches. Der überwiegende Anteil der Massivholzelemente wird durch Verklebung der einzelnen Bestandteile hergestellt. In **Satz 4** wird ergänzend zur Forderung nach Hohlraumfreiheit präzisiert, dass einzelne produktionsbedingte Fugen zwischen den dicht gestoßenen (Brett-)Lamellen sowie (Entlastungs-)Brettnuten unberücksichtigt bleiben dürfen, soweit diese Fugen im Rahmen des Nachweises des Bauproduktes nach Abschnitt 3.2 MHolzBauRL geregelt sind. Nach den bekannten Produktzulassungen haben solche Fugen und Sägeschnitte eine Breite zwischen 3 und 5 mm, wobei letzteres Maß derzeit die Obergrenze darstellt.

Eine abschließende Darstellung der im Rahmen der MHolzBauRL verwendbaren Massivholzbauweisen fehlt. Als Massivholzelemente im Sinne dieser Richtlinie gelten aber insbesondere

- Plattenelemente aus kreuzweise miteinander verbundenen Brettlagen nach europäisch-technischer Bewertung auf der Basis des EAD 130002-00-0304,
- Brettsperrholz nach europäisch-technischer Bewertung auf der Basis des EAD 130005-00-0304 oder einer abZ oder nach DIN EN 16351 „Holzbauwerke – Brettsperrholz – Anforderungen“ (2025),

- flachkant verlegte Brettschichtholzelemente aus Furnierschichtholz aus Buche nach europäisch-technischer Bewertung auf der Basis des EAD 130010-01-0304 (2018),
- Brettstapelelemente nach europäisch-technischer Bewertung auf der Basis des EAD 130011-00-0304,
- massive plattenförmige Holzbauelemente – mit Schwalbenschwanzverbindungen gefügte Elemente aus Bauholz mit rechteckigem Querschnitt zur Verwendung als tragende Bauteile in Bauwerken nach europäisch-technischer Bewertung auf der Basis des EAD 130013-00-0304,
- vorgefertigte plattenförmige Holzbauelemente – Elemente aus verbundenen Blockbalken für tragende Bauteile in Bauwerken nach europäisch-technischer Bewertung auf der Basis des EAD 130191-00-0304,
- vorgefertigte Holzbauelemente – Elemente aus gefrästen Nadelholzelementen für tragende Bauteile in Gebäuden nach europäisch-technischer Bewertung auf der Basis des EAD 130323-00-0304,
- Wände, Dächer und Decken aus vollflächig verklebten Lagen von OSB-Platten nach europäisch-technischer Bewertung auf der Basis des EAD 140015-00-0304,
- Massivholzplatten nach DIN EN 13986,
- flachkant verlegte Brettschichtholz- oder Balkenschichtholzelemente nach DIN EN 14080 mit DIN 20000-3 „Anwendung von Bauprodukten in Bauwerken – Teil 3: Brettschichtholz und Balkenschichtholz nach DIN EN 14080:2013-09“ (2022).

Zur Massivholzbauweise zählen nach **Satz 5** auch Verbundbauteile, bei denen Holz oder Holzwerkstoffe mit mineralischen Schichten über starren bzw. nahezu starren Verbund kombiniert werden. Holz-Beton-Verbunddecken sind hier die bekannteste Bauweise. Aber auch andere Zusammensetzungen, wie z. B. einzelne mineralische zwischen Holzschichten eingebrachte Schichten, sind vorstellbar. Grundvoraussetzung ist auch hier die Hohlraumfreiheit des Elements.

Nach **Satz 6** gilt dies gleichermaßen für hohlraumfreie Stützen, Balken und Träger. Ist eine Hohlraumfreiheit dieser stabförmigen Bauteile nicht gewährleistet, sind sie der Holztafelbauweise zuzuordnen, mit der Konsequenz, dass zwingend eine Brandschutzbekleidung anzuordnen ist.

2.3 Fugen und Anschlüsse

Konstruktiv wird unterschieden in Plattenfugen/-stöße der Bekleidung, Elementfugen (Fuge zwischen zwei einzelnen Elementen, die zu einem flächigen Bauteil zusammengefügt werden) und Bauteilfugen (Fuge zwischen zwei Bauteilen, die zusammengefügt werden, zum Beispiel Anschluss Wand/Geschossdecke).

Kommentar

Aufgrund der überwiegend transportbedingt begrenzten Abmessungen von Bauprodukten sowie der üblichen Vorfertigungs- und Montageprozesse im Holzbau werden einzelne Elemente über Fügungen zunächst zu größeren Bauteilen zusammengefügt und diese anschließend zur gesamten Gebäudestruktur verbunden. Den dabei entstehenden Fügungs- und Anschlussstellen kommt eine besondere Bedeutung zu, da sie hinsichtlich ihrer brandschutztechnischen Eigenschaften die gleichen Leistungsmerkmale wie die angrenzenden Bauteilbereiche aufweisen müssen.

Im Kontext der Richtlinie werden daher verschiedene Fugenarten unterschieden. Diese können innerhalb einzelner Bauteilschichten, zwischen einzelnen Bauelementen oder an Anschlüssen zwischen verschiedenen Bauteilen auftreten (siehe Abb. C.11).

Plattenfugen bzw. Stoßfugen innerhalb von Bauteilschichten treten insbesondere bei Brandschutzbekleidungen, Dämmstoffen oder auch innerhalb von Massivholzbauteilen auf. Typische Beispiele sind Stumpfstöße von Brandschutzplatten, Fugen zwischen Dämmstoffplatten sowie Fugen zwischen den Lamellen mehrschichtiger Massivholzbauteile. Bei Holzwerkstoffplatten sind zudem häufig Nut-Feder-Verbindungen als Kantenausbildung vorgesehen.

Die konstruktive Ausbildung dieser Fugen, etwa hinsichtlich der Fugenbreite, der Art der Stoßausführung oder der Verspachtelung von Brandschutzbekleidungen, richtet sich grundsätzlich nach den jeweiligen Nachweisen zum Feuerwiderstand des betreffenden Bauteils. Grundlage hierfür bilden technische Regeln, bauaufsichtliche Anwendbarkeitsnachweise oder entsprechende Prüfungen.

Neben den innerhalb von Bauteilschichten auftretenden Stoßfugen resultieren aus Fertigungs-, Transport- und Montageeinschränkungen sog. Elementfugen. Diese entstehen beim Zusammenfügen einzelner Elemente zu einem flächigen Bauteil. Typische Beispiele hierfür sind Montagestöße in Wand- oder Deckenelementen. Im Stoßbereich werden die tragenden Holzbauteile der einzelnen Elemente konstruktiv miteinander verbunden, während vorhandene Bekleidungs- und Bauteilschichten über den Stoß hinweg fortgeführt werden. Nach dem Zusammenfügen der Elemente entsteht somit ein durchgehendes flächiges Bauteil.

Für die Ausbildung von Elementfugen existieren verschiedene konstruktive Varianten, beispielsweise stumpfe Stöße, Stufenfalzausbildungen, Deckleistenlösungen oder Nut-Feder-Verbindungen.

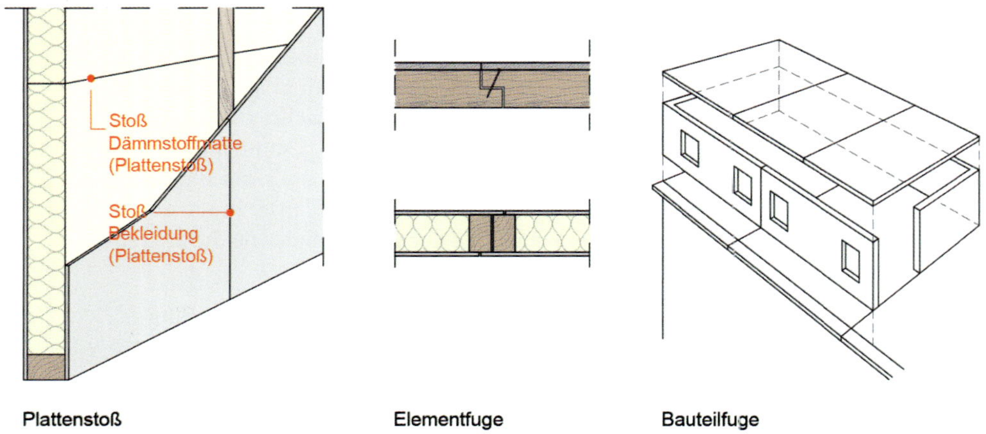

Abb. C.11: Schematische Darstellung von Arten von Fügungen

Darüber hinaus entstehen beim Zusammenfügen unterschiedlicher Bauteile Bauteilfugen bzw. Bauteilanschlüsse. Typische Beispiele sind Anschlüsse von Wänden an Geschossdecken, Anschlüsse zwischen unterschiedlichen Wandbauteilen sowie Anschlüsse von Stützen und Trägern an flächige Bauteile.

Neben kraftschlüssigen Verbindungen der konstruktiven Holzbauteile können in Bauteilfugen auch Anschlüsse vorgesehen werden, die planmäßig Verformungen ermöglichen, etwa in Form gleitender Anschlüsse zur Aufnahme von Setzungen oder Verformungen der Holzkonstruktion.

Allen Fugenarten ist gemeinsam, dass sie ausreichend dicht auszubilden sind, um einen vorzeitigen Einbrand in die Konstruktion zu verhindern und die raumabschließende Funktion der Bauteile auch im Bereich von Element- und Bauteilfugen sicherzustellen.

Auf die konkrete konstruktive Ausbildung von Anschlüssen und Fugen wird im **Abschnitt 5 MHolzBauRL** näher eingegangen.

2.4 Außenwandbekleidung

Unter dem Begriff Außenwandbekleidung ist die gesamte, auf eine tragende oder nichttragende Außenwand aufgebrachte Bekleidung aus Holz oder Holzwerkstoffen zu verstehen, die aus mehreren Schichten insbesondere der hierfür notwendigen Bekleidung, Unterkonstruktionen sowie eventueller Dämmstoffe bestehen kann.

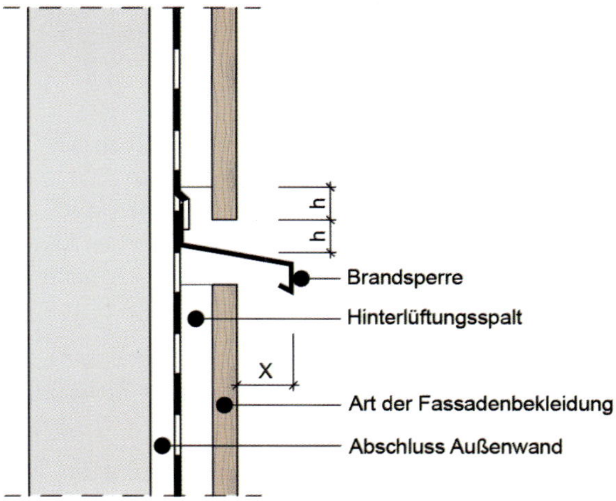

Abb. C.12: Typischer Aufbau einer hinterlüfteten Holzfassade

Kommentar

Grundsätzlich bezeichnet der Begriff „Außenwandbekleidung" die sichtbare Gebäudehülle. Dazu gehört nicht die Außenwand selbst, die den Innenraum eines Gebäudes von der Umgebung trennt. Abb. C.12 zeigt die Außenwandbekleidung (bzw. Fassade) bestehend aus Holzbekleidung, Lüftungsspalt bzw. Luftschicht, Unterkonstruktion und ggf. Dämmung. Genauer wird dies im Kommentar zum **Abschnitt 7.1 MHolzBauRL** beschrieben.

2.5 Brandsperre

[1]Brandsperren sind horizontal oder vertikal angeordnete konstruktive brandschutztechnische Maßnahmen, die der Begrenzung der Brandausbreitung innerhalb und an der Oberfläche von Außenwandbekleidungen für eine ausreichend lange Zeit dienen. [2]Eine Brandsperre nach dieser Richtlinie muss nichtbrennbar sein und ist aus Stahlblech auszuführen.

Kommentar

Brandsperren sind horizontal oder vertikal angeordnete Bauteile, die die Brandausbreitung in Außenwandbekleidungen und entlang ihrer Oberfläche für eine ausreichend lange Zeit begrenzen sollen. Nach MHolzBauRL müssen Brandsperren aus nichtbrennbaren Baustoffen bestehen und aus Stahlblech ausgeführt werden.

Bezüglich der Materialität (nichtbrennbar, aus Stahlblech) und weiterer Hintergründe wird auf den Kommentar zu **Abschnitt 7.1, Abschnitt 7.2.4 sowie Abschnitt 7.2.5 MHolzBauRL** verwiesen.

3 Allgemeine Anforderungen an das Brandverhalten und die Feuerwiderstandsfähigkeit

3.1 Allgemeines

[1]Die Richtlinie konkretisiert die materiellen brandschutztechnischen Anforderungen an Bauteile und regelt die Anschlüsse dieser Bauteile untereinander. [2]Soweit Anschlüsse nicht in dieser Richtlinie beschrieben sind oder hierfür keine Technische Baubestimmung herangezogen werden kann, bedarf es eines Anwendbarkeitsnachweises gemäß § 16a der Musterbauordnung[1].

[3]Anforderungen aus anderen Technischen Baubestimmungen, insbesondere zur Standsicherheit und Dauerhaftigkeit, bleiben von dieser Richtlinie unberührt.

[4]Die in dieser Richtlinie enthaltenen Anforderungen an die Art und die Anordnung von Verbindungsmitteln beschränken sich auf Aspekte zur Gewährleistung des Raumabschlusses, insbesondere der Vorbeugung einer Rauchausbreitung über Bauteilfugen.

Kommentar

Abschnitt 3.1 Halbsatz 1 MHolzBauRL stellt grundsätzlich fest, dass für Bauteile in Holzbauweise, die nach § 26 MBO hochfeuerhemmend, abweichend hochfeuerhemmend oder abweichend feuerbeständig sein müssen, besondere Anforderungen an deren Gestaltung und insbesondere an den Schichtenaufbau bestehen.

Das Brandverhalten von Baustoffen ist in den verschiedenen Phasen eines Brandverlaufs von wesentlicher Bedeutung. Jede Phase stellt unterschiedliche Anforderungen an die Materialien hinsichtlich der Entzündbarkeit, der Rauchentwicklung, der Tragfähigkeit und des Feuerwiderstands. Ein Brand verläuft in vier wesentlichen Phasen.

Entstehungsphase (Initialzündung)

In dieser Phase entscheidet die Entzündbarkeit der Baustoffe darüber, ob und mit welcher Anfangsintensität bzw. -geschwindigkeit sich ein Brand entwickelt. Baustoffoberflächen mit erhöhter Entzündbarkeit (z. B. ungeschützte Holzoberflächen) können die Brandentstehung begünstigen.

Baustoffe mit normaler Entflammbarkeit können zu einer schnelleren Brandausbreitung beitragen (siehe Abb. C.13), während schwerentflammbare oder nichtbrennbare Baustoffe die Brandentstehung verzögern oder verhindern.

Abb. C.13: Versuch Raumbrand bei überwiegend brennbaren Bauteiloberflächen im Rahmen eines Teilvorhabens der HighTechOffensive Bayern (Quelle: KI-generiert mit WebUI, Rudolf Müller Medien)

Entwicklungsphase/Flashover-Phase

In dieser Phase steigt die Temperatur im Brandraum rapide an; es kann zum Flashover (Übergang zum Vollbrand) kommen. Baustoffe beeinflussen die Branddynamik durch ihr Wärmefreisetzungsvermögen und die zur Verfügung stehende Brennstoffmenge. Materialien mit hoher Wärmefreisetzung können den Brand beschleunigen.

Vollbrandphase (freie Brandausbreitung)

Das Brandverhalten der Bauteile beeinflusst in dieser Phase die Dauer und Intensität des Brandes. Brennbare Baustoffe bzw. Bauteiloberflächen sowie die mobile Brandlast erhöhen insgesamt die dem Brand zur Verfügung stehende Brandlast und verlängern hierdurch, unter Annahme keiner Intervention durch die Feuerwehr, die Branddauer.

Grundsätzlich bleibt ein Brand so lange aufrechterhalten, wie ausreichende Brandlast vorhanden ist.

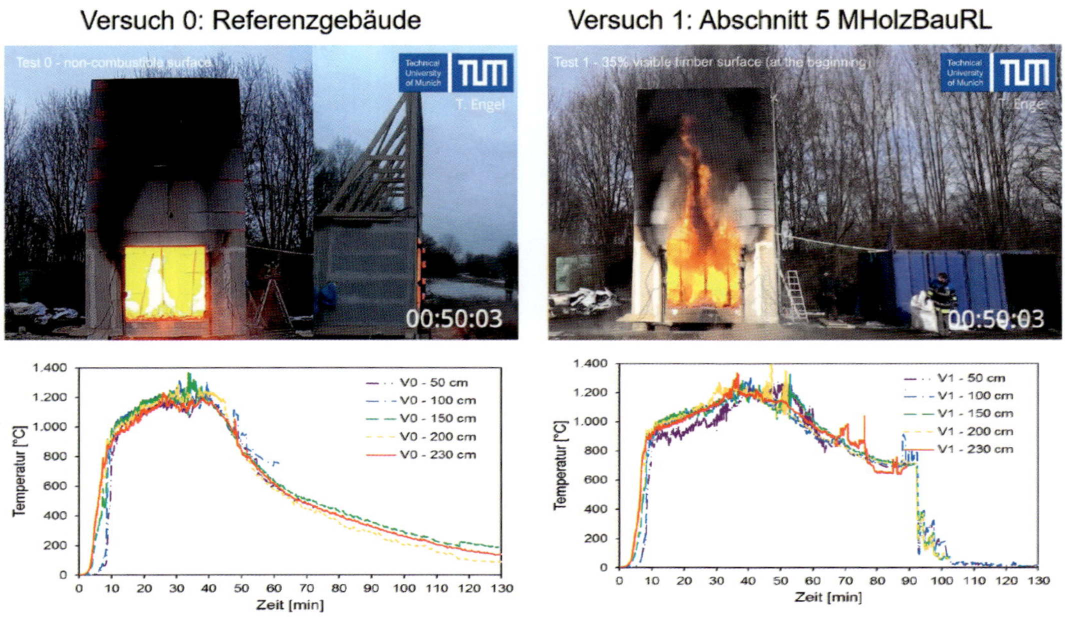

Abb. C.14: Realbrandversuche TIMpuls (Engel et al., 2022): hier 50. Minute nach Zündung im Vergleich mit unterschiedlich zur Verfügung stehender struktureller Brandlast

Abb. C.14 zeigt die Gegenüberstellung zweier Realbrandversuche:

- Versuch 0: Durch eine vollflächige Brandschutzbekleidung wurde über die gesamte Versuchsdauer ein Mitbrand der dahinterliegenden Holzkonstruktion verhindert.
- Versuch 1: Die Massivholzdecke war unbekleidet; die Wände waren mit einer Brandschutzbekleidung mit begrenzter Schutzwirkung (ca. 34 Minuten) ausgeführt.

Im Vergleich zeigt sich ein deutlicher Unterschied in der Branddauer. Bei Versuch 1 stellte sich ohne Löschangriff keine Abkühlphase ein.

Neben dem Brandverhalten spielt in dieser Phase insbesondere das Tragverhalten der Baustoffe bei hohen Temperaturen eine entscheidende Rolle. Die Tragfähigkeit der Konstruktion muss auch unter thermischer Beanspruchung so lange erhalten bleiben, dass ein vorzeitiger Einsturz verhindert wird.

Abklingphase (Glutbrand und Löscharbeiten)

In der Abklingphase sollten Bauteile gut zugänglich und möglichst vollständig löschbar sein. Schwer zugängliche Bereiche mit verdeckten Glutnestern sind zu vermeiden. Einmal abgelöschte Bauteile sollten nicht wieder aufflammen und erneut – ggf. unentdeckt – weiterbrennen.

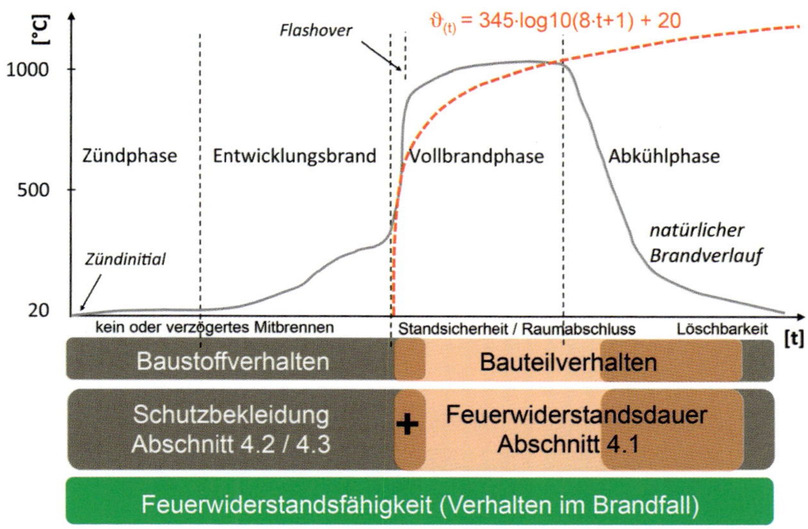

Abb. C.15: Zusammenhang zwischen Anforderungen an das Baustoffverhalten und Bauteilverhalten in Bezug auf das Verhalten im Brandfall

Baustoffe mit günstigem Brandverhalten können somit das Risiko minimieren, die Brandausbreitung verlangsamen und die Sicherheit im Brandfall erhöhen.

Abb. C.15 zeigt grafisch, in welchen Phasen eines Brandes die Baustoffeigenschaften und Bauteileigenschaften von Relevanz werden.

Während in der Zünd- und Entwicklungsphase primär nur die Baustoffeigenschaften – insbesondere die Qualität und Beschaffenheit der Brandschutzbekleidung sowie der Anteil der ungeschützten, brennbaren Holzbauteiloberflächen – den weiteren Brandverlauf beeinflussen, treten diese in der Vollbrandphase in den Hintergrund.

In der Vollbrandphase sind im Wesentlichen die Eigenschaften Standsicherheit im Brandfall und Raumabschluss von Bedeutung, um einerseits den Brand auf ein bestimmtes Maß zu begrenzen und andererseits die Löschmaßnahmen erfolgreich durchführen zu können, ohne die Einsatzkräfte durch ein Bauteilversagen zu gefährden. In der Abklingphase ist eine kombinierte Betrachtung von Baustoff und Bauteil erforderlich: Einerseits muss die Löschbarkeit im Sinne der Beherrschbarkeit gewährleistet sein, andererseits ist die strukturelle Sicherheit des Gebäudes für den weiteren Löschangriff aufrechtzuerhalten.

Im Wesentlichen zielen die speziellen Anforderungen der MHolzBauRL – wie in Abb. C.15 dargestellt – auf die Erfüllung der Schutzziele 2 und 4 ab:

- Vorbeugung gegen die Ausbreitung von Feuer und Rauch sowie
- Ermöglichung wirksamer Löscharbeiten.

Abb. C.16: Nachweissystematik als gedanklicher Baukasten mit den entsprechenden Einzelnachweisen

Zusammengefasst kann der Nachweis der flächigen Holzbauelemente als eine Art Baukastensystem angesehen werden. Die MHolzBauRL bildet den Schirm über die gesamte Bauart und gliedert sich in die einzelnen Nachweisbausteine. Abb. C.16 zeigt den Baukasten mit den Einzelnachweisen.

Abschnitt 3.1 Satz 1 Halbsatz 2 legt fest, dass auch für die Anschlüsse der Bauteile untereinander die MHolzBauRL als technische Baubestimmung heranzuziehen ist.

Satz 2 stellt inhaltlich eine Wiederholung dar, da bereits übergeordnet in § 16a Abs. 2 und § 17 MBO geregelt ist, dass bei Abweichungen von Technischen Baubestimmungen entsprechende Verwendbarkeits- bzw. Anwendbarkeitsnachweise als Ersatzregelung erforderlich sind.

Satz 3 verdeutlicht ergänzend, dass die Grundanforderungen an Gebäude nach MVV TB 2025/1, Abschnitt A bei Planung, Bemessung und Ausführung insgesamt zu beachten sind. Die Vorgaben der MHolzBauRL bilden lediglich einen Teil dieser Anforderungen ab.

So können beispielsweise Mindestanforderungen an die Dicke von Bekleidungslagen aus Gründen des Schallschutzes oder aufgrund wärmeschutztechnischer Anforderungen die brandschutztechnisch erforderlichen Mindestdicken übersteigen. Sämtliche Mindestanforderungen aus den Bereichen Brandschutz, Schallschutz, Wärmeschutz und Standsicherheit sind daher im Rahmen der Ausführungs- und Werkplanung zu berücksichtigen und miteinander in Einklang zu bringen.

In gleicher Weise stellt auch **Satz 4** klar, dass die Vorgabe der Art und die Anordnung von Verbindungsmitteln nach der Richtlinie nur der konstruktiven Sicherstellung der Funktionalität der Bauteilfugen (Raumabschluss) dienen. Das heißt, dass die in **Abschnitt 5 MHolzBauRL** und dem zugehörigen **Anhang 3** aufgeführten Vorgaben zu Maximalabständen und ggf. Einbindelängen durch andere bautechnische Nachweise, wie z. B. der Standsicherheit, übertroffen werden können. Es sind jeweils die höherwertigen Anforderungen in weiterer Folge zu beachten.

3.2 Nachweis der erforderlichen Feuerwiderstandsdauer

[1]Die erforderliche Feuerwiderstandsdauer von Bauteilen nach dieser Richtlinie ist nachzuweisen. [2]Der Nachweis kann nach Anhang 1 geführt werden.

Kommentar

Die Feuerwiderstandsdauer beschreibt die Zeitspanne, während der die Standsicherheit und/oder der Raumabschluss von Bauteilen unter thermischer bzw. Brandbeanspruchung nach der ETK erhalten bleiben.

Mit der Bekanntmachung und Einführung der MHolzBauRL 2020 wurde die bis dahin bekannte und bewährte Nachweissystematik für Bauteile im Holzbau aufgegeben. Zuvor erfolgte der Nachweis überwiegend über abP, geregelt über § 16a Abs. 3 in Verbindung mit § 19 MBO sowie deren Konkretisierung in der MVV TB, Abschnitt C4. Für alle Bauteile im Regelungsbereich der MHolzBauRL 2020 wurde diese Möglichkeit gestrichen (siehe gelbe Markierung in Abb. C.17). Diese Streichung besteht bis heute fort und gilt aufgrund der in diesem Punkt unveränderten MVV TB 2025/1 entsprechend auch für die aktuelle Fassung der MHolzBauRL 2024.

Technische Baubestimmungen für Bauprodukte, die nicht die CE-Kennzeichnung tragen, und für Bauarten

C 4 Bauarten, die nur eines allgemeinen bauaufsichtlichen Prüfzeugnisses nach § 16a Absatz 3 MBO[1] bedürfen

Aufgrund § 85a Abs. 2 Nr. 4 MBO[1] wird Folgendes bestimmt:

Lfd. Nr.	Bauart	anerkanntes Prüfverfahren nach
1	2	3
C 4.1	Bauarten, ausgenommen solche nach Kapitel A2, lfd. Nr. A 2.2.1.4, zur Errichtung von Decken, Dächern, Unterdecken, Doppelböden, Hohlböden, Stützen, Trägern, Unterzügen, Treppen und tragenden Wänden, an die Anforderungen an die Feuerwiderstandsdauer und/oder den Schallschutz gestellt werden. Das gilt nicht für die Teile baulicher Anlagen, an die weitere Anforderungen gestellt werden, wenn die maßgebenden Bauarten von Technischen Baubestimmungen wesentlich abweichen oder wenn es für die maßgebenden Bauarten keine allgemein anerkannten Regeln der Technik gibt.	Je nach Bauart gilt: *für die Feuerwiderstandsdauer:* DIN 4102-2:1977-09 außer den Abschnitten 6.2.7, 6.2.9 und 6.2.10 (für Brandwände DIN 4102-3:1977-09, oder DIN EN 1363-1:2012-10, DIN EN 1363-2:1999-10, DIN EN 1364-2:1999-10, DIN EN 1365-1:2013-08, DIN EN 1365-2, -3:2000-02, DIN EN 1365-4:1999-10, DIN EN 1366-6:2005-02 in Verbindung mit Anlage C 4.6 *für den Schallschutz:* DIN EN ISO 10140-1:2016-12, DIN EN ISO 10140-2, -4:2010-12 DIN EN ISO 10140-3:2015-11 DIN EN ISO 10140-5:2014-09, DIN EN ISO 717-1, -2:2013-06 sowie DIN EN ISO 10848-1, -2, -3:2018-02

Abb. C.17: Auszug MVV TB 2021/1 mit Darstellung der Streichung von abP für Bauteile im Geltungsbereich der MHolzBauRL

Hinter dieser Streichung stand offenbar der Gedanke, dass mit der MHolzBauRL 2020 ausreichende Regelungen zur Planung, Bemessung und Nachweisführung von Bauteileigenschaften und -anschlüssen über Technische Baubestimmungen eingeführt wurden. Dabei wurde insbesondere auf die technischen Regeln DIN EN 1995-1-2 und DIN 4102-4 (2016) abgestellt. Es zeigte sich jedoch rasch, dass sich diese Annahme nicht bestätigte und die genannten Regelwerke lediglich einen Bruchteil des Bedarfs an technischen Lösungen für den mehrgeschossigen Holzbau abdeckten. Aufgrund der maximalen Geltungsdauer von fünf Jahren waren im Jahr 2025 sämtliche zugehörige abP abgelaufen.

In der Übergangszeit wurden verschiedene Maßnahmen ergriffen, beispielsweise lokale Verlängerungen der Gültigkeiten in einzelnen Bundesländern oder vBG durch die jeweiligen Bauministerien bzw. -senate. Der weiterhin bestehende Weg der aBG wurde von einzelnen Herstellern ebenfalls genutzt, jedoch durch die langen Bearbeitungs- und Genehmigungszeiten regelmäßig erschwert.

Mit **Abschnitt 3.2 Satz 1** wird nun ein neuer Bemessungs- und Nachweisweg eingeführt. Dieser greift das mit der MHolzBauRL 2020 angedachte und bauordnungsrechtlich vorgesehene Prinzip der Nachweisführung über Technische Baubestimmungen auf und macht es durch ergänzende Regelungen nunmehr auch praktisch anwendbar. Die MHolzBauRL fungiert dabei als regelsetzende und den Nachweisweg vorgebende Baubestimmung. **Satz 2** verweist ergänzend auf Anhang 1, der in Form eines Handlungsleitfadens die entsprechenden Nachweiswege einzeln aufführt und beschreibt.

Abschließend wird – auch wenn dies im Rahmen der Kommentierung dieses Abschnitts wiederholend erfolgt – klargestellt, dass eine nachgewiesene Feuerwiderstandsdauer (z. B. F 60-B oder F 90-B) nicht automatisch mit der Erfüllung der bauordnungsrechtlichen Anforderungen gleichgesetzt werden kann. Hinter diesen Anforderungen, insbesondere für Bauteile der Gebäudeklassen 4 und 5, steht nicht allein eine Zeitdauer. Maßgeblich ist vielmehr die Feuerwiderstandsfähigkeit des Bauteils. Diese ergibt sich im Holzbau aus dem Zusammenwirken von

- Feuerwiderstandsdauer,
- Brandverhalten der Baustoffe,
- brandschutztechnisch wirksamer Bekleidung,
- (Laibungs-)Ausbildung von Öffnungen sowie
- Installationsführung in Bauteilen.

Detaillierte Ausführungen hierzu enthält auch die Kommentierung zu Abschnitt 1 MHolzBauRL.

3.3 Dämmstoffe

[1]Dämmstoffe in und auf Bauteilen nach dieser Richtlinie müssen nichtbrennbar sein und einen Schmelzpunkt von mindestens 1.000 °C entsprechend DIN 4102-17:2017-12 aufweisen, sofern in dieser Richtlinie nichts anderes bestimmt ist. [2]Sie sind als vollständig ausfüllende Gefachdämmung formschlüssig auszuführen. [3]Einlagige Dämmschichten sind vollflächig und dicht gestoßen einzubauen. [4]Bei zweilagigen beziehungsweise mehrlagigen Dämmschichten sind die Stöße zu versetzen. [5]Matten- oder plattenförmige Dämmschichten sind mit einem Übermaß von mindestens zwei Prozent der Gefachbreite einzubauen.

[6]Dämmschichten in Fußbodenaufbauten sind aus brennbaren Baustoffen zulässig, wenn der Fußbodenaufbau mit einer Brandschutzbekleidung nach Abschnitt 4.2 oder 4.3 Buchstabe d nach oben abschließt.

Kommentar

Dämmstoffe im Sinne dieser Richtlinie werden in unterschiedlichen konstruktiven Zusammenhängen eingesetzt. Typische Anwendungsbereiche sind vor allem als

- Gefachdämmung zur vollständigen Verfüllung von Hohlräumen innerhalb der Konstruktionsebene, insbesondere bei Holztafelbauweisen,
- Dämmschichten in Fußbodenaufbauten,
- Füllmaterialien in Zwischenräumen und Fugen und als
- zusätzliche Dämmstoffebenen vor Außenwänden, beispielsweise im Bereich hinterlüfteter Fassaden.

Mit Ausnahme der Verwendung in Fußbodenaufbauten fordert die Richtlinie grundsätzlich den Einsatz nichtbrennbarer Dämmstoffe. Zusätzlich wird für viele Anwendungen eine erhöhte Formstabilität im Brandfall verlangt, die durch einen Schmelzpunkt von mindestens 1.000 °C nach DIN 4102-17 „Brandverhalten von Baustoffen und Bauteilen – Teil 17: Schmelzpunkt von Mineralwolle-Dämmstoffen – Begriffe, Anforderungen und Prüfung“ (2017) nachzuweisen ist.

Damit lassen sich im Kontext der Richtlinie drei Gruppen von Dämmstoffen unterscheiden:

- normalentflammbare Dämmstoffe,
- nichtbrennbare Dämmstoffe,
- nichtbrennbare Dämmstoffe mit Schmelzpunkt ≥ 1.000 °C.

Normalentflammbare Dämmstoffe müssen nach MVV TB 2025/1, Anhang 4, Tabelle 1.1 und 1.2 hinsichtlich ihres Brandverhaltens mindestens der Baustoffklasse B2 nach DIN 4102-1 „Brandverhalten von Baustoffen und Bauteilen – Teil 1: Baustoffe; Begriffe, Anforderungen und Prüfungen“ (1998) bzw. der Brandverhaltensklasse E-d2 nach DIN EN 13501-1 „Klassifizierung von Bauprodukten und Bauarten zu ihrem Brandverhalten – Teil 1: Klassifizierung mit den Ergebnissen aus den Prüfungen zum Brandverhalten von Bauprodukten“ (2019) entsprechen. Weitere brandschutztechnische Anforderungen werden an diese Materialien grundsätzlich nicht gestellt.

Nichtbrennbare Dämmstoffe müssen mindestens der Baustoffklasse A2 nach DIN 4102-1 bzw. der Brandverhaltensklasse A2-s1, d0 nach DIN EN 13501-1 entsprechen.

Unabhängig von der Klassifizierung dürfen nichtbrennbare Dämmstoffe zusätzlich keine Neigung zum kontinuierlichen Glimmen oder Schwelen aufweisen. Hintergrund ist die mögliche Bildung kritischer Konzentrationen des Atemgiftes Kohlenstoffmonoxid (CO) während der Schwelprozesse innerhalb von Dämmstoffen. Kohlenstoffmonoxid ist ein farb- und geruchloses Gas, das sich leicht über Luftströmungen sowie über poröse Baustoffe ausbreiten kann und bereits in geringen Konzentrationen lebensgefährlich ist, da es den Sauerstofftransport im Blut blockiert.

Aus diesem Grund und aufgrund bislang begrenzter praktischer Erfahrungen werden in der aktuellen Richtlinie biogene Gefachdämmstoffe für hochfeuerhemmende, abweichend hochfeuerhemmende bzw. abweichend feuerbeständige Bauteile derzeit noch ausgeschlossen.

Es ist jedoch davon auszugehen, dass mit zunehmender wissenschaftlicher Erkenntnislage und weitergehenden Risikobetrachtungen auch diese Dämmstoffe zukünftig vermehrt berücksichtigt werden könnten.

Die in Baden-Württemberg im Rahmen der „Verwaltungsvorschrift des Ministeriums für Landesentwicklung und Wohnen über Technische Baubestimmungen (Verwaltungsvorschrift Technische Baubestimmungen – VwV TB)" (2025) bekannt gemachte Anlage A 2.2/BW2 erlaubt bereits unter bestimmten Randbedingungen Konstruktionen mit normalentflammbaren Dämmstoffen. Diese Regelungen sind jedoch stark an die spezifische landesrechtliche Schutzzielbetrachtung gebunden und daher nicht ohne Weiteres auf andere Bundesländer übertragbar. Zudem werden solche Öffnungen häufig nur unter zusätzlichen Einschränkungen – etwa durch erhöhte Bekleidungsanforderungen oder kleinere (Nutzungs-)Einheiten – ermöglicht.

Unabhängig davon ist bauordnungsrechtlich festzustellen, dass der Einsatz brennbarer Dämmstoffe auch in Gebäuden der Gebäudeklassen 4 und 5 bis zur Hochhausgrenze bei entsprechender Planung nicht ausgeschlossen ist. Voraussetzung ist jedoch, dass die entsprechenden Bauteile keine Anforderungen an tragende, aussteifende oder raumabschließende Feuerwiderstandsfähigkeit erfüllen müssen und damit nicht Teil des Regelungskreises der Richtlinie sind. Typische Beispiele hierfür sind

- nichttragende, nicht raumabschließende Innenwände innerhalb von Nutzungseinheiten,
- nichttragende Außenwände bzw. nichttragende Teile tragender Außenwände nach § 28 Abs. 2 MBO,
- Dachkonstruktionen nach § 32 MBO,
- nichttragende Flurwände nach § 36 (4) MBO.

Aus Sicht der Kommentierenden sollte bei der Planung mit brennbaren Dämmstoffen in mehrgeschossigen Gebäuden dennoch sorgfältig geprüft werden, ob sich daraus erschwerte Bedingungen für Löschmaßnahmen im Brandfall ergeben.

Zur Erfüllung der allgemeinen Schutzziele des § 14 MBO, insbesondere der Begrenzung der Ausbreitung von Feuer und Rauch sowie der Ermöglichung wirksamer Löscharbeiten, ist es im mehrgeschossigen Holzbau besonders wichtig, Hohlraumbrände innerhalb der Konstruktion auszuschließen. Deshalb fordert die Richtlinie überall dort, wo schwer zugängliche Hohlräume entstehen können oder ein unkontrollierbares Schadensausmaß zu erwarten wäre, nichtbrennbare Dämmstoffe mit einem Schmelzpunkt von mindestens 1.000 °C.

Ergänzend werden auf Basis der MVV TB 2025/1, Abschnitt A 2.1.2 zur Erfüllung der ganzheitlichen Bauwerksanforderungen weiterführende Kriterien benannt, um sicherzustellen, dass entsprechende Produkte als Teile baulicher Anlagen keinen Beitrag zum Brand leisten. Im Einzelnen sollen so ein Entzünden, eine Rauchentwicklung, ein fortschreitendes Glimmen und/ oder Schwelen und ein brennendes Abtropfen oder Abfallen ausgeschlossen werden.

Die MVV TB 2025/1 verweist in Verbindung mit den Anforderungen der Richtlinie für zugehörige Dämmstoffe darauf (vgl. Tabelle C.1), dass hierzu der Schmelzpunkt, ggf. die Rohdichte und das Merkmal zum Glimmverhalten zu bestimmen sind.

Tabelle C.1: Bauaufsichtliche Anforderungen und mindestens erforderliche Leistungen zum Brandverhalten und weiteren Merkmalen für nichtbrennbare Baustoffe nach MVV TB 2025/1, Anhang 4, Tabelle 1.2

		Mindestens erforderliche Leistungen			
	bauaufsichtliche Anforderung	**Bauprodukte, ausgenommen lineare Rohrdämmstoffe und Bodenbeläge**	**lineare Rohrdämmstoffe**	**Bodenbeläge**	**weitere Merkmale (ausgenommen Bodenbeläge)**
	1	2	3	4	5
1	nichtbrennbar	A2 – s1, d0	$A2_L$ – s1, d0	$A2_{fl}$ – s1	Angabe: Glimmverhalten gemäß 1.3 und soweit erforderlich Rohdicht
2	nichtbrennbar und zusätzlich Schmelzpunkt > 1.000 °C	A2 – s1, d0	$A2_L$ – s1, d0	$A2_{fl}$ – s1	Angabe: Schmelzpunkt von mindestens 1.000 °C und Glimmverhalten gemäß 1.3 und soweit erforderlich Rohdichte

Abb. C.18: „Freigeräumte" Bauteile nach Durchführung des Versuchs V2 im Rahmen des Forschungsvorhabens TIMpuls (Engel et al., 2022)

Wie beschrieben, kommt neben dem Brandverhalten des Dämmstoffs dessen Formstabilität im Brandfall eine besondere Bedeutung zu. Eine ausreichende Formstabilität wird durch den Nachweis des Schmelzpunktes von mindestens 1.000 °C als sichergestellt angenommen. Diese Eigenschaft beruht prüftechnisch auf dem nationalen Nachweis nach DIN 4102-17 und wird damit von der europäisch harmonisierten Produktnorm für diese Dämmstoffe DIN EN 13162 nicht als Leistungsmerkmal erfasst. Entsprechend ist der Nachweis zum Schmelzpunkt separat neben der zur CE-Kennzeichnung zugehörigen Leistungserklärung vorzuhalten.

Die Notwendigkeit der Formstabilität zeigt sich in vielen Bereichen der Bauteile nach der MHolzBauRL. Als wichtigste Eigenschaft formstabiler Dämmstoffe ist der Schutz der brennbaren Konstruktionsteile eines Bauteils in Holzbauweise nach dem Versagen der Schutzbekleidung und dem direkten Eindringen von Feuer und Heißgasen in die Konstruktion aufzuführen. Eindrücklich zeigte sich dies nach Versuchsende des als Belegversuch für die Holztafelbauweise in der Gebäudeklasse 5 geltenden Brandversuchs V2 im Rahmen des Forschungsvorhabens TIMpuls (Engel et al., 2022). In Abb. C.18 sind die nach rund 110 Minuten Naturbrandbeanspruchung noch in den Gefachen vorhandene Gefachdämmung sowie die überwiegend unbeanspruchten Flanken der Deckenbalken zu sehen. Die vorhandene Schutzfunktion der Gefachdämmstoffe trägt somit wesentlich zur Aufrechterhaltung tragender und raumabschließender Bauteile bei.

Auch im Bereich von Elektroleitungen und Einbauteilen nach Abschnitt 6.2 MHolzBauRL sowie bei den Ausführungen von Element- und Bauteilfugen sind die Dämmstoffe einer direkten Brandeinwirkung ausgesetzt. Dämmstoffe mit einem nicht nachgewiesenen Schmelzpunkt würden hier zur Bildung von Hohlräumen und zu einem vorzeitigen Einbrand und damit einhergehender Brandeinwirkung auf die umliegenden Holzbauteile führen (siehe Abb. C.19).

Abb. C.19: Schmelzen von Glaswolledämmstoff im Brandversuch im Bereich eines Einbauteils (Steckdose)

Neben der Formstabilität bzw. dem Schmelzpunkt ist für nichtbrennbare Dämmstoffe, wie z. B. Mineralwolle, nach DIN EN 13162 sicherzustellen, dass bei dem Baustoff keine Neigung zum Glimmen und Schwelen besteht. Hierzu ist die Angabe zum Glimmverhalten relevant. Für Mineralwolledämmstoffe verweist die MVV TB 2025/1 in Anhang 4, Abschnitt 1.3 zur Bestimmung des Glimmverhaltens auf das europäische Prüfverfahren in DIN EN 16733 „Prüfungen zum Brandverhalten von Bauprodukten – Bestimmung der Neigung eines Bauprodukts zum kontinuierlichen Schwelen" (2016). Entsprechende Prüfberichte für diese Produkte müssen nach dieser Norm die Leistung *„Die Prüfung wurde bestanden: Das Produkt zeigt keine Neigung zum kontinuierlichen Schwelen."* ausweisen. Ebenso wird nach MVV TB 2025/1 für nichtbrennbare Dämmstoffe die Benennung der Rohdichte gefordert. Für Mineralwolldämmstoffe bildet DIN EN 1602 „Wärmedämmstoffe für das Bauwesen – Bestimmung der Rohdichte" (2013) die entsprechende Bestimmungsgrundlage.

Weder die Schmelztemperatur, die Glimm- und Schweleigenschaft noch die Rohdichte sind innerhalb der Produktnorm DIN EN 13162 als wesentliches Leistungsmerkmal zur Spezifikation von Mineralwolle benannt. Sie werden somit vom Hersteller auch nicht standardmäßig in den Leistungserklärungen (Declaration of Performance [DoP]) angegeben, sondern bisher teilweise nur freiwillig bzw. auf Anfrage ergänzend aufgeführt. Sowohl das Glimmverhalten als auch der Schmelzpunkt sind nach deutschem Baurecht als verwendungsspezifische Leistungsanforderung zur Erfüllung der Bauwerksanforderungen, insbesondere der Grundanforderung A2 Brandschutz, anzusehen, weshalb diese Eigenschaften nach- und auszuweisen sind. Grundlage hierfür bilden die Regelungen der „Prioritätenliste für die Überarbeitung defizitärer harmonisierter Normen" (DIBt, 2021) (vgl. Tabelle C.2).

Tabelle C.2: Auszug aus der „Prioritätenliste für die Überarbeitung defizitärer harmonisierter Normen" nach DIBt (2021) für den Bereich mineralischer Dämmstoffe nach EN 13162 sowie EN 14064-1

lfd. Nr.	**technische Spezifikation, auf deren Grundlage eine Leistungserklärung erstellt wird und das Produkt die CE-Kennzeichnung trägt**		**betroffene Produkte und betroffene Verwendungsbereiche**	**Leistungen, die nicht nach der technischen Spezifikation erklärt werden können, aber für die Erfüllung der Bauwerksanforderungen möglicherweise erforderlich sind**	**Bawerksanforderungen**	**Möglichkeiten zur Erklärung der in Spalte 4 genannten Leistung**
1	**2**		**3**	**4**	**5**	**6**
35	**EN 13162: 2012 + A1:2015** in Deutschland umgesetzt durch DIN EN 13162:2015-04	Wärmedämmstoffe für Gebäude – werkmäßig hergestellte Produkte aus Mineralwolle (MW) – Spezifikation	Anwendungen, bei denen schwerentflammbar oder nicht brennbar gefordert wird, z. B. Oberflächen von Außenwänden sowie Außenwandbekleidungen ab Gebäudeklasse 4	Glimmverhalten	BWR 2 (A 2.1.2)	ETA oder Prüfbericht nach EN 16733:2016
			Anwendungen, bei denen nicht brennbar gefordert wird, z. B. in DIN 4102-4:2016:05	Schmelzpunkt/ Formstabilität	BWR 2 (A 2.1.2)	ETA oder Bewertung der Leistung auf Grundlage der DIN 4102-17:1990 in einer technischen Dokumentation unter Einschaltung einer entsrpechend Art. 43 BauPVO qualifizierten Stelle
53	**EN 14064: 2010** in Deutschland umgesetzt durch DIN EN 14064-1: 2010-06	Wärmedämmstoffe für Gebäude – an der Verwendungsstelle hergestellte Wärmedämmung aus Mineralwolle (MW) – Teil 1: Spezifikation für Schüttdämmstoffe vor sdem Einbau	Verwendungsbereiche, in denen die Anforderung schwerentflammbar oder nicht brennbar besteht	Glimmverhalten	BWR 2 (A 2.1.2)	ETA oder Prüfbericht nach EN 16733:2016

Tabelle C.2: Fortsetzung

lfd. Nr.	technische Spezifikation, auf deren Grundlage eine Leistungserklärung erstellt wird und das Produkt die CE-Kennzeichnung trägt		betroffene Produkte und betroffene Verwendungsbereiche	Leistungen, die nicht nach der technischen Spezifikation erklärt werden können, aber für die Erfüllung der Bauwerksanforderungen möglicherweise erforderlich sind	Bawerksanforderungen	Möglichkeiten zur Erklärung der in Spalte 4 genannten Leistung
1	2		3	4	5	6
			Anwendungen, bei denen nicht brennbar gefordert wird, z. B. in DIN 4102-4:2016-05	Schmelzpunkt/ Formstabilität	BWR 2 (A 2.1.2)	ETA oder Bewertung der Leistung auf Grundlage der DIN 4102-17:1990 in einer technischen Dokumentation unter Einschaltung einer entsrpechend Art. 43 BauPVO qualifizierten Stelle

Erweiternd wird unter anderem in DIN 4102-4 (2016) oder in Anwendbarkeitsnachweisen (Bauartgenehmigungen nach § 16a Abs. 2 Satz 1 MBO und Prüfzeugnissen nach § 16a Abs. 3 Satz 1 MBO) neben der Angabe der Mindestdicke die Rohdichte von Dämmstoffen als eine der charakterisierenden Eigenschaften angesehen, um den Beitrag des Dämmstoffes zum Feuerwiderstand der Konstruktionen sicherzustellen. Ebenso zeigt der Annex M (Material) der zukünftigen nächsten Generation der EN 1995-1-2, FprEN 1995-1-2, dass die Angabe der Rohdichte als wesentliches charakterisierendes Leistungsmerkmal von Dämmstoffen essenziell ist und zukünftig auch im europäischen Kontext an Bedeutung gewinnt.

Um Brände innerhalb der Konstruktion wirksam zu verhindern, wird in der Richtlinie im Zusammenhang mit der Formstabilität der zu verwendenden Dämmstoffe generell auch eine Hohlraumfreiheit und damit das vollständige Verfüllen von Gefachhohlräumen gefordert. Neben dem Einbau von mattenförmigen Dämmschichten in der gesamten Tiefe des Gefachhohlraums (Volldämmung) ist der Einbau mit einem Übermaß von 2 % zwischen den Holzrippen essenziell. Infolge der Flexibilität zugehöriger Gefachdämmstoffe (übliche Rohdichten ca. 20 bis 40 kg/m^3) werden so dauerhaft dicht gestoßene Fugen mit Formschluss an den Flanken zu den Holzrippen erreicht,

Abb. C.20: Schutzwirkung vor Einbrand durch im Übermaß eingebauten Dämmstoff zwischen Deckenbalken

was einen Einbrand verhindert (siehe Abb. C.20). Ebenso stellt der Einbau im Übermaß eine wesentliche Anforderung an die Lagesicherung des Dämmstoffes und damit gegen ein Herausfallen aus dem Gefach im Rahmen des Nachweises des Feuerwiderstandes dar. Fugen zwischen den Dämmstoffmatten selbst sind dicht zu stoßen.

Gleiches gilt in diesem Kontext auch für Dämmplatten anstelle von nichtbrennbaren Bekleidungen an Außenwänden im Lüftungsspalt, die ebenfalls nur dicht zu stoßen sind.

Ist der Einbau von Dämmstoffen im Nachweis des Feuerwiderstandes (Nachweis R, EI, REI) auch als mehrlagige Ausführung zulässig, so sind die Regelungen der Richtlinie mit den Regelungen im Nachweis zum Feuerwiderstand in Übereinstimmung zu bringen. Generell sollte die Ausführung der Fugen der Dämmstoffmatten versetzt zueinander angeordnet sein. Liegen hierzu keine Angaben vor, wird ein Versatz der Dämmstofflagen um die halbe Dämmstoffdicke empfohlen.

Für eine vollständig hohlraumfreie Füllung der Gefache können auch nichtbrennbare Einblas- bzw. Schüttdämmstoffe nach DIN EN 14064-1 zur Anwendung kommen, sofern die Grundanforderungen an nichtbrennbare Gefachdämmstoffe mit einem Schmelzpunkt von mindestens 1.000 °C sowie der Glimmnachweis erfüllt werden. Einblasdämmstoffe sind wie einlagig verbaute Dämmstoffe anzusehen, da nach dem Einblasen in die Gefachbereiche von einem fugenfreien, homogenen Dämmpaket ausgegangen werden kann. Anzumerken ist, dass Konstruktionsaufbauten mit Einblasdämmstoffen aktuell und voraussichtlich auch zukünftig nicht durch technische Regeln wie DIN 4102-4 (2016 sowie 2025) erfasst werden. Deshalb sind herstellerspezifische Bauteilnachweise (Brandversuche) für klassifizierte Feuerwiderstände erforderlich.

Abweichend von der Anforderung an nichtbrennbare Dämmstoffe genügen in Fußbodenaufbauten normalentflammbare Dämmstoffe. Hierdurch wird die Anwendung von z. B. Schaumkunststoffen oder auch Holzweichfaserdämmungen ermöglicht. Der Einsatz ist oftmals wegen der besonderen bzw. gegenüber den nichtbrennbaren Dämmstoffen besseren schallschutztechnischen Eigenschaften erforderlich. Durch die vorgegebene Konstruktionsweise sollen die unterhalb der Brandschutzbekleidungen (siehe Abschnitt

4.2 MHolzBauRL) oder des Estrichs (siehe Abschnitt 4.3 d und Anhang A 2, Tabelle A 2.1 MHolzBauRL) des Fußbodenaufbaus liegenden Dämmstoffe einen vollständigen Schutz vor Entzündung erfahren. Im Gegensatz zu Brandschutzbekleidungen an Wänden und Decken ist im Fußbodenbereich nicht davon auszugehen, dass die schützenden Lagen in der Nutzungsphase, z. B. durch Verbindungsmittel zur Befestigung von Einrichtungsgegenständen, durchdrungen oder verletzt werden. Die Dämmstoffe bleiben damit dauerhaft vollflächig geschützt. Ein vorzeitiger Wärmeeintrag durch Befestigungsmittel von z. B. Hängeschränken, die durch die Brandschutzbekleidung hindurchgeführt werden und die im Brandfall in brennbaren Dämmstoffen Glimmbrände hinter der Brandschutzbekleidung auslösen könnten, wird im Bereich des Fußbodens nicht erwartet. Der Umgang mit Installationsführungen im Fußbodenaufbau wird zudem in Abschnitt 6.1 MHolzBauRL vorgegeben.

Im Fußbodenbereich ist der Anschluss an aufgehende Bauteile nach der Richtlinie mit nichtbrennbaren Randdämmstreifen auszuführen. Eine direkte Verknüpfung zu Abschnitt 3.3 und damit zur Anforderung bezüglich eines Schmelzpunktes von mindestens 1.000 °C erfolgt nicht. Analog zu den Vorgaben der DIN 4102-4 (2025) sollte jedoch der Schmelzpunkt im Rahmen der Richtlinie für den Randdämmstreifen ebenfalls berücksichtigt werden, um einen vorzeitigen Einbrand in die darunterliegenden Schichten auszuschließen. Die analoge Berücksichtigung ermöglicht dann auch die Anwendung der DIN 4102-4 (2016, 2025) für den Bauteilnachweis (Feuerwiderstand) bei Brandbeanspruchung von oben.

3.4 Brandschutztechnisch wirksame Bekleidung

[1]Die brandschutztechnisch wirksame Bekleidung (Brandschutzbekleidung) muss aus nichtbrennbaren Baustoffen bestehen. [2]Sie muss eine Entzündung der tragenden und aussteifenden sowie raumabschließenden Bauteile aus Holz oder Holzwerkstoffen während eines ausreichenden Zeitraumes verhindern.

3Dies wird insbesondere mit Gipsplatten (Feuerschutzplatte Typ GKF) nach DIN 18180:2014-09 in Verbindung mit mindestens Typ DF nach DIN EN 520:2009-12 oder aus Gipsfaserplatten (GF, Rohdichte mindestens 1.100 kg/m^3) nach DIN EN 15283-2:2009-12 oder mit entsprechenden Leistungseigenschaften nach Europäischer Technischer Bewertung jeweils in Verbindung mit den Abschnitten 4.2 und 4.3 dieser Richtlinie erfüllt.

[4]Alternativ darf für Brandschutzbekleidungen ein Nachweis über die Schutzwirkung nach Anhang 1, Abschnitt A 1.5 dieser Richtlinie geführt werden.

[5]Die Brandschutzbekleidung darf beim Nachweis der Feuerwiderstandsdauer angerechnet werden und bei Standsicherheitsnachweisen als Beplankung (statisch mitwirkend) angesetzt werden. [6]Dort nachgewiesene Klammern und Schnellbauschrauben dürfen in diesem Falle durch mindestens gleichwertige Verbindungsmittel nach DIN EN 14592:2012-07 ersetzt werden.

Kommentar

Ursprünglich wurde der Begriff der brandschutztechnisch wirksamen Bekleidung bauordnungsrechtlich mit der Bekanntmachung der MBO im Jahr 2002 und der darin zugelassenen hochfeuerhemmenden Holzbauweise eingeführt. Mit Erscheinen der konkretisierenden M-HFHHolzR (Fassung Juli 2004) wurde in Abschnitt 3.2 dieser Richtlinie definiert, dass die Brandschutzbekleidung eine Entzündung der tragenden Bauteile, einschließlich der aussteifenden Konstruktionselemente aus Holz oder Holzwerkstoffen, während eines Zeitraums von mindestens 60 Minuten verhindern und als $K_2$60 nach DIN EN 13501-2 „Klassifizierung von Bauprodukten und Bauteilen zu ihrem Brandverhalten – Teil 2: Klassifizierung mit den Ergebnissen aus den Feuerwiderstandsprüfungen und/oder Rauchschutzprüfungen, mit Ausnahme von Lüftungsanlagen" (2023) klassifiziert sein muss (brandschutztechnisch wirksame Bekleidung). Zudem wurde in der MBO geregelt, dass die Brandschutzbekleidung aus nichtbrennbaren Baustoffen bestehen muss. Die HFHHolzR konkretisierte hierzu, dass die Nichtbrennbarkeit der Baustoffe allseitig und durchgängig sein muss.

Sowohl der Begriff der „brandschutztechnisch wirksamen Bekleidung" als auch der Brandschutzbekleidung werden in der MHolzBauRL 2020 und der MHolzBauRL 2024 gleichwertig genutzt. Die entsprechende Anforderung an die Nichtbrennbarkeit von Brandschutzbekleidungen bleibt weiterhin unberührt und ist in der MVV TB sowie in der MHolzBauRL konkretisiert.

Eine brandschutztechnisch wirksame Bekleidung für hochfeuerhemmende Bauteile muss

- das Brennen der tragenden und aussteifenden Bauteile,
- das Eindringen von Feuer und Rauch in Bauteile und
- bei raumabschließenden Bauteilen die Übertragung von Feuer und Rauch auch im Bereich der Anschlussfugen zur nächsten Nutzungseinheit

über einen definierten Zeitraum verhindern. Diese Formulierungen beziehen sich jedoch nur noch auf die nach HFHHolzR und MHolzBauRL 2020 für hochfeuerhemmende Bauteile bisher notwendige $K_2$60-Bekleidung. Die aktuelle MHolzBauRL 2024 definiert nun abweichend, dass durch die brandschutztechnisch wirksame Bekleidung (Brandschutzbekleidung) eine Entzündung der tragenden und aussteifenden sowie raumabschließenden Bauteile aus Holz oder Holzwerkstoffen während eines ausreichenden Zeitraumes verhindert werden soll und nutzt dazu erstmals in der Definition der Bekleidung die Schutzfunktion t_{ch}. Wie hoch die ausreichenden Zeiträume sein müssen, wird in den Abschnitten 4.2 und 4.3 MHolzBauRL festgelegt.

Die Aufgabe der Brandschutzbekleidung besteht damit darin, das Brennen geschützter Holzbauteile zu behindern bzw. zu verhindern und damit den Einfluss brennbarer Konstruktionen auf die Branddynamik zu begrenzen. Es soll trotz der brennbaren Konstruktionsbauteile (strukturelle Brandlast) sichergestellt werden, dass sich über einen definierten Zeitraum ein zu mineralischen Baukonstruktionen vergleichbarer Brandverlauf einstellt. Ebenso leisten zugehörige Bekleidungen einen wesentlichen Beitrag beim Nachweis der Feuerwiderstandsdauer, der ebenso ganzheitlich erfüllt sein muss.

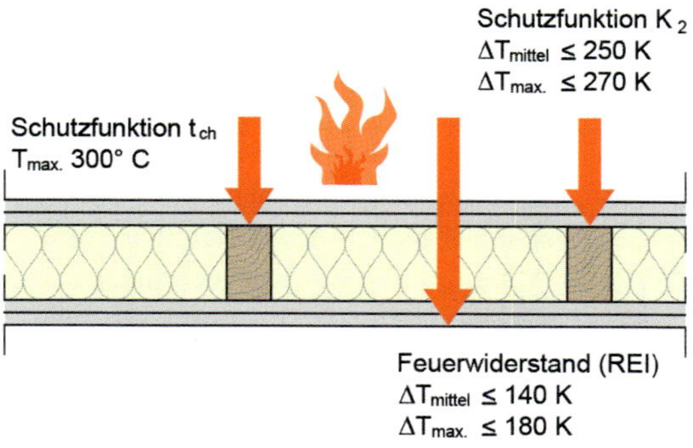

Abb. C.21: Übersicht zur Funktion einer Brandschutzbekleidung im Bauteilaufbau

Abb. C.21 verdeutlicht diesen Zusammenhang und stellt schematisch die verschiedenen Funktionen einer Brandschutzbekleidung im Bauteilaufbau dar. Hierdurch wird nochmals verdeutlicht, dass für Holzbauteile neben dem Nachweis der Brandschutzbekleidung auch der Nachweis des Feuerwiderstandes der Bauteile zu führen ist. Die hier noch dargestellte Schutzfunktion K_2 verliert mit Einführung der MHolzBauRL 2024 zunehmend ihre Bedeutung und Anwendung.

Das Schutzvermögen von Bekleidungssystemen ist eine Eigenschaft, die durch die Materialität der Bekleidung und deren konstruktiven Aufbau (Dicke, Befestigung, Ausbildung der Fugen, Hinterlegungsmaterial) charakterisiert wird (siehe hierzu auch die Kommentierungen zu den Abschnitten 4.2 und Abschnitt 4.3 MHolzBauRL).

Als „Grundausstattung" für die Anwendung ohne zusätzliche Nachweise werden in der MHolzBauRL Brandschutzbekleidungen aus Gipsplatten (Feuerschutzplatten) nach der Technischen Regel DIN 18180 in Verbindung mit mindestens Typ DF nach DIN EN 520 sowie Gipsfaserplatten nach DIN EN 15283-2 mit einer Mindestrohdichte von 1.100 kg/m^3 benannt. Die für Feuerschutzplatten (GKF) augenscheinlich zunächst fehlende Rohdichteangabe ergibt sich aus dem Bezug zur DIN 18180 und den darin enthaltenen Forderungen an eine flächenbezogene Mindestmasse, die für Feuerschutzplatten einer Mindestrohdichte von 800 kg/m^3 entspricht und damit mit den Anforderungen an Platten mit definierter Dichte „D" nach DIN EN 520 einhergeht. Erst mittels dieser zusätzlichen Spezifikationen wird für die ansonsten über harmonisierte Produktnormen erfassten Plattenbekleidungen sichergestellt, dass eine ausreichende Schutzfunktion (thermische Schutzwirkung, Gefügestabilität) vorliegt, sofern die weiterführenden konstruktiven Randbedingungen nach Abschnitt 4 eingehalten sind. Zugehörige Produkteigenschaften für Gips- und Gipsfaserplatten werden gleichlautend auch in DIN 4102-4 (2025) gefordert und stellen damit keine Sonderregelung dar. Im Gegensatz zur bisherigen MHolzBauRL 2020 findet mit der aktuellen MHolzBauRL 2024 für Gipsfaserplatten eine Erhöhung der Mindestrohdichte um 100 kg/m^3 statt, um die Mindesteigenschaften der in den prüftechnischen Nachweisen zugrunde liegenden Produkte abzubilden.

In Anhang A 1.5 bietet die Richtlinie einen alternativen Nachweisweg an, um Brandschutzbekleidungen, die von den vorbeschriebenen Angaben abweichen, wie z. B. Kalziumsilikat-, oder Lehmbauplatten, beurteilen zu können.

Neben dem rechnerischen Nachweis der Schutzwirkung für in DIN EN 1995-1-2 genannten Bekleidungen und den Angaben in Abschnitt 4.2 und 4.3 zu definierten Aufbauten wird im Anhang A 1.5 der prüftechnische Nachweis nach DIN EN 13381-7 „Prüfverfahren zur Bestimmung des Beitrages zum Feuerwiderstand von tragenden Bauteilen – Teil 7: Brandschutzmaßnahmen für Holzbauteile“ (2019) benannt, dessen Leistungseigenschaft über einen Klassifizierungsbericht nach DIN EN 13501-2 zu bestätigen ist. Die Anforderung an die Nichtbrennbarkeit der Brandschutzbekleidung bleibt auch hier bestehen.

Aus den aufgeführten Nachweisgrundsätzen wird bereits der Paradigmenwechsel deutlich, der sich hinsichtlich der Anforderungen an die Brandschutzbekleidung im Vergleich zur bisherigen MHolzBauRL 2020 ergibt.

Bezüglich der Schutzwirkung von Bekleidungen differenziert DIN EN 13501-2 zwischen zwei Arten. Neben Brandschutzbekleidungen als brandschutztechnisch wirksame Bekleidung mit der Brandschutzfunktion K, basierend auf einer Beurteilung nach DIN EN 14135 „Brandschutzbekleidungen – Bestimmung der Brandschutzwirkung“ (2026), werden weiterhin Brandschutzsysteme zum Schutz von Bauteilen benannt, die nach der Normenreihe DIN EN 13381 beurteilt werden. Für die Bekleidung von Holzbauteilen gilt DIN EN 13381-7. Letztgenannter Ansatz ist ebenso Grundlage für Bekleidungen, die seit der Einführung der Eurocodes im Rahmen der Feuerwiderstandsbemessung geschützter Holzbauteile nach DIN EN 1995-1-2 genutzt werden.

Die Anforderungen an die Brandschutzbekleidung im Sinne der MHolzBauRL 2024 werden nunmehr nicht mehr mit der Brandschutzfunktion K der DIN EN 13501-2 ($K_2 60$) verknüpft, sondern über die Zeit zur Verzögerung des Beginns des Abbrandes infolge einer Brandschutzbekleidung t_{ch} nach DIN EN 1995-1-2 bzw. DIN EN 13381-7 ausgedrückt.

Beide Schutzfunktionen für Bekleidungen werden nachfolgend hinsichtlich ihrer Eigenschaften beschrieben, um ein Grundverständnis für den Hintergrund der geänderten Anforderungen zu ermöglichen.

Brandschutzbekleidung als brandschutztechnisch wirksame Bekleidung nach DIN EN 13501-2 mit klassifizierter Brandschutzfunktion K

Zielsetzung einer solchen Bekleidung ist es, dahinterliegende Holz- und Holzwerkstoffe vor Schäden, wie Entzündung oder Verkohlung, vollständig zu schützen. Jeder Beitrag der Holzbauteile am Brandgeschehen soll so für eine festgelegte Zeit ausgeschlossen werden. Grundlage hierzu sind die sog. „Kapselklassen", z. B. $K_2$30 (30 Minuten) oder $K_2$60 (60 Minuten), nach DIN EN 13501-2 auf Basis einer Prüfung nach DIN EN 14135. Neben der flächigen Schutzwirkung wird hierbei auch der Einfluss von Verbindungsmitteln bewertet, die zu einer vorzeitigen lokalen Verkohlung (Temperaturerhöhung) am zu schützenden Bauteil führen können. Versuchsergebnisse zeigen jedoch, dass bei Einsetzen einer Verkohlung an den Verbindungsmitteln die Temperaturen in der Fläche in der Regel um mehr als 100 K unterhalb der zulässigen Grenztemperaturerhöhung (250/270 K) liegen. Für die meistverwendeten Bekleidungen aus Feuerschutz- und Gipsfaserplatten resultieren im Hinblick auf die Klasse $K_2$30 typischerweise Bekleidungsdicken von 18 mm und für $K_2$60 typischerweise Bekleidungsdicken von 2 · 18 mm nach MHolzBauRL 2020. Wesentlich hierfür ist zudem, dass eine adäquate Befestigung vorliegt, die in der zugehörigen MHolzBauRL spezifiziert wurde.

Brandschutzbekleidung als Schutzmaßnahme für Holzbauteile nach DIN EN 1995-1-2 mit einer Schutzzeit t_{ch}

Mittels dieser Art der Bekleidung wird das globale Ziel verfolgt, einen positiven Beitrag zum Feuerwiderstand des Holzbauteils zu leisten und dieses damit anfänglich vor Entzündung und Abbrand zu schützen. Die Schutzwirkung der Bekleidung wird hierbei einerseits über den Wert t_{ch} (Zeit bis zum Beginn des Abbrandes hinter der Bekleidung) und andererseits durch den Wert t_f (Versagenszeit/Abfallen der Schutzbekleidung) beschrieben. Ein Nachweis der Schutzfunktion kann aktuell für ausgewählte generische Produkte der Bemessungsnorm DIN EN 1995-1-2 entnommen werden. Erweiternd lassen sich dazu produktspezifisch entsprechende Kennwerte auf Basis einer Prüfung nach DIN EN 13381-7 ableiten. Auf Basis der nächsten Generation der Eurocodes, FprEN 1995-1-2, werden neben den Schutzzeiten t_{ch} für Gipsplatten auch Kennwerte für Lehmbauplatten sowie für die Versagenszeit t_f bis zum Abfallen der Bekleidungen angegeben. Hierdurch kann in der Bemessung des Feuerwiderstandes für den Zeitraum zwischen t_{ch} und t_f ein reduzierter Abbrand berücksichtigt werden (siehe Abb. C.22). In der versuchstechnischen Betrachtung zeigt sich, dass mit einer Bekleidung aus 2 · 18 mm Feuerschutzplatten oder Gipsfaserplatten eine Schutzzeit t_{ch} von bis zu 90 Minuten erreicht werden kann, wodurch für das Holzbauteil in diesem Zeitraum eine flächige Beteiligung am Brandgeschehen ausgeschlossen werden kann. Vergleichbar dazu ergibt sich für die nach MHolzBauRL geforderte einlagige 18 mm dicke Bekleidung auf Massivholzelementen eine rechnerische Schutzzeit von mehr als 36 Minuten. Anzumerken ist, dass zugehörige Produkte im Sinne der DIN EN 13501-2 keinen eigenen Feuerwiderstand besitzen und eine Klassifikation hinsichtlich der Feuerwiderstandsfähigkeit nur für das gesamte Bauteil inklusive der Bekleidung erfolgt.

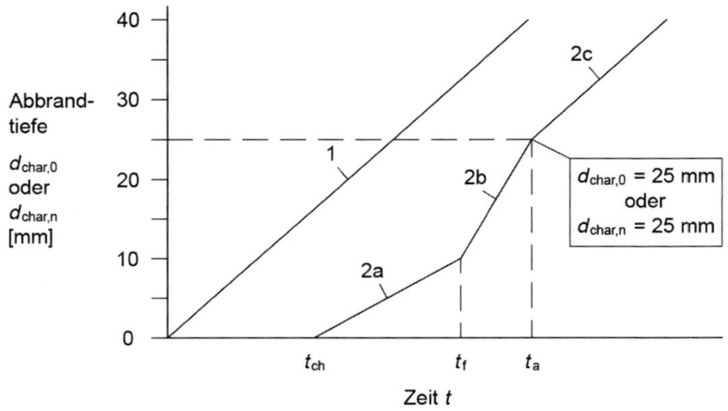

Abbrandmodell mit:
1 Abbrand ungeschütztes Bauteil
2a verminderter Abbrand bis zum Zeitpunkt t_f auf Grund der teilweise noch vorhandenen Teile der Bekleidung, t_{ch} = Schutzzeit der Bekleidung
2b kurzzeitig erhöhter Abbrand
2c „normaler" Abbrand wir ungeschütztes Bauteil

Abb. C.22: Abbrandmodell nach DIN EN 1995-1-*2*

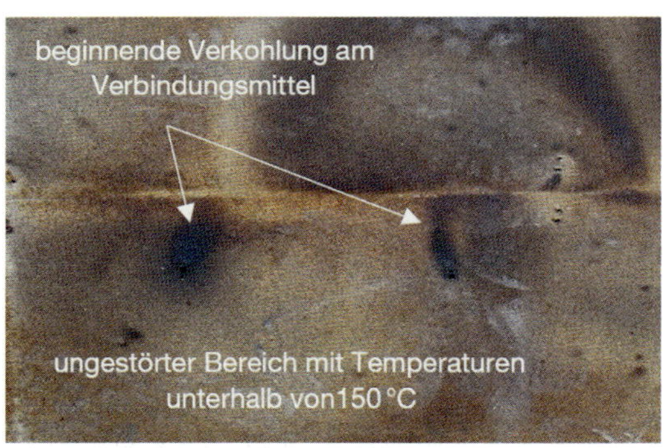

Abb. C.23: Begutachtung der Trägerplatte nach einem Versuch zur Beurteilung der Brandschutzfunktion K nach DIN EN 14135 mit Verkohlungen im Bereich der Verbindungsmittel

Tabelle C.3 stellt die Schutzfunktionen der beiden Bekleidungstypen gegenüber.

Beide der vorgenannten Nachweismethoden zur Beurteilung der Brandschutzbekleidung

- als brandschutztechnisch wirksame Bekleidung K oder
- als Brandschutzbekleidung mit der Funktion t_f bzw. t_{ch}

basieren auf Ansätzen, die sich über die vergangenen Jahrzehnte entwickelt haben. Eine Übersicht über die historische Entwicklung der einzelnen Merkmale zur Prüfung und Klassifikation von Brandschutzbekleidungen kann der Zusammenstellung in Kurzer et al. (2023) entnommen werden.

Tabelle C.3: Gegenüberstellung der Bewertungskriterien von Brandschutzbekleidungen

Beurteilungskriterium	**Brandschutzbekleidung mit Schutzfunktion K_2** **Prüfgrundlage DIN EN 14135**	**Brandschutzbekleidung mit Schutzfunktion t_{ch}** **Prüfgrundlage DIN EN 13381-7**
Begrenzung der Temperatur(erhöhung) hinter der Bekleidung	Temperaturerhöhung über Ausgangstemperatur • im Mittel um nicht mehr als 250 K • im Maximum um nicht mehr als 270 K	Als Grenztemperatur für t_{ch} (Beginn des Abbrandes) gelten 300 °C.
Ausschluss von verbranntem oder verkohltem Material hinter der Bekleidung	auch im Bereich von Befestigungsmitteln und Fugen (visuelle Wertung nach dem Versuchsende)	nur in der Fläche (Fugen werden gesondert betrachtet, Befestigungsmittel bleiben unberücksichtigt)
Abfallen der Bekleidung	Ein Abfallen oder Zusammenbrechen (selbst von Teilen) ist unzulässig.	Zeitpunkt bis zum Abfallen der Bekleidung mit dahinterliegendem reduziertem Abbrand durch t_f charakterisiert

Aus dem Vergleich der in Tabelle C.3 aufgeführten Bewertungskriterien wird deutlich, dass die Zielsetzung und Ergebnisse aus den Prüfverfahren nicht äquivalent sind. Insbesondere die Forderung, dass für Brandschutzbekleidungen mit der Schutzfunktion K kein Schaden an der Holzunterkonstruktion auftreten darf, was auch den lokalen Bereich der Verbindungsmittel umfasst, führt zu erheblichen Unterschieden, da zugehörige lokale Bereiche in der Beurteilung von t_{ch} nach DIN EN 13381-7 unberücksichtigt bleiben, jedoch für mechanisch befestigte Bekleidungen in der Prüfung nach DIN EN 14135 zur maßgebenden Stelle werden (siehe Abb. C.23).

Auch wenn beide Arten von Bekleidung unterschiedliche spezifische Schutzziele verfolgen, kann ihre Leistungsfähigkeit hinsichtlich der flächigen Schutzwirkung und damit hinsichtlich des Ausschlusses der Beteiligung der Holzbauteile am Brandgeschehen (Temperaturkriterium) als vergleichbar angesehen werden. Ein Einfluss auf die Branddynamik im Raum, der aus der vorzeitigen Verfärbung und pyrolytischen Zersetzung an den Verbindungsmitteln resultiert, ließ sich innerhalb der im Rahmen des Forschungsprojektes TIMpuls (Engel et al., 2022) durchgeführten Versuche nicht ableiten. Verdeutlicht wird dies bereits durch den geringen Flächenanteil, den entsprechende Verbindungsstellen von Schrauben oder Klammern im Vergleich zur Gesamtfläche einnehmen.

Ergänzend zu brandschutztechnisch wirksamen Bekleidungen K können somit auch Schutzbekleidungen aus dem Anwendungsbereich der DIN EN 1995-1-2 bzw. auf Basis einer Prüfung nach DIN EN 13381-7 mit der

Schutzfunktion t_{ch} für den mehrgeschossigen Holzbau hinreichende Eigenschaften liefern, um einen flächigen Mitbrand der Holzbauteile sowie eine Beteiligung am Brandgeschehen im Raum auszuschließen. Neben dem Ausschluss des Mitbrandes der Holzbauteile kann über die entsprechende Charakterisierung der Schutzbekleidung auch der Beitrag der Bekleidung zum Feuerwiderstand der Gesamtkonstruktion und deren Abfallzeit benannt und positiv in die Feuerwiderstandsbemessung einbezogen werden.

Diese auf Basis der im Forschungsprojekt TIMpuls (Engel et al., 2022) zusammengestellten Erkenntnisse bilden die Grundlage bezüglich des Wechsels im Nachweisansatz für Brandschutzbekleidungen hin zur Schutzfunktion t_{ch}. Hierdurch werden wirtschaftlichere Ausführungen der Bauteile bei gleichzeitiger Wahrung des akzeptierten Sicherheitsniveaus möglich. Ebenso werden einheitliche Grundlagen im Nachweis der Brandschutzbekleidung und des Feuerwiderstandsnachweises geschaffen.

Konkretisierend zur MHolzBauRL 2020 weist die aktuelle Richtlinie im **Abschnitt 3.4 Satz 5** darauf hin, dass die Schutzwirkung der Brandschutzbekleidung ebenso als Beitrag im Nachweis des Feuerwiderstandes des Bauteils angesetzt werden darf. Hierzu lagen in der Anwendung der bisherigen MHolzBauRL 2020 divergierende Sichtweisen vor, die teilweise einen getrennten Nachweis von Brandschutzbekleidung und feuerwiderstandsfähigen Bauteilen ohne Bekleidung vorsahen. Die aktuelle Richtlinie stellt dies nun abschließend klar. Anzumerken bleibt jedoch, dass die nach der Richtlinie erlaubte Anwendung der Bekleidung als statisch wirkende Beplankung im Standsicherheitsnachweis fehlinterpretiert werden kann. Diese auf den Nachweis der Scheibentragwirkung von Wand- und Deckentafeln oder für die Knickaussteifung von Holzrippen (Ständern) ausgelegte Möglichkeit scheint baupraktisch primär auf Holztafelbauteile zu fokussieren. Die Autoren merken in diesem Kontext an, dass die jeweils brandraumseitige Bekleidung im Brandfall eine so große Schädigung erfahren kann, dass sie im vorgenannten Nachweis nicht berücksichtigt werden sollte. In der abschließenden Nachweisführung zugehöriger Holzbauelemente, bei denen die Bekleidung eine statisch wirksame Funktion auch im Brandfall übernehmen muss, sollte nur von einseitig bekleideten Bauteilen ausgegangen werden, bei denen die Bekleidung der Dämm- und Tragebene brandabgewandt liegt. Damit wird bei in der Regel symmetrisch aufgebauten Wänden nur noch eine Wandseite innerhalb entsprechender Nachweise in Ansatz gebracht. Für zugehörige statische Nachweise im Brandfall wird die Kombination der Ansätze der Methode mit reduziertem Querschnitt nach DIN EN 1995-1-2 mit den Berechnungsansätzen der DIN EN 1995-1-1 „Eurocode 5: Bemessung und Konstruktion von Holzbauten – Teil 1-1: Allgemeines – Allgemeine Regeln und Regeln für den Hochbau“ (2010) in Verbindung mit DIN EN 1995-1-1/NA „Nationaler Anhang – National festgelegte Parameter – Eurocode 5: Bemessung und Konstruktion von Holzbauten – Teil 1-1: Allgemeines – Allgemeine Regeln und Regeln für den Hochbau“ (2013) empfohlen. In diesem Zusammenhang wird ebenso auf die reduzierten Einwirkungen im Brandfall, aber auch auf die Möglichkeiten hingewiesen, gezielt Tragwerksrobustheiten zu nutzen und so z. B. zur Gebäudeaussteifung auch Elemente außerhalb des eigentlichen Brandabschnittes zu nutzen. Für die Bemessung unter Normaltemperatur können hingegen alle Bekleidungslagen mit in Ansatz genommen werden. Hierbei ist auch die volle Bemessungslast zu berücksichtigen. Hinsichtlich Abschnitt 3.6 Satz 6 MHolzBauRL wird darauf hingewiesen, dass die im Nachweis des Feuerwiderstandes genutzten Verbindungsmittel durch gleichwertige Verbindungsmittel ersetzt werden dürfen. In Bezug auf die praktische Anwendung wird jedoch angemerkt, dass ein vollständiger Gleichwertigkeitsnachweis für den Brandfall ohne Versuchsergebnisse nicht möglich ist und daher nur die Anwendung der im Nachweis des Feuerwiderstandes zulässigen Verbindungsmittel empfohlen wird. Darüber hinausgehende Extrapolationen sollten nicht oder nur unter Einschaltung sachverständiger Stellen erfolgen.

3.5 Folien

Normalentflammbare Folien, Membranen und Bahnen für die Bauteilabdichtung zur Erzielung einer Wind- beziehungsweise Luftdichtheit sowie normalentflammbare Dampfbremsen und wasserabweisende Folien sind zulässig.

Kommentar

Folien, Membranen und Bahnen übernehmen im Holzbau wesentliche bauphysikalische und konstruktive Funktionen. Sie dienen insbesondere der Sicherstellung der Luft- und Winddichtheit, der Regulierung von Diffusionsvorgängen sowie dem Schutz vor Feuchteeintrag. Damit sind sie ein unverzichtbarer Bestandteil moderner Holzbaukonstruktionen.

Die in diesem Abschnitt erfassten Materialien bestehen in der Regel aus verstärkten Kunststofffolien, polymerbasierten Membranen oder modifizierten Papierbahnen und erfüllen üblicherweise die bauaufsichtliche Anforderung der Normalentflammbarkeit (z. B. Klasse E nach DIN EN 13501-1).

Aufgrund ihrer sehr geringen Dicke und Flächenmasse sind diese Schichten brandschutztechnisch von untergeordneter Bedeutung. Sie stellen weder ein relevantes Zündpotenzial noch ein signifikantes Brandweiterleitungsrisiko innerhalb des Bauteilaufbaus dar. Dies gilt insbesondere für ihre typische Anordnung als

- Luftdichtungs- oder Dampfbremsschicht innerhalb des Bauteils,
- winddichte Ebene,
- wasserableitende Schicht im Bereich hinterlüfteter Außenwandbekleidungen nach Abschnitt 7 MHolzBauRL.

Diese Einschätzung wird durch technische Regelwerke gestützt. Sowohl die DIN 4102-4 (2025) als auch entsprechende Anwendbarkeitsnachweise führen aus, dass derartige Schichten bei einer Dicke von ≤ 0,5 mm im Rahmen des Feuerwiderstandsnachweises vernachlässigt werden können, da sie keinen relevanten Einfluss auf das brandschutztechnische Verhalten des Bauteils haben.

Die vorgenannten Aussagen gelten gleichermaßen für zugehörige Klebebänder und Fugendichtsysteme, die zur Verklebung und Abdichtung dieser Schichten eingesetzt werden. Auch diese weisen in der Regel vergleichbare

Materialeigenschaften und geringe Dicken auf und sind daher brandschutztechnisch gleich zu bewerten.

Der noch im Entwurfsprozess diskutierte Bezug zu einer Schichtdicke von ≤ 0,5 mm, wie er in DIN 4102-4 (2025) zu finden ist, wurde aus Gründen der Dopplung und Anwenderfreundlichkeit gestrichen. Solche Bahnen in Wand- und Deckenbauteilen mit der Aufgabe, die Luftdichtheit zu wahren, den Diffusionsstrom zu regulieren oder eine zweite wasserführende Ebene hinter der Fassade sicherzustellen, erfüllen in der Baupraxis dieses Kriterium ohnehin. Einzig Abdichtungsbahnen, die in der Regel aus bauphysikalischen Gesichtspunkten innerhalb des Bauteilaufbaus im Holzbau ausscheiden, würden dieses Kriterium überschreiten. Anwendung finden zugehörige Abdichtungsbahnen dann nur als außenseitige Dachabdichtungen oder hochgezogene Sockelabdichtungen. Für Dachabdichtungen im Bereich z. B. rückspringender Balkone oder Loggien in mehrgeschossigen Gebäuden sind zusätzlich die Anforderungen an harte Bedachungen zu berücksichtigen.

Zusammenfassend stellt Abschnitt 3.5 klar, dass die im Holzbau unverzichtbaren dünnschichtigen Abdichtungs- und Funktionslagen trotz ihrer Einstufung als normalentflammbar brandschutztechnisch zulässig sind, da sie aufgrund ihrer geringen Materialdicken und ihrer Einbaulage keinen relevanten Beitrag zum Brandgeschehen leisten.

4 Anforderungen an feuerwiderstandsfähige Bauteile in Holzbauweise

4.1 Allgemeines

[1]Hochfeuerhemmende Bauteile in Holztafelbauweise sowie abweichend hochfeuerhemmende Bauteile in Holztafel- und Massivholzbauweise müssen einen Nachweis als tragende und/oder raumabschließende Bauteile über die Feuerwiderstandsdauer von mindestens 60 Minuten haben.

[2]Abweichend feuerbeständige Bauteile in Holztafelbau- und Massivholzbauweise müssen einen Nachweis als tragende und/oder raumabschließende Bauteile über die Feuerwiderstandsdauer von mindestens 90 Minuten haben.

[3]Sofern sich bei Anwendung der vereinfachten Nachweistabellen in den Abschnitten 4.2 oder 4.3 sowie aus mitgeltenden technischen Nachweisen unterschiedliche Verbindungsmittelabstände ergeben, ist jeweils der kleinste Wert maßgeblich, bei unterschiedlichen Einbindetiefen im Holzbauteil ist der jeweils größte Wert maßgebend.

Kommentar

Die bauordnungsrechtlichen Hintergründe zu den Anforderungen an das Brandverhalten von Bauteilen in Holzbauweise wurden bereits in der Kommentierung zu Abschnitt 3.1 erläutert. Ein zentraler Teilaspekt dieses Brandverhaltens ist die Feuerwiderstandsdauer, also die Zeitspanne, während der ein Bauteil im Brandfall seine tragende Funktion und/oder seine raumabschließende Wirkung erfüllt.

Die in den **Sätzen 1 und 2** festgelegten Anforderungen an eine Feuerwiderstandsdauer von mindestens 60 Minuten für hochfeuerhemmende bzw. abweichend hochfeuerhemmende Bauteile sowie von mindestens 90 Minuten für abweichend feuerbeständige Bauteile stellen keine eigenständige materielle Neuregelung dar. Vielmehr wiederholt die Richtlinie insoweit die bereits übergeordnet geregelten bauordnungsrechtlichen Anforderungen der MVV TB 2025/1, Abschnitt A 2.1.

Dort werden in Abschnitt A 2.1.3.2 die Anforderungen an die Standsicherheit im Brandfall und in Abschnitt A 2.1.3.3 die Anforderungen an den Raumabschluss im Brandfall definiert. Maßgeblich sind dabei die geforderten Leistungen im Brandversuch, bezogen auf die Prüfgrundsätze nach DIN 4102-2 „Brandverhalten von Baustoffen und Bauteilen; Bauteile, Begriffe, Anforderungen und Prüfungen" (1977), insbesondere hinsichtlich der Dauer der Aufrechterhaltung der Tragfähigkeit und/oder des Raumabschlusses sowie – nach nationaler Versuchssystematik – Beobachtungen zur Rauchentwicklung.

Die in der MVV TB 2025/1 unter Bezugnahme auf nationale Versuchsnormen beschriebenen Beobachtungen zur Rauchentwicklung haben im Rahmen der aktuellen europäischen Nachweissystematik jedoch weitgehend keine praktische Relevanz mehr. Weder der Eurocode 5 als maßgebende Regel für den rechnerischen Nachweis des Feuerwiderstands von Holzbauteilen noch die europäischen Prüfnormen für Brandversuche im Zusammenhang mit harmonisierten Normen (hEN) oder ETA sehen entsprechende nationale Zusatzbeobachtungen vor. Lediglich beim tabellarischen Nachweis nach DIN 4102-4 (2016, 2025) gelten die national festgelegten Beobachtungen zur Rauchentwicklung als berücksichtigt.

Hier wird deutlich, dass eine vollständige und konsequente Übernahme des europäischen Klassifizierungssystems langfristig als sachgerecht erscheint und die nationalen Regelungen nach DIN perspektivisch zurückgeführt werden sollten, um künftig ein widerspruchsfreies und systematisch einheitliches Nachweissystem zu gewährleisten, insbesondere für eine staatenübergreifende Zusammenarbeit in Bauprojekten.

Satz 3 verdeutlicht ergänzend, dass neben den brandschutztechnischen Anforderungen weitere Bemessungsvorgaben – insbesondere aus der statischen oder bauphysikalischen Planung – Einfluss auf Verbindungsmittel, deren Abstände und Einbindetiefen haben können. Treffen unterschiedliche Anforderungen zusammen, ist stets der maßgebende, also sicherheitsrelevante, Wert anzusetzen. Dies bedeutet konkret: Bei Verbindungsmittelabständen ist der jeweils kleinere Abstand maßgebend, bei Einbindetiefen und bei der Dimensionierung der Verbindungsmittel selbst ist der jeweils größere Wert zugrunde zu legen. Damit wird sichergestellt, dass sowohl die brandschutztechnischen als auch die statisch-konstruktiven Anforderungen vollständig eingehalten werden.

4.2 Ausführung der brandschutztechnisch wirksamen Bekleidung

[1]Die Anforderung nach Abschnitt 3.4 Satz 2 gilt als erfüllt, wenn für hochfeuerhemmende oder abweichend hochfeuerhemmende Bauteile ein Ausschluss der Entzündung nach DIN EN 1995-1-2:2010-12 für t_{ch} von mindestens 60 Minuten (Zeitpunkt des Beginns der Verkohlung hinter dem Bekleidungssystem), für abweichend feuerbeständige Bauteile für t_{ch} von mindestens 90 Minuten, nachgewiesen ist. [2]Die Anforderungen gelten alternativ als erfüllt, wenn die Brandschutzbekleidung nach Abschnitt 3.4 entsprechend den Vorgaben nach Tabelle 1 (t_{ch} mindestens 60 Minuten mit 2 × 15 mm Plattendicke) beziehungsweise Tabelle 2 (t_{ch} mindestens 90 Minuten mit 2 × 18 mm Plattendicke) ausgeführt wird.

[3]Die Brandschutzbekleidung muss mindestens zweilagig sein, sofern nachstehend nichts anderes geregelt ist. [4]Plattenfugen sind mit Fugenversatz, Stufenfalz oder Nut- und Federverbindungen auszubilden, so dass keine durchgängigen Fugen entstehen; auch Stumpfstöße nach Anhang 3 sind zulässig.

[5]Die Befestigung der Brandschutzbekleidung hat direkt an der Holzkonstruktion (Tragkonstruktion) zu erfolgen. [6]Sie kann ebenfalls an einer zusätzlichen Unterkonstruktion erfolgen, wenn die Zwischenräume der Unterkonstruktion mit nichtbrennbaren Dämmstoffen nach Abschnitt 3.3 vollständig ausgefüllt werden. [7]Eine Befestigung „Platte in Platte“ ist nicht zulässig. [8]Für die Ausbildung der Längs- und Querfugen sind die Stoßfugen der Platten direkt auf der Holz- oder Unterkonstruktion anzuordnen. [9]Der Fugenversatz der beiden Plattenlagen zueinander ist mit mindestens 100 mm auszuführen.

Tabelle 1: Brandschutzbekleidung sowie Verbindungsmittel und Abstände für eine Befestigung an der Holzkonstruktion (Tragkonstruktion) für hochfeuerhemmende Holztafelbauteile beziehungsweise abweichend hochfeuerhemmende Massivholzbauteile

Brandschutzbekleidung nach Abschnitt 3.4	**Abstand (a) der Befestigungsmittel untereinander auf der Trag- oder Unterkonstruktion**				**Abstand zum Plattenrand bzw. zur Plattenfuge**
	Reihenabstände: Wand e ≤ 625 mm, Decke e ≤ 400 mm				
	1. Lage (innen)		2. Lage (außen)		
	Klammern*	Schnellbauschrauben*	Klammern*	Schnellbauschrauben*	
2 × 15 mm Gipsplatte (GKF)	≥ Ø 1,5 mm × 35 mm × 11,25 mm a ≤ 240 mm	≥ Ø 3,5 mm × 35 mm a ≤ 300 mm	≥ Ø 1,5 mm × 50 mm × 11,25 mm a ≤ 80 mm	≥ Ø 3,5 mm × 50 mm a ≤ 150 mm	≥ 15 mm
2 × 15 mm Gipsfaserplatte (GF)	≥ Ø 1,5 mm × 35 mm × 11,25 mm a ≤ 300 mm	≥ Ø 3,5 mm × 35 mm a ≤ 300 mm	≥ Ø 1,5 mm × 50 mm × 11,25 mm a ≤ 150 mm	≥ Ø 3,5 mm × 50 mm a ≤ 150 mm	≥ 15 mm

* Klammern und Schnellbauschrauben nach DIN EN 14566:2009-10

Tabelle 2: Brandschutzbekleidung sowie Verbindungsmittel und Abstände für eine Befestigung an der Holzkonstruktion (Tragkonstruktion) für abweichend feuerbeständige Holztafel- beziehungsweise Massivholzbauteile

Brandschutzbekleidung nach Abschnitt 3.4	**Abstand (a) der Befestigungsmittel untereinander auf der Trag- oder Unterkonstruktion**				**Abstand zum Plattenrand bzw. zur Plattenfuge**
	Reihenabstände: Wand e ≤ 625 mm, Decke e ≤ 400 mm				
	1. Lage (innen)		2. Lage (außen)		
	Klammern*	Schnellbauschrauben*	Klammern*	Schnellbauschrauben*	
2 × 18 mm Gipsplatte (GKF)	≥ Ø 1,5 mm × 40 mm x × 11,25 mm a ≤ 240 mm	≥ Ø 3,5 mm × 40 mm a ≤ 300 mm	≥ Ø 1,5 mm × 60 mm × 11,25 mm a ≤ 80 mm	≥ Ø 3,5 mm × 60 mm a ≤ 150 mm	≥ 15 mm
2 × 18 mm Gipsfaserplatte (GF)	≥ Ø 1,5 mm × 40 mm × 11,25 mm a ≤ 300 mm	≥ Ø 3,5 mm × 40 mm a ≤ 300 mm	≥ Ø 1,5 mm × 60 mm × 11,25 mm a ≤ 150 mm	≥ Ø 3,5 mm × 60 mm a ≤ 150 mm	≥ 15 mm

* Klammern und Schnellbauschrauben nach DIN EN 14566:2009-10

Kommentar

Mit den Regelungen in **Abschnitt 4.2 MHolzBauRL** wird auf den Nachweis und die Ausführung von brandschutztechnisch wirksamen Bekleidungen eingegangen, um durch diese eine Entzündung der tragenden sowie raumabschließenden Holzbauteile während einer ausreichenden Zeit auszuschließen. Als Beurteilungskriterium gilt, wie bereits in Abschnitt 3.4 erläutert, die auf DIN EN 1995-1-2 basierende Schutzzeit t_{ch}, die den Zeitpunkt des Beginns des Abbrandes für Holzbauteile definiert, welche durch eine Brandschutzbekleidung geschützt sind. Die in Abschnitt 4.2 definierten Brandschutzbekleidungen schließen einen Abbrand der Holzbauteile über die nach Abschnitt 4.1 geforderte Feuerwiderstandsdauer aus und können somit als „vollständiger Schutz" bzw. „Vollschutz" angesehen werden. Der Nachweis des Feuerwiderstandes ist trotz des ausbleibenden Abbrandes gesondert zu führen, auch wenn entsprechende Bekleidungen einen über die Klassifikationszeit vollständigen Schutz für die Holzbauteile darstellen, im Nachweis des Feuerwiderstandes angesetzt werden dürfen und somit einen Beitrag zum Feuerwiderstand leisten. In der praktischen Anwendung wird dieser Sachverhalt häufig fehlinterpretiert und der Nachweis des Feuerwiderstandes durch das Vorhandensein der Brandschutzbekleidung wird als erfüllt angesehen. Hintergrund für die Notwendigkeit der gesonderten Nachweisführung ist, dass einerseits im Nachweis der Tragfähigkeit im Brandfall die Erwärmung der Holzbauteile innerhalb des effektiven Restquerschnitts ebenso berücksichtigt werden muss und andererseits im Nachweis des Raumabschlusses weiterführende Temperaturkriterien sowie die Behinderung des Durchtritts von Feuer und Rauch betrachtet werden müssen. Für den Nachweis können jedoch vereinfachte Ansätze wie im Anhang A 1 und A 2 MHolzBauRL genutzt werden.

Mit **Abschnitt 4.2 Satz 1 und 2** werden für hochfeuerhemmende Holztafelbauteile bzw. abweichend hochfeuerhemmende Massivholzbauteile sowie abweichend feuerbeständige Holztafel- bzw. Massivholzbauteile die Mindestschutzzeiten (t_{ch}) und exemplarisch zugehörige Mindestdicken für eine Ausführung der Brandschutzbekleidung aus Gipsplatten (Feuerschutzplatten, GKF) nach DIN 18180 in Verbindung mit mindestens Typ DF nach DIN EN 520 oder Gipsfaserplatten nach DIN EN 15283 bei einer Mindestrohdichte von 1.100 kg/m^3 gegeben.

Tabelle C.4 fasst diese Mindestanforderungen im Vergleich zusammen. An dieser Stelle sei angemerkt, dass der Abschnitt 4.2 aktuell nur Werte für Gips- und Gipsfaserplatten enthält, andere Bekleidungen jedoch nicht ausgeschlossen werden und deren Schutzzeit rechnerisch nach DIN EN 1995-1-2 oder experimentell nach DIN EN 13381-7 (siehe **Anhang A 1.5 MHolzBauRL**) nachgewiesen werden können.

Tabelle C.4: Zuordnung der Mindestschutzzeit der Brandschutzbekleidung und Ausführungsvariante mit Gips-/Gipsfaserplatten

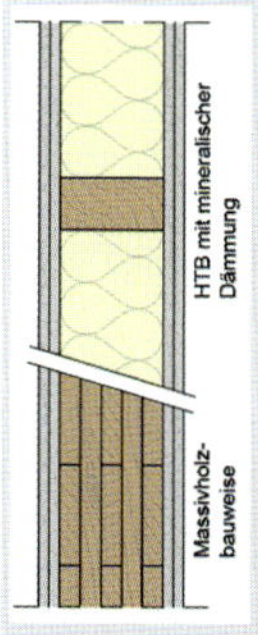

Anforderung	**Einsatzbereich**	**Feuerwiderstandsdauer Bauteil** **in Minuten**	**Mindestschutzzeit t_{ch} Bekleidung nach DIN EN 1995-1-2** **in Minuten**	**Ausführung mit Gips-/Gipsfaserplatten nach Abschnitt 3.4**
hochfeuerhemmende Holztafelbauteile bzw. abweichend hochfeuerhemmende Massivholzbauteile	GK 4 NE ≤ 400 m²	60	60	2 × 15 mm
abweichend feuerbeständige Holztafel- bzw. Massivholzbauteile	GK 5 NE ≤ 400 m²	90	90	2 × 18 mm

Grundlage für den Wechsel auf die neuartige Beschreibung des thermischen Versagenskriteriums zur Beurteilung von Schutzbekleidungen für Holzbauteile mittels des Kennwertes t_{ch} (Beginn der Verkohlung, siehe Abschnitt 3.4) waren die Ergebnisse aus zahlreichen Bauteilversuchen mit Gips- und Gipsfaserplatten im Rahmen des Forschungsprojekts TIMpuls (Engel et al., 2022). Es erfolgten dabei auch vergleichende Betrachtungen zur Schutzwirkung unter verschiedenen Brandszenarien (Kurzer et al., 2023).

Auch unter repräsentativer Naturbrandbeanspruchung dürfen geschützte Holzbauteile sich ausreichend lange nicht am Brandgeschehen beteiligen. In Verbindung mit den Eingriffszeiten der Feuerwehr konnten so die erreichten Schutzzeiten (vgl. Tabelle C.5, Zeile Naturbrand [NB] 1) akzeptiert und in Folge mit den aus t_{ch}-Versuchen ermittelten Bekleidungsdicken in Einklang gebracht werden. Tabelle C.5 gibt die zugehörigen Zusammenhänge für die in der MHolzBauRL relevanten Bekleidungsdicken wieder.

Tabelle C.5: Mindestanforderungen an GKF/GF-Brandschutzbekleidungen nach MHolz-BauRL und Vergleich mit rechnerischen und experimentellen Grundlagen

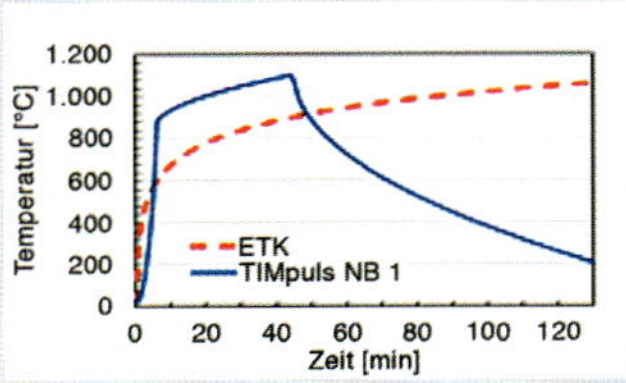

		Schutzfunktion von Brandschutzbekleidungen			
nach MHolz-BauRL geforderte Mindestschutzzeit t_{ch} in Minuten		30	30	60	90
nach Abschnitt 4.2 und 4.3 MHolzBauRL vorgeschlagene Bekleidung zur hinreichenden Erfüllung der Mindestschutzzeit t_{ch} in mm		18	2 × 12,5	2 × 12,5	2 × 18
Mindestschutzzeit t_{ch} in Minuten nach:	nach Eurocode 5 (DIN EN 1995-1-2)[1] rechnerisch ermittelte Schutzzeit in Minuten	36	49	61	76
ETK	durch Brandversuch mit HTB[2]/HMB[3] unter ETK-Beanspruchung ermittelte Schutzzeit (Laborversuch) in Minuten	37/40	51/56	70/80	95/98
NB 1[4]	durch Brandversuch unter repräsentativer Naturbrandbeanspruchung (NB 1 nach TIMpuls) ermittelte Schutzzeit (Laborbrandversuch) in Minuten	24	31	41	55

1) Werte beziehen sich auf Typ-F-Platten nach DIN EN 520. Die positive Wirkung von GKF-Platten ist im rechnerischen Nachweis aktuell nicht berücksichtigt (siehe Erläuterungen zu Anhang A 1.5).
2) Holztafelbau-Element
3) Holzmassivbau-Element
4) Naturbrand 1 nach TIMpuls (2022)

Aus den vorangestellten Betrachtungen wird deutlich, dass trotz der unterschiedlichen experimentell ermittelten Schutzzeiten an Holztafel- und Massivholzkonstruktionen zur Anwendungserleichterung im Abschnitt 4.2 und Abschnitt 4.3 nicht zwischen den Bauweisen differenziert wird. Basierend auf den Prüferfahrungen mit den benannten Bekleidungen fordert die MHolzBauRL in **Abschnitt 4.2 Satz 3 und 4** weiterführende konstruktive Randbedingungen. Hierbei soll die Brandschutzbekleidung zum vollständigen Schutz der Holzbauteile aus mindestens zwei Lagen aufgebaut sein. Diese Forderung basiert auf Erfahrungen mit plattenförmigen Bekleidungen, die üblicherweise in ihren Abmessungen begrenzt sind und dadurch an Wand- und Deckenbauteilen innerhalb der Brandschutzbekleidung Fugen verursachen. Auf Basis der Anforderung an eine zweilagige Bekleidung sollen durchgehende Fugen innerhalb der flächigen Brandschutzbekleidung nach Abschnitt 4.2 ausgeschlossen werden. In der praktischen Ausführung kommen für die benannten Bekleidungssysteme dann stumpfe, verspachtelte bzw. verfüllte oder auch geklebte Plattenstöße mit versetzten Lagen zur Anwendung, wobei in der MHolzBauRL auch andere, jedoch für Gips- und Gipsfaserplatten unübliche Ausführungen, wie Nut-Feder-Verbindungen, benannt werden.

Die **Sätze 5 bis 9** geben Informationen zur Plattenanordnung der Brandschutzbekleidung. Dies umfasst, dass

- die Brandschutzbekleidung in allen Lagen direkt an der Tragkonstruktion oder an einer zusätzlich angebrachten Unterkonstruktion (Metallprofile, Lattung, Sparschalung) zu befestigen ist und eine Befestigung Platte in Platte ausgeschlossen wird,
- Plattenstöße (längs und quer) direkt auf der Holz- oder Unterkonstruktion anzuordnen sind und
- der Fugenversatz zwischen den Plattenlagen mindestens 100 mm betragen soll.

Diese Forderungen scheinen auf den ersten Blick anwendungsorientiert, schließen jedoch bei vollständiger Berücksichtigung einige praxisrelevante und nachgewiesene konstruktive Lösungen aus. Dies ist vorrangig auf die Forderung zurückzuführen, dass die Plattenstöße direkt auf der Holz- oder Unterkonstruktion anzuordnen und die Platten in der Unterkonstruktion zu befestigen sind. Hierbei bleibt einerseits unkonkret, welche Plattenkanten/Plattenstöße durch diese Regelungen genau erfasst werden sollen, andererseits bleibt die Frage offen, warum auch für Stöße, die nicht zur Plattenbefestigung dienen, eine Hinterlegung mit einer Holz- oder Unterkonstruktion benötigt wird.

Bei einer konsequenten Umsetzung dieser Forderung wären somit z. B. alle Stirnkantenstöße bei Deckenbekleidungen sowie bei nicht tragenden Holztafelbauwänden mit quer verlegten bzw. nicht raumhohen Platten jeder Lage durch zusätzlich Stoßhölzer/Lattungen oder Profile zu hinterlegen bzw. alternativ Holzwerkstoffplatten in ausreichender Dicke hinter der Bekleidung anzuordnen, um eine Hinterlegung für jede Plattenfuge jeder Lage und gleichzeitig die Befestigung zu ermöglichen.

Ebenso stellt sich die Frage, warum an Stoßfugen, die nicht zur Befestigung der Brandschutzbekleidung notwendig sind, eine Hinterlegung erforderlich wird. Bereits die Forderung nach einer hohlraumfüllenden Dämmung und auch danach, die Zwischenräume von Unterkonstruktionen mit nichtbrennbaren Dämmstoffen nach Abschnitt 3.3 vollständig auszufüllen, würde für die Stoßfugen ohne Hinterlegung zu einer rückseitigen Abdeckung führen und durchgehende Fugen zu den zu schützenden Holzbauteilen verhindern.

Bei Sichtung von geprüften Aufbauten an Deckenelementen und Brandschutzbekleidungen wird ebenso klar, dass sich diese Forderung aus geprüften Aufbauten nicht ableiten lässt und auch in den normativen Nachweisgrundlagen zum Feuerwiderstand nach DIN 4102-4 (2025), DIN EN 1995-1-2 und FprEN 1995-1-2 nicht gefordert wird.

Aus Sicht der Kommentierenden ist die eigentliche Anforderung, dass die Stoßfugen der Platten auf der Holz- oder Unterkonstruktion anzuordnen sind, darauf zu beziehen, dass eine Unterkonstruktion und Hinterlegung an den Stellen angeordnet werden müssen, an denen eine Befestigung der Plattenränder aus konstruktiven oder statischen Gründen notwendig wird. Dieser Ort ergibt sich wiederum aus den Vorgaben nach DIN 18181 „Gipsplatten im Hochbau – Verarbeitung“ (2019), Tabelle 1 und 2 sowie bei tragenden Holztafelelementen aus DIN EN 1995-1-1 und DIN EN 1995-1-1/NA, wodurch ggf. die Anordnung von zusätzlichen Unterkonstruktions- oder Tragelementen erforderlich wird. In Bezug auf die Schutzwirkung für mit Dämmstoff nach Abschnitt 3.3 hinterlegte Stöße ist für einen Ausschluss der Entzündung der Holzbauteile kein negativer Einfluss zu erwarten, da die relevanten Holzbauteile hinter dem Dämmstoff liegen und für den Dämmstoff selbst kein Entzündungsrisiko besteht. Vielmehr muss angenommen werden, dass eine rückseitige Fugenabdeckung mit nichtbrennbarem Dämmstoff in Bezug auf den Entzündungsschutz dahinterliegender Holzbauteile als effektiver angesehen werden muss, als wenn eine direkte Hinterlegung z. B. mit Holzlattung (ohne Befestigung an dieser) erfolgt.

Bezüglich der Forderung des Fugenversatzes der Bekleidungslagen von mindestens 100 mm sei angemerkt, dass die Plattenränder, die zur Befestigung der Bekleidung dienen, in der Regel um mindestens ein Achsmaß der zugehörigen Trag- bzw. Unterkonstruktion versetzt werden und nur für die freien Plattenränder dieses reduzierte Maß von Bedeutung wird (siehe Abb. C.24).

Fortführend zu den allgemeinen konstruktiven Grundanforderungen definieren die **Tabellen 1 und 2** den Aufbau und vor allem die konstruktiven Randbedingungen zur Befestigung der Brandschutzbekleidung als System. Hierbei wird zwischen Feuerschutzplatten (GKF) und Gipsfaserplatten (GF) unterschieden, da trotz der gleichen Ausgangsschichtdicken der Brandschutzbekleidung unterschiedliche Systemcharakteristika bezüglich der Befestigung vorliegen und für Gipsfaserplatten im Allgemeinen größere Verbindungsmittelabstände untereinander genutzt werden können. Ebenso

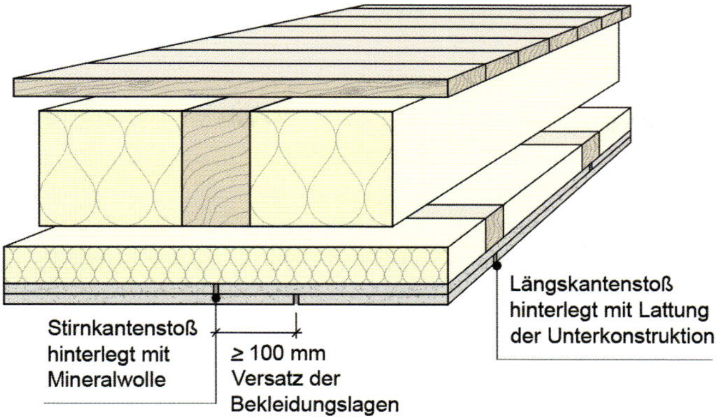

Abb. C.24: Ausführung von Plattenfugen der Brandschutzbekleidung ohne umlaufende Hinterlegung

werden mit Klammern und Schnellbauschrauben die praxisüblichen Verbindungsmittel erfasst. Festzuhalten ist hierbei ebenso, dass durch die Mindestlänge der Verbindungsmittel eine ausreichende Verankerungstiefe in der Unterkonstruktion gewährleistet wird und eine Platte-in-Platte-Befestigung bei den hier dargestellten Systemen unzulässig ist. Herstellerspezifische Nachweise auf Basis von Klassifizierungsberichten können eine solche Ausführung jedoch enthalten (siehe Anhang A 1.5 MHolzBauRL). Hinsichtlich des unterschiedlichen brandschutztechnischen Verhaltens von Wänden und Decken werden für die Brandschutzbekleidung unterschiedliche Unterstützungsabstände festgelegt, die sich aus den geprüften Systemen und den konstruktiven Grundlagen nach DIN 18181 ableiten. Bei Deckenbauteilen liegt üblicherweise immer ein geringerer Unterstützungsabstand als bei Wandbauteilen vor, was auch den Prinzipien im konstruktiven Aufbau von Bauteilen im Feuerwiderstandsnachweis nach DIN 4102-4 (2025) entspricht. Hintergrund hierfür ist, dass bei gleichem Unterstützungsabstand horizontal orientierte Bekleidungen infolge des Schwerkrafteinflusses im Vergleich zu vertikal orientierten Bekleidungen unter Brandeinwirkung schneller versagen würden.

Da, wie eingangs beschrieben, die Brandschutzbekleidung auch im Nachweis des Feuerwiderstandes angesetzt werden darf, sind die in Abschnitt 4.2 enthaltenen Vorgaben auch immer abzugleichen mit den Randbedingungen, die aus dem Feuerwiderstandsnachweis der Bauteile resultieren. Hinsichtlich der maßgebenden Werte zur Befestigung wird auf die Erläuterungen in Anhang A 1.5 MHolzBauRL verwiesen. Ebenso wird in diesem Kontext darauf hingewiesen, dass in der Regel Fugen gestoßener Bekleidungen in jeder Lage zu füllen und die sichtbaren Teile der Befestigungsmittel zu verspachteln sind.

4.3 Reduzierung der brandschutztechnisch wirksamen Bekleidung nach Abschnitt 4.2

[1]Die Brandschutzbekleidung nach Abschnitt 4.2 darf unter nachfolgend beschriebenen Randbedingungen reduziert werden beziehungsweise entfallen. [2]Die Reduzierung ist nicht anzuwenden auf Wände anstelle von Brandwänden gemäß § 30 Abs. 3 Satz 2 Nummer 1 und 2 der Musterbauordnung[1] sowie § 35 Abs. 4 Nummer 2 der Musterbauordnung[1]. [3]Auf Bauteile, welche nach 4.3 c Satz 1 ausgeführt sind, dürfen keine weiteren Bekleidungslagen bzw. Konstruktionen aufgebracht werden.

Kommentar

Abschnitt 4.3 MHolzBauRL enthält Konstruktionen, die im Vergleich zu der in Abschnitt 4.2 geregelten „Vollbekleidung" reduzierte Varianten der Brandschutzbekleidung umfassen. Unter der Reduzierung ist eine Verringerung der Schutzwirkung der Brandschutzbekleidung zu verstehen. Während bei den in Abschnitt 4.2 aufgeführten Vollbekleidungsvarianten eine Schutzwirkung von 60 bzw. 90 Minuten gefordert wird, darf für die Konstruktionen nach Abschnitt 4.3 die Schutzzeit auf 30 Minuten reduziert werden bzw. bei vollständigem Entfall der Bekleidung auf 0 Minuten sinken.

Ein genereller Ausschluss der Reduzierung der Schutzzeit von Brandschutzbekleidungen wird in **Satz 2** für Wände anstelle von Brandwänden formuliert. Während Brandwände nach § 30 Abs. 3 Satz 1 MBO unter zusätzlicher mechanischer Beanspruchung feuerbeständig sein und aus nichtbrennbaren Baustoffen bestehen müssen, können Wände anstelle von Brandwänden nach § 30 Abs. 3 Satz 2 MBO auch in Holzbauweise ausgeführt werden. Diese müssen unter zusätzlicher mechanischer Beanspruchung hochfeuerhemmend sein. Voraussetzung hierfür ist jedoch, dass die brennbare Tragkonstruktion durch eine Brandschutzbekleidung mit ausreichender Schutzzeit geschützt wird. Diese Schutzzeit muss der Klassifizierungszeit der Wand selbst entsprechen.

Auch wenn diese Regelung gegenüber der Vorgängerversion der MHolzBauRL 2020 für Massivholzbauteile als Verschärfung interpretiert werden könnte, bestand Einigkeit darüber, dass sich keine Bestandteile einer Brandwand bzw. einer Wand anstelle einer Brandwand aktiv am Brandgeschehen beteiligen dürfen. Insofern war die brandschutztechnische Anforderung an die Bekleidung einer Brandwandersatzwand in Massivholzbauweise derjenigen in Holztafelbauweise gleichzustellen.

Für beide Bauweisen gilt daher, dass Wände anstelle von Brandwänden in Gebäuden der Gebäudeklasse 4 als hochfeuerhemmende Bauteile ausgeführt werden müssen, in Holztafelbauweise als hochfeuerhemmend und in Massivholzbauweise als abweichend hochfeuerhemmend. In beiden Fällen ist eine Brandschutzbekleidung mit einer Schutzzeit von mindestens t_{ch} = 60 Minuten erforderlich.

Da auch Wände notwendiger Treppenräume in Gebäuden der Gebäudeklasse 4 nach § 35 Abs. 4 Nummer 2 MBO als raumabschließende Bauteile unter zusätzlicher mechanischer Beanspruchung hochfeuerhemmend ausgeführt werden müssen, gilt die beschriebene Anforderung an die Brandschutzbekleidung analog auch für diese Bauteile.

Satz 3 schließt darüber hinaus das Anbringen zusätzlicher raumseitiger Bekleidungslagen oder Konstruktionen auf Massivholzbauteilen aus, deren Ausführung nach Abschnitt 4.3 c ohne Brandschutzbekleidung zulässig ist. Dieser Ausschluss umfasst insbesondere zusätzliche Bekleidungsschichten wie abgehängte Unterdecken oder Installationsebenen, unabhängig davon, ob dadurch Hohlräume entstehen oder diese durch Dämmstoffe verfüllt werden.

Diese Regelung wurde aufgenommen, da sowohl großmaßstäbliche Brandversuche im Rahmen von Forschungsvorhaben, beispielsweise im Projekt TIMpuls (Engel et al., 2022), als auch reale Brandereignisse gezeigt haben, dass zusätzliche Bekleidungsebenen oder verdeckte Hohlräume die Brandbekämpfung erheblich erschweren bzw. teilweise unmöglich machen können. Ziel der Regelung ist es daher, unkontrollierbare Hohlräume sowie schwer zugängliche brennbare Oberflächen zu vermeiden.

Von diesem Ausschluss nicht betroffen sind Konstruktionen wie beispielsweise Kabeltrassen, Deckensegel oder Heizelemente, bei denen die dahinterliegende Massivholzkonstruktion weiterhin sichtbar und zugänglich bleibt. In solchen Fällen ist im Einzelfall ingenieurtechnisch zu beurteilen, ob eine Beeinträchtigung der Wirksamkeit von Brandbekämpfungs- und Löschmaßnahmen zu erwarten ist.

a. [1]Anstelle von hochfeuerhemmenden Bauteilen in Holztafelbauweise dürfen in Gebäuden mit Nutzungseinheiten bis maximal 200 m^2 Brutto-Grundfläche abweichend hochfeuerhemmende Bauteile mit einer mindestens zweilagigen Brandschutzbekleidung, deren Schutzzeitraum 30 Minuten beträgt (t_{ch} mindestens 30 Minuten), ausgeführt werden. [2]Dies gilt ohne weiteren Nachweis als erfüllt, wenn die Brandschutzbekleidung aus zwei Lagen mit jeweils mindestens 12,5 mm Dicke besteht und die in Tabelle 3 aufgeführten Befestigungsmittel und deren Abstände beachtet werden. [3]Ferner gilt die Anforderung an die Brandschutzbekleidung ohne weiteren Nachweis als erfüllt, wenn die raumseitig angeordnete Brandschutzbekleidung mit mindestens 18 mm Dicke ausgeführt wird und bauteilseitig eine Holzwerkstoffplatte nach DIN EN 13986:2015-06 mit mindestens 12 mm (Rohdichte mindestens 500 kg/m^3) angeordnet wird. 4Die in Tabelle 4 aufgeführten Befestigungsmittel und deren Abstände sind zu beachten.

Tabelle 3: Reduzierte Brandschutzbekleidung sowie Verbindungsmittel und Abstände für eine Befestigung an der Holzkonstruktion (Tragkonstruktion) für abweichend hochfeuerhemmende Holztafelbauteile

Brandschutzbekleidung nach Abschnitt 3.4	**Abstand (a) der Befestigungsmittel untereinander auf der Trag- oder Unterkonstruktion Reihenabstände: Wand e ≤ 625 mm, Decke e ≤ 400 mm**				**Abstand zum Plattenrand bzw. zur Plattenfuge**
	1. Lage (innen)		**2. Lage (außen)**		
	Klammern*	Schnellbauschrauben*	Klammern*	Schnellbauschrauben*	
2 × 12,5 mm Gipsplatte (GKF)	≥ Ø 1,5 mm × 35 mm × 11,25 mm a ≤ 240 mm	≥ Ø 3,5 mm × 35 mm a ≤ 300 mm	≥ Ø 1,5 mm × 45 mm × 11,25 mm a ≤ 80 mm	≥ Ø 3,5 mm × 45 mm a ≤ 150 mm	≥ 15 mm
2 × 12,5 mm Gipsfaserplatte (GF)	≥ Ø 1,5 mm × 35 mm × 11,25 mm a ≤ 300 mm	≥ Ø 3,5 mm × 35 mm a ≤ 300 mm	≥ Ø 1,5 mm × 45 mm × 11,25 mm a ≤ 150 mm	≥ Ø 3,5 mm × 45 mm a ≤ 150 mm	≥ 15 mm

* Klammern und Schnellbauschrauben nach DIN EN 14566:2009-10

Tabelle 4: Reduzierte Brandschutzbekleidung sowie Verbindungsmittel und Abstände für eine Befestigung an der Holzkonstruktion (Tragkonstruktion) für abweichend hochfeuerhemmende Holztafelbauteile

Brandschutzbekleidung nach Abschnitt 3.4	**Abstand (a) der Befestigungsmittel untereinander auf der Trag- oder Unterkonstruktion**				**Abstand zum Plattenrand bzw. zur Plattenfuge**
	Reihenabstände: Wand e ≤ 625 mm, Decke e ≤ 400 mm				
	1. Lage (innen)		2. Lage (außen)		
	Klammern*	Schnellbauschrauben*	Klammern*	Schnellbauschrauben*	
1 × 18 mm Gipsplatte (GKF) + 1 × ≥ 12 mm Holzwerkstoffplatte	≥ Ø 1,5 mm × 35 mm × 11,25 mm a ≤ 240 mm	≥ Ø 3,5 mm × 35 mm a ≤ 300 mm	≥ Ø 1,5 mm × 50 mm × 11,25 mm a ≤ 80 mm	≥ Ø 3,5 mm × 50 mm a ≤ 150 mm	≥ 15 mm
1 × 18 mm Gipsfaserplatte (GF) + 1 × ≥ 12 mm Holzwerkstoffplatte	≥ Ø 1,5 mm × 35 mm × 11,25 mm a ≤ 300 mm	≥ Ø 3,5 mm × 35 mm a ≤ 300 mm	≥ Ø 1,5 mm × 50 mm × 11,25 mm a ≤ 150 mm	≥ Ø 3,5 mm × 50 mm a ≤ 150 mm	≥ 15 mm

* Klammern und Schnellbauschrauben nach DIN EN 14566:2009-10

Kommentar

In **Abschnitt 4.3 a MHolzBauRL** werden die Voraussetzungen sowie die zulässigen Ausführungsvarianten reduzierter Brandschutzbekleidungen für abweichend hochfeuerhemmende Holztafelbauteile beschrieben.

Bei diesen Bauteilen handelt es sich konstruktiv um Holztafelbauteile mit Brandschutzbekleidung und mineralischen Gefachdämmstoffen, die grundsätzlich der bauordnungsrechtlichen Definition hochfeuerhemmender Bauteile nach § 26 Abs. 2 Satz 2 Nummer 3 MBO entsprechen könnten. Ihre tragenden und aussteifenden Teile bestehen aus brennbaren Baustoffen und besitzen allseitig eine Brandschutzbekleidung aus nichtbrennbaren Baustoffen sowie Dämmstoffe aus nichtbrennbaren Baustoffen. Dennoch dürfen diese Bauteile lediglich als abweichend hochfeuerhemmend bezeichnet werden.

Grund hierfür ist die auf t_{ch} = 30 Minuten reduzierte Schutzzeit der Bekleidung. Damit können die in MVV TB 2025/1, Abschnitt A 2.1.3.1, Buchstabe b formulierten Anforderungen an hochfeuerhemmende Bauteile nicht vollständig erfüllt werden. Insbesondere kann nicht mehr sichergestellt werden, dass ein Brennen der tragenden und aussteifenden Bauteile sowie das Eindringen von Feuer und Rauch über Fugen in Wand- oder Deckenbauteile verhindert werden. Durch die Reduzierung der Brandschutzbekleidung wird daher ein begrenzter bzw. zeitversetzter Einbrand in das Bauteil und damit eine Beteiligung der Konstruktion am Brandgeschehen grundsätzlich akzeptiert.

Sowohl mittels der Realbrandversuche als auch der Einzelbauteilversuche innerhalb des Forschungsvorhabens TIMpuls (Engel et al., 2022) konnte gezeigt werden, dass Holztafelbauteile auch nach Versagen der Brandschutzbekleidung brandschutztechnisch beherrschbar bleiben. Insbesondere wurde kein kritisches Glimmbrandverhalten beobachtet, und auch das Löschverhalten erwies sich als unproblematisch.

Eine wesentliche Rolle spielt dabei die formstabile mineralische Gefachdämmung mit einem Schmelzpunkt von mindestens 1.000 °C, die üblicherweise mit Übermaß eingebaut wird. Nach dem Versagen der Brandschutzbekleidung bietet diese weiterhin einen wirksamen Schutz für die brennbaren Konstruktionselemente. In der Folge erfahren im Wesentlichen nur die frei liegenden Schmalseiten der Holzbauteile einen Abbrand, während die übrigen Bauteilbereiche weiterhin durch die Dämmung geschützt bleiben (siehe Abb. C.25).

Abb. C.25: Mit Übermaß gedämmte Wand (links); freigelegte Konstruktion nach Brandversuch (rechts)

Mit **Satz 1** werden zwei wesentliche Randbedingungen für die Anwendung reduzierter Brandschutzbekleidungen formuliert. Als zentrale Voraussetzung wird die Begrenzung der Brutto-Grundfläche von Nutzungseinheiten oder brandschutztechnisch abgetrennten Raumgruppen auf maximal 200 m^2 festgelegt.

Ähnlich wie bereits bei der in Abschnitt 1 Satz 9 MHolzBauRL genannten Begrenzung des Anwendungsbereichs auf Nutzungseinheiten bis 400 m^2 ist diese Regelung in ihrer aktuellen Formulierung hinsichtlich ihrer Auswirkungen auf das gesamte Gebäude nicht in allen Fällen eindeutig. So kann beispielsweise eine größere Nutzungseinheit in einem mineralisch errichteten Erdgeschoss dazu führen, dass die Reduzierung der Brandschutzbekleidung in darüberliegenden Geschossen in Holzbauweise nicht angewendet werden darf.

Für derartige Konstellationen empfehlen die Autoren, im Rahmen des Brandschutznachweises einen materiellen Abweichungsantrag nach § 67 MBO zu beantragen. Können unterschiedlich große Nutzungseinheiten, wie im genannten Beispiel, eindeutig voneinander abgegrenzt werden und werden die betroffenen Bereiche entweder in mineralischer Bauweise oder in Holzbauweise mit nicht reduzierter Bekleidung ausgeführt, führt die Nichterfüllung dieser Randbedingung regelmäßig zu keiner relevanten Absenkung des Schutzniveaus. Eine generelle Nichtanwendbarkeit der Richtlinie, wie sie bei Nichterfüllung des Anwendungsbereichs nach Abschnitt 1 eintreten würde, ergibt sich aus einer solchen Konstellation nicht.

Für die brandschutztechnische Abtrennung von Raumgruppen gelten im Übrigen die gleichen Grundsätze wie bereits in der Kommentierung zu Abschnitt 1 im Zusammenhang mit der dort genannten 400 m^2-Grenze beschrieben. Die Abtrennung ist durch raumabschließende Wände im Sinne von Trennwänden nach § 29 MBO oder durch Wände notwendiger Flure nach § 36 MBO vorzunehmen.

Die Begrenzung auf 200 m^2 lässt sich nicht direkt aus vorhandenen Forschungsergebnissen ableiten. Vielmehr wurde dieser Wert aus der Vorgängerversion der Richtlinie (MHolzBauRL 2020) übernommen. Darüber hinaus war eine vergleichbare Flächenbegrenzung bereits im Hamburger Bauordnungsrecht für Massivholzbauweisen sowie im zugehörigen Bauprüfdienst 2018-03 (BPD, 2018) enthalten.

Auch an anderen Stellen des Bauordnungsrechts findet sich die Größe von 200 m^2 als Schwellenwert für erleichterte Anforderungen, beispielsweise bei

- Treppen ohne eigenen Treppenraum innerhalb derselben Nutzungseinheit über zwei Geschosse aufgrund der überschaubaren Rettungswegsituation,
- Erleichterungen für Leitungsverlegungen in notwendigen Fluren der Gebäudeklassen 1 bis 3 nach der Muster-Leitungsanlagen-Richtlinie (MLAR),
- einfachen Absperrvorrichtungen anstelle von Brandschutzklappen in kleinen Nutzungseinheiten nach der Muster-Lüftungsanlagen-Richtlinie (M-LüAR).

Die Größe von 200 m^2 kann daher als ein im Bauordnungsrecht bewährtes Maß angesehen werden. Spezifischere Flächenbegrenzungen lassen sich derzeit aufgrund fehlender Forschungsergebnisse sowie begrenzter Erfahrungen aus der Praxis oder aus Realbränden in Holzgebäuden nicht belastbar festlegen.

Auch wenn die Möglichkeit zur Reduzierung der Brandschutzbekleidung derzeit auf abweichend hochfeuerhemmende Bauteile der Gebäudeklasse 4 beschränkt ist, stellt diese Regelung einen wichtigen Schritt in Richtung eines ressourceneffizienteren Bauens dar.

Die zusätzliche Forderung aus **Satz 1**, dass die Bekleidung mindestens zweilagig auszuführen ist, dient insbesondere der Robustheit der Bekleidung gegenüber Plattenstößen. Wird die geforderte Schutzzeit von t_{ch} = 30 Minuten bereits durch eine einzelne Bekleidungslage erreicht, in diesem Fall regelmäßig durch die raumseitige Lage, dient die dahinterliegende Schicht lediglich als Hinterlegung und kann daher auch aus einem brennbaren Baustoff bestehen, beispielsweise aus einer Holzwerkstoffplatte.

Dies steht nicht im Widerspruch zu Abschnitt 3.4 Satz 1 MHolzBauRL, wonach die brandschutztechnisch wirksame Bekleidung aus nichtbrennbaren Baustoffen bestehen muss, da in diesem Fall ausschließlich die äußere Lage als brandschutztechnisch wirksame Bekleidung fungiert.

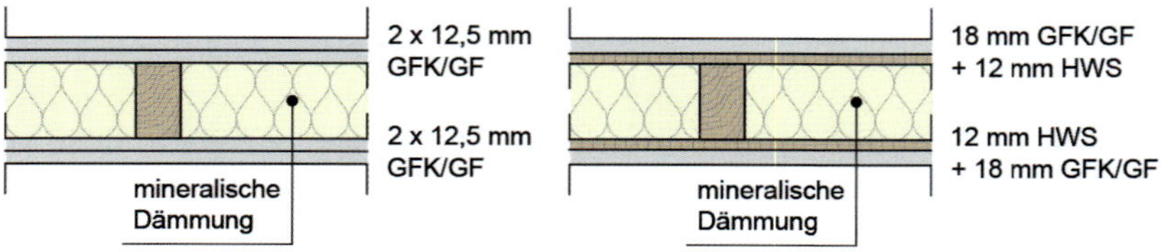

Abb. C.26: Abweichend hochfeuerhemmende Holztafelbauweise nach Abschnitt 4.3 a

Mit **Satz 2** und **Satz 3** werden schließlich zwei konkrete Bekleidungsvarianten beschrieben, die bei Einhaltung der jeweiligen Ausführungsvorgaben hinsichtlich der Bekleidungsart, der Verbindungsmittel und deren Abständen ohne weiteren Nachweis ausgeführt werden dürfen. Diese Aussage bezieht sich jedoch ausschließlich auf den Nachweis der erforderlichen Schutzzeit der Bekleidung. Der Nachweis der Feuerwiderstandsdauer des Bauteils hinsichtlich Standsicherheit und/oder Raumabschluss bleibt davon unberührt (siehe hierzu auch die Kommentierung zu Abschnitt 3.1).

Zusammenfassend ergeben sich für abweichend hochfeuerhemmende Holztafelbauteile nach Tabelle 3 MHolzBauRL Bekleidungsvarianten mit einer Schutzzeit von mindestens t_{ch} = 30 Minuten bei 2 Bekleidungslagen mit jeweils mindestens 12,5 mm Plattendicke. Alternativ kann nach Tabelle 4 eine Schutzzeit von mindestens t_{ch}=30 Minuten mit einer raumseitigen Brandschutzbekleidung mit mindestens 18 mm Plattendicke in Kombination mit einer Holzwerkstoffplatte (HWS) ≥ 12 mm und einer Rohdichte ≥ 500 kg/m³ erreicht werden (siehe Abb. C.26). Soll von diesen beiden vorgeplanten Varianten kein Gebrauch gemacht werden und sollen andere bzw. neuartige Bekleidungen (wie z. B. Lehm- oder Lehmverbundbauplatten) zum Einsatz kommen, kann die Erfüllung der notwendigen Mindestschutzleistung von t_{ch} = 30 Minuten auch versuchstechnisch nach Anhang A 1.5 MHolzBauRL nachgewiesen werden.

b. [1]Abweichend hochfeuerhemmende beziehungsweise abweichend feuerbeständige Bauteile in Massivholzbauweise dürfen in Gebäuden mit Nutzungseinheiten oder brandschutztechnisch abgetrennten Räumen/Raumgruppen bis maximal 200 m² Brutto-Grundfläche mit einer mindestens einlagigen Brandschutzbekleidung, deren Schutzzeitraum 30 Minuten beträgt (t_{ch} mindestens 30 Min.), ausgeführt werden. [2]Dies gilt ohne weiteren Nachweis als erfüllt, wenn die Brandschutzbekleidung mindestens 18 mm dick ist und die in Tabelle 5 aufgeführten Befestigungsmittel und deren Abstände beachtet werden.

Tabelle 5: Reduzierte Brandschutzbekleidung sowie Verbindungsmittel und Abstände für eine Befestigung an abweichend hochfeuerhemmenden und abweichend feuerbeständigen Massivholzbauteilen

Brandschutzbekleidung nach Abschnitt 3.4	**Abstand (a) der Befestigungsmittel untereinander** **Reihenabstände: Wand e ≤ 400 mm, Decke e ≤ 400 mm**		**Abstand zum Plattenrand bzw. zur Plattenfuge**
	Klammern*	Schnellbauschrauben*	
18 mm Gipsplatte (GKF)	≥ ø 1,5 mm × 40 mm × 11,25 mm a ≤ 80 mm	≥ ø 3,5 mm × 40 mm a ≤ 150 mm	≥ 15 mm
18 mm Gipsfaserplatte (GF)	≥ ø 1,5 mm × 40 mm × 11,25 mm ≤ 150 mm	≥ ø 3,5 mm × 40 mm a ≤ 150 mm	≥ 15 mm

* Klammern und Schnellbauschrauben nach DIN EN 14566:2009-10

Kommentar

Nach den in **Abschnitt 4.3 a** beschriebenen Varianten der Holztafelbauweise mit reduzierter Brandschutzbekleidung regelt **Abschnitt 4.3 b** die Massivholzbauweise mit reduzierter Bekleidung.

In der Vorgängerversion der Richtlinie, der MHolzBauRL 2020, stellte diese reduzierte Bekleidungsvariante die einzige geregelte Ausführungsform für Massivholzbauteile dar. Gleichzeitig war die max. Größe von Nutzungseinheiten bzw. brandschutztechnisch abgetrennten Raumgruppen auf 200 m² Brutto-Grundfläche begrenzt.

Mit der Neufassung der MHolzBauRL 2024 werden nun zwei Varianten brandschutztechnisch bekleideter Massivholzbauteile vorgesehen:

- eine voll bekleidete Variante mit einer Schutzzeit der Bekleidung von t_{ch} = 60 Minuten (abweichend hochfeuerhemmend) bzw. t_{ch} = 90 Minuten (abweichend feuerbeständig) für Nutzungseinheiten bis zu 400 m² Brutto-Grundfläche sowie
- eine reduziert bekleidete Variante mit t_{ch} = 30 Minuten für Nutzungseinheiten bzw. brandschutztechnisch abgetrennte Raumgruppen bis zu 200 m² Brutto-Grundfläche.

Wie bereits in der Kommentierung zu **Abschnitt 4.3 a** erläutert, ist die Größe von 200 m² nicht unmittelbar auf Forschungsergebnisse zurückzuführen. Vielmehr ergibt sich dieser Wert aus der historischen Entwicklung der Regelwerke und wurde mangels neuer Erkenntnisse stetig übernommen. Die Begrenzung von Nutzungseinheiten auf 200 m² bei Massivholzbauweisen geht ursprünglich auf das Hamburger Bauordnungsrecht sowie den zugehörigen BPD 2018-03 zurück. Sie wurde dort im Zusammenhang mit der bauordnungsrechtlichen Zulassung brennbarer tragender Bauteile in mehrgeschossigen Gebäuden eingeführt.

Der zentrale Hintergrund dieser Flächenbegrenzung liegt in der Erhöhung der Brandlasten durch die Holztragwerke selbst. Während in konventionellen Bauweisen überwiegend mobile Brandlasten (z. B. Möbel und Einrichtung) vorhanden sind, entstehen in Holzbauweisen zusätzliche strukturelle Brandlasten durch die tragenden und raumabschließenden Bauteile aus Holz.

Bei Massivholzbauteilen mit reduzierter Brandschutzbekleidung werden die brennbaren Oberflächen der tragenden Wand- und Deckenbauteile nach etwa 30 Minuten in Teilbereichen freigelegt und liegen nach weiteren etwa 5 bis 10 Minuten in der Regel vollständig offen. Ab diesem Zeitpunkt beteiligt sich die Holztragstruktur aktiv am Brandgeschehen.

Hieraus können sich verschiedene brandschutztechnische Auswirkungen ergeben, insbesondere

- eine Aktivierung weiterer Brandlasten innerhalb des Gebäudes,
- ein verstärktes Flammenbild (Plume) an bzw. vor der Außenwand und damit ein erhöhtes Risiko eines Geschossüberschlages,
- ein erhöhtes Rauchpotenzial durch unterventilierten Brandverlauf und
- daraus resultierende erschwerte Bedingungen für wirksame Löschmaßnahmen.

Die Begrenzung der Nutzungseinheiten auf 200 m² dient daher in erster Linie dazu, die räumliche Ausbreitung eines Brandes in der Entstehungsphase möglichst zu begrenzen (Konzept der Zellenbauweise), sodass ein Brand innerhalb einer Nutzungseinheit oder einer brandschutztechnisch abgetrennten Raumgruppe kontrollierbar bleibt. Die Regelung ist damit als Bestandteil eines ganzheitlichen brandschutztechnischen Konzepts zu verstehen, das sich aus der Kombination von Flächenbegrenzungen und Materialanforderungen ergibt und den Einsatz von Massivholzbauweisen in mehrgeschossigen Gebäuden ermöglicht.

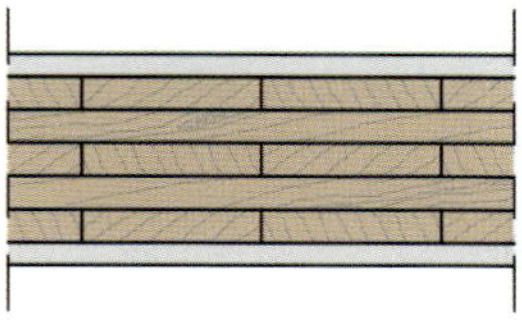

Abb. C.27: Schnittdarstellung eines reduziert bekleideten Massivholzbauteils nach MHolzBauRL, Abschnitt 4.3 b

Anmerkung der Kommentierenden: Auch wenn die Richtlinie das Vorhandensein von Nutzungseinheiten bzw. brandschutztechnisch abgetrennten Räumen oder Raumgruppen mit einer max. Brutto-Grundfläche von 200 m^2 auf das gesamte Gebäude bezieht, lässt sich aus technischer und wissenschaftlicher Sicht kein relevanter Zusammenhang im Hinblick auf die Begrenzung der Branddynamik zwischen Nutzungseinheiten unterschiedlicher Bauweisen ableiten. Ein mineralisch ausgeführtes Sockelgeschoss (z. B. in Stahlbetonbauweise) mit Nutzungseinheiten von mehr als 200 m^2 sowie darüberliegende Geschosse in Holzbauweise mit Einheiten bis max. 200 m^2 beeinflussen sich hinsichtlich der maßgebenden brandschutztechnischen Randbedingungen zur Begrenzung der Branddynamik und Robustheit nicht in relevanter Weise, sodass hieraus keine Einschränkung für den Einsatz reduzierter Bekleidungen in den darüberliegenden Holzgeschossen abzuleiten ist.

Mit **Satz 2** wird schließlich eine konkrete Bekleidungsvariante beschrieben, mit der eine Schutzzeit von t_{ch} = 30 Minuten ohne weiteren Nachweis angesetzt werden darf. Hierbei handelt es sich um eine mindestens 18 mm dicke Bekleidung aus Gipskarton-Feuerschutzplatten oder Gipsfaserplatten, deren Befestigung entsprechend den Vorgaben in Tabelle 5 MHolzBauRL hinsichtlich der Art der Verbindungsmittel und deren Abständen auszuführen ist.

Die Formulierung „ohne weiteren Nachweis" bezieht sich ausschließlich auf den Nachweis der erforderlichen Schutzzeit der Brandschutzbekleidung. Der Nachweis der Feuerwiderstandsdauer des gesamten Bauteils hinsichtlich Standsicherheit und/oder Raumabschluss bleibt hiervon unberührt (siehe hierzu auch die Kommentierung zu **Abschnitt 3.1 MHolzBauRL**).

Abb. C.27 zeigt exemplarisch einen Schnitt durch ein reduziert bekleidetes Massivholzbauteil nach den Vorgaben der Tabelle 5 MHolzBauRL.

Soll von dieser vorgegebenen Bekleidungsvariante kein Gebrauch gemacht werden und sollen alternative oder neuartige Bekleidungen, beispielsweise Lehmplatten oder Lehmverbundbauplatten, eingesetzt werden, kann die erforderliche Mindestschutzzeit von t_{ch} = 30 Minuten auch versuchstechnisch nachgewiesen werden. Der entsprechende Nachweis ist nach **Abschnitt A 1.5 MHolzBauRL** zu führen.

c. [1]Für abweichend hochfeuerhemmende beziehungsweise abweichend feuerbeständige Massivholzbauteile in Gebäuden mit Nutzungseinheiten oder brandschutztechnisch abgetrennten Raumgruppen bis maximal 200 m² Brutto-Grundfläche sind entweder die Deckenunterseite oder Wandoberflächen mit einer Gesamtfläche von maximal 25 Prozent der Brutto-Grundfläche mit brennbaren Bauteiloberflächen zulässig. [2]Brennbare Oberflächen von einzelnen linienförmigen Bauteilen (zum Beispiel Stützen und Unterzüge) bleiben bei der Ermittlung der zulässigen Oberflächen nach Satz 1 unberücksichtigt.

[3]Diese Regelung gilt grundsätzlich nicht für Sonderbauten nach § 2 Absatz 4 der Musterbauordnung[1].

Kommentar

Auf die in **Abschnitt 4.3 b** geregelte Variante von Massivholzbauteilen mit bereits reduzierter Brandschutzbekleidung folgt in **Abschnitt 4.3 c** die Regelung für Massivholzbauteile ohne brandschutztechnische Bekleidung, bei denen keine konstruktiven Maßnahmen zur Verzögerung der Beteiligung der brennbaren Bauteile am Brandgeschehen vorgesehen sind.

Die beiden flächenbezogenen Begrenzungen wurden – mangels neuer wissenschaftlicher Erkenntnisse – im Wesentlichen aus der Vorgängerversion der Richtlinie, der MHolzBauRL 2020, übernommen.

Satz 1 regelt, dass in Gebäuden mit Nutzungseinheiten oder brandschutztechnisch abgetrennten Raumgruppen bis max. 200 m² Brutto-Grundfläche entweder

- die Deckenunterseite vollständig oder
- Wandoberflächen mit einer Gesamtfläche von max. 25 % der Brutto-Grundfläche

ohne Brandschutzbekleidung, also mit sichtbaren brennbaren Bauteiloberflächen, ausgeführt werden dürfen.

Diese Regelung kann sowohl für abweichend hochfeuerhemmende als auch für abweichend feuerbeständige Massivholzbauteile in Gebäuden der Gebäudeklassen 4 und 5 angewendet werden.

Wie bei allen in der MHolzBauRL vorgesehenen Flächenbegrenzungen ist dabei zu beachten, dass im Gebäude grundsätzlich alle Nutzungseinheiten bzw. brandschutztechnisch abgetrennten Raumgruppen diese Anforderungen einhalten müssen. In Einzelfällen kann jedoch zu prüfen sein, inwieweit Abweichungen – beispielsweise größere Nutzungseinheiten in einem mineralisch errichteten Sockelgeschoss – brandschutztechnisch ohne Auswirkungen auf andere Gebäudeteile umgesetzt werden können.

Wie bereits in den Kommentierungen zu den **Abschnitten 4.3 a und 4.3 b** erläutert, beruht auch die hier verwendete Flächenbegrenzung von 200 m² nicht unmittelbar auf neueren Forschungsergebnissen, sondern ist das Ergebnis einer historischen Entwicklung der Regelwerke.

Im Unterschied zu den zuvor beschriebenen Varianten kommt hier zusätzlich hinzu, dass sich tragende Holzbauteile unmittelbar am Brandgeschehen beteiligen können, da keine schützende Bekleidung vorhanden ist.

Hieraus können verschiedene brandschutztechnische Auswirkungen resultieren, insbesondere

- eine Aktivierung zusätzlicher Brandlasten innerhalb des Gebäudes,
- eine potenziell schnellere Brandausbreitung über brennbare Bauteiloberflächen sowie ein möglicherweise früher eintretender Brandüberschlag (Flashover),
- ein verstärktes Flammenbild (Plume) an bzw. vor der Außenwand und damit ein erhöhtes Risiko eines Geschossüberschlages,
- ein erhöhtes Rauchpotenzial bei unterventilierten Brandverläufen,
- daraus resultierende erschwerte Bedingungen für wirksame Löschmaßnahmen.

Die Begrenzung der Nutzungseinheiten auf 200 m^2 dient daher primär dazu, die räumliche Ausbreitung eines Brandes in der Entstehungsphase so weit wie möglich zu begrenzen. Das Konzept folgt damit dem Prinzip der Zellenbauweise, bei dem Nutzungseinheiten als brandschutztechnisch abgegrenzte Einheiten wirken, innerhalb derer ein Brand möglichst kontrollierbar bleibt.

Die Regelung ist somit Bestandteil eines ganzheitlichen brandschutztechnischen Konzepts, das sich aus der Kombination von Flächenbegrenzungen, Brandabschnittsbildung und Materialanforderungen zusammensetzt und den Einsatz von Massivholzbauweisen in mehrgeschossigen Gebäuden ermöglicht.

Die vorgegebenen Werte – vollständige Sichtbarkeit der Deckenunterseite oder max. 25 % sichtbare Wandflächen – beziehen sich ausschließlich auf Massivholzbauteile mit tragender und/oder raumabschließender Funktion im Sinne der Richtlinie. Aufgrund der erheblichen Auswirkungen auf die Branddynamik und die Brandbeherrschbarkeit stellen diese Werte grundsätzlich bereits Obergrenzen dar.

Der Einfluss brennbarer Bauteiloberflächen kann sich in Abhängigkeit von verschiedenen Faktoren unterschiedlich auswirken, insbesondere

- Größe der Nutzungseinheit,
- räumlicher Lage der sichtbaren Holzoberflächen,
- vorhandenen mobilen Brandlasten,
- Öffnungs- und Lüftungsverhältnissen.

Während in Nutzungseinheiten mit sehr hohen mobilen Brandlasten, beispielsweise im Extremfall einer stark übermöblierten Wohnung, die konstruktiven Holzoberflächen einen vergleichsweise geringen Anteil an der Gesamtbrandlast haben können, können sie bei Nutzungen mit geringen mobilen Brandlasten, etwa Schulen oder Büro- und Verwaltungsgebäuden, einen erheblichen Einfluss auf die frühe Brandausbreitung und die Branddynamik ausüben.

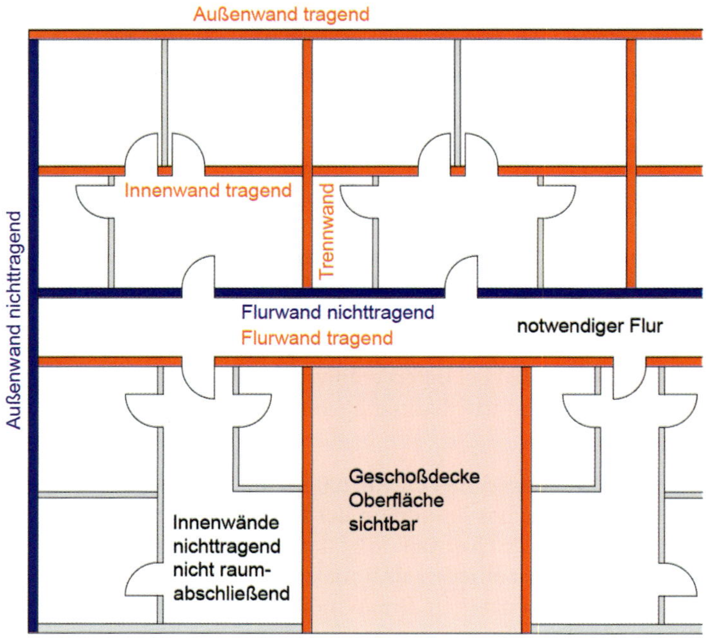

Abb. C.28: Beispielhafter Grundriss mit Darstellung einzelner Wandtypen bezogen auf die Beurteilung der zulässigen Bauteiloberflächen ohne Brandschutzbekleidung

Die in der Vergangenheit teilweise zur Begründung größerer Nutzungseinheiten herangezogene Bilanzierung mobiler und struktureller Brandlasten wird daher aus Sicht der Kommentierenden als unzureichend und fachlich nicht zutreffend angesehen.

Eine Überschreitung der genannten Grenzwerte ist grundsätzlich nicht ausgeschlossen, erfordert jedoch weitergehende Betrachtungen, beispielsweise im Rahmen brandingenieurtechnischer Nachweise.

Abb. C.28 zeigt beispielhaft einen Grundriss mit Wänden unterschiedlicher bauordnungsrechtlicher Funktion.

Die schwarz dargestellten Wände erfüllen aus bauordnungsrechtlicher Sicht keine brandschutztechnische Funktion und unterliegen daher keinen Anforderungen an den Feuerwiderstand.

Die blau dargestellten Wände müssen bauordnungsrechtlich feuerhemmend ausgeführt werden und fallen daher nicht in den Anwendungsbereich der MHolzBauRL; sie unterliegen folglich auch nicht der 25 %-Regel.

Relevant für die Anwendung der Regelung sind somit ausschließlich die rot dargestellten Wände, sofern diese als Massivholzbauteile ausgeführt werden sollen. Wird hierbei die zulässige Gesamtfläche sichtbarer Holzoberflächen überschritten, müssen entsprechende Bereiche durch eine Bekleidung – mindestens entsprechend Abschnitt 4.3 b – geschützt werden.

Aus Sicht der Kommentierenden ist eine solche Differenzierung in der Praxis häufig nicht erforderlich, da Massivholzbauteile üblicherweise tragende

Funktionen übernehmen und daher regelmäßig als Bauteile im Sinne der MHolzBauRL einzustufen sind. Nicht tragende und nicht raumabschließende Massivholzbauteile kommen in der Baupraxis nur selten vor.

Fenster- und Türöffnungen dürfen bei der Ermittlung der maßgeblichen Wandflächen in Abzug gebracht werden. Bei tragenden Außenwänden mit sehr hohen Fensteranteilen kann es daher sinnvoll sein, im Rahmen der Brandschutzplanung eine detailliertere Betrachtung der verbleibenden Wandflächen vorzunehmen.

Ein häufig diskutierter Teil der Regelung ist **Satz 2**, nach dem brennbare Oberflächen einzelner linienförmiger Bauteile, beispielsweise Stützen oder Unterzüge, bei der Ermittlung der zulässigen Flächen unberücksichtigt bleiben dürfen.

Im Zusammenhang mit den allgemeinen Anforderungen des Abschnitts 1 sowie der Festlegung in Abschnitt 3.4, wonach feuerwiderstandsfähige Bauteile grundsätzlich mit einer brandschutztechnisch wirksamen Bekleidung auszuführen sind, entsteht hier teilweise Unsicherheit, ob linienförmige Bauteile überhaupt ohne Bekleidung ausgeführt werden dürfen.

Obwohl die Formulierung in **Satz 2** wörtlich lediglich die Berechnung der brennbaren Oberflächen betrifft, ist aus systematischer Sicht davon auszugehen, dass die Regelung auch die Sichtbarkeit einzelner linienförmiger Bauteile zulässt – jedenfalls unter der Voraussetzung, dass die übergeordneten Flächenbegrenzungen eingehalten werden.

Eine eindeutige Abgrenzung zwischen einzelnen linienförmigen Bauteilen und einer flächigen Anordnung mehrerer dicht nebeneinanderstehender Elemente wird in der Richtlinie jedoch nicht getroffen. Hier ist im Einzelfall durch den Fachplaner zu beurteilen, ob bei einer Vielzahl eng nebeneinander angeordneter Bauteile die sichtbaren Oberflächen möglicherweise doch in die Flächenberechnung einzubeziehen sind.

Demgegenüber erscheint bei typischen Rippenkonstruktionen, beispielsweise bei Brettschichtholzrippen mit darüberliegender Massivholzdecke, eine detaillierte Flächenabwicklung der einzelnen Rippen in der Regel nicht erforderlich.

Im Zusammenhang mit den brennbaren Oberflächen ist nochmals auf die Regelung in **Abschnitt 4.3 Satz 3** hinzuweisen, wonach bei sichtbaren Bauteiloberflächen nach **Abschnitt 4.3 c** keine zusätzlichen Bekleidungen oder Konstruktionen angeordnet werden dürfen. Diese Vorgabe soll insbesondere verhindern, dass verdeckte Hohlräume entstehen oder die Zugänglichkeit der Holzoberflächen für Brandbekämpfungs- und Löschmaßnahmen beeinträchtigt wird.

Nach **Abschnitt 4.3 c Satz 3** wird die Zulässigkeit der Anordnung brennbarer Bauteiloberflächen aus Massivholz grundsätzlich für Gebäude mit Sonderbautatbeständen nach § 2 Abs. 4 MBO, also für Nutzungen besonderer Art und Größe, ausgeschlossen.

Durch den in der Formulierung verwendeten Begriff „grundsätzlich“ wird jedoch erkennbar, dass eine ingenieurtechnische Betrachtung im Einzelfall möglich bleibt. Dadurch wird zumindest die Möglichkeit eröffnet, zu beurteilen, in welchen Bereichen eines Gebäudes diese Einschränkung tatsächlich anzuwenden ist.

Als anschauliches Beispiel kann eine Sonderbaunutzung – etwa eine Verkaufsstätte oder eine Kindertagesstätte – in einem mineralisch errichteten Sockelgeschoss dienen, während die darüberliegenden Geschosse als Wohnnutzung in Holzbauweise ausgeführt werden. In solchen Fällen besteht häufig kein unmittelbarer funktionaler oder brandschutztechnischer Zusammenhang zwischen der Sonderbaunutzung und möglichen sichtbaren Holzoberflächen in den darüberliegenden Nutzungseinheiten.

Sind sich im Genehmigungsverfahren alle Beteiligten – insbesondere Nachweisersteller und prüfende Instanz – darüber einig, dass durch die sichtbaren Holzoberflächen keine nachteiligen Auswirkungen auf das brandschutztechnische Gesamtkonzept entstehen, muss die Nichtanwendung dieser Regelung aus Sicht der Kommentierenden nicht zwingend eine materielle Abweichung nach § 67 MBO auslösen.

d. Decken in Holzbauweise dürfen ohne obere Brandschutzbekleidung ausgeführt werden, wenn mindestens ein Fußbodenaufbau nach dem Anhang 2 dieser Richtlinie angeordnet wird und umlaufend mindestens in Dicke des Fußbodenaufbaus nichtbrennbare Randdämmstreifen angeordnet werden.

Kommentar

Mit **Satz 2** in **Abschnitt 1** zum Anwendungsbereich der Richtlinie wird festgelegt, dass feuerwiderstandsfähige Bauteile grundsätzlich mit einer brandschutztechnisch wirksamen Bekleidung nach **Abschnitt 3.4** auszuführen sind.

Für die Oberseite von Decken kann eine solche Brandschutzbekleidung zunächst nach **Abschnitt 4.2** als „Vollbekleidung" mittels einer doppellagigen Gipsbekleidung ausgeführt werden. Alternativ ermöglicht die Richtlinie eine Ausführung mit einem Fußbodenaufbau nach **Anhang A 2** ohne eine unmittelbar oberseitig der Rohdecke angeordnete Brandschutzbekleidung. Die dort aufgeführten Fußbodenaufbauten entsprechen typischen baupraktischen Schichtfolgen und können eine vergleichbare Schutzwirkung gegenüber einer direkten Bekleidung erreichen.

Die Schichten des Fußbodenaufbaus übernehmen dabei funktional die Aufgabe der brandschutztechnisch wirksamen Bekleidung, indem sie eine frühzeitige Entzündung der darunterliegenden Bauteilschichten – insbesondere von brennbaren Dämmstoffschichten im Fußbodenaufbau (siehe **Abschnitt 3.3 Satz 6**) – ausreichend lange verhindern.

Auch die Feuerwiderstandsfähigkeit von Decken muss nach der Formulierung in MVV TB 2025/1, Abschnitt A 2.1.3.3.1 grundsätzlich sowohl von oben nach unten als auch von unten nach oben erfüllt sein. Die im Rahmen von Brandversuchen vorgenommenen Bauteilklassifikationen berücksichtigen bei Decken lediglich eine Brandbeanspruchung von unten nach oben.

Auf eine zusätzliche Brandprüfung mit Brandbeanspruchung auf der Oberseite kann verzichtet werden, wenn der obere Abschluss von feuerwiderstandsfähigen Holzdecken diesem Abschnitt genügt.

Die zulässigen Varianten der Fußbodenaufbauten sind in **Anhang A 2 MHolzBauRL** tabellarisch dargestellt. Die erreichbaren Schutzzeiten der einzelnen Schichtkombinationen wurden unter anderem im Rahmen des Forschungsvorhabens F-REI90 (Rauch et al., 2022) experimentell untersucht und nachgewiesen.

Eine besondere Bedeutung kommt dabei den umlaufend anzuordnenden nichtbrennbaren Randdämmstreifen zu. Diese verhindern ein vorzeitiges seitliches Eindringen von Feuer oder heißen Brandgasen in den Fußbodenaufbau im Bereich des Anschlusses zwischen der Decke und dem aufsteigenden Wandbauteil. Dadurch wird sichergestellt, dass die brandschutztechnisch wirksamen Schichten des Fußbodenaufbaus ihre Schutzfunktion über die erforderliche Zeitspanne aufrechterhalten.

Eine ausführlichere Darstellung der Hintergründe sowie der einzelnen Schichtvarianten als brandschutztechnisch wirksame Bekleidung von Deckenoberseiten erfolgt in der Kommentierung zu Anhang A 2 MHolzBauRL.

e. [1]An der Außenseite von Außenwänden, die hochfeuerhemmend, abweichend hochfeuerhemmend oder abweichend feuerbeständig sein müssen, darf die Brandschutzbekleidung auf einen Schutzzeitraum von 30 Minuten (t_{ch} mindestens 30 Minuten) reduziert werden. [2]Dies gilt als erfüllt, wenn die Brandschutzbekleidung mit mindestens 18 mm Dicke ausgeführt wird und die Anforderungen an die Befestigungsmittel und deren Abstände beachtet werden.

Kommentar

Abschnitt 4.3 e regelt die Möglichkeit, die Brandschutzbekleidung an der Außenseite von Außenwänden zu reduzieren. Für Außenwände, die bauordnungsrechtlich hochfeuerhemmend, abweichend hochfeuerhemmend oder abweichend feuerbeständig ausgeführt werden müssen, darf die Schutzzeit der außen liegenden Brandschutzbekleidung auf $t_{ch} = 30$ Minuten reduziert werden.

Der Hintergrund dieser Regelung liegt in der deutlich geringeren thermischen Beanspruchung der Bauteilaußenseite im Brandfall. Im Gegensatz zur raumseitigen Bekleidung kann an der Außenseite der Wand ein Teil der eingetragenen Wärme über Konvektion und Strahlung an die Umgebung abgeführt werden. Dieser Wärmeabfluss an der Außenseite führt dazu, dass die brandschutztechnischen Beanspruchungen der äußeren Bekleidung im Brandfall deutlich geringer sind als auf der dem Brandraum zugewandten Seite. Dies folgt auch den Annahmen zur Außenbrandkurve, die eine äußere Brandbeanspruchung mit einer realistischeren geringeren Temperaturentwicklung abbildet und zur Bemessung nichttragender Außenwände verwendet werden darf.

Vor diesem Hintergrund wurde eine Reduzierung der Schutzzeit der außen liegenden Bekleidung auf 30 Minuten brandschutztechnisch als vertretbar angesehen.

Darüber hinaus verfolgt diese Regelung auch die bauphysikalischen Grundprinzipien des diffusionsoffenen Bauens, bei dem Bauteile in der Regel von innen nach außen zunehmend diffusionsoffen ausgebildet werden. Eine reduzierte bzw. einlagige Außenbekleidung unterstützt dieses bauphysikalische Konzept und einen ressourcenschonenden Materialeinsatz. Insbesondere im mehrgeschossigen Holzbau trägt diese Regelung daher auch zu einem materialeffizienten und nachhaltigen Bauen bei.

Abweichend von der Festlegung in **Abschnitt 4.2 Satz 3**, nach der Brandschutzbekleidungen grundsätzlich mindestens zweilagig auszuführen sind, darf die außen liegende Bekleidung nach diesem Abschnitt auch einlagig ausgeführt werden. Eine direkte Hinterlegung von Fugen ist dabei nicht erforderlich, sofern die Plattenränder als Stumpfstoß entsprechend den jeweiligen normativen bzw. Herstellervorgaben ausgeführt werden. Diese Abweichung ist aufgrund der geringeren thermischen Beanspruchung an der Bauteilaußenseite sowie der insgesamt geringeren Bedeutung der äußeren Bekleidung für den Schutz der tragenden Konstruktion gerechtfertigt.

Die Regelung gilt bauweisenunabhängig für alle feuerwiderstandsfähigen Bauteile nach der Richtlinie. Das bedeutet, dass unabhängig davon, welche Bekleidungsvarianten auf der raumseitigen Bauteilseite entsprechend den **Abschnitten 4.2** bzw. **4.3 a** bis **c** angeordnet werden müssen, die Bekleidung auf der Außenseite der Wand nach **Abschnitt 4.3 e** einlagig reduziert ausgeführt werden darf. Für den Übergang zwischen der außenseitigen und der innenseitigen Bekleidung an Außenwänden sind die Ausführungen nach Abschnitt 4.4 MHolzBauRL zu beachten (siehe hierzu die entsprechende Kommentierung).

Wird auf eine tragende Außenwand in Holztafelbauweise mit der nach **Abschnitt 4.3 e** reduzierten Bekleidung eine brennbare Außenwandbekleidung in Holzbauweise aufgebracht, erfüllt die reduzierte Brandschutzbekleidung gleichzeitig die in **Abschnitt 7.2.1 Satz 2** geforderte nichtbrennbare Bekleidung als Abschluss in der Hinterlüftungsebene der Außenwandbekleidung. Die reduzierte Brandschutzbekleidung übernimmt in diesem Fall unmittelbar die Funktion der geforderten nichtbrennbaren Bekleidungsebene.

Analog zu den **Abschnitten 4.2** sowie **4.3 a** und **4.3 b** wird auch für die Außenwand eine konkrete Bekleidungsvariante angegeben, bei der kein zusätzlicher Nachweis zur Schutzwirkung geführt werden muss. Wird eine mindestens 18 mm dicke Gipskarton-Feuerschutzplatte oder Gipsfaserplatte verwendet und werden die Anforderungen an die Befestigungsmittel sowie deren Abstände eingehalten, gilt der erforderliche Schutzzeitraum von t_{ch} = 30 Minuten als erfüllt.

Für diese Bekleidungsvariante können die in **Tabelle 5** MHolzBauRL aufgeführten Verbindungsmittel und Befestigungsabstände unmittelbar angewendet werden.

Diese Reduzierung kann nur erfolgen, sofern die Heißbemessung (Standsicherheit im Brandfall) mit dieser reduzierten Bekleidung sichergestellt ist. Sofern beispielsweise eine zweilagige, 18 mm dicke brandschutztechnisch wirksame Bekleidung aus Sicht der Tragwerksplanung auf der Außenseite notwendig wird, ist diese höhere Anforderung maßgebend und entsprechend umzusetzen. Die Bemessung tragender Bauteile erfolgt bauordnungsrechtlich auch auf der Außenseite grundsätzlich nach der ETK.

4.4 Öffnungen für Türen, Fenster, sonstige Einbauten und Durchführungen

[1]Werden in Holzbauteilen Öffnungen für Einbauten wie Fenster, Türen, Verteilerdosen und Lampenkästen oder Durchführungen hergestellt, ist die jeweils erforderliche Brandschutzbekleidung nach Abschnitt 4.2 beziehungsweise 4.3 ebenfalls in den Öffnungslaibungen anzuordnen, sofern nicht die Schutzwirkung der Brandschutzbekleidung auf andere Weise gewährleistet ist. [2]Die Verbindung der raumseitigen Bekleidungslagen mit der Laibungsbekleidung ist durch geeignete Stöße, zum Beispiel Fugenversatz (siehe Prinzipskizze 1), Stufenfalz oder Nut- und Federverbindungen auszuführen; auch Stumpfstöße sind zulässig.

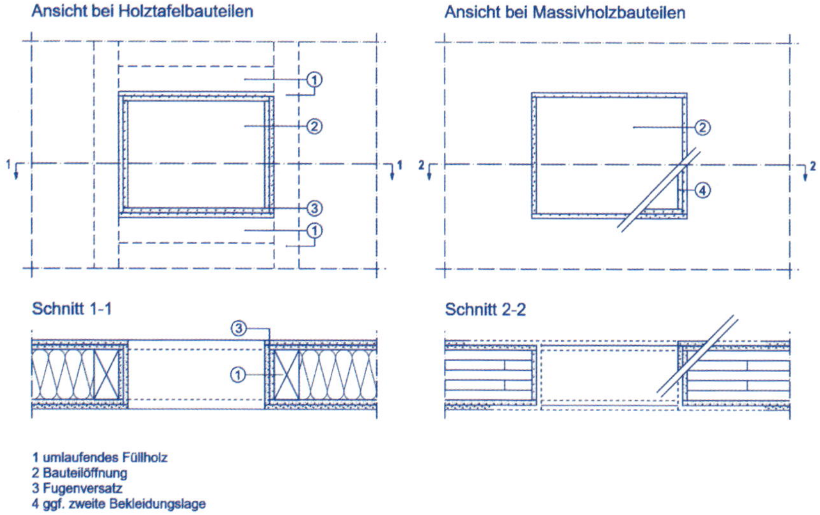

Prinzipskizze 1: Bauteilöffnung mit Brandschutzbekleidung zum Einbau von Türen, Fenstern und sonstigen Einbauten in Holztafel- und Massivholzbauteilen (obere Abbildung Ansicht, untere Abbildung Horizontalschnitt)

Kommentar

Wie bereits in Abschnitt 3.4 MHolzBauRL erläutert, soll durch die Anordnung einer brandschutztechnisch wirksamen Bekleidung (Brandschutzbekleidung) eine Entzündung der tragenden und raumabschließenden Bauteile aus Holz oder Holzwerkstoffen während eines ausreichenden Zeitraumes verhindert werden. Zugehörige Regelungen und Spezifikationen sowie Sonderlösungen wurden bereits in Abschnitt 4.2 und 4.3 diskutiert. Die vorbenannte Anforderung hinsichtlich des Ausschlusses einer Entzündung an

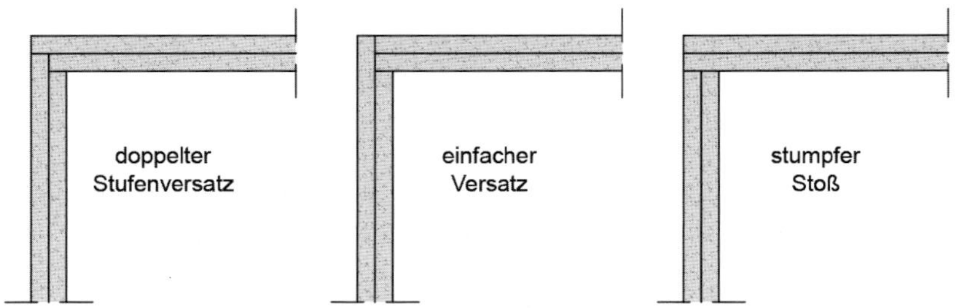

Abb. C.29: Ausführung möglicher Bekleidungsstöße (Darstellung für zweilagige Bekleidungen)

den Holzbauteilen gilt ganzheitlich für das Bauteil und umfasst somit auch den Bereich von Laibungen, die sich an Öffnungen für Fenster und Türen, Durchdringungen oder Einbauten ergeben.

Zur Konkretisierung dieses Aspektes werden in **Abschnitt 4.4 MHolzBauRL** weitere Ausführungshinweise gegeben. Die Qualität der zugehörigen Bekleidung im Laibungsbereich soll derjenigen der flächigen Bauteile entsprechen. Hinsichtlich der Ausführung der Laibungsbekleidung gelten somit die gleichen Mindestanforderungen wie an die flächige Bekleidung nach Abschnitt 4.2 und 4.3 MHolzBauRL. Dies umfasst ebenso die Notwendigkeit einer ausreichenden Befestigung, sodass umlaufend an Öffnungen, Durchdringungen oder Einbauten konstruktive Holzbauteile vorliegen müssen. Hierzu können die bereits vorhandenen Holzbauteile der Tragkonstruktion genutzt werden bzw. sind weitere Füllhölzer oder Auswechselungen vorzusehen, um die Befestigung der Laibungsbekleidung an einer geeigneten Unterkonstruktion sicherzustellen. Diese zusätzlichen Elemente sind vor allem bei Holztafelelementen notwendig. Die nächste Generation der DIN EN 1995-1-2 gibt hierzu allgemeine Hinweise und empfiehlt eine Mindestbreite des zugehörigen Wechsels von 40 mm. Den Aspekt der umlaufenden Unterkonstruktion zur Befestigung der Laibungsbekleidung visualisiert Prinzipskizze 1 im Abschnitt 4.4 MHolzBauRL. Bezüglich der mechanischen Befestigung von Plattenstreifen im Laibungsbereich sollte stets von einer zweireihigen Anordnung der Verbindungsmittel ausgegangen werden. Für den Eckstoß der flächigen Bekleidungslagen mit der Bekleidung im Laibungsbereich werden in der MHolzBauRL Varianten mit Fugenversatz, Stufenfalz, Nut-und-Feder-Verbindungen und Stumpfstößen aufgeführt. Üblicherweise werden mit den in der MHolzBauRL exemplarisch benannten Gips- und Gipsfaserplatten die in Abb. C.29 aufgeführten Ausführungen realisiert. In diesem Kontext sei ebenso auf die herstellerspezifischen Verarbeitungsrichtlinien hingewiesen, die weiterführende Konkretisierungen, z. B. zur Art von Verspachtelungen, enthalten.

Infolge der geometrischen Ecksituation, die sich an Laibungen ergibt, kommt es während einer Brandeinwirkung einerseits zu einer Überlagerung von Wärmeströmen aus unterschiedlichen Richtungen, andererseits kann in diesem Bereich auch die Konfiguration der Plattenfügung Einfluss auf den Erwärmungsvorgang nehmen. Hierdurch kann im Eckbereich eine Verkohlung nicht gänzlich ausgeschlossen werden, auch wenn die Beklei-

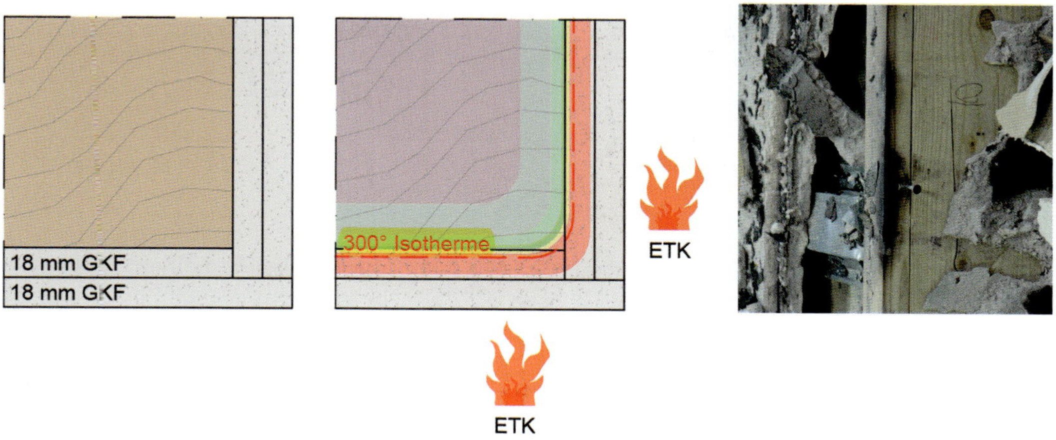

Abb. C.30: Doppellagig bekleidetes Holzbauteil mit Darstellung der Temperaturverteilung und Abbrandgrenze (links), Laibungsbereich nach einem Brandversuch mit einsetzender Verkohlung im Eckbereich (rechts)

dung im Laibungsbereich in gleicher Dimension wie in der Fläche ausgeführt wird. Das zugehörige Risiko von Hohlraumbränden oder einer Beteiligung am Brandgeschehen kann infolge der begrenzten Örtlichkeit und Zugänglichkeit für Löschmaßnahmen jedoch ausgeschlossen werden und wird vergleichbar mit dem Einfluss von Verbindungsmitteln im Kontext der MHolzBauRL toleriert (siehe Abb. C.30).

Trotz des Grundsatzes, dass die Bekleidung im Laibungsbereich der der flächigen Bauteile entsprechen soll, kommt es in der praktischen Ausführung oftmals zu Fragen, die die Dimension und Anordnung der Laibungsbekleidung, aber auch die Vereinbarkeit mit anderen baukonstruktiven Anforderungen betreffen. Hierbei sind u. a. der Umgang mit unterschiedlichen Arten von Bekleidungen bei unsymmetrisch aufgebauten Bauteilen, die Einbindung von Luftdichtungsebenen im Anschlussbereich von Fenstern sowie die Vermeidung von Wärmebrücken zu nennen. Ebenso stellt sich die Frage, ob die Laibungsbekleidung an anschließenden Bauteilen wie Fenstern oder Türen enden darf oder unter diesen durchzuführen ist. Gleichwohl ist zu berücksichtigen, dass neben den direkten Anforderungen bezüglich eines Entzündungsschutzes der Feuerwiderstand der flächigen Bauteile durch die Laibung nicht negativ beeinflusst werden darf bzw. im Laibungsbereich Einbaubedingungen für Öffnungsabschlüsse oder Installationsabschottungen zu schaffen sind.

Die Laibungsbekleidung soll in gleicher Qualität wie die raumseitige Fläche der Bauteile ausgeführt werden und die flächigen Bekleidungen im Laibungsbereich verbinden. Gleichwohl gilt der Grundsatz, dass die Laibungsbekleidung mindestens bis zur Grenze des jeweiligen Raumes oder des brandschutztechnischen Abschnittes zu führen ist. Ebenso erfordern Öffnungsabschlüsse oder Abschottungssysteme haustechnischer Installationen im Laibungsbereich in der Regel eine durchlaufende Brandschutzbekleidung als Grundlage der Einbaubedingungen im Hinblick auf den geprüften Feuerwiderstand. In diesem Kontext sei auf Türen innerhalb von Nutzungseinhei-

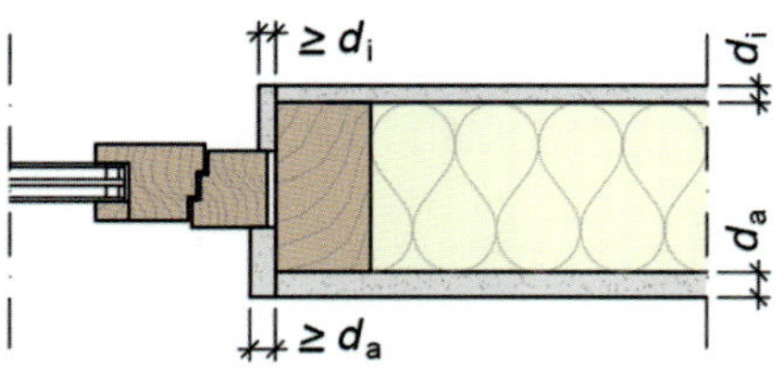

Abb. C.31: Laibungsausbildung bei Holzfenstern mit Blockrahmen und Laibungsbekleidung nach DIN 4102-4 (2025)

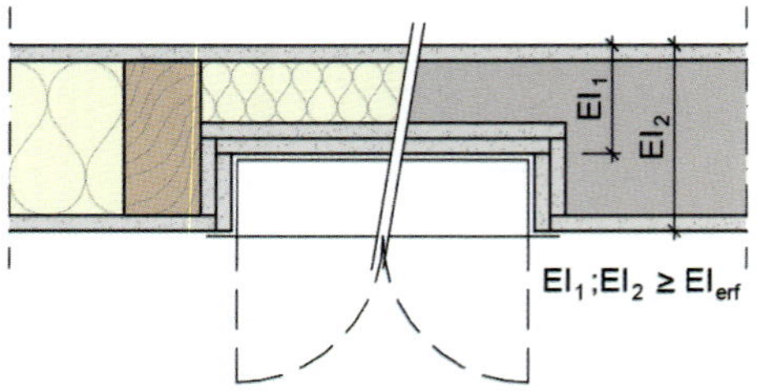

Abb. C.32: Laibungsbekleidung im Bereich von Einbauten

ten ohne Brandschutzfunktion oder Fenster in Außenwänden hingewiesen, an die in der Regel brandschutztechnisch keine Anforderung gestellt wird. Fenster sind als Teil der Gebäudehülle mit der luftdichten Ebene der Umfassungsbauteile zu verbinden bzw. Bekleidungen sollen keine Wärmebrücken bilden. Hierbei stellt sich bei durchlaufender Laibungsbekleidung die Frage, wie z. B. Folien zur Luftdichtung anzuschließen sind, aber auch, welchen Einfluss die Laibungsbekleidungen auf mögliche Wärmeverluste nehmen und ob die Laibungsbekleidung aus brandschutztechnischen Gründen unterbrochen werden oder anderweitig ersetzt werden kann. Fensterrahmen aus Holz können im Gegensatz zu Ausführungen aus Kunststoff oder Aluminium für das dahinterliegende Holzbauteil im Laibungsbereich eine Schutzwirkung aufweisen. Diesem Grundsatz wird bereits in den Ausführungsempfehlungen zum Feuerwiderstand nach DIN 4102-4 (2025) gefolgt (siehe Abb. C.31). In der Praxis liegt zwischen Fensterrahmen und Tragkonstruktion oder Laibung umlaufend ein in der Regel mit normalentflammbaren Dämmstoffen und Dichtsystemen verfüllter Fugenspalt von ca. 10 mm zum Ausgleich von Toleranzen vor. Ein dichter Anschluss zwischen Brandschutzbekleidung und Holzrahmen ist damit nicht immer gegeben, wodurch auch ein Holzfensterrahmen nicht für jeden Ausführungsfall für die dahinterliegende Tragkonstruktion einen Entzündungsschutz äquivalent zur flächigen Bekleidung gewährleisten kann. Gleichwohl ist festzuhalten, dass auch bei Fehlen einer Laibungsbekleidung unterhalb des Fensterrahmens ein Eindringen des Brandes in die Tragkonstruktion infolge der vorhandenen umlaufenden Vollholzbauteile (Wechsel, Ständerwerk, Massivholzelement) ausgeschlossen werden kann. Infolge des nur lokal begrenzten Einflusses auf entsprechende Holzbauteile im Laibungsbereich kann aus Sicht der Autoren mit Bezug auf die MHolzBauRL davon ausgegangen werden, dass auch hier nicht von einem relevanten Einfluss auf die Branddynamik im Raum ausgegangen zu werden braucht und eine Zugänglichkeit hinsichtlich der Löschbarkeit besteht. Dennoch können zumindest einlagig durchlaufende oder unterhalb des Rahmens gestoßene Bekleidungen im Laibungsbereich die Robustheit der Konstruktion verbessern und den Sanierungsaufwand im Fall eines Brandes minimieren bzw. unnötig machen. In Verbindung mit Holzrahmenfenstern kann so von einer vollständigen Erfüllung der Schutzziele der MHolzBauRL ausgegangen werden. In der nachfolgenden Auflistung der Ausführungsvarianten wird im Punkt c) nochmals auf diese Thematik eingegangen.

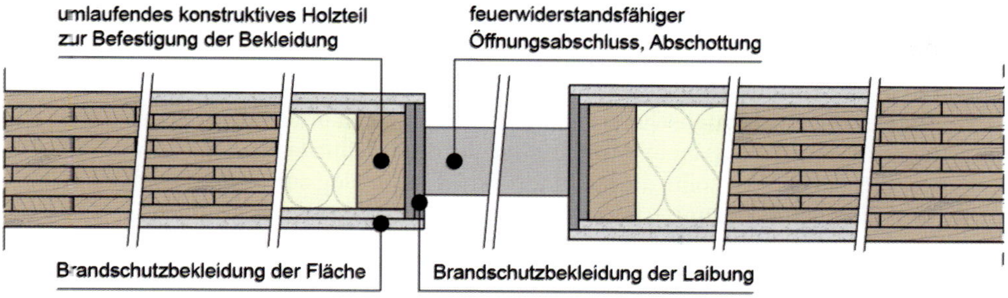

Abb. C.33: Durchgehende Laibungsbekleidung an einem raumabschließenden Bauteil, z. B. Trennwand

Ergänzend ist für die Ausführung von Einbauten anzumerken, dass diese einerseits eine Laibungsbekleidung erfordern und sie andererseits den Regelquerschnitt des raumabschließenden Bauteils reduzieren. Hierbei muss auch im Bereich des reduzierten Bauteilquerschnitts die Erfüllung der Anforderungen an den Feuerwiderstand nachgewiesen werden, auch wenn im Laibungsbereich die gleiche Ausführung der Bekleidung wie am flächigen Bauteil vorliegt (siehe Abb. C.32).

Bezüglich der konstruktiven Umsetzung können die drei nachfolgend aufgeführten typischen Varianten unterschieden werden, die als prinzipielle Grundlage auch für andere Situationen dienen können.

a) Beide Seiten des Bauteils weisen die gleiche Bekleidung auf.

Im Laibungsbereich sind somit durchgängig die Art und Dimension der Bekleidung anzuordnen, die auch an den flächigen Bauteilen vorliegt. Eine solche Ausführung findet sich üblicherweise bei Öffnungsabschlüssen wie z. B. bei Türen in Trennwänden, aber auch bei bekleideten tragenden Wänden innerhalb einer Nutzungseinheit. In diesem Fall umschließt die Laibungsbekleidung das Bauteil und läuft auch unter dem Rahmen des Türelementes durch (siehe Abb. C.33). Anzumerken ist hierbei, dass durch die Ausführung einer Brandschutzbekleidung nach Abschnitt 4.2 im Laibungsbereich regelmäßig Einbaubedingungen geschaffen werden, die den Ver- bzw. Anwendbarkeitsnachweisen zahlreicher Öffnungsabschlüsse entsprechen. Gleichwohl folgt hieraus auch, dass im Bereich unbekleideter tragender Massivholzelemente innerhalb einer Nutzungseinheit im Laibungsbereich keine zusätzliche Brandschutzbekleidung notwendig ist. Der Beitrag dieser Fläche im Hinblick auf eine gesteigerte Branddynamik kann infolge der Flächenanteile als gering und vernachlässigbar angesehen werden. Hohlraumbrände sind aufgrund der Bauart von Massivholzelementen konstruktionsbedingt nicht zu erwarten. Einzig ist hier im Nachweis des Feuerwiderstandes der zusätzliche Abbrand im Laibungsbereich zu berücksichtigen (siehe auch DIN 4102-4 [2025]).

b) Beide Seiten des Bauteils weisen die gleiche Qualität, jedoch unterschiedliche Materialität oder Ausführungen der Bekleidung auf.

Eine solche Situation liegt beispielsweise bei Deckenelementen mit Durchdringungen bei Plattenschotts vor, die oberseitig einen brandschutztechnischen Fußbodenaufbau und unterseitig eine Brandschutzbekleidung aufweisen. In diesem Fall sollte die Laibungsbekleidung analog zur plattenförmigen Brandschutzbekleidung erfolgen und bis zum Abschluss der gegenüberliegenden flächigen Brandschutzbekleidung / des Fußbodenaufbaus ragen bzw. diesen seitlich abdecken, um ein Umlaufen zu vermeiden. Zugehörige Ausführungen erfüllen damit die Grundanforderungen der MHolzBauRL. Gleichwohl sind die Regelungen zum Feuerwiderstand zu berücksichtigen, die sich aus den An- und Verwendbarkeitsnachweisen zugehöriger Abschottungssysteme hinsichtlich der Laibungsbekleidung ergeben. Auch hier erfüllen die Bekleidungen nach Abschnitt 4.2 regelmäßig diese Anforderungen (siehe Abb. C.34). Allgemeine Ausführungsempfehlungen können bereits Gräfe et al. (2014), aber auch der nächsten Generation der DIN EN 1995-1-2 (zum Zeitpunkt der Kommentarerstellung veröffentlicht als Entwurf FprEN 1995-1-2) sowie herstellerspezifischen Unterlagen, wie z. B. der Veröffentlichung „Brandschutz im Holzbau“ (Hilti, 2023), entnommen werden.

In Verbindung mit z. B. unbekleideten Massivholzbauteilen sei angemerkt, dass zwar für die raumseitige Laibungsseite keine Anforderungen an eine Laibungsbekleidung vorliegen würden, jedoch infolge der Randbedingungen aus dem Feuerwiderstandsnachweis eine solche Bekleidung üblicherweise notwendig wird. Hierbei ist im Erstellungsprozess sicherzustellen, dass zwischen der Laibungsbekleidung und den konstruktiven Holzbauteilen keine Spalte vorliegt, die ein Umlaufen und Durchströmen des Abschottungssystems ermöglicht. Um dies zu verhindern, können zwischen Laibungsbekleidung und Holzbauteil intumeszierende Dichtstreifen, Dichtstoffe, Anstriche oder zusätzliche Bekleidungsstreifen zur außenseitigen Abdeckung der Laibungsbekleidung notwendig werden. In diesem Kontext wird auch auf die in Anhang 3 MHolzBauRL beschriebenen Prinzipien zur Abdichtung von Fugen hingewiesen. Ebenso sind die zugehörigen Verwend-/Anwendbarkeitsnachweise zum Einbau entsprechender Abschottungssysteme zu berücksichtigen.

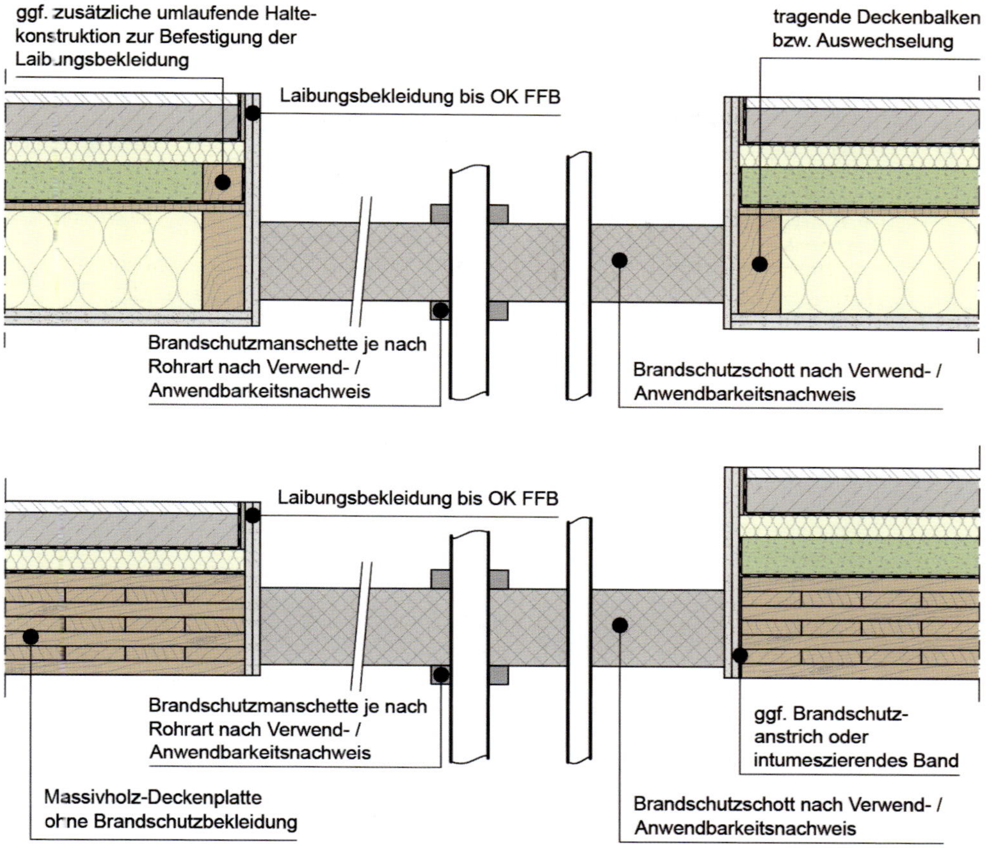

Abb. C.34: Durchgehende Laibungsbekleidung an einer Decke, modifiziert nach Gräfe et al. (2014)

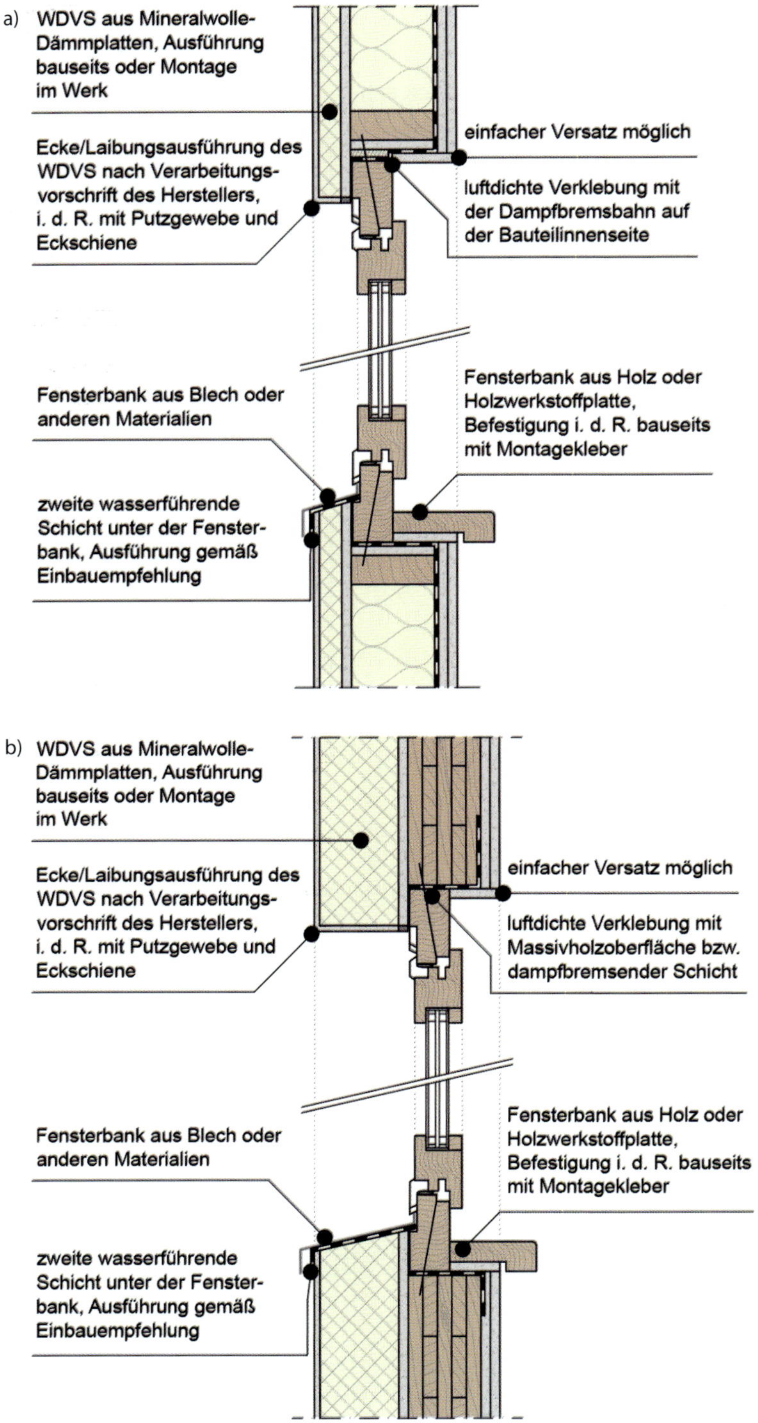

Abb. C.35: Ausführungsvariante für Fenstereinbauten in Außenwänden: a) mit einlagig durchlaufender Bekleidung, b) ohne Laibungshinterlegung, dichter Anschluss der inneren und äußeren Bekleidungslage am Holzrahmen; modifiziert nach Gräfe et al. (2014)

c) Beiden Seiten des Bauteils weisen unterschiedliche Qualitäten von Bekleidungen auf.

Eine solche Situation tritt üblicherweise bei Außenwänden mit Fensteröffnungen auf. Hierbei sind klare Zuordnungen der Laibungsbereiche zu den Wandseiten notwendig. Im Fall von Fensterlaibungen tritt zudem die Frage auf, wie ein luftdichter Anschluss zwischen Fenster und Wandelement bzw. den planmäßigen Schichten innerhalb des Bauteils zur Luftdichtung möglich ist.

Zugehörige Prinzipien und Richtzeichnungen können bereits Gräfe et al. (2014) entnommen werden. Hierbei wird dem Grundsatz gefolgt, dass die raumseitige Bekleidung im raumseitigen Laibungsbereich bis zum Fenster geführt und die außenseitige Bekleidung im außenseitigen Laibungsbereich fortgeführt wird, sofern, wie bei Holzfensterrahmen, eine entsprechende Schutzwirkung für die dahinterliegende Tragkonstruktion gewährleistet wird (siehe Abb. C.35 b). In allen anderen Fällen, aber auch, um eine einfache Sanierbarkeit zu ermöglichen, wird eine Bekleidungslage empfohlen (siehe Abb. C.35 a).

5 Anforderungen an die Fügung von Elementen und Anschlüsse von Bauteilen

[1]Fügungen von Elementen und Anschlüsse von Bauteilen sind so auszuführen, dass sie auch unter Brandeinwirkung wirksam sind und eine Übertragung von Feuer und Rauch ausreichend lange verhindern.

[2]Element- und Bauteilfugen, insbesondere die angeordnete Brandschutzbekleidung, dürfen bei durch Brandeinwirkung entstehenden Verformungen nicht aufreißen und dadurch die Wirkung nicht verlieren. [3]Dies gilt für die Bauteilanschlüsse als erfüllt, wenn im Anschlussbereich die stoßenden Bauteile kontinuierlich in Abständen von höchstens 500 mm mit Schrauben oder vergleichbar leistungsfähigen mechanischen Verbindungsmitteln konstruktiv miteinander verbunden werden.

[4]Element- und Bauteilfugen sind nach Technischer Baubestimmung auszuführen. [5]Alternativ können die Prinzipien nach dem Anhang 3 dieser Richtlinie angewendet werden. [6]Für andere Ausführungen bedarf es einer Bauartgenehmigung nach § 16a der Musterbauordnung1.

[7]Anschlüsse von Bauteilen nach dieser Richtlinie an Wände und Decken mit einer geringeren Feuerwiderstandsfähigkeit müssen so ausgeführt werden, dass die Brandschutzbekleidung der höherwertigen Bauteile nicht unterbrochen wird.

Kommentar

Neben der Tragfähigkeit stellt der Raumabschluss eine wesentliche Brandschutzanforderung dar, die zwischen Nutzungseinheiten und brandschutztechnisch abgetrennten Abschnitten zu erbringen ist. Somit kommt neben der Beurteilung von Wand- und Deckenelementen als raumabschließenden Bauteilen auch deren Fügungen und damit den Element- und Bauteilfugen

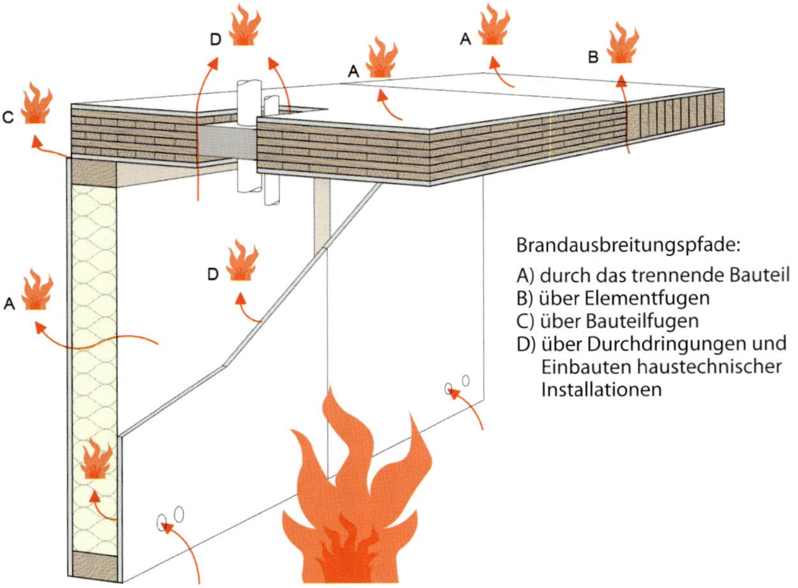

Abb. C.36: Brandausbreitungspfade

besondere Bedeutung zu, um die Übertragung von Feuer und Rauch in andere brandschutztechnische Abschnitte ausreichend lange zu behindern.

Fügungen sind innerhalb des Bauprozesses unvermeidbar, können jedoch gleichzeitig die Brandsicherheit der gesamten Konstruktion sowie die Leistung einzelner Bauteile und Elemente deutlich beeinflussen, da bei unzureichender Ausführung hieraus vorzeitige Brandübertragungswege im Vergleich zum ungestörten Bauteil resultieren. Beispielhaft genannt werden können Fugen, die sich aus Bautoleranzen oder der Notwendigkeit des Fügens von Bauteilen und Elementen zur Herstellung des Bauwerks ergeben, oder auch Arbeitsfugen, die sich aus dem Bauprozess ableiten.

Zugehörige Fügungen und Fugen muss der Planungsprozess eines Gebäudes bereits miterfassen und abbilden, um nach sachgerechter Ausführung im Brandfall eine frühzeitige Brandausbreitung in andere brandschutztechnische Abschnitte über eine geforderte Zeitdauer zu verhindern. Insbesondere müssen konvektive Ströme heißer Gase durch Fugen oder ein frühes Einströmen heißer Gase in die Bauteile konstruktiv ausgeschlossen werden. Bei Holzkonstruktionen müssen aufgrund der Brennbarkeit des Baustoffes auch der Abbrand in und an den Fugen sowie das Öffnen von Fugen infolge von Schwindvorgängen mitberücksichtigt werden.

Neben den flächigen Elementen sind damit in der ganzheitlichen Betrachtung der Feuerwiderstandsfähigkeit auch Element- und Bauteilfugen sowie Fugen, die aus typischen Durchdringungen von haustechnischen Installationen resultieren, als potenzielle Brandausbreitungswege von Bedeutung und konstruktiv zu berücksichtigen. Abb. C.36 stellt exemplarische typische Brandausbreitungspfade und Fügungen dar.

Abb. C.37: Horizontale Verformung einer Wand im Brandversuch

Abb. C.38: Vertikale Durchbiegung einer Decke im Brandversuch

Infolge der Brandeinwirkung erfahren Bauteile eine Erwärmung, die mit einer Entfestigung der mechanischen Materialeigenschaften und bei Holzbauteilen ggf. mit einer Querschnittsreduktion aus dem Abbrand einhergeht. Hieraus resultieren im Brandfall Horizontalverformung von Wänden oder Durchbiegung von Decken (siehe Abb. C.37 und C.38). Zugehörige Verformungen der flächigen Bauteile führen damit zur Verdrehungsneigung im Anschlussbereich bzw. zu Verschiebungen an Auflagern, die im Brandversuch an isolierten Bauteilen nicht auftreten. Ebenso resultieren aus ungleichmäßiger Brandeinwirkung oder nicht gleichmäßiger Lastverteilung unterschiedliche Verformungsneigungen zwischen benachbarten Elementen. Zugehörige Verdrehungen und gegenseitige Verformungen führen jedoch zu einem Öffnen der Element- und Bauteilfugen bzw. zu einem Aufreißen der Brandschutzbekleidung im Anschlussbereich, sofern konstruktive Verbindungen dies nicht verhindern. Das Vorhandensein einer solchen zugehörigen mechanischen Verbindung resultiert bereits aus den Anforderungen und Nachweisen unter Normaltemperatur und stellt hinsichtlich der dauerhaften Dichtheit des Anschlusses im Brandfall damit eine essenzielle Grundvoraussetzung dar, damit die beispielsweise in Anhang 3 MHolzBauRL beschriebenen Dichtungsmaßnahmen wirksam bleiben können und eine Übertragung von Feuer und Rauch über sich öffnende Fugen hinweg ausgeschlossen werden kann.

Mit **Abschnitt 5 Satz 3 MHolzBauRL** wird explizit für Bauteilanschlüsse eine Lösung benannt, unter der angenommen werden darf, dass keine unzuträglichen Verformungen zwischen den Bauteilen auftreten und somit ein Aufreißen der Brandschutzbekleidung im Fügungsbereich nicht stattfindet. Hierfür dürfen die bereits aus dem Nachweis unter Normaltemperatur konstruktiv notwendigen Verbindungsmittel bei einer Anordnung im Ab-

Abb. C.39: Verschiebung und Öffnung im Bereich einer Elementfuge

Abb. C.40: Verbindungsmittel, das freigebrannt wurde und damit keine Kraftübertragung mehr sicherstellen konnte

stand von max. 500 mm als ausreichend angesehen werden. Dabei werden exemplarisch zwar Verschraubungen benannt, die aktuell die übliche Verbindungstechnik für diese Anwendung darstellen, jedoch werden andere als gleichwertig nachgewiesene Ausführungen, wie z. B. Gewindestangen, nicht ausgeschlossen. Auf weiterführende Spezifikationen zu Durchmesser, Einbindetiefe und Mindestbeanspruchbarkeit der Verbindung, wie sie noch in der MHolzBauRL 2020 benannt wurden, wird verzichtet, da auch diese Forderungen sich immer auf den ohnehin zu erbringenden Nachweis unter Normaltemperatur bezogen. Auf dieser Basis ergeben sich zugehörige Abmessungen aus dem Nachweis der Standsicherheit unter Normaltemperatur unter Berücksichtigung der objektspezifischen Beanspruchungen und unter Einbezug dessen, dass zugehörige mechanische Verbindungsmittel im Abstand von höchstens 500 mm angeordnet sind. In der üblichen praktischen Anwendung fallen entsprechende Abstände geringer aus.

Zugehörige Regelungen, im Wesentlichen Abschnitt 5 Satz 3 MHolzBauRL, gehen in jedem Fall jedoch davon aus, dass die Verbindungsmittel während der Brandbeanspruchungsdauer innerhalb des verbleibenden Restquerschnitts eingebettet sind und keiner direkten Brandeinwirkung ausgesetzt werden. Hiervon kann infolge der Dimensionen üblicher Bauteile im Anwendungsbereich der MHolzBauRL ausgegangen werden. Eine entsprechende Benennung dieser Forderung findet sich in DIN 4102-4 (2025) und bestätigt damit nochmals die Aussage, dass die zugehörigen Verbindungsmittel dem Brand nicht ausgesetzt sein dürfen.

Auch wenn die vorbenannten konstruktiven Regelungen sich explizit auf Bauteilfügungen beziehen, sollten diese auch auf Elementverbindungen angewendet werden, da der gesamte Abschnitt 5 ganzheitlich Bauteil- und Elementfugen adressiert und ebenso Anhang 3 zugehörige Lösungen für beide Fügungsarten liefert. Es ist lediglich ebenso sicherzustellen, dass zugehörige Verbindungen innerhalb des verbleibenden Restquerschnitts liegen und damit eine gegenseitige Verschiebung der Elemente über die Brandeinwirkungsdauer verhindert wird. Zur Verdeutlichung zeigen Abb. C.39 und Abb. C.40 exemplarisch ein Öffnen der Elementfuge, wenn entsprechende Verbindungsmittel keine ausreichende Verankerung mehr sicherstellen können.

Mit **Abschnitt 5 Satz 4 und 5** wird konkret auf Lösungen zum Erfüllen der allgemeinen Anforderungen an einen ganzheitlichen Feuerwiderstand hingewiesen, der neben den flächigen Bauteilen auch die Berücksichtigung der Bauteil- und Elementfugen umfasst. Nach MVV TB 2025/1, Anlage A 1.2.3./3 wird hierfür auf die Regelungen der Eurocodes und damit auf DIN EN 1995-1-2 sowie auf die DIN 4102-4 (2016) verwiesen. Beide technischen Regeln enthalten derzeit jedoch nur wenige konkrete Hinweise und Lösungen. Erst die Nachfolgegeneration beider Regelwerke, FprEN 1995-1-2 (zum Zeitpunkt der Erstellung dieses Kommentars noch vor der Veröffentlichung stehend) und DIN 4102-4 (2025), bieten speziell hierzu konkrete Regelungen, Prinzipien und Richtzeichnungen an. Beide sind zum Zeitpunkt der Erscheinung des Kommentars auch noch keine technisch eingeführten Baubestimmungen. Um diesem Umstand temporär entgegenzuwirken, wurden in **Anhang 3 MHolzBauRL** Prinzipien und Richtzeichnungen zur Ausführung von Bauteil- und Elementfugen aus dem Bearbeitungsprozess der beiden vorbenannten technischen Regeln entnommen. Anzumerken ist in diesem Zusammenhang, dass zugehörige Regelungen im finalen Stand beider technischer Regelungen weitere Optimierungen erfahren haben. Hierauf wird explizit in den Erläuterungen zum Anhang 3 eingegangen. Festzuhalten bleibt, dass für Fügungen, die analog zu diesen Vorgaben ausgeführt werden, davon ausgegangen werden darf, dass eine Übertragung von Feuer und Rauch auch im Fügungsbereich ausreichend lange verhindert wird und damit eine wesentliche Grundlage im Nachweis der Feuerwiderstandsfähigkeit der Konstruktion gegeben ist. Neben den benannten ausführungstechnischen Maßnahmen muss nochmals auf die notwendige konstruktive Verbindung der Bauteile und Elemente im Abstand von höchstens 500 mm hingewiesen werden, die dauerhaft ein Öffnen der Fügungen im Brandfall verhindert.

Werden Fügungen abweichend zu diesen Regelungen ausgeführt, werden nach **Abschnitt 5 Satz 6** Bauartgenehmigungen in Form einer aBG oder vBG erforderlich. Für die Erlangung einer entsprechenden Bauartgenehmigung wird auf die Hinweise des DIBt oder der obersten Bauaufsichtsbehörden der Länder verwiesen. Typische Fälle, die Bauartgenehmigungen erfordern, liegen u. a. vor, wenn andere Verbindungstechniken oder Verbinder ohne Äquivalenznachweis im Vergleich zu den im Abstand von 500 mm angeordneten Schrauben (z. B. bei Verklebungen oder der Anwendung eingefräster Systemverbindern) zur Ausführung kommen sollen oder diese mit einem größeren Abstand ausgeführt werden. Ebenso werden im Allgemeinen gesonderte Nachweise bei der Ausführung von gleitenden Anschlüssen, aber auch bei Abweichungen von den Richtzeichnungen aus Anhang 3, mit z. B. größeren Fugenspaltmaßen, notwendig. Auf besondere Anwendungsfälle wird in den Erläuterungen zu Anhang 3 gesondert eingegangen.

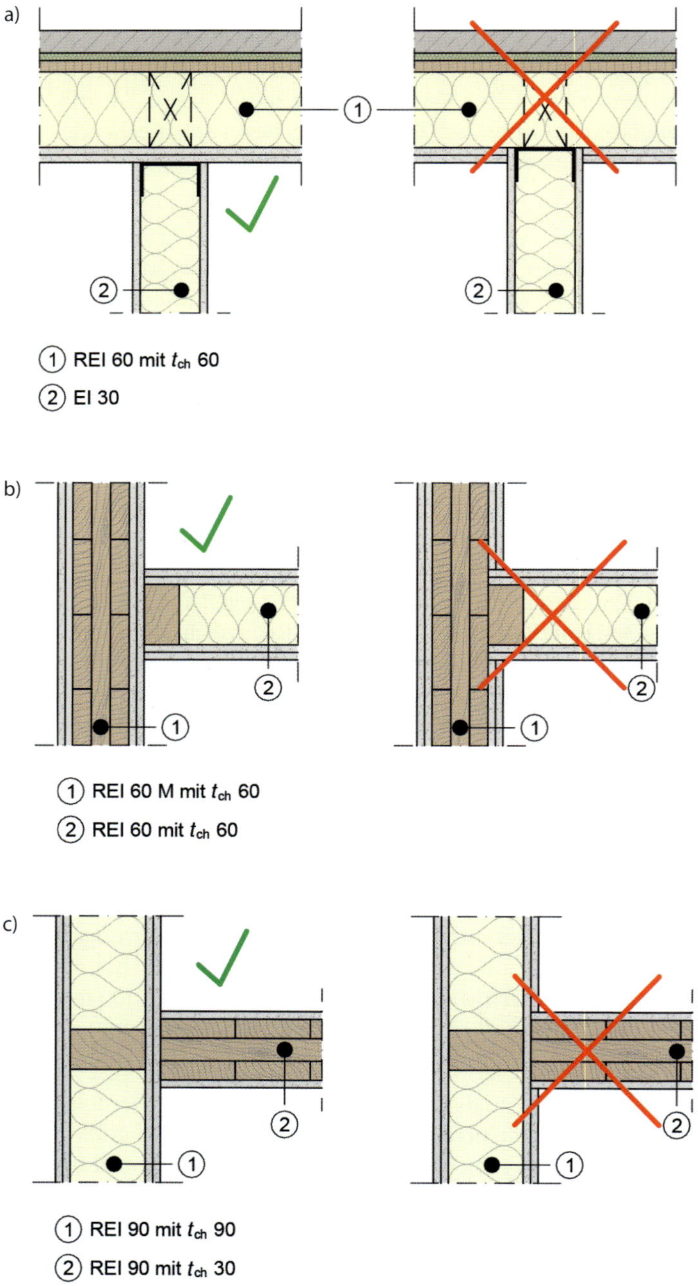

a) Anschluss von nicht klassifizierter Trockenbauwand
b) Anschluss an Bandersatzwand
c) Anschluss von Wänden mit gleichem Feuerwiderstand; aber unterschiedlichen Brandschutzbekleidungen

Alle Darstellungen ohne Verbindungsmittel; weitere Schichten ohne Brandschutzfunktion, die jedoch zur Erfüllung von z. B. schallschutztechnischen Anforderungen notwendig sind, wurden nicht dargestellt.

Abb. C.41: Bauteilfügung mit zulässiger und unzulässiger Ausführung nach MHolzBauRL

Abschnitt 5 Satz 7 geht abschließend auf die Ausführung von Anschlüssen zu anderen Bauteilen ein, die eine geringere oder keine Feuerwiderstandsfähigkeit aufweisen. Die benannte Feuerwiderstandsfähigkeit umfasst neben dem Feuerwiderstand des Bauteils inklusive dessen Fügungen auch die geforderte Schutzfunktion der Brandschutzbekleidung.

Entsprechende Ausführungssituationen liegen u. a. vor

- für den Anschluss von Leichtbaukonstruktionen zur Zonierung und Raumbildung innerhalb von Nutzungseinheiten im Anschlussbereich an Decken, Fußböden oder Wänden aus dem Anwendungsbereich der MHolzBauRL,
- im Anschlussbereich von Wänden notwendiger Flure an Decke oder an Fußböden bzw. von Trennwänden an Flurwände,
- beim Anschluss von Wänden mit reduzierter Bekleidung nach Abschnitt 4.3 an Wände oder Decken mit voller Bekleidung nach Abschnitt 4.2 MHolzBauRL,
- im Anschluss von Trennwänden an Brandwandersatzwände oder auch
- im Fügungsbereich eingestellter nichttragender Außenwandelemente an Geschossdecken.

Ausgangspunkt der Regelungen ist, dass Bauteile mit einer nach Abschnitt 4.2 und 4.3 MHolzBauRL ausgeführten Brandschutzbekleidung durch andere flankierende oder angeschlossene Bauteile in ihren Leistungsmerkmalen (REI [M], t_{ch}) nicht negativ beeinflusst werden dürfen. Hieraus leitet sich die Anforderung ab, dass entsprechende Bekleidungen auch im Anschlussbereich nicht unterbrochen werden dürfen. Abb. C.41 stellt exemplarisch mögliche Bauteilfügungen dar und verdeutlicht unzulässige Ausführungsvarianten.

Hintergrund dieser Forderung ist, dass im Stoßbereich von Bauteilen, in dem eine Brandschutzbekleidung durch angeschlossene Bauteile mit geringem oder keinem Feuerwiderstand bzw. durch Bauteile mit einer geringeren Schutzfunktion der Bekleidung durchdrungen wird, keine quantifizierte Schutzwirkung im Anschlussbereich vorliegt, insbesondere wenn der Aufbau der angeschlossenen Bauteile nicht explizit definiert oder bekannt ist. Hierdurch wären ein vorzeitiger Einbrand in das zu schützende Holzbauteil und eine Reduktion des Feuerwiderstandes möglich. Auch wenn Situationen denkbar sind (siehe Abb. C.41 c), in denen die angeschlossenen Bauteile eine solche Funktion im Fügungsbereich der Bauteile erfüllen können, wird hier dem Grundsatz gefolgt, allgemein eine ungestörte und durchgehende Brandschutzbekleidung zu fordern.

Ebenso sei angemerkt, dass auch die Befestigung angeschlossener Bauteile besondere Aufmerksamkeit verlangt. Für diese Bauteile muss auch bei durchlaufender Brandschutzbekleidung eine Befestigung in die dahinterliegende Tragkonstruktion oder in zusätzlich angebrachte Tragelemente zur Lastabtragung erfolgen (siehe Abb. C. 41 a) (zusätzlicher Querschnitt im Deckenbereich quer zur Spannrichtung der Decke). Eine Befestigung allein in die Brandschutzbekleidung, z. B. durch Hohlraumdübel, ist nicht ausreichend. Andernfalls wäre im Fall von Verformungen angeschlossener Bauteile oder deren Versagen eine direkte Belastung der Brandschutzbekleidung mit deren vorzeitigem Versagen möglich, wodurch die Schutzwirkung und der Feuerwiderstand der dahinterliegenden Bauteile negativ beeinflusst werden. Zugehörige Regelungen finden sich analog auch in der neu überarbeiteten DIN 4102-4 (2025).

6 Installationen in Bauteilen nach dieser Richtlinie

6.1 Allgemeines

[1]Installationen (Leitungs- und Lüftungsanlagen) dürfen in Bauteilen nach dieser Richtlinie nicht geführt werden, sofern nachfolgend nichts anderes geregelt ist. [2]Eine Führung von Installationen in mehrschaligen Aufbauten ist nicht zulässig. [3]Sie sind grundsätzlich in Vorsatzschalen oder in Schächten und Kanälen zu führen. [4]Die Führung von elektrischen Leitungen und Rohrleitungen für nichtbrennbare Medien, einzeln oder nebeneinander angeordnet, ist auf Rohdecken zulässig. [5]Sofern darüber brennbare Dämmstoffe angeordnet werden, ist eine Mindestüberdeckung der elektrischen Leitungen durch eine nichtbrennbare Schüttung oder eine nichtbrennbare Dämmung von mindestens 10 mm Dicke erforderlich (Prinzipskizze 2). [6]Sofern elektrische Leitungen in direktem Kontakt mit brennbaren Dämmstoffen angeordnet werden, ist die brennbare Oberfläche der Rohdecke durch eine mindestens 12,5 mm dicke Brandschutzbekleidung nach Abschnitt 3.4 zu schützen (Prinzipskizze 3). Abschnitt 3.3 bleibt unberührt. [7]Für Öffnungen in Wänden und Decken zur Durchführung von Schächten, Kanälen und von Installationen gilt Abschnitt 4.4 entsprechend.

[8]Als Installationen im Sinne dieser Richtlinie gelten neben Leitungen auch elektrische Einbauteile wie Steckdosen, Schalterdosen, Verteilerdosen und dergleichen.

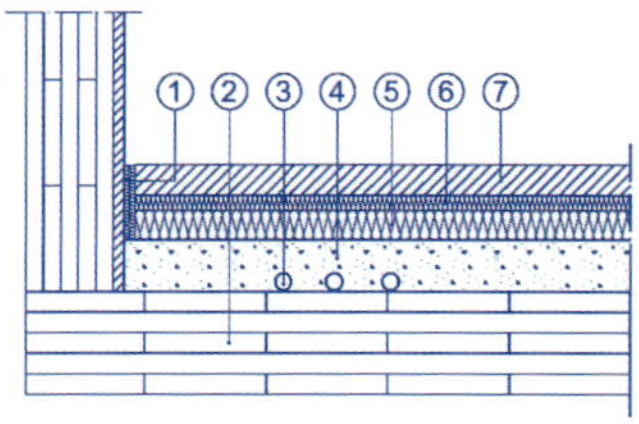

Prinzipskizze 2: Führung elektrischer Leitungsanlagen in Fußbodenaufbauten unterhalb einer nichtbrennbaren Schüttung (Vertikalschnitt)

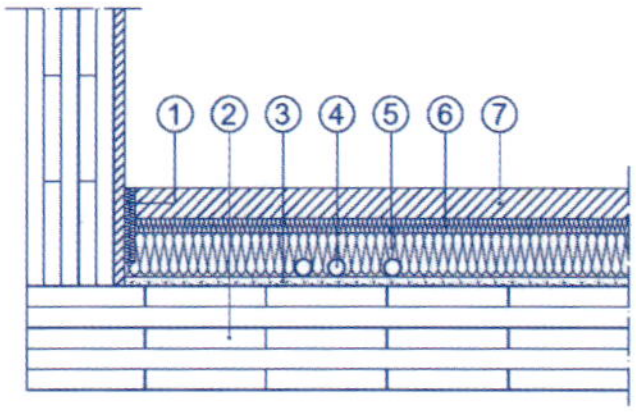

Prinzipskizze 3: Führung elektrischer Leitungsanlagen in Fußbodenaufbauten mit Kontakt zu brennbaren Dämmstoffen (Vertikalschnitt)

Kommentar

Im **Abschnitt 6 MHolzBauRL** werden spezifische Regelungen zum Umgang mit haustechnischen Installationen im Holzbau getroffen. Dabei werden die Regelungen der MHolzBauRL 2020 fortgeschrieben und erstmals gleichzeitig die Holztafel- und Massivholzbauweise einbezogen. Hierbei wird weiterhin dem Grundsatz gefolgt, dass Installationen nicht innerhalb der Bauteile oder in mehrschaligen Aufbauten wie im Spalt zwischen Bauteilen geführt werden dürfen, sofern keine gesonderten Regelungen innerhalb des **Abschnitts 6** getroffen werden. Als Installationen werden neben Elektro-, Daten- und Rohrleitungen auch Lüftungsleitungen sowie mit Elektro- und Dateninstallationen einhergehende Einbauteile, wie Steck-, Schalter- und Verteilerdosen, angesehen. Entsprechende Installationen sollen in gesonderten Vorsatzschalen oder in separaten Schächten und Kanälen vor dem feuerwiderstandsfähigen Holzbauteil nach MHolzBauRL geführt werden. Ziel dieser Regelung ist die Vermeidung der Entzündung brennbarer Bauteile im direkten Kontakt mit Installationsmedien und Einbautauteilen. Gleichwohl werden durch diese Anforderung Durchdringungen von Brandschutzbekleidungen und ein vorzeitiger, nicht hinnehmbarer Eintritt des Brands in die Konstruktion und aufwendige Löschmaßnahmen ausgeschlossen.

Mit **Abschnitt 6.1 Satz 4** wird ergänzend zu den allgemeinen Regelungen, die grundsätzlich eine Führung von Leitungen außerhalb der Bauteile vorsehen, die Verlegung einzelner Elektroleitungen und von Rohrleitungen für nichtbrennbare Medien, wie z. B. wassergeführte Heizungsrohre, auf der Rohdecke gestattet. Als Rohdecke gelten in diesem Zusammenhang Decken in Holztafelbauart, in Massivholzbauweise sowie Holz-Beton-Verbunddecken (siehe Abb. C.42). Mit der Formulierung „einzeln oder nebeneinander" soll vermieden werden, dass Leitungen oberhalb von Holzdecken in

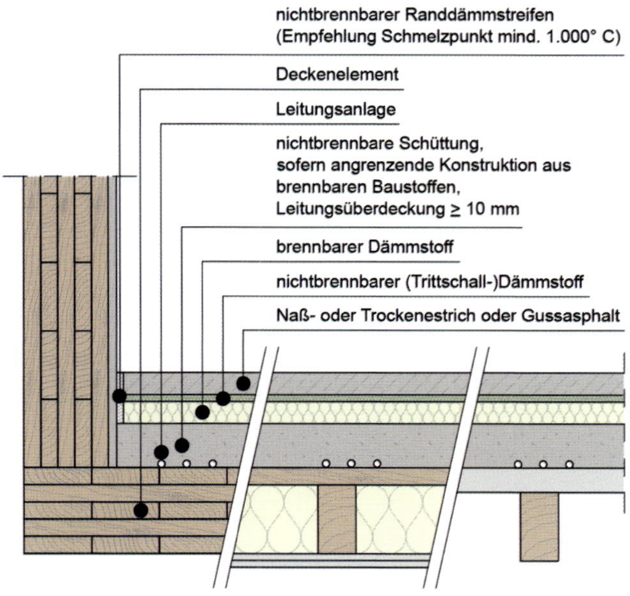

Abb. C.42: Darstellung der Installationsführung auf Holzbalkendecke nach MHolzBauRL

Bündeln angeordnet werden. Hintergrund der mit dem **Satz 4** benannten Erleichterung sind u. a. die im Rahmen des Forschungsvorhabens TIMpuls (Engel et al., 2022) durchgeführten Versuche zum Entzündungsrisiko infolge von Elektrobränden in Holzbauteilen.

Die Zulässigkeit der Führung von Leitungen auf der Decke wird an die Bedingung geknüpft, dass Elektroleitungen zu keinem Hohlraumbrand und keiner merklichen Brandeinwirkung für die Holzbauteile führen dürfen. So sind Elektroleitungen durch mindestens 10 mm dicke, nichtbrennbare Schüttung oder nichtbrennbare Dämmstoffe zu überdecken, sofern sich darüber brennbare Dämmstoffe befinden. Aufgrund dieser Maßnahme darf davon ausgegangen werden, dass im Fall eines Brandereignisses, ausgelöst durch eine Elektroleitung, die umgebenden nichtbrennbaren Baustoffe ein Selbstverlöschen bewirken. Bei Verlegung von Elektroleitungen auf der Rohdecke innerhalb brennbarer Dämmstoffe ist die brennbare Oberfläche der Rohdecke durch eine mindestens 12,5 mm dicke Brandschutzbekleidung zu schützen, um auch hier eine direkte Einwirkung auf das Holzbauteil zu begrenzen. Bezüglich weiterführender Anforderungen an nichtbrennbare Dämmstoffe zur Überdeckung der Kabel werden in der MHolzBauRL keine Konkretisierungen getroffen. Hierdurch entfällt, wie bereits im **Abschnitt 3.3** beschrieben, die Anforderung nach Dämmstoffen mit einem nachgewiesenen Schmelzpunkt von mindestens 1.000 °C. Im Hinblick auf die mindestens 12,5 mm dicke Brandschutzbekleidung auf der Holzdecke trifft die MHolzBauRL zur Materialität im **Abschnitt 6.1** keine direkte Aussage, jedoch liegt bereits aus baupraktischen Aspekten und der angegebenen Dicke nahe, dass hier die in **Abschnitt 3.4** exemplarisch benannten Gipsplatten im Fokus der Verfasser der Richtlinie standen. Aus Sicht der Kommentierenden kann für diesen Anwendungsbereich jedoch auch eine gleich dicke Gipskartonbauplatte zur Anwendung kommen, ohne das Schutzziel zu unterlaufen.

Mit **Satz 7** verweist **Abschnitt 6.1** darauf, dass für Durchführungen von Schächten, Kanälen und Installationen durch raumabschließende Bauteile im Anwendungsbereich der MHolzBauRL die bereits im Abschnitt 4.4 beschriebenen Maßnahmen zu berücksichtigen sind, die u. a. Laibungsbekleidungen zum Schutz der Holzbauteile vorsehen. Die Kommentierenden verweisen ergänzend auch auf die Regelungen zur Leitungsführung nach MLAR. Auch wenn die aktuelle MLAR noch Bezug auf die frühere M-HFHHolzR nimmt, wird aus Sicht der Kommentierenden z. B. bezüglich der Durchführung von einzelnen Leitungen durch Bauteile eine sinngemäße Anwendung der darin vorgesehenen Maßnahmen auch für Holzbauteile empfohlen, da hierzu in der MHolzBauRL keine direkten Regelungen enthalten sind.

6.2 Elektrische Installationen in Holztafelbauteilen

[1]Abweichend von Abschnitt 6.1 dürfen in Holztafelbauteilen mit einer Gesamtdämmschichtdicke von mindestens 100 mm einzelne Installationen mit einer Öffnungsfläche von insgesamt nicht mehr als 200 cm^2 je Gefach an jeder beliebigen Stelle, aber nicht unmittelbar gegenüberliegend, nach Prinzipskizze 4 eingebaut werden. [2]Elektrische Einbauteile müssen einen lichten Abstand von mindestens 500 mm zueinander aufweisen oder horizontal beziehungsweise vertikal durch mindestens ein Unterkonstruktionselement (Holzrippen) getrennt sein. [3]Im Bereich der Öffnungsfläche darf die Dämmschichtdicke um max. 25 Prozent komprimiert werden. [4]Zu elektrischen Einbauteilen dürfen einzelne Leitungen in den Holztafelbauteilen geführt werden.

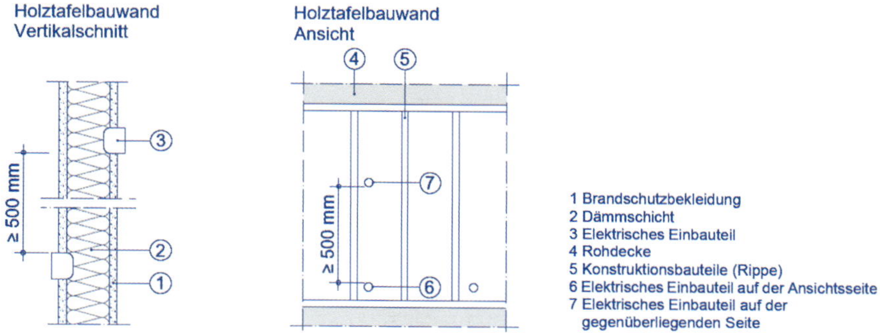

Prinzipskizze 4: Anordnung von elektrischen Einbauteilen in Holztafelbauwänden

[5]Zu Konstruktionsbauteilen aus brennbaren Baustoffen ist ein Mindestabstand von 150 mm notwendig, wobei der Wandhohlraum in diesem Bereich mit Dämmstoffen gemäß Abschnitt 3.3 vollständig auszufüllen ist. [6]Der Mindestabstand von 150 mm kann unterschritten werden, wenn die näher liegenden Konstruktionsbauteile (Rippe) im Gefach durch eine Brandschutzbekleidung nach Abschnitt 3.4 mit einer Dicke d_1 von mindestens 18 mm mit einer vertikalen Überdeckung von jeweils mindestens 500 mm Länge der Bekleidung (Prinzipskizze 5, Legende Nummer 1) geschützt werden. [7]Die Ausführung der Dämmung gemäß Abschnitt 3.3 in diesem Bereich bleibt davon unberührt.

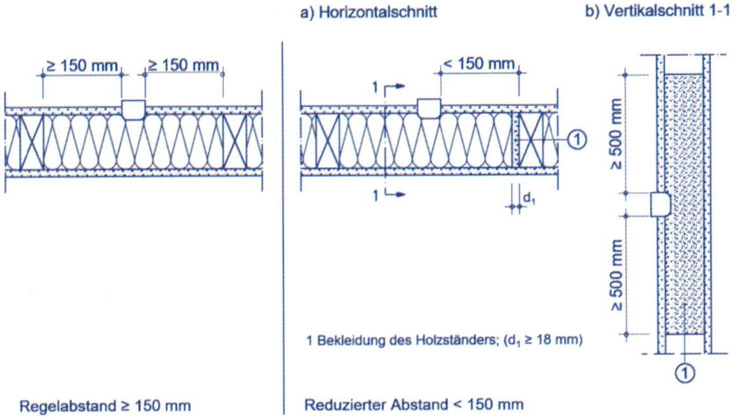

Prinzipskizze 5: Regel- und reduzierter Abstand von elektrischen Einbauteilen zu brennbaren Konstruktionsbauteilen

Kommentar

Mit **Abschnitt 6.2** vertieft die MHolzBauRL die Aussagen zu haustechnischen Installationen für elektrische Einbauteile und Leitungen in Holztafelbauelementen. Ziel der Regelungen der MHolzBauRL ist es, dass trotz einzelner haustechnischer Installationen innerhalb von Holztafelbauteilen und der dabei resultierenden Aussparungen in der Brandschutzbekleidung kein vorzeitiges Entzünden an Holzbauteilen und Holzwerkstoffen auftritt und kein negativer Einfluss auf den Feuerwiderstand der Bauteile resultiert. **Abschnitt 6.2** spezifiziert eingangs nicht, ob die Regelungen für Wände und/oder Decken gelten, und im weiteren Verlauf des Abschnitts wird durch das Wort „Wandhohlraum" ein Hinweis auf den Anwendungsbereich gegeben. Gleichwohl kann festgehalten werden, dass zugehörige Regelungen der DIN 4102-4 (2025) entnommen sind und diese explizit für Wände mit brandschutztechnisch notwendiger Dämmschicht mit Schmelzpunkt von mindestens 1.000 °C erarbeitet wurden. Versuche zum Verhalten und Auswirkungen von Einbauteilen in Holztafelbauelementen fasst die BBSR-Onlinepublikation 24/2022 (Rauch et al., 2022) zusammen. Hierauf basierend sollten die Regelungen der MHolzBauRL auch nur für Wände angewendet werden. Für Decken, deren Brandschutzbekleidungen hinsichtlich einer Belastung aus Leitungen und Einbauteilen kritischer anzusehen sind, wird auf die zugehörigen Ausführungsregelungen der DIN 4102-4 (2025) verwiesen.

Als Einbauten und Installationen in Holztafelbauwänden im Sinn der MHolzBauRL gelten Steckdosen, Schalterdosen, Verteilerdosen und dergleichen sowie die zugehörigen elektrischen Zuleitungen. Entsprechend der Abschnittsüberschrift gelten die Regelungen nur für elektrische Einbauten und damit nicht für Rohrleitungen. Für Rohrleitungen an Wänden werden damit wie bisher weiterhin Installationsebenen mit Vorsatzschalen oder spezielle Schächte notwendig.

Basierend auf der Anforderung des **Satzes 1**, wird für Holztafelbauteile eine Mindestdämmschichtdicke von 100 mm gefordert, um trotz der Aussparung in der Brandschutzbekleidung einen Entzündungsschutz für hinter der Dämmung liegende Holzbauteile oder Holzwerkstoffe weiterhin sicherstellen zu können und in Verbindung mit der einseitig verbleibenden Brandschutzbekleidung auch den Feuerwiderstand zu gewährleisten. Mit der benannten zulässigen Ausschnittgröße von 200 cm^2 pro Gefach innerhalb der Brandschutzbekleidung wird eine konzentrierte Anordnung von beispielsweise bis zu fünf Gerätedosen mit einem Durchmesser von 68 mm ermöglicht. Ebenso dürfen diese Einbauten pro Gefach auch in der Brandschutzbekleidung verteilt angeordnet werden, wenn die Gesamtöffnungsfläche der Einbauteile gewahrt bleibt. Eine Einschränkung der geometrischen Ausführung der Öffnungsfläche erfolgt nicht, da, wie oben erwähnt, von klassischen Einbauteilen ausgegangen wird. Ein gegenüberliegender Einbau auf beiden Seiten eines Gefachs bleibt wie bisher unzulässig. Um dennoch praxisrelevante Möglichkeiten für den gleichzeitigen Einbau auf beiden Wandseiten zu schaffen und dabei die Schutzwirkung des Bauteils weiterhin sicherzustellen, gibt die MHolzBauRL in **Abschnitt 6.2 Satz 2** 2 Möglichkeiten:

- Versatz der Einbauteile innerhalb eines Gefachs um mindestens 500 mm (siehe Prinzipskizze 4),
- Trennung der Einbauteile durch konstruktive Holzbauteile (Rippen) in Tiefe der Tragkonstruktion innerhalb des Gefachs bzw. zwischen den Gefachen.

Durch die vollständige Füllung der Gefache mit Mineralwolledämmstoff nach **Abschnitt 3.3** oder zusätzlich eingebrachte Rippen in Tiefe der Tragkonstruktion wird eine gegenseitige Beeinflussung von Einbauteilen auf unterschiedlichen Wandseiten ausgeschlossen. Ebenso zeigt Satz 3 mit der Forderung, dass der Dämmstoff im Gefach durch die Einbauteile um max. 25 % komprimiert werden darf, auf, dass die hier allgemein für alle Holztafelbauwände aufgeführten konstruktiven Sonderregelungen nur unter definierten Randbedingungen gültig sind. Durch die Begrenzung des Kompressionsgrades des Dämmstoffs wird sichergestellt, dass eine Restdicke verbleibt, die dahinterliegende Bauteilschichten weiterhin schützt und in Verbindung mit der weiterhin vorhandenen einseitigen Brandschutzbekleidung den Feuerwiderstand in Bezug auf den Raumabschluss sicherstellt. Die frühere Regelung, dass der Dämmstoff auf ein Mindestmaß von 30 mm zusammengedrückt werden darf, entfällt, da hierdurch weder in Bezug auf den Entzündungsschutz noch auf den Feuerwiderstand eine ausreichende Schutzfunktion für Holztafelelemente im Anwendungsbereich der MHolzBauRL gewahrt werden kann. Basierend auf den Anforderungen der MHolzBauRL sind zum Schutz von hinter dem Dämmstoff liegenden Holzwerkstoffplatten (siehe z. B. Aufbau nach **Abschnitt 4.3 a**) die in Tabelle C.6 aufgeführten Dämmstoffdimensionen in Bezug auf die Schutzwirkung t_{ch} nach DIN EN 1995-1-2 notwendig.

Tabelle C.6: Dämmstoffdicke zum Erreichen einer Schutzfunktion t_{ch} nach DIN EN 1995-1-2 im Bereich hinter Einbauteilen angeordneten Holzwerkstoffen

Aufbau	**Dämmstoff nach Abschnitt 3.3**		**Schutzzeit t_{ch} nach DIN EN 1995-1-2**
	Schichtdicke x[1] in mm	**Rohdichte in kg/m³**	**in Minuten**
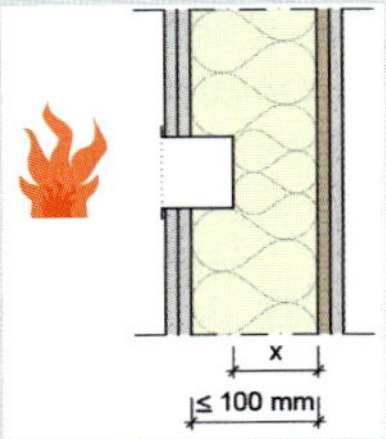	90	38	30
	100	30	30
	180	30	60
	260	30	90

1) Angabe für komprimierte Dämmstoffe hinter Einbauteilen. Die Dämmstoffdicke im Regelwandaufbau muss weiterhin mindestens 100 mm betragen.

Ebenso sei darauf hingewiesen, dass die Forderung nach einem max. Kompressionsgrad des Dämmstoffs im Bereich der Einbauteile um 25 % bei Anwendung von üblichen Gerätedosen (Einbautiefe ca. 40 bis 62 mm) in Verbindung mit der Vorgabe einer minimalen Bauteildämmstoffdicke von 100 mm nicht immer gegeben ist und der Kompressionsgrad erst bei Vergrößerung der Gefachtiefe eingehalten werden kann (siehe Tabelle C.7).

Tabelle C.7: Mindestgefachtiefe zur Erfüllung des max. zulässigen Kompressionsgrades

Aufbau	**Bekleidung**		**Tiefe Einbauteil**	**Kompression Dämmstoff um Maß *c***	**Mindestgefachtiefe *d* zur Erfüllung des max. Kompressionsgrads**	
	erste Lage in mm	**zweite Lage in mm**	**in mm**	**in mm**	***d* in mm**	**Kompressionsgrad in %**
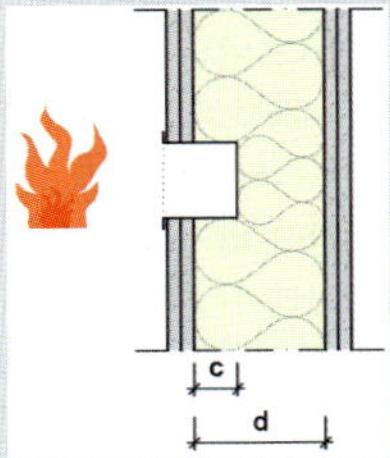	18	18	62	24	120	22
	15	15	62	30	140	22
	12,5	12,5	62	35	160	23
	18	12	62	29,5	140	23

Auch wenn bei verteilten Einzeldosen im Grund des Einbauteils durch Abschirmeffekte nicht mit einem Beanspruchungsniveau wie bei Öffnungsausschnitten von 200 cm^2 zu rechnen ist, sind alle vorbenannten Konstruktionsregelungen auch hier zu gewährleisten. Sonderregelungen für einzelne Bauteile werden nicht getroffen.

Mit **Satz 4** wird nochmals verdeutlicht, dass zu den Einbauteilen auch zugehörige Einzelleitungen innerhalb der Holztafelelemente geführt werden dürfen, ohne dass von ihnen ein brandschutztechnisches Risiko erwartet wird. Von wesentlicher Bedeutung für diesen Aspekt war, dass nachgewiesen wurde, dass selbst bei Beschädigung von Zuleitungen elektrischer Einbauteile auftretende Lichtbögen nicht dazu führen, einen Brand innerhalb der Konstruktion auszulösen (Engel et al., 2022).

Mit den **Sätzen 5 bis 7** verdeutlicht **Abschnitt 6.2** nochmals, dass auch durch die Aussparungen in der Brandschutzbekleidung an den Konstruktionsbauteilen keine Entzündung und kein vorzeitiger Abbrand auftreten dürfen. Hierzu ist analog zur bisherigen MHolzBauRL 2020 bzw. früheren M-HFHHolzR 2004 ein Mindestabstand von 150 mm zu den konstruktiven Holzbauteilen einzuhalten. In diesem Kontext wird nochmals auf die Notwendigkeit einer Volldämmung hingewiesen, die eine vorzeitige Ausbreitung eines Brands oder eine Temperaturbeanspruchung der Rückseite der Brandschutzbekleidung ausschließt. Soll der gegebene Randabstand von mindestens 150 mm unterschritten werden, wie es beispielsweise im Bereich von Schaltern und Steckdosen neben Türen üblicherweise notwendig wird, sind die Rippen seitlich durch mindestens 18 mm dicke Brandschutzbekleidungen über eine Höhe von 500 mm ober- und unterhalb des Einbauteils zu bekleiden. Für Einbauteile mit im Brandfall aufschäumenden Dichtstoffen können in der Regel weitere Erleichterungen genutzt werden. Hier sind jedoch die herstellerspezifischen Anwend-/Verwendbarkeitsnachweise zu beachten.

In Bezug auf Wandkonstruktionen, die direkt hinter der Brandschutzbekleidung oder als deren Teil eine Holzwerkstoffplatte aufweisen, ist anzumerken, dass trotz der Vorgabe eines Mindestabstandes zum Holzständer im Bereich der Öffnung des Einbauteils eine Entzündung der Holzwerkstoffplatte über deren Schmalseite auftreten kann. Der Einbau von Holzwerkstoffplatten hinter der Brandschutzbekleidung, z. B. aus statischen Anforderungen, war bereits in der bisherigen MHolzBauRL 2020 bzw. in der früheren M-HFHHolzR 2004 gestattet und in Verbindung mit elektrischen Einbauteilen nicht ausgeschlossen. Die Verkohlung, die in diesem Bereich an der Holzwerkstoffplatte auftritt, wurde damit bereits früher als hinnehmbar akzeptiert, auch weil durch die direkte Zugänglichkeit eine Löschbarkeit gegeben ist und durch den direkten Kontakt der Holzwerkstoffplatte mit ausschließlich nichtbrennbaren Materialien (Brandschutzbekleidung und Dämmstoff) nicht von einer unkontrollierten Brandausbreitung innerhalb der Holztafelelemente ausgegangen zu werden braucht.

Auch wenn die vorbenannten Regelungen im Vergleich zur Ausführung mit Einhausung/Gipskasten hinter der Brandschutzbekleidung eine deutliche Anwenderfreundlichkeit mit sich bringen, sei auch darauf hingewiesen, dass mit einem rückseitigen Gipskasten hinter dem Einbauteil die Schutzziele der

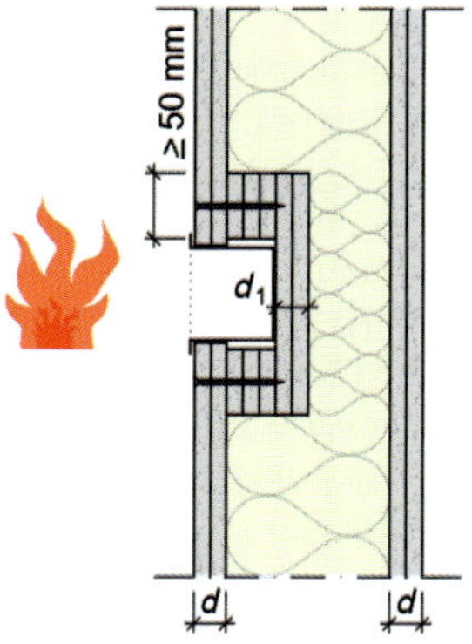

d = Dicke der Brandschutzbekleidung

d_1 = Dicke der Einhausung aus nichtbrennbarer Brandschutzbekleidung, mit $d_1 \geq d$

Abb. C.43: Ausführung Einhausung in Anlehnung an DIN 4102-4 (2025)

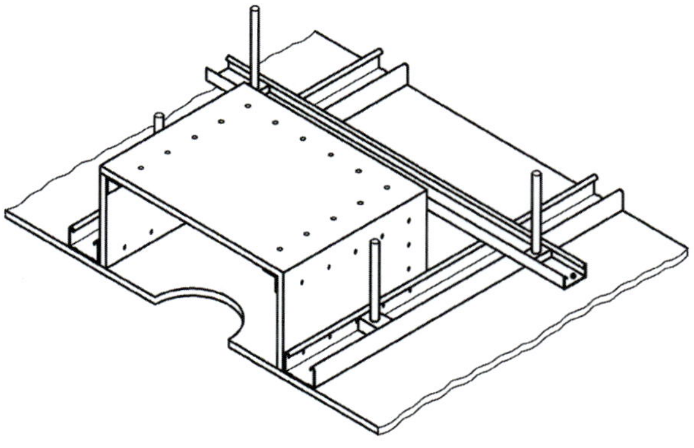

Abb. C.44: Ausbildung Einhausung im Deckenbereich mit separater Lastabtragung auf die Unterkonstruktion nach DIN 4102-4 (2025)

MHolzBauRL eingehalten werden können und auch für bestimmte Einbausituationen, wie bei Unterschreitung der Mindestdämmdicke, gegenüberliegenden Einbau oder für Lampenschutzkästen im Deckenbereich, essenziell sind (siehe Abb. C.43 und C.44). In diesem Kontext wird auf die Regelungen der DIN 4102-4 (2025) verwiesen, die anschließend mit den Vorgaben der MHolzBauRL zur Bekleidungsdicke zu kombinieren sind.

6.3 Elektrische Installationen in Massivholzbauteilen

[1]Abweichend von Abschnitt 6.1 dürfen in Massivholzbauteilen einzelne elektrische Einbauteile mit einer Öffnungsfläche von insgesamt nicht mehr als 110 cm^2 an jeder beliebigen Stelle, aber nicht unmittelbar gegenüberliegend, eingebaut werden. [2]Elektrische Einbauteile müssen einen lichten Abstand von mindestens 500 mm zueinander aufweisen. [3]Im Bereich der Öffnungsfläche darf die für den Raumabschluss brandschutztechnisch notwendige Mindestbauteildicke um max. 25 Prozent reduziert werden.

[4]Zu elektrischen Einbauteilen darf unmittelbar hinter der Bekleidungslage ein Kanal mit einer Breite von nicht mehr als 27 mm und einer Tiefe von nicht mehr als 27 mm in Faserrichtung ausgefräst werden. [5]In dem Kanal darf eine entsprechende Zu- und Ableitung zu dem jeweiligen elektrischen Einbauteil angeordnet werden. [6]Die Anordnung eines Leerrohres im Kanal ist zulässig. [7]Andere Kanäle im Inneren von Massivholzbauteilen sowie die Leitungsführung innerhalb von zweischaligen Bauteilen sind nicht zulässig. [8]Zu elektrischen Einbauteilen dürfen einzelne Leitungen oberflächennah in den Massivholzbauteilen geführt werden.

[9]Der Nachweis der Standsicherheit bleibt unberührt.

Kommentar

Mit **Abschnitt 6.3** MHolzBauRL 2024 wurden im Vergleich zur Ausgabe 2020 erstmals allgemeine Regelungen zur Zulässigkeit des Einbaus für elektrische Einbauteile und Leitungen in Massivholzbauteilen geschaffen. Ersichtlich wird jedoch, dass diese Regelungen nicht dem Umfang und Grad des **Abschnitts 6.2** entsprechen, was auf den allgemeinen Sach- und Kenntnisstand zu dieser Thematik zum Erstellungszeitpunkt der MHolzBauRL 2024 zurückzuführen ist. Grundlage dieser Regeln waren u. a. Randbedingungen, die sich aus prüftechnischen Nachweisen von Massivholzelementen ergaben und in Analogie zum **Abschnitt 6.2** dargestellt werden sollten. Die Regelungen des **Abschnitts 6.3** differenzieren nicht zwischen einer Anwendung im Wand- und Deckenbereich und können aus Sicht der Autoren dieses Kommentars technisch gleichwertig für beide Bereiche eingesetzt werden. Mit den vorliegenden Regelungen werden für bekleidete sowie einseitig unbekleidete Massivholzbauteile die Vorgaben aus **Abschnitt 6.2** aufgegriffen. Demnach kann zur Sicherstellung der raumabschließenden Funktion im Bereich der Öffnungsfläche eines Massivholzbauteils eine Reduktion der brandschutztechnisch erforderlichen Mindestbauteildicke um bis zu 25 % zugelassen werden. Die zulässige Öffnungsgröße von max. 110 cm² bezieht sich auf das jeweilige Einbauteil bzw. auf eine Gruppe zusammenhängender Einbauteile und nicht auf ein einzelnes Massivholzelement oder – wie im Holztafelbau – auf ein Gefach. In Verbindung mit der Regelung zum lichten Abstand zwischen Einbauteilen nach **Satz 2** sind Einbauten mit einem Mindestabstand von 500 mm möglich. Diese können auf jeder Raumseite eines Massivholzelements angeordnet werden (siehe Abb. C.45). Hinsichtlich der Anzahl der Einbauteile bedeutet dies, dass bei Hohlwanddosen mit einem Durchmesser von 68 mm Gruppen von max. drei Einbauteilen zulässig sind. Bei Hohlwanddosen mit einem Durchmesser von 74 mm können max. zwei Einbauteile als Gruppe eingebaut werden.

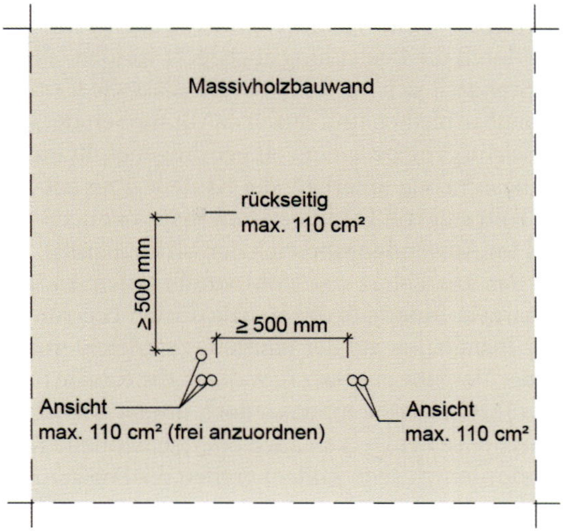

Abb. C.45: Mindestabstände zwischen Einbauteilen in Massivholzelementen

In diesem Zusammenhang ist anzumerken, dass der Einbau der zugehörigen Hohlwanddosen im Vergleich zu den Mindestdicken zur Sicherstellung des Raumabschlusses nach Anhang A 1.4 MHolzBauRL häufig zu einer Vergrößerung der erforderlichen Mindestbauteildicke führt.

Hintergrund ist, dass die Vorgabe zur Reduzierung der brandschutztechnisch erforderlichen Mindestbauteildicke auf max. 25 % begrenzt ist (siehe Tabelle C.8).

Tabelle C.8: Mindestbauteildicke von Massivholz-Wandelementen mit beidseitiger Bekleidung und Einbauteil

Anforderung	Bekleidung		Tiefe Einbauteil	Mindestdicke Massivholzbauteil nach Abschnitt A 1.4	Mindestdicke nach Abschnitt 6.3
	erste Lage in mm	zweite Lage in mm	in mm	in mm	in mm
EI 60	15	15	62	80	92
EI 90	18	18	62	80	86
EI 60	18	–	62	90	112
EI 90	18	–	62	130	142

Die **Sätze 4 bis 8** behandeln die Verlegung von Zu- und Ableitungen für die angeordneten Einbauteile in Massivholzelementen. Hierfür sind an der Oberfläche der Massivholzelemente Kanäle mit einem max. Querschnitt von 27 mm × 27 mm zulässig, die durch die Bekleidung abgedeckt werden (siehe Abb. C.46). Dadurch soll im Brandfall sichergestellt werden, dass die Kanäle für Löschmaßnahmen erreichbar bleiben und durch das Einreißen der Bekleidungsschichten der Löschvorgang bei einem eingedrungenen Brand beschleunigt wird. Eine Leitungsführung innerhalb der Bauteile über entsprechende Kanäle sowie die Führung von Leitungen innerhalb zweischaliger Wände und Decken sind im Anwendungsbereich der MHolzBauRL unzulässig. Hintergrund sind der Ausschluss von Hohlraumbränden sowie die Ermöglichung der Löschbarkeit. Innerhalb der Kanäle dürfen Leerrohre angeordnet werden, um die Installation auf der Baustelle zu erleichtern. Die vollständige Umsetzung der Vorgabe aus **Satz 4**, wonach die Kanäle in Faserrichtung zu fräsen sind, führt in der Baupraxis jedoch immer wieder zu Problemen. So können beispielsweise bei Decken auch oberflächennahe Kanäle quer zu den Decklagen erforderlich sein. Zudem greifen die Fräskanäle

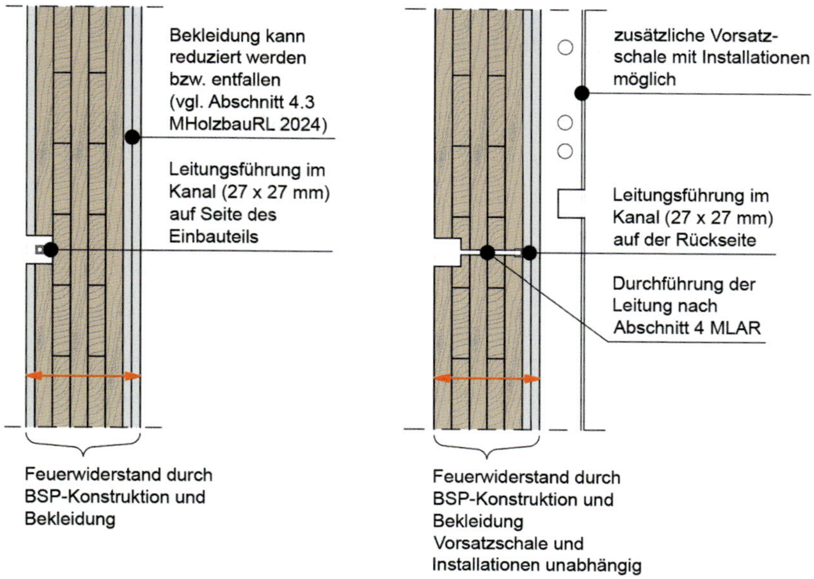

Abb. C.46: Ausführungsvarianten von Einbauten in bekleideten und einseitig unbekleideten Massivholzbauteilen nach Schoofs et al. (2026)

bei dünnen Decklagen teilweise bereits in die Querlagen ein. Aus Sicht der Kommentierenden kann daher von der Vorgabe zur Richtungsabhängigkeit der Fräsung abgewichen werden, da dies weder die Leistungsfähigkeit noch das Schutzniveau der Konstruktion beeinflusst. Eine solche Abweichung stellt somit keine materielle Abweichung im Sinne des § 67 MBO dar.

Die zugehörigen Regelungen der DIN 4102-4 (2025) für Einbauten in Massivholzwänden greifen derzeit auf Lösungen mit Gipsbett und Einhausungen aus Feuerschutzplatten zurück. Dabei ist eine zulässige Öffnungsgröße von bis zu 200 cm^2 vorgesehen. Insbesondere für größere Einbauteile werden damit geeignete Lösungsansätze bereitgestellt.

Abschnitt 6.3 Satz 9 stellt zudem klar, dass sich die Regelungen auf den Nachweis des Raumabschlusses beziehen. Einbauteile sind im Nachweis der Tragfähigkeit daher gesondert zu berücksichtigen. Grundsätzlich ist davon auszugehen, dass über das Einbauteil innerhalb der Öffnung eine allseitige Brandeinwirkung erfolgt. Dies ist bei der Ermittlung des effektiven Querschnitts entsprechend zu berücksichtigen. In der Praxis werden die Bereiche von Einbauteilen im Tragfähigkeitsnachweis üblicherweise als nicht tragend angesetzt.

Für weiterführende Betrachtungen zum Einbau von Elektroinstallationen in Massivholzbauteilen sowie zu Lösungsansätzen für besondere Einbausituationen und mögliche Abweichungen wird auf Schoof et al. (2026) verwiesen.

7 Hinterlüftete Außenwandbekleidungen aus Holz und Holzwerkstoffen bei Gebäuden der Gebäudeklasse 4 und 5

7.1 Allgemeines

[1]Für die Konkretisierung von § 28 Absatz 5 Satz 2 der Musterbauordnung[1] gilt diese Richtlinie. [2]Der Anhang 6 der Muster-Verwaltungsvorschrift Technische Baubestimmungen findet keine Anwendung.

[3]Außenwandbekleidungen aus Holz und Holzwerkstoffen nach Abschnitt 2.4 sind bei Gebäuden der Gebäudeklasse 4 und 5 zulässig, sofern die Begrenzung einer Brandausbreitung durch geeignete Maßnahmen nachgewiesen wird. [4]Dies gilt als erfüllt, wenn die Anforderungen nach den Abschnitten 7.2 und 7.3 eingehalten werden und der vertikale Abstand zwischen horizontalen Brandsperren gemäß Abschnitt 7.2.4 maximal 4 m beträgt.

[5]Für andere Ausführungen bedarf es einer Bauartgenehmigung nach § 16a der Musterbauordnung[1].

Kommentar

Mit **Satz 1** wird der Anwendungsbereich des Abschnitts 7 MHolzBauRL festgelegt. Abschnitt 7 konkretisiert § 28 Absatz 5 Satz 2 MBO, der die Vorgaben für Außenwandbekleidungen aus normalentflammbaren Baustoffen (Holzfassaden) beschreibt. Im Abschnitt 7 wird aufgezeigt, welche technischen Anforderungen zu berücksichtigen sind. Vor genauerer Betrachtung des § 28 Absatz 5 Satz 2 MBO ist es notwendig, das grundsätzliche bauordnungsrechtliche Schutzziel für Außenwände und Außenwandbekleidungen zu berücksichtigen.

Schutzzielbetrachtung für Fassadenbrände in der Bauordnung

Nach § 14 MBO gilt für die allgemeine Schutzzielfestlegung von Bränden im Bereich der Außenwand bzw. Fassade:

„Bauliche Anlagen sind so anzuordnen, zu errichten, zu ändern und instand zu halten, dass der Entstehung eines Brandes und der Ausbreitung von Feuer und Rauch (Brandausbreitung) vorgebeugt wird und bei einem Brand die Rettung von Menschen und Tieren sowie wirksame Löscharbeiten möglich sind."

§ 28 Abs. 1 MBO regelt:

„Außenwände und Außenwandteile wie Brüstungen und Schürzen sind so auszubilden, dass eine Brandausbreitung auf und in diesen Bauteilen ausreichend lang begrenzt ist."

Aus den bauordnungsrechtlichen Grundlagen wird ersichtlich, dass sich ein Brand entlang einer Fassade nicht unkontrolliert ausbreiten darf. Die Brandausbreitung ist zu begrenzen und gleichzeitig müssen die Rettung von Menschen und Tieren sowie wirksame Löscharbeiten möglich sein.

Die Betrachtung der Brandausbreitung an Fassaden beruht auf den in Abb. C.47 dargestellten drei Einwirkungsszenarien.

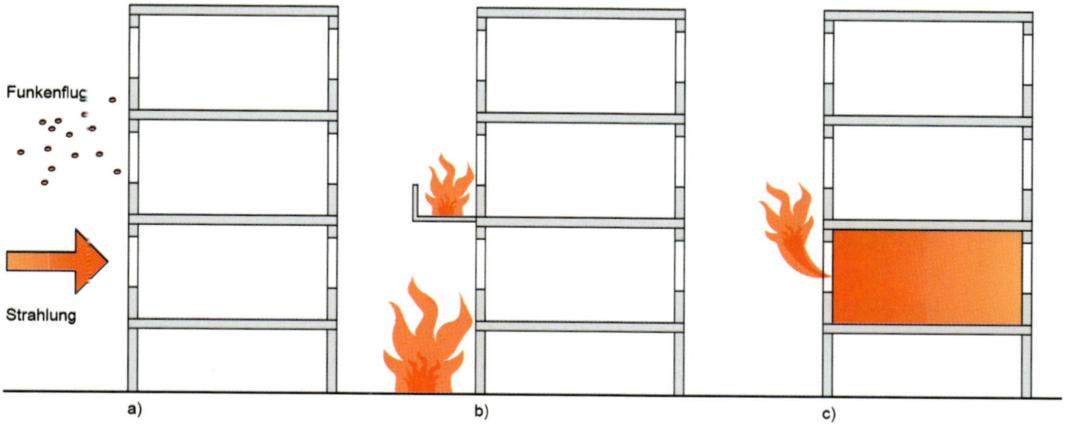

Abb. C.47: Unterschiedliche Brandszenarien: a) Einwirkung von außen (z. B. Feuerwerk, Brand eines benachbarten Gebäudes), b) Brand am Gebäude, c) Brand im Gebäude
Die Szenarien b) „Brand am Gebäude" und c) „Brand im Gebäude" stellen sowohl die häufigsten als auch die kritischsten Brandfälle für eine Brandeinwirkung an der Fassade dar.

Einfluss Gebäudeklasse

Mit steigender Gebäudeklasse ergeben sich bauordnungsrechtlich weitergehende Anforderungen an den Brandschutz. Insbesondere für Gebäude der Gebäudeklassen 4 und 5 sind aufgrund der größeren Gebäudehöhe und des damit verbundenen erhöhten Gefährdungspotenzials besondere Maßnahmen zur Begrenzung der Brandausbreitung erforderlich. Vor diesem Hintergrund ist im Folgenden zu erläutern, weshalb für Gebäude niedrigerer Gebäudeklassen – insbesondere der Gebäudeklasse 3 – geringere Anforderungen an den Fassadenbrandschutz angesetzt werden.

Gebäude der Gebäudeklasse 3 weisen in der Regel eine begrenzte Gebäudehöhe mit bis zu drei Vollgeschossen auf. Die MBO stellt weitergehende Anforderungen an den Fassadenbrandschutz überwiegend erst für die Gebäudeklassen 4 und 5. Dies beruht zum einen auf der bauordnungsrechtlichen Systematik, nach der für Gebäude geringerer Höhe sowie ohne besondere Art und Nutzung geringere brandschutztechnische Anforderungen angesetzt werden. Zum anderen ist die Wirksamkeit konstruktiver Maßnahmen zur Begrenzung der Brandausbreitung über Fassaden maßgeblich von der Gebäudehöhe sowie von den zu erwartenden Flammenlängen abhängig.

Sowohl beim Szenario „Brand im Gebäude" als auch beim Szenario „Brand am Gebäude" ist regelmäßig mit Flammenlängen von etwa 3,0 bis 4,5 m zu rechnen; Flammenspitzen können im Einzelfall auch bis zu etwa 6,0 m erreichen (Engel, 2023; Kotthoff, 2000; Bechtold et al., 1978; Hofmann et al., 2018; Kaudelka/Hauswaldt, 2017; Li, D. et al., 2017; Park et al., 2019). Bei Gebäuden der Gebäudeklasse 3 können diese Flammenlängen dazu führen, dass Fassadenabschnitte über mehrere Geschosse hinweg gleichzeitig durch Flammen beaufschlagt werden.

Bei Holzfassaden ist beispielsweise der Mitbrand im Bereich der Primärflammenbeanspruchung grundsätzlich nicht vermeidbar und bauordnungsrechtlich hinzunehmen. Vor diesem Hintergrund ist festzustellen, dass horizontale Brandsperren bei Gebäuden der Gebäudeklasse 3 regelmäßig keine wesentliche brandschutztechnische Verbesserung hinsichtlich der Brandausbreitung über die Fassade bewirken. Die brandschutztechnische Beanspruchung der Fassade wird in diesen Fällen maßgeblich durch die Höhe und Intensität der Flammen bestimmt und nicht durch eine geschossweise Unterteilung der Fassadenkonstruktion.

Eine relevante Wirksamkeit horizontaler Brandsperren wäre lediglich bei sehr begrenzten Brandereignissen denkbar, bei denen die Flammenlängen deutlich unterhalb der dargestellten Werte liegen. Vor diesem Hintergrund lässt sich für Gebäude bis zur Gebäudeklasse 3 keine generelle brandschutztechnische Verbesserung durch die Anordnung horizontaler Brandsperren an der Fassade ableiten.

Schutzzielbetrachtung für Holzfassaden in der Gebäudeklasse 4 und 5

Für Holzfassaden an Gebäuden der Gebäudeklasse 4 und 5 gilt insbesondere **§ 28 Abs. 5 Satz 2 MBO**:

„[2]Abweichend von Absatz 3 sind hinterlüftete Außenwandbekleidungen, die den Technischen Baubestimmungen nach § 85a entsprechen, mit Ausnahme der Dämmstoffe, aus normalentflammbaren Baustoffen zulässig."

Tabelle C.9 stellt die Formulierungen der 16 Bundesländer gegenüber.

Die Formulierungen unterscheiden sich bei einigen Bundesländern. Insbesondere bei Bayern und Rheinland-Pfalz besteht der Unterschied darin, dass dort nur von Außenwandbekleidungen aus normalentflammbaren Baustoffen die Rede ist, ohne das Wort „hinterlüftet". Warum in die MBO eine technische Spezifikation wie „hinterlüftet" aufgenommen wurde, obwohl dies in der Bauordnung normalerweise vermieden wird, ist nicht abschließend rekonstruierbar. Zu vermuten ist, dass die Verfasser der Meinung waren, dass Holzfassaden immer aus Holzschutzgründen hinterlüftet ausgeführt werden müssen und allgemein Holzfassaden damit erfasst werden sollten.
Da unterschiedliche konstruktive Ausführungen von Holzfassaden existieren (siehe nachstehender Abschnitt zur Holzfassade innerhalb dieser Kommentierung zu Abschnitt 7.1), ergibt sich hier grundsätzlich die Frage, ob eine belüftete Holzfassade oder eine Holzfassade mit geschlossenem Luftspalt auch in den Geltungsbereich dieser Formulierung fällt. Aus Sicht der Autoren dieses Kommentars ist dies der Fall, da allgemein die Holzfassaden berücksichtigt werden sollten. In Bayern wurde das Wort beispielsweise kurz vor Einführung aufgrund eines Einspruchs genau zu dieser Thematik gestrichen, da alle Holzfassaden erfasst werden sollten. Insgesamt wäre es wünschenswert, zukünftig das Wort „hinterlüftet" in der MBO zu streichen, um abschließend Klarheit zu erlangen.

Tabelle C.9: Gegenüberstellung der Formulierungen in den 16 LBO

Formulierung	Bundesländer
entsprechend § 28 Abs. 5 Satz 2 MBO: *„²Abweichend von Absatz […] sind hinterlüftete Außenwandbekleidungen, die den Technischen Baubestimmungen nach § […] entsprechen, mit Ausnahme der Dämmstoffe, aus normalentflammbaren Baustoffen zulässig."*	Baden-Württemberg (LBO), Berlin (BauO Bln), Brandenburg (BbgBO), Bremen (BremLBO), Hamburg (HBauO), Hessen (HBO), Mecklenburg-Vorpommern (LBauO M-V), Nordrhein-Westfalen (BauO NRW), Saarland (LBO), Sachsen (SächsBO), Sachsen-Anhalt (BauO LSA), Schleswig-Holstein (LBO) und Thüringen (ThürBO)
„²Abweichend von Abs. 3 sind Außenwandbekleidungen, die den Technischen Baubestimmungen nach Art. 81a entsprechen, mit Ausnahme der Dämmstoffe, aus normalentflammbaren Baustoffen zulässig."	Bayern (BayBO)
„Abweichend von Satz 2 sind Außenwandbekleidungen, die den Technischen Baubestimmungen nach § 87a Abs. 2 entsprechen, mit Ausnahme der Dämmstoffe, aus normalentflammbaren Baustoffen zulässig […]"	Rheinland-Pfalz (LBauO)
„Hinterlüftete Bekleidungen von Außenwänden mit Ausnahme der Dämmstoffe dürfen abweichend von Satz 1 auch aus normalentflammbaren Baustoffen bestehen, wenn sie den Anforderungen der Technischen Baubestimmungen nach § 83 NBauO entsprechen […]"	Niedersachsen (NBauO)

Es ergeben sich für Standardgebäude (keine Sonderbauten) keine über die Bauordnung und die MHolzBauRL hinausgehenden Anforderungen; folglich sind Holzfassaden auch im Bereich von Treppenraumaußenwänden bauordnungsrechtlich für den Standardfall zulässig, sofern keine besonderen Treppenräume, wie Sicherheitstreppenräume, oder ein Sonderbautatbestand im Einzelfall vorliegen.

Definition Außenwandbekleidung

Wird die Formulierung in den Bauordnungen betrachtet, dann muss der Begriff Außenwandbekleidung für das weitere Verständnis klar definiert werden. Dies geschieht auch in Abschnitt 2.4 MHolzBauRL.

„Unter dem Begriff Außenwandbekleidung ist die gesamte, auf eine tragende oder nichttragende Außenwand aufgebrachte Bekleidung aus Holz oder Holzwerkstoffen zu verstehen, die aus mehreren Schichten insbesondere der hierfür notwendigen Bekleidung, Unterkonstruktionen sowie eventueller Dämmstoffe bestehen kann."

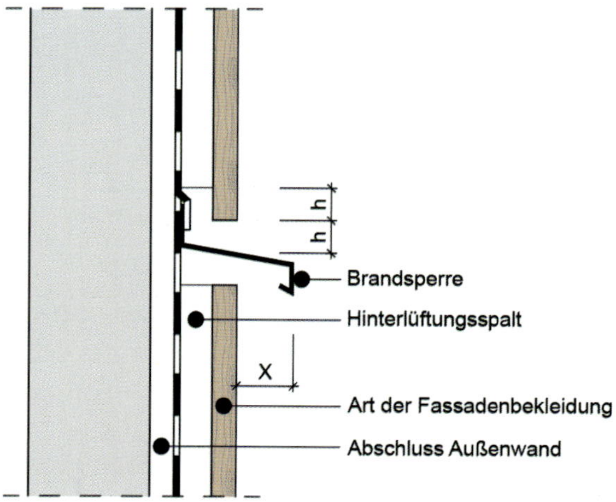

Abb. C.12: Typischer Aufbau einer hinterlüfteten Holzfassade[1]

Grundsätzlich bezieht sich der Begriff Außenwandbekleidung folglich auf die sichtbare Gebäudehülle. Dazu gehört nicht die Außenwand, die den Innenraum eines Gebäudes von der Umgebung trennt. Abb. C.12 zeigt die Außenwandbekleidung (bzw. Fassade) bestehend aus Holzbekleidung, Lüftungsspalt bzw. Luftschicht, Unterkonstruktion und ggf. Dämmung. Die eigentliche Außenwand ist grau dargestellt.

Satz 2 regelt, dass der Anhang 6 der MVV TB 2025/1 keine Anwendung findet.

Anhang 6 MVV TB 2025/1

Anhang 6 MVV TB 2025/1 regelt als technische Regel die konstruktiven Erfordernisse für die Anwendung vorgehängter hinterlüfteter Fassaden (VHF), um die Schutzziele der MBO zu erreichen. Hintergrund hierfür ist § 28 Abs. 4 MBO:

„[1]Bei Außenwandkonstruktionen mit geschossübergreifenden Hohl- oder Lufträumen wie Doppelfassaden sind gegen die Brandausbreitung besondere Vorkehrungen zu treffen […]“

Besondere Vorgaben an die Baustoffklasse der vorgehängten Fassaden finden sich nicht in der technischen Regel. Daher wird in der MHolzBauRL einführend nochmals klar definiert, dass diese Regel nicht für normalentflammbare (Holz-)Außenwandbekleidungen gilt, auch nicht, wenn diese hinterlüftet sind. Anhang 6 der MVV TB 2025/1 gilt somit typischerweise für nichtbrennbare oder schwerentflammbare VHF-Systeme und fordert beispielsweise alle zwei Geschosse horizontale Brandsperren, bei denen die Größe der Öffnungen im Hinterlüftungsspalt insgesamt auf 100 cm^2 je laufenden Meter Wand begrenzt ist.

Satz 3 spricht erstmals konkret von Außenwandbekleidungen aus Holz und Holzwerkstoffen und konkretisiert, dass nach MBO diese bei Gebäuden der Gebäudeklasse 4 und 5 nur zulässig sind, sofern die Begrenzung einer

1 Es handelt sich um eine Wiederholung der Abbildung C.12 von Seite 123.

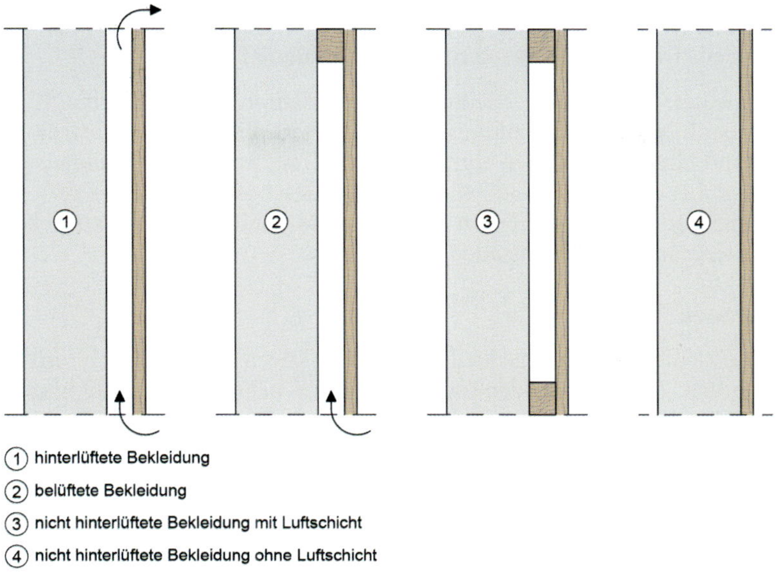

Abb. C.48: Übersicht der verschiedenen konstruktiven Ausführungen von Holzfassaden

Abb. C.49: Beispiele für Holzfassaden: oben horizontale Lärchen-Stülpschalung (WA13 Prinz-Eugen-Park München), links vertikale Deckleistenschalung (WA15 Ost Prinz-Eugen-Park München)

Brandausbreitung durch geeignete Maßnahmen nachgewiesen wird (siehe Schutzzielbetrachtung in **Abschnitt 7.1 MHolzBauRL**).

Das bedeutet, dass zur Sicherstellung der Grundanforderungen nach MHolzBauRL bei der Verwendung von Holzfassaden besondere konstruktive Brandschutzmaßnahmen ergriffen werden müssen, um die Brandausbreitung über die Außenwandbekleidung von Geschoss zu Geschoss zu verhindern oder zu begrenzen. In diesem Zusammenhang müssen zunächst die Hintergründe zu Holzfassaden bekannt sein.

Holzfassade

Holzfassaden können in verschiedenen konstruktiven Ausführungen realisiert werden. Zu unterscheiden sind hinterlüftete, belüftete und nicht hinterlüftete Fassadenbekleidungen (siehe Abb. C.48).

In Abb. C.49 sind 2 Praxisbeispiele dargestellt.

Holzfassaden werden aufgrund der Anforderungen an den Witterungs- und Feuchteschutz meist als be- bzw. hinterlüftete Fassaden ausgeführt (siehe DIN 68800-2 „Holzschutz – Teil 2: Vorbeugende bauliche Maßnahmen im Hochbau" [2022]). Diese konstruktive Ausführung hilft, von außen eingedrungene Feuchtigkeit und entstandenes Tauwasser abzuführen, und kommt folglich der Dauerhaftigkeit zugute (siehe DIN 18516-1 „Außenwandbekleidungen, hinterlüftet – Teil 1: Anforderungen, Prüfgrundsätze" [2024]). Belüftete Holzfassaden erfüllen die Anforderungen an den Witterungs- und Feuchteschutz und folglich die Dauerhaftigkeit genauso wie hinterlüftete Holzfassaden. Daher gelten heute nach DIN 68800-2 hinterlüftete, belüftete und teilweise auch nicht hinterlüftete Bekleidungen mit Luftschicht (kleinformatige Bekleidungen) als ausreichend für einen dauerhaft wirksamen Wetterschutz. Nicht hinterlüftete Fassadenbekleidungen aus Holz sind aufgrund der bereits erwähnten Aspekte der Dauerhaftigkeit weniger verbreitet.

Satz 4 regelt weiter, dass die Begrenzung der Brandausbreitung als erfüllt gilt, wenn die Anforderungen nach den Abschnitten 7.2 und 7.3 MHolzBauRL eingehalten werden und der vertikale Abstand zwischen horizontalen Brandsperren nach Abschnitt 7.2.4 max. 4 m beträgt.

Damit wird klargestellt, dass das Schutzziel der MBO eingehalten ist, wenn die Vorgaben der MHolzBauRL beachtet werden. Weiter wird zum ersten Mal das Wort „Brandsperre" verwendet. Um zu verstehen, was damit gemeint ist, müssen zu Beginn die Grundlagen zum Brandschutz für Holzfassaden bekannt sein.

Grundlagen zum Brandschutz für Holzfassaden

Die Brandsicherheit von Holzfassaden wurde erstmals intensiv Anfang der 2000er-Jahre von der Schweizer Forschungsgruppe Lignum im Rahmen einer Versuchskampagne untersucht. Nach Auswertung und Interpretation der Ergebnisse wurden die baulichen Brandschutzmaßnahmen in der Lignum-Dokumentation (Bart et al., 2019) veröffentlicht. Die untersuchten Holzfassaden wurden im Rahmen der Brandversuche nach einer durchschnittlichen Zeit von 24 Minuten abgelöscht. Grundlage für die Begrenzung der Versuchszeit war die Annahme, dass die Feuerwehr nach 15 Minuten vor Ort eintrifft und initial den Löschvorgang an der Fassade einleitet (vgl. Regierungskonferenz für die Koordination des Feuerwehrwesens [RKKF] [1999] Feuerwehr 2000 plus, Konzeption; Herisau). Auf Grundlage der Ergebnisse der Lignum-Brandversuche kann das Brandverhalten in Form des selbstständigen Mitbrands der Holzfassade außerhalb des Primärbrandbereiches bis zu einer Branddauer von etwa 20 Minuten zuverlässig beurteilt werden. Über das Verhalten von Holzfassaden, die einer längeren Branddauer ausgesetzt sind, können keine abschließenden Aussagen getroffen werden. Diese Festlegung kann für Deutschland so nicht übernommen werden, was auch die Begründung dafür ist, dass sich die Anforderungen der MHolzBauRL von denen der Lignum-Dokumentation unterscheiden.

Auch in Österreich und Frankreich wurden brandschutztechnische Untersuchungen zu Holzfassaden durchgeführt, die jeweils die Grundlage für nationale Regelwerke bildeten (ÖNORM B 2332 „Brandschutztechnische Ausführung von Fassaden aus Holz und Holzwerkstoffen in den Gebäudeklassen 4 und 5 – Anforderungen und Ausführungsbeispiele“ [2015]; CTSB „Bois construction et propagation du feu par les façades. Appréciation de laboratoire“ [2020]).

Eine Auflistung der maßgebenden aktuellen Erkenntnisse zur brandschutztechnischen Beurteilung von Holzfassaden kann Engel/Werther (2021) und Engel (2023) entnommen werden.

Hinterlüftete Fassadenbekleidungen stellen den kritischsten Konstruktionsfall in Bezug auf die Brandsicherheit von Holzfassaden dar. Studien, die nicht hinterlüftete und hinterlüftete Holzfassaden direkt verglichen haben, kamen zu dem Schluss, dass Holzbekleidungen mit hinterlüfteten Hohlräumen fast doppelt so viel Wärmeenergie abgeben wie Holzfassadenbekleidungen ohne hinterlüftete Hohlräume, was zu einer stärkeren Flammenbildung und einer beschleunigten Brandausbreitung führt (Engel/Werther, 2023; Boström et al., 2016; Hietaniemi et al., 2003; Korhonen/Hietaniemi, 2005).

Eine Alternative zu hinterlüfteten Holzfassaden stellen, wie zuvor erwähnt, insbesondere belüftete Holzfassaden dar. Aus Engel/Werther (2020) (Test 4), Korhonen/Hietaniemi (2005) und den unveröffentlichten Versuchsberichten zu Bart et al. (2019) ist bekannt, dass belüftete Holzfassaden aufgrund des fehlenden Kamineffekts zu einer deutlich geringeren Brandausbreitung neigen als hinterlüftete Holzfassaden im gleichen Zeitraum.

Im Rahmen eines Brandversuchs (Engel, 2023) wurde das Verhalten einer belüfteten Holzfassade untersucht. Es zeigt sich, bezogen auf die horizontale wie vertikale Brandausbreitung, ein gutmütigeres Verhalten von belüfteten Holzschalungen gegenüber dem von hinterlüfteten Holzschalungen. Belüftete Holzfassaden bieten folglich aus brandschutztechnischer Sicht deutliche Vorteile in Bezug auf die vertikale und horizontale Brandausbreitung entlang der Fassade. Es ist eindeutig festzustellen, dass die Ausführung einer belüfteten Holzfassade über einen deutlich längeren Zeitraum hinweg eine wirksame Begrenzung der Brandausbreitung entlang der Fassade sicherstellt.

Die MHolzBauRL beschreibt grundsätzlich die Maßnahmen zur brandschutztechnisch sicheren Ausbildung von hinterlüfteten Holzfassaden, also

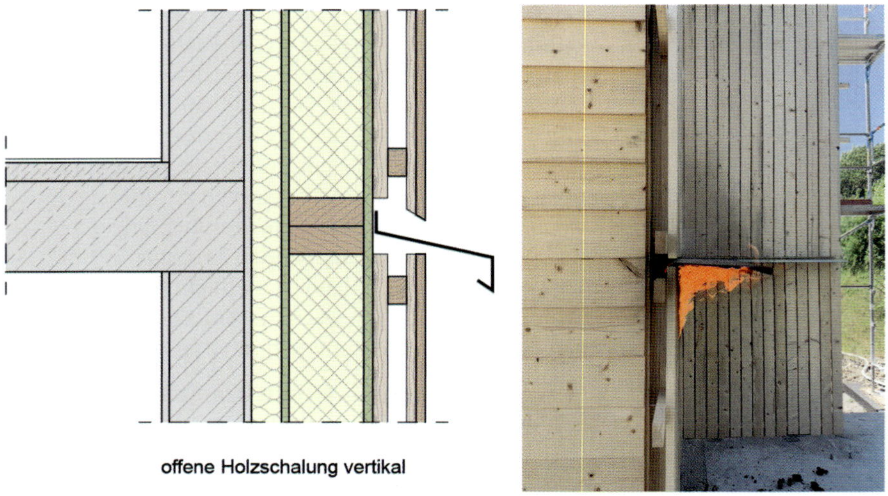

Abb. C.50: Vertikalschnitt und Darstellung einer Holzfassade mit Brandsperre

dem kritischen Fall. Belüftete Fassaden sind folglich eine Möglichkeit, im Rahmen von Abweichungen oder Kompensationen ein gewisses „Mehr“ zu erreichen, das jeweils im Einzelfall definiert werden kann.

Im Hinblick auf den abwehrenden Brandschutz ergeben sich keine erhöhten Anforderungen an belüftete Fassaden: Brandversuche (Engel, 2023) zeigen, dass eine wirksame Brandbekämpfung bei belüfteten Holzfassaden mindestens ebenso gut möglich ist wie bei hinterlüfteten Konstruktionen. Im Gegenteil: Aufgrund der reduzierten Brandintensität infolge des fehlenden Hinterlüftungsspalts und des damit unterbundenen Kamineffekts ist eine Brandbekämpfung in der Regel einfacher und mit geringerem Löschmitteleinsatz möglich. Die Erreichbarkeit durch die Feuerwehr muss jedoch gleichwertig sichergestellt werden.

Brandsperren

Die Brandsperren werden in Abschnitt 2.5 MHolzBauRL eingangs definiert; sie sind horizontal oder vertikal angeordnete, nichtbrennbare konstruktive Maßnahmen aus Stahlblech, die der Begrenzung der Brandausbreitung innerhalb und an der Oberfläche von Außenwandbekleidungen für eine ausreichend lange Zeit dienen.

Die Brandausbreitung an Holzfassaden kann durch horizontale Brandsperren, die die durchgehende Holzbekleidung und den Lüftungshohlraum in getrennte Bereiche unterteilen, wirksam begrenzt werden. Typischerweise werden horizontale Brandsperren in der Regel aus Stahlblech in jedem Geschoss in Deckenebene und über die gesamte Fassade ausgeführt (siehe Abb. C.50). Die Abmessungen und die Ausführung der horizontalen Auskragung vor der Fassadenbekleidung hängen in erster Linie von der Art der Fassadenbekleidung ab (Engel/Werther, 2020).

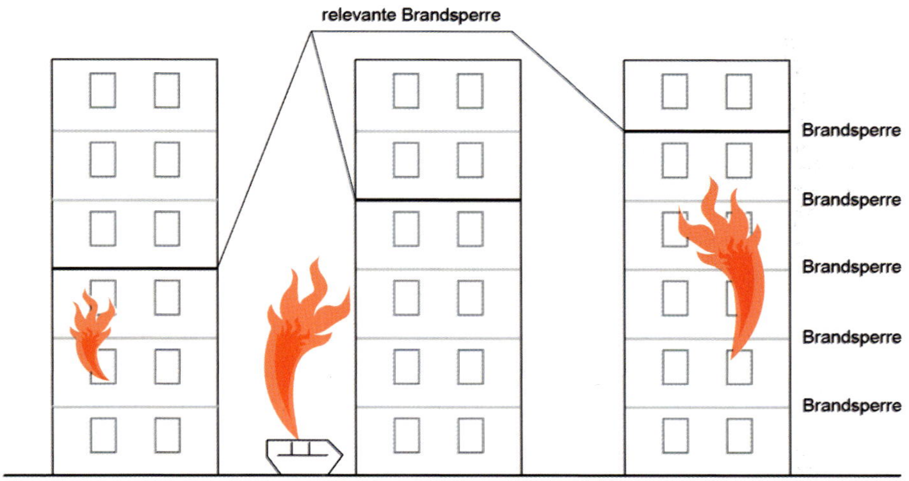

Abb. C.51: Darstellung der verschiedenen Brandszenarien an der Fassade und der jeweiligen relevanten Brandsperre

Die genauen Anforderungen an die Materialität von horizontalen Brandsperren werden im Kommentar zu Abschnitt 7.2.4 Satz 8 MHolzBauRL thematisiert.

Wichtig zu beachten ist hierbei, dass Brandsperren nicht dazu dienen, die Primärflamme, beispielsweise aus einer brennenden Wohnung oder von einer im Sockelbereich abgestellten brennenden Mülltonne, abzulenken oder zu begrenzen. Hierfür wären 1 m auskragende Platten, wie im Hochhausbereich, notwendig (siehe Kommentar zu Abschnitt 7.2.4 MHolzBauRL). Die Brandsperren dienen ausschließlich der Begrenzung der Brandausbreitung der Holzfassade selbst.

Der Brand der Holzfassade im Primärbrandbereich ist somit unvermeidbar und muss daher akzeptiert werden. Die vertikale Brandausbreitung über die Primärflamme hinaus muss jedoch begrenzt werden, da es außerhalb des Primärbrandes zu keiner weiteren unkontrollierten Brandausbreitung kommen darf.

Je nach Flammenhöhe können die Flammen mehrere Geschossgrenzen überschreiten. Die Brandsperre oberhalb der Primärflamme stellt die relevante Maßnahme zur Begrenzung der Brandausbreitung dar (siehe Abb. C.51). (Engel/Werther, 2020)

4-m-Abstand der Brandsperren

Satz 4 regelt ebenfalls, dass der vertikale Abstand zwischen horizontalen Brandsperren max. 4 m betragen darf. In Abschnitt 7.2.4 MHolzBauRL werden die weiteren Konkretisierungen für die horizontalen Brandsperren vorgenommen (siehe Kommentar zu Abschnitt 7.2.4). Hier wird eine geschossweise Ausführung in Höhe der Geschossdecken als Einbauort beschrieben.

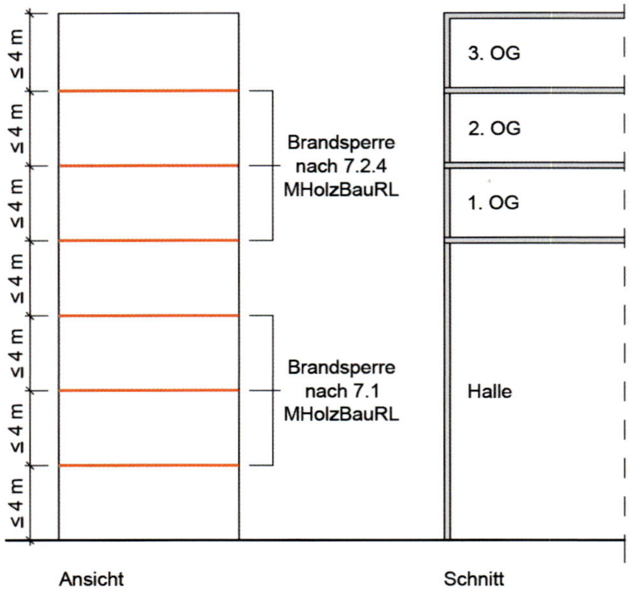

Abb. C.52: Varianten von horizontalen Brandsperren (4-m-Regel)

Die 4-m-Regel soll hier vielmehr konkretisieren, dass grundsätzlich max. Abstände von 4 m zulässig sind. Dies gilt auch bei hohen Gebäuden oder bei Geschossen ohne Geschosstrennung, die jeweils größer als 4 m sind, wie z. B. Hallen, sofern diese in die Gebäudeklassen 4 und 5 fallen. Das bedeutet, dass ebenso an Wänden ohne Öffnungen und ohne Geschosstrennungen alle 4 m horizontale Brandsperren anzuordnen sind (siehe Abb. C.52).

Satz 5 regelt, dass für andere Ausführungen als die in der MHolzBauRL aufgeführten eine Bauartgenehmigung nach § 16a MBO erforderlich ist. Der Hintergrund hierfür ist, dass nach § 16a MBO für Bauarten, die von Technischen Baubestimmungen wesentlich abweichen, eine aBG durch das DIBt oder eine vBG durch die oberste Bauaufsichtsbehörde des jeweiligen Bundeslandes notwendig ist.

Eine Abweichung ist dann nicht wesentlich, wenn nachweislich vollständig sichergestellt werden kann, dass das betroffene Bauteil trotz der Veränderung hinsichtlich seiner Leistungseigenschaften gleichwertig zu dem Zustand vor der Veränderung ist.

7.2 Maßnahmen zur Begrenzung der Brandausbreitung

7.2.1 Nichtbrennbare Oberflächen von Außenwänden

[1]Oberflächen von Außenwänden müssen nichtbrennbar sein. [2]Wände aus brennbaren Baustoffen benötigen eine durchgehende nichtbrennbare Bekleidung in ausreichender Dicke. [3]Dies gilt als erfüllt mit einer mindestens 18 mm dicken Bekleidung gemäß Abschnitt 3.4; bei Verwendung nichtbrennbarer Dämmstoffe in nichttragenden Außenwandkonstruktionen ist

eine Bekleidungsdicke von 15 mm ausreichend. [4]Es sind jeweils die Vorgaben zu Befestigungen nach Abschnitt 4.2 beziehungsweise 4.3 zu beachten.

[5]Anstelle der nichtbrennbaren Bekleidung nach Satz 2 dürfen auch nichtbrennbare, formstabile Dämmstoffe nach Abschnitt 3.3 verwendet werden, wenn diese vollflächig über eine Dicke von mindestens 80 mm und eine Rohdichte von mindestens 50 kg/m³ oder mindestens 60 mm und eine Rohdichte von mindestens 115 kg/m³ verfügen. [6]Die Dämmstoffe (Platten/Matten) sind mittels der Konterlattung der Außenwandbekleidung (siehe Prinzipskizze 6, Legende Nummer 4) auf der dahinterliegenden Außenwand mechanisch zu befestigen. [7]Abweichend zu Satz 5 dürfen zur Befestigung der horizontalen Brandsperre horizontale Riegel (siehe Prinzipskizze 6, Legende Nummer 1a) mit einem für die Befestigung konstruktiv erforderlichen Querschnitt die Schicht der Dämmstoffplatten/-matten unterbrechen.

[8]Bautechnisch für den Witterungsschutz oder die Feuchtigkeitsregulierung notwendige Folien, Membranen und Bahnen sind wie in Abschnitt 3.5 beschrieben zulässig.

Kommentar

Satz 1 und **Satz 2** regeln, dass die Oberfläche der Außenwand im Bereich hinterlüfteter Außenwandbekleidungen nichtbrennbar auszuführen ist. Hintergrund dieser Forderung ist, dass der hinterlüftete Hohlraum auf der einen Seite durch die Holzfassade und auf der anderen Seite durch die Oberfläche der Außenwand begrenzt wird. Bestehen beide Begrenzungsflächen aus brennbaren Materialien, kann sich ein Brand innerhalb des Hohlraums deutlich schneller ausbreiten und in der Folge rascher größere Höhen erreichen (Engel, 2023; Engel/Werther, 2020). Durch die nichtbrennbare Ausführung der Außenwandoberfläche soll die Brandausbreitung innerhalb des Hohlraums in Verbindung mit weiterführenden Maßnahmen wirksam begrenzt werden.

Satz 3 konkretisiert die Anforderungen der Nichtbrennbarkeit des Abschlusses der Außenwand aus Satz 2.

Als äußerer Abschluss des Hinterlüftungsspaltes einer Außenwand aus brennbaren Baustoffen wird eine mindestens 15 mm dicke brandschutztechnisch wirksame Bekleidung nach Abschnitt 3.4 MHolzBauRL gefordert. Für diese Bekleidung gelten folglich die Vorgaben nach Abschnitt 3.4 MHolzBauRL (siehe Kommentar zu Abschnitt 3.4 MHolzBauRL). Weiter wird konkretisiert, dass eine 18 mm dicke brandschutztechnisch wirksame Bekleidung nach Abschnitt 3.4 MHolzBauRL notwendig ist, sofern brennbare Dämmstoffe (Gefachdämmung) innerhalb der Außenwand zum Einsatz kommen. Dies kann insbesondere bei nichttragenden Außenwänden der Fall sein (siehe Kommentar zu Abschnitt 7.2.2 MHolzBauRL). Mit den 18 mm wird eine Schutzzeit t_{ch} (Verzögerung des Beginns des Abbrandes infolge einer Brandschutzbekleidung) von mindestens 30 Minuten unter Berücksichtigung der ETK erreicht (siehe Kommentar zu Abschnitt 4.3 MHolzBauRL). Hier bleibt jedoch zu berücksichtigen, dass der Beginn der thermischen Zersetzung brennbarer Dämmstoffe bereits bei niedrigeren Temperaturen

(Kampmeier, 2008) beginnen kann und nicht erst bei 300 °C, dem eigentlichen Kriterium für die Schutzzeit t_{ch}.

Mit dieser Anforderung soll aber grundsätzlich sichergestellt werden, dass Brandereignisse an der Außenwand, die zeitnah durch die Feuerwehr gelöscht werden, nicht automatisch zu einem Glimmen des brennbaren Dämmstoffes in der Außenwand führen. Da im Außenbereich in der Regel nicht von einer vollen Brandeinwirkung wie auf dem Niveau ETK (Vollbrand im Raum) auszugehen ist, erhöht sich die tatsächliche Schutzzeit der 18-mm-Bekleidung entsprechend.

Der nichtbrennbare Abschluss der Außenwand ist bei Holzfassaden grundsätzlich unabhängig von Abschnitt 4.3 e MHolzBauRL notwendig. Sofern es sich zusätzlich auch um eine tragende oder ggf. eine raumabschließende Außenwand handelt, kann es notwendig sein, diese Vorgaben zu kombinieren. Eine 18 mm dicke brandschutztechnisch wirksame Bekleidung ist aber in jedem Fall zur Erfüllung des Abschnitts 7.2.1 MHolzBauRL ausreichend.

Satz 4 stellt klar, dass die technischen Spezifikationen zur Ausführung der Befestigungen für die brandschutztechnisch wirksame Bekleidung nach Abschnitt 4.2 bzw. 4.3 MHolzBauRL zu beachten sind (siehe hierzu den Kommentar zu Abschnitt 4.2 und 4.3 MHolzBauRL).

Satz 5 regelt alternativ zur Verwendung von Gipsplatten die zulässige Verwendung von nichtbrennbaren Dämmstoffen als brandschutztechnisch wirksame Bekleidung und nichtbrennbarer Abschluss der Außenwand. Konkret dürfen nichtbrennbare, formstabile Dämmstoffe nach Abschnitt 3.3 (siehe Kommentar zu Abschnitt 3.3 MHolzBauRL) verwendet werden. Sie müssen folglich einen Schmelzpunkt von mindestens 1.000 °C haben und dürfen keine Neigung zum Glimmen und Schwelen aufweisen.

Es werden weiter zwei zulässige Varianten für die vollflächige Mindestdicke definiert:

- mindestens 80 mm dick bei einer Rohdichte von mindestens 50 kg/m^3 oder
- mindestens 60 mm dick bei einer Rohdichte von mindestens 115 kg/m^3.

Mit den beiden aufgeführten Dämmstoffdicken in Abhängigkeit von der Rohdichte soll eine vergleichbare Schutzwirkung wie durch die Gipsplatten erreicht werden, also eine Schutzzeit t_{ch} von ca. 30 Minuten.

Dies wird durch die Gleichung in Abschnitt 3.4.3.3 (5) der DIN EN 199512-1-2 zur Schutzwirkung von Dämmstoffen aus Steinwollematten ersichtlich. Nach DIN EN 199512-1-2, Abschnitt 3.4.3.3 (5) ist die Schutzzeit t_{ch} für Mineralwolle nach Formel C.1 zu ermitteln.

$$t_{ch} = 0{,}07 \cdot (h_{ins} - 20)\,\sqrt{\rho_{ins}} \qquad \text{(C.1)}$$

mit

t_{ch} Beginn des Abbrandes in Minuten
h_{ins} Dicke des Wärmedämmstoffs in mm
ρ_{ins} Rohdichte des Wärmedämmstoffs in kg/m^3

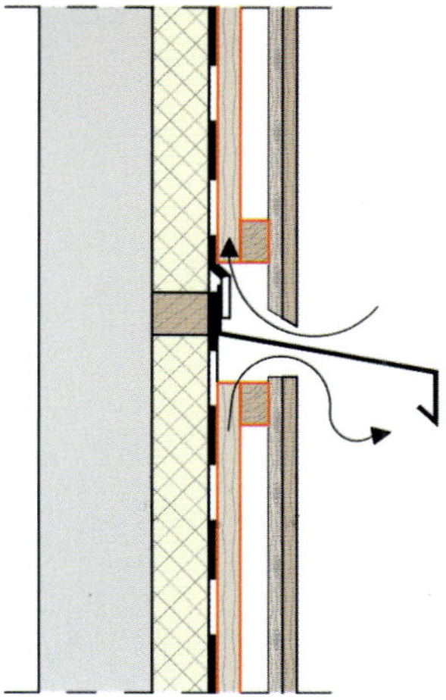

Abb. C.53: Darstellung der Lattung (rot), die zur Befestigung der Dämmung dient

Unter Berücksichtigung der zwei Varianten aus der MHolzBauRL ergeben sich jeweils folgende Schutzzeiten unter Berücksichtigung der ETK:

- 80 mm dick und Rohdichte von 50 kg/m³:

  $t_{ch} = 0{,}07 \cdot (80 - 20) \cdot \sqrt{50} =$ **29,7 Minuten**

- 60 mm dick und Rohdichte von 115 kg/m³:

  $t_{ch} = 0{,}07 \cdot (60 - 20) \cdot \sqrt{115} =$ **30,0 Minuten**

Die Schutzzeit beider Dämmstoffvarianten entspricht damit dem Mindestmaß der Schutzzeit der brandschutztechnisch wirksamen Bekleidung aus Gipsplatten oder Gipsfaserplatten (t_{ch} = 30 Minuten). Mit Gleichung 1 nach DIN EN 1995-1-2, Abschnitt 3.4.3.3 (5) lassen sich auch andere gleichwertige Varianten in Abhängigkeit von Dicke und Rohdichte über diese technische Baubestimmung nachweisen.

Besonderes Augenmerk ist auf die Anforderung „vollflächig" zu legen. Aktuell existieren weder in der MHolzBauRL noch in der DIN EN 1995-1-2 konkrete Vorgaben, wie die Stöße von entsprechenden Dämmplatten, die als brandschutztechnisch wirksame Bekleidung genutzt werden, ausgeführt werden müssen. Mit der Anforderung „vollflächig" ist jedoch klar, dass die Dämmplatten mindestens bündig stumpf (dicht) mit Nullabstand zu stoßen sind.

Satz 6 definiert, dass die Dämmstoffplatten bzw. -matten mittels der Konterlattung der Außenwandbekleidung auf der dahinterliegenden Außenwand mechanisch zu befestigen sind (siehe Abb. C.53). Dadurch soll sichergestellt werden, dass das Dämmmaterial vollflächig ausreichend befestigt auf der Außenwand angeordnet wird. Bei einem üblichen Rastermaß im Holzbau von 625 mm und einer versetzten Anordnung der Dämmplatten werden

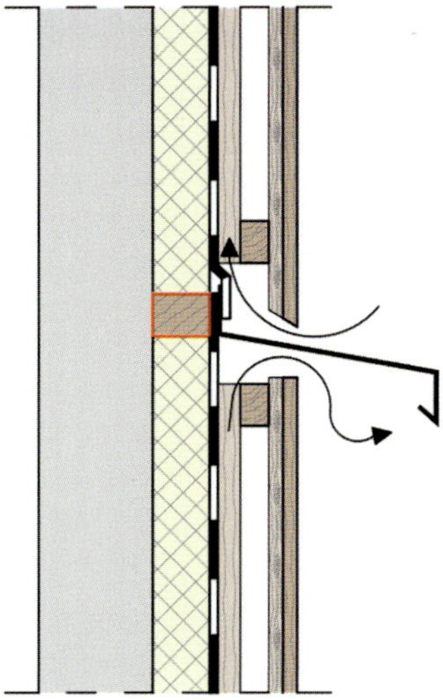

Abb. C.54: Darstellung der horizontalen Holzriegel (rot), die die Dämmung unterbrechen

diese somit im Stoßbereich und in deren Mitte durch die Lattung gehalten. Die zugehörige Anzahl und Dimension der Verbindungsmittel werden in der MHolzBauRL nicht definiert. Hierfür werden die Verbindungsmittel, die sich aus dem statischen Nachweis der Fassade ergeben, als ausreichend erachtet.

Satz 7 ergänzt, dass abweichend zu Satz 5 und der dort aufgeführten vollflächigen Ausführung des Dämmstoffes zur Befestigung der horizontalen Brandsperre horizontale Holzriegel mit einem für die Befestigung konstruktiv erforderlichen Querschnitt die Schicht der Dämmstoffplatten/-matten unterbrechen dürfen (siehe Abb. C.54).

Nachdem diese Ausnahmen nur für horizontale Riegel aufgeführt sind, ist es unklar, ob die Führung von vertikalen Holzkonstruktionen (Riegeln) in der Dämmebene nach dieser Richtlinie zulässig ist. In jedem Fall muss ausgeschlossen sein, dass durch diese vertikalen Holzkonstruktionen die Brandausbreitung entlang der Fassade begünstigt wird.

Unter Berücksichtigung des Umstands, dass die konstruktiven Riegelhölzer aufgrund ihres Abbrandverhaltens nach DIN EN 1995-1-2, Abschnitt 3.4.2 für die dahinterliegende Außenwand eine mindestens gleichwertige Schutzwirkung im Vergleich zu einer Bekleidung aus Mineralwolldämmplatten aufweisen, lässt sich aus technischer Sicht aufgrund des lediglich einseitigen Abbrands und der begrenzten Anzahl der Riegel keine gegenüber der MHolzBauRL kritischere Brandausbreitung durch die Riegel erkennen, sofern die nachstehenden Randbedingungen eingehalten werden (Engel, 2023):

- Die Riegel weisen einen ausreichenden horizontalen und vertikalen Abstand von üblicherweise 625 mm auf.

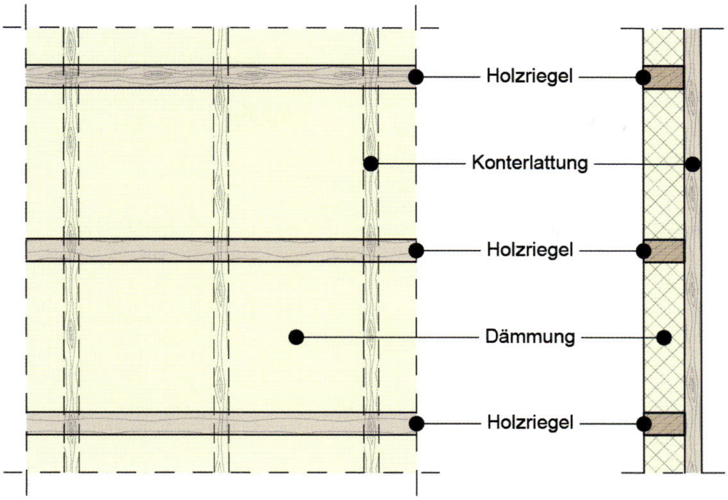

Abb. C.55: Ansicht und Schnitt einer Konterlattung innerhalb der Dämmebene mit überdeckter vertikaler Lattung

- Die Riegel sind lediglich vorderseitig zum Hinterlüftungsspalt hin frei liegend und seitlich flankenformschlüssig durch vollflächige Mineralwolldämmung geschützt.
- Die Breiten der Riegel betragen max. 80 mm.
- Der Abbrand erfolgt nur einseitig.

Bei der Anordnung von horizontalen Riegeln vor den vertikalen Riegeln ist es zudem möglich, die vertikalen Riegel durch eine zweite Dämmebene aus nichtbrennbaren Baustoffen zum Hinterlüftungsspalt hin zu überdecken (siehe Abb. C.55). Aus brandschutztechnischer Sicht spricht gegen eine solche Ausführung nichts, sofern keine offenen Fugen vorhanden sind. Die Dämmplatten sind formschlüssig, mindestens stumpf, zu stoßen.

Satz 8 führt explizit aus, dass trotz der Forderung nach einem nichtbrennbaren Abschluss der Außenwand bautechnisch für den Witterungsschutz oder die Feuchtigkeitsregulierung notwendige Folien, Membranen und Bahnen zulässig sind. Diese Folien sind in Abschnitt 3.5 MHolzBauRL definiert. Danach sind normalentflammbare Folien, Membranen und Bahnen für die Bauteilabdichtung zur Erzielung einer Wind- bzw. Luftdichtheit sowie normalentflammbare Dampfbremsen und wasserabweisende Folien zulässig (siehe Kommentar zu Abschnitt 3.5 MHolzBauRL).

Hintergrund dieser Festlegung ist, dass die typischerweise zum Einsatz kommenden Folien und Membranen aufgrund ihrer geringen Wärmefreisetzung keinen maßgeblichen Einfluss auf die Brandausbreitung innerhalb des Hinterlüftungsspalts haben (Engel, 2023).

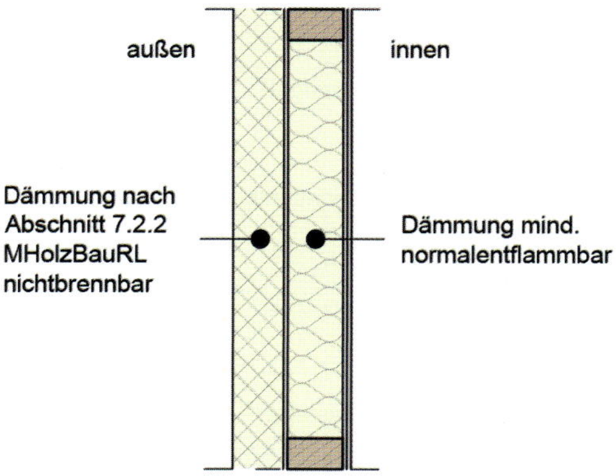

Abb. C.56: Vertikalschnitt durch eine raumabschließend feuerhemmende nichttragende Außenwand mit Dämmstoffen: innen mindestens normalentflammbar, außen nach Abschnitt 7.2.2 MHolzBauRL nichtbrennbar

7.2.2 Dämmstoffe

Dämmstoffe der Außenwandbekleidung müssen nichtbrennbar sein. Abschnitt 7.2.1 bleibt unberührt.

Kommentar

Satz 1 konkretisiert, dass Dämmstoffe im Bereich der Außenwandbekleidung nichtbrennbar sein müssen. Ein Schmelzpunkt wird an dieser Stelle der MHolzBauRL nicht explizit aufgeführt. Es besteht folglich keine Notwendigkeit, Dämmstoffe mit einem Schmelzpunkt von ≥ 1.000 °C zu wählen. **Satz 2** stellt jedoch klar, dass bei einer Ausführung des nichtbrennbaren Abschlusses der Außenwand nach Abschnitt 7.2.1 der MHolzBauRL mittels Dämmstoffplatten weitergehende Anforderungen zu beachten sind (siehe Kommentar zu Abschnitt 7.2.1 MHolzBauRL).

Diese Anforderung gilt jedoch nicht für Dämmstoffe innerhalb nichttragender Außenwände. Nach § 28 Abs. 2 MBO müssen nichttragende Außenwände und nichttragende Teile tragender Außenwände in den Gebäudeklassen 4 und 5 raumabschließend feuerhemmend sein, wenn sie aus brennbaren Baustoffen bestehen. Schutzziel der Anforderungen an Außenwände ist die ausreichend lange Verhinderung des Brandüberschlags von Geschoss zu Geschoss. Außenwände sind entsprechend robust auszuführen, was für Konstruktionen aus brennbaren Baustoffen mit der Eigenschaft raumabschließend feuerhemmend als erfüllt gilt. Die Anforderung feuerhemmend lässt explizit den Einsatz von brennbaren Dämmstoffen im Inneren einer nichttragenden Außenwand zu (siehe Abb. C.56).

7.2.3 Lüftungsspalt

[1]Die Tiefe der Unterkonstruktion für einen Lüftungsspalt ist auf maximal 60 mm zu begrenzen (zum Beispiel einfache Lattung 30 mm, doppelte Lattung beziehungsweise Kreuzlattung mit maximal 2 x 30 mm). [2]Bei einer Kreuzlattung ist der Lüftungsspalt jeweils zwischen Fenstern, mindestens jedoch in horizontalen Abständen von nicht mehr als 5 m, durch Aufdopplung der vertikalen Lattung zu schließen.

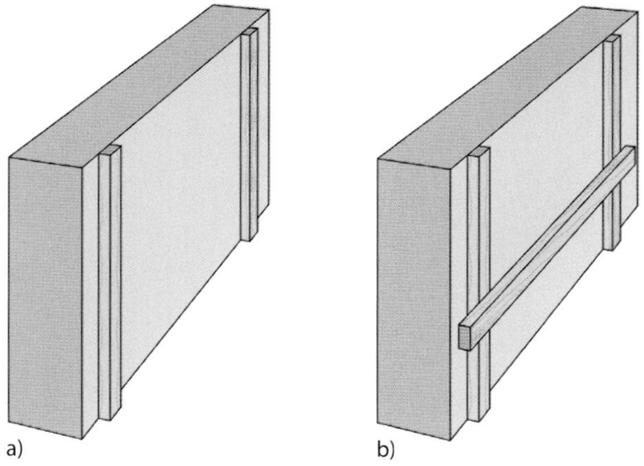

Abb. C.57: Einfache vertikale Lattung (a) und Kreuzlattung (b)

Kommentar

Satz 1 regelt, dass der Lüftungsspalt hinter der Bekleidung auf max. 60 mm zu begrenzen ist. Hierbei werden exemplarische Ausführungsvarianten mit Einfach-, Doppel- und Konterlattung aufgeführt. Anzumerken ist, dass jegliche Varianten zulässig sind, solange der Maximalwert von 60 mm für die Größe des Lüftungsspaltes eingehalten wird.

Die Größe von 60 mm ist auf die Standardquerschnittsmaße von Holzlatten zurückzuführen. Holzlatten sind nach DIN 4074-1 „Sortierung von Holz nach der Tragfähigkeit – Teil 1: Nadelschnittholz" (2012) Schnitthölzer mit einer Dicke kleiner 40 mm und einer Breite kleiner 80 mm. Die typischen Standardquerschnittsmaße nach DIN 4070-1 „Nadelholz; Querschnittsmaße und statische Werte für Schnittholz, Vorratskantholz und Dachlatten" (1958) für Holzlatten sind 24 mm × 48 mm (24/48) bzw. 30 mm × 50 mm (30/50). Dadurch ergibt sich üblicherweise bei einfacher Lattung ein 30 mm und bei einer Kreuzlattung ein 48 mm bzw. 60 mm großer Lüftungsspalt hinter der Bekleidung (siehe Abb. C.57). Die Tiefe des Lüftungsspaltes hinter Holzfassadenschalungen leitet sich folglich in der Regel nach den Querschnittsmaßen der Lattung und somit nach konstruktiven Gesichtspunkten ab (Engel/Werther, 2020; Engel, 2023).

Die international zur Verfügung stehenden Brandversuche an Holzfassaden folgen denselben konstruktiven Gesichtspunkten. Folglich stehen größtenteils nur Brandversuche zur Bewertung mit vergleichbaren Spaltgrößen zur Verfügung. (Engel, 2023)

Aus Versuchsreihen wie von Engel und Werther (2020) ist weiter bekannt, dass mit Zunahme des Lüftungsspaltes die Brandausbreitung entlang der Holzfassade zunimmt. Zurückzuführen ist dieser Effekt jedoch nicht auf die eigentliche Größe des Lüftungsspaltes, sondern auf die damit konstruktiv einhergehenden Gesichtspunkte, wie Änderung der Faserrichtung der Schalung, dreiseitiger Abbrand der Unterkonstruktion in Faserrichtung usw. (Engel, 2023).

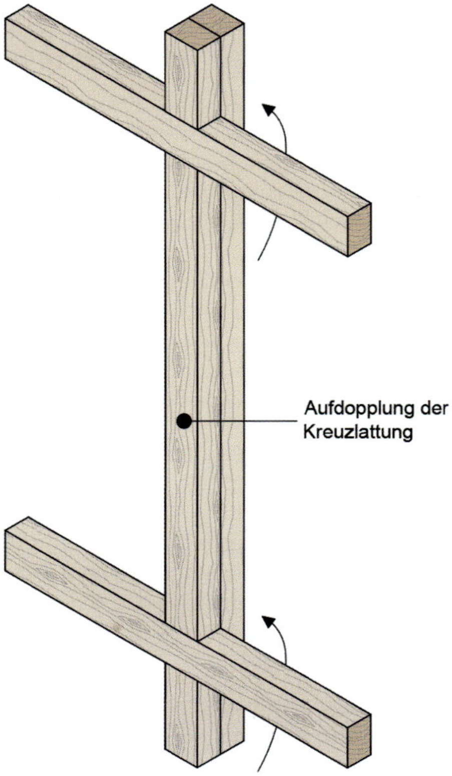

Abb. C.58: Aufdopplung der Kreuzlattung

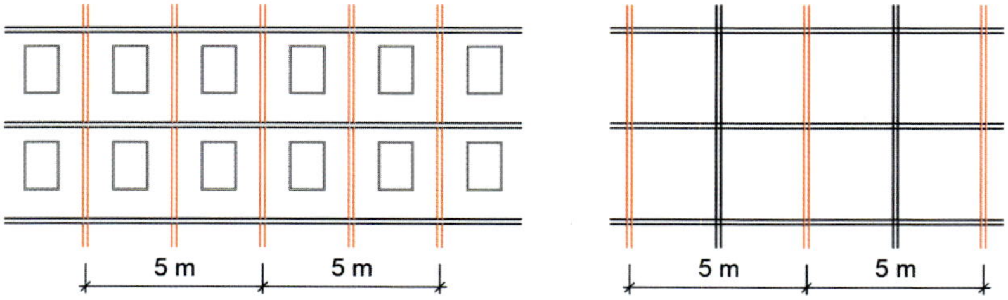

Abb. C.59: Aufdopplung der Kreuzlattung jeweils zwischen Fenstern (links), ohne Öffnungen jeweils mindestens alle 5 m (rechts)

Eine schnellere Brandausbreitung innerhalb des Lüftungsspaltes einer Holzschalung ist also per se nicht direkt auf die Vergrößerung des Lüftungsspaltes selbst zurückzuführen, sondern auf die beschriebenen konstruktiven Veränderungen der brennbaren Unterkonstruktion, wie u. a. Ausbildung einer Kreuzlattung und Änderung der Faserorientierung. Das bedeutet, dass die größer dimensionierte brennbare Unterkonstruktion in Verbindung mit einem mehrseitigen Abbrand (Kreuzlattung) aufgrund der zusätzlichen strukturellen Brandlast im Luftspalt zur Brandausbreitung beiträgt. (Engel, 2023)

Satz 2 fordert für Kreuzlattungen, dass der Lüftungsspalt jeweils zwischen Fenstern, mindestens jedoch in horizontalen Abständen von nicht mehr als 5 m, durch Aufdopplung der vertikalen Lattung zu schließen ist (siehe Abb. C.58 und C.59).

Hintergrund für diese Forderung ist, dass in sich geschlossene Raster entstehen, um die Brandausbreitung zu begrenzen. Wie im Kommentar zu Abschnitt 7.2.4 MHolzBauRL aufgeführt wird, verhalten sich Holzfassaden umso kritischer, je offener sie sind und je mehr Luft nachströmen kann. Dies ist auch hier der Grund für die Unterteilung der Fassadenflächen durch Aufdopplung der Konterlattung in Raster.

7.2.4 Horizontale Brandsperren

[1]Bei Außenwandbekleidungen sind jeweils geschoßweise ausreichend auskragende horizontale Brandsperren auszuführen. [2]Die Brandsperren sind durchgehend und grundsätzlich in Höhe der Geschossdecken anzuordnen. [3]Sie sind auf der Oberfläche der Außenwand anzuschließen (vergleiche Prinzipskizze 6). [4]Die Befestigungsmittel sind bis in die tragende Konstruktion der Außenwand zu führen.

[5]Brennbare Teile der Außenwandbekleidung (Schalung oder Unterkonstruktion) müssen einen Mindestabstand von 20 mm zur Brandsperre aufweisen.

[6]Das Maß des horizontalen Mindestüberstandes der Brandsperre über die Außenkante der Außenwandbekleidung (Maß X) ist abhängig vom jeweiligen Bekleidungstyp und der Ausrichtung der Außenwandbekleidung gemäß Prinzipskizze 6 und Tabelle 6 zu bestimmen. [7]Je nach Maß der Auskragung der horizontalen Brandsperren (Maß Z) ist für $Z \leq 150$ mm eine Blechdicke von 1,5 mm erforderlich, für $Z > 150$ mm ist eine Blechdicke von 2,0 mm erforderlich. [8]Für diese Konstruktionen sind die Angaben zu Material und Befestigung zu beachten.

[9]Die Elemente der Brandsperren sind kraftschlüssig fugenlos (Fugenbreite von nicht mehr als 1 mm) miteinander zu verbinden. [10]Dies gilt als erfüllt, wenn die Stoßüberlappung mindestens 150 mm beträgt oder auf beiden Seiten mindestens zwei Verbindungsmittel (zum Beispiel Nieten) aufweist oder verschweißt ist.

[11]Durchführungen für zum Beispiel Regenfallrohre sind zulässig, wenn diese einen Mindestabstand von 50 mm zur Holzaußenwandbekleidung aufweisen, aus Stahlblech (Mindestdicke mindestens 1,5 mm) ausgeführt sind und der Ringspalt umlaufend nicht mehr als 2 mm beträgt.

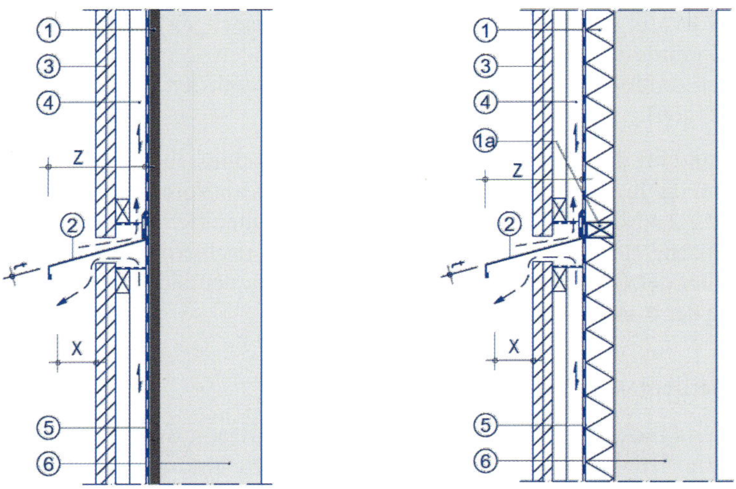

1 Bekleidung nach Abschnitt 7.2.1 (links: nichtbrennbare Bekleidung nach Satz 2, rechts: Dämmstoffplatte/-matte nach Satz 5)
1a horizontaler Riegel zur Befestigung der horizontalen Brandsperre (nach Abschnitt 7.2.1 Satz 7)
2 horizontale Brandsperre nach Abschnitt 7.2.4; Stahlblech, kein Aluminium
Dicke t ≥ 1,5 mm für freie Auskragung Z ≤ 150 mm
Dicke t ≥ 2,0 mm für freie Auskragung Z > 150 mm
Befestigung Brandsperre bis in die tragende Konstruktion der Außenwand
mit Stahlschrauben Ø ≥ 4 mm, e ≤ 200 mm
3 Außenwandbekleidung nach Tabelle 6
4 Konterlattung und Lüftungsspalt nach Abschnitt 7.2.3
5 zweite wasserführende Ebene (Folie nach Abschnitt 7.2.1 Satz 6)
6 Außenwand (bis zum Lüftungsspalt (4))

Prinzipskizze 6: Ausführung und Befestigung von horizontalen Brandsperren (X: Mindestüberstand Brandsperre, siehe Tabelle 6; Z: Maß der Auskragung)

Tabelle 6: Mindestanforderungen an die Baustoffe sowie Überstand der horizontalen Brandsperre – Maß X

Außenwandbekleidung	Baustoff	Schemaskizze	Ausführungsbeispiele	Ausrichtung	Maß X – Mindestauskragung der Brandsperre
Flächiger Holzwerkstoff	■ Rohdichte ≥ 350 kg/m³ ■ Fläche geschlossen ■ Plattendicke ≥ 20 mm ■ Kantenlänge ≥ 625 mm ■ Plattenfläche ≥ 1,0 m²		■ Massivholzplatten ■ Furniersperrholz ■ Furnierschichtholz	horizontal/ vertikal	≥ 50 mm

Formschlüssige Schalung	■ Rohdichte ≥ 350 kg/m³
	■ Beplankungsdicke ≥ 20 mm
	■ Brettbreite: kernfrei ≤ 160 mm
	■ Entlastungs- und Schattennuten:
	  ■ Restdicke ≥ 14 mm
	  ■ Breite ≤ 5 mm
	  ■ Achsabstand ≥ 30 mm
		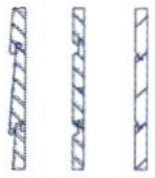	■ Deckleistenschalung mit Profil
			■ Nut und Feder
				horizontal	≥ 50 mm

		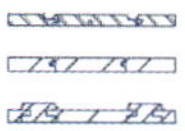		vertikal	≥ 100 mm

Kraftschlüssige Schalung	■ Rohdichte ≥ 350 kg/m³
	■ Beplankungsdicke ≥ 20 mm
	■ Brettbreite frei
	■ Entlastungs- und Schattennuten:
	  ■ Restdicke ≥ 14 mm
	  ■ Breite ≤ 5 mm
	  ■ Achsabstand ≥ 30 mm
		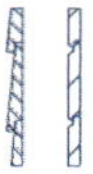	■ Schalung überfälzt
			■ Stülpschalung
			■ T-Leistenschalung
				horizontal	≥ 100 mm

		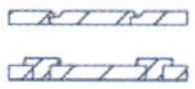		vertikal	≥ 150 mm
Offene Schalung	■ Rohdichte ≥ 350 kg/m³ ■ Beplankungsdicke ≥ 20 mm ■ Brettbreite frei ■ Brettquerschnittsfläche ≥ 1.000 mm² ■ Entlastungsnuten: ■ Restdicke ≥ 14 mm ■ Dicke Abdeckleisten ≥ 14 mm ■ Brettbreite frei		■ Offene Schalung ■ Leistenschalung ■ Deckelschalung ■ Stülpschalung ■ Deckleistenschalung	horizontal	≥ 200 mm
		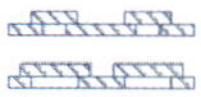		vertikal	≥ 250 mm

[12]Im Bereich von Innenecken ist die Brandsperre mit einer Mindestlänge zu beiden Schenkelseiten von mindestens 1,0 m aus einem Stück herzustellen.

[13]Zur Begrenzung der Brandausbreitung in Innenecken von Außenwänden sind besondere Vorkehrungen zu treffen. [14]Das gilt als erfüllt,

- wenn die Außenwandbekleidung im Bereich der Innenecke jeweils zu beiden Seiten mit einer mindestens 1,0 m breiten nichtbrennbaren Bekleidung ausgeführt wird oder
- wenn die horizontalen Brandsperren im Bereich der Innenecke jeweils zu beiden Seiten über die Länge von 1,0 m mindestens 0,25 m über die Außenwandbekleidung auskragen (siehe Prinzipskizze 7).

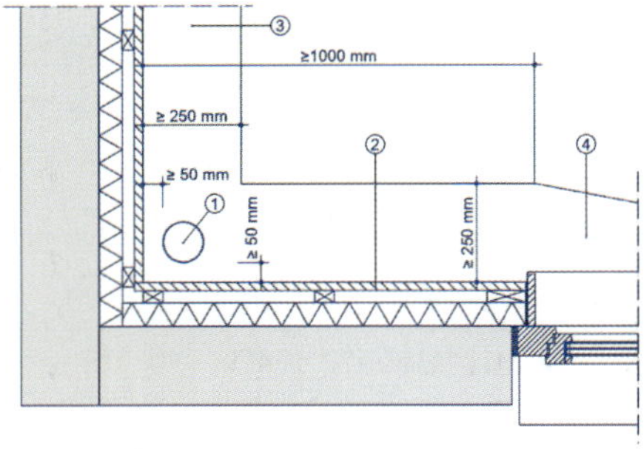

1 Regenfallrohr nach Abschnitt 7.2.4 mit umlaufenden Ringspalt ≤ 2 mm
2 kraftschlüssige bzw. offene Außenwandbekleidung nach Tabelle 6
3 überstehende Brandsperre ≥ 250 mm
4 Reduzierung Brandsperre auf Maß X nach Tabelle 6

Prinzipskizze 7: Ausbildung der Außenwandbekleidung bei Innenecken der Außenwand (Horizontalschnitt)

[15]Bei formschlüssigen Schalungen sowie flächigen Holzwerkstoffplatten (siehe Tabelle 6) darf das Maß des Überstandes der horizontalen Brandsperre in Innenecken von Außenwänden auf 0,10 m reduziert werden, sofern Öffnungen einen Abstand von mindestens 1,0 m zur Innenecke einhalten (siehe Prinzipskizze 8).

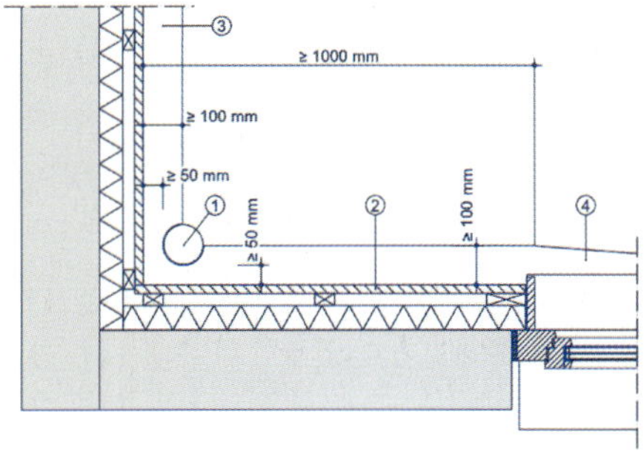

1 Regenfallrohr nach Abschnitt 7.2.4 mit umlaufenden Ringspalt ≤ 2 mm
2 flächige bzw. formschlüssige Außenwandbekleidung nach Tabelle 6
3 überstehende Brandsperre ≥ 100 mm
4 Reduzierung Brandsperre auf Maß X nach Tabelle 6

Prinzipskizze 8: Überstehende horizontale Brandsperre in Innenecke, hier: flächige Holzwerkstoffplatte (Horizontalschnitt)

[16]Im Bereich von Fensterelementen sind horizontale Brandsperren nicht erforderlich, sofern durch die Art der Fensteranordnung eine Brandausbreitung im Lüftungsspalt ausgeschlossen ist (zum Bespiel geschossübergreifende Fensterelemente).

Kommentar

Satz 1 regelt, dass jeweils geschossweise ausreichend auskragende horizontale Brandsperren bei Holzfassaden erforderlich sind. Die ausreichende Auskragung wird später in Satz 6 definiert. **Satz 2** führt weiter aus, dass die Brandsperren durchgehend und grundsätzlich in Höhe der Geschossdecken anzuordnen sind. Ergänzt wird diese Festlegung durch die Grundlage in Abschnitt 7.1 Satz 4 MHolzBauRL (siehe Kommentar zu Abschnitt 7.1 MHolzBauRL), wonach der vertikale Abstand zwischen horizontalen Brandsperren max. 4 m betragen darf.

Um im weiteren Verlauf die Systematik zu horizontalen Brandsperren zu verstehen, ist es zunächst notwendig, die Zielsetzung zur Anordnung horizontaler Brandsperren grundlegend zu definieren.

Horizontale Brandsperren

Im Hochhausbereich kommen üblicherweise auskragende Platten oder geschlossene Brüstungen als konstruktive Maßnahmen zum Einsatz, um die Ausbreitung entlang der Fassade außerhalb des Primärbrandes zu begrenzen (Muster-Richtlinie über den Bau und Betrieb von Hochhäusern [MHHR], 2008). Aus Brandversuchen (Bechtold, 1977; Bechtold et al., 1978) ist bekannt, dass sich für Auskragungen erst ein positiver Einfluss erkennen lässt, wenn diese größer als ein Drittel der Fensterhöhe sind. Bei auskragenden Platten (in der Regel 1 m) oder geschlossenen Brüstungen beinhaltet die Strategie, den Brand so von der Außenwand abzulenken, dass die Heißgase die Außenwand oberhalb des Primärbrandgeschosses nicht erfassen können. Die Brandausbreitung soll folglich auf das Primärbrandgeschoss begrenzt werden.

Bei mehrgeschossigen Gebäuden unterhalb der Hochhausgrenze kommen im Gegensatz dazu üblicherweise konstruktive brandschutztechnische Maßnahmen, sog. Brandsperren, zum Einsatz, die die Brandausbreitung entlang der Fassade begrenzen sollen. Hier steht daher nicht die Ablenkung der Primärflamme im Fokus, sondern die reine Brandausbreitung entlang der Fassade, beispielsweise bei hinterlüfteten Fassaden (Čolić/Pečur, 2020).

Bei Holzfassaden wirken diese Brandsperren erst außerhalb des Primärbrandes (Engel, 2023; Engel/Werther, 2020). Die Entzündung der Fassadenbekleidung im Primärbrandbereich ist unvermeidbar. Je nach Flammenhöhe können die Flammen mehrere Geschossgrenzen überschreiten. Die konstruktiven brandschutztechnischen Maßnahmen oberhalb der Primärflamme sind relevant für die Begrenzung der Brandausbreitung (siehe Abb. C.51 im Kommentar zu Abschnitt 7.1).

Horizontale Brandsperren sollen somit den selbstständigen Mitbrand der Holzfassade und folglich die Brandausbreitung oberhalb des eigentlichen Primärbrandes begrenzen.

Durch die Anordnung der Brandsperren auf Höhe der Geschossdecken wird dies bestmöglich sichergestellt. Hintergrund für diese Festlegung ist der Fakt, dass im Bereich der Geschossdecke im Regelfall die Brandsperren wie gefordert durchgehend ohne besondere bauliche Detailausbildungen ange-

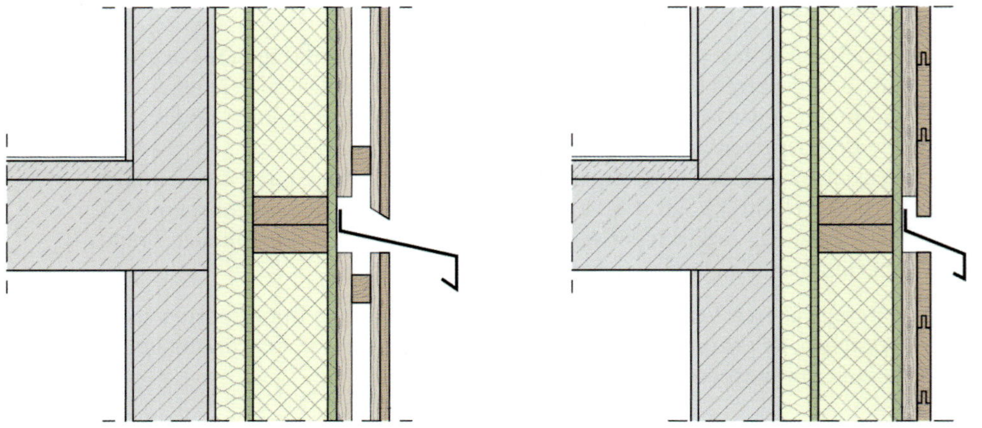

offene Holzschalung vertikal | Nut-Feder-Holzschalung horizontal

Abb. C.60: Anschluss der horizontalen Brandsperren auf der Oberfläche der Außenwand jeweils in Höhe der Geschossdecke.

bracht werden können und der Brand auch nicht durch das jeweilige Geschoss selbst aufgrund der raumabschließenden Decke überlaufen werden kann (siehe Abb. C.60).

Das bedeutet im Umkehrschluss, dass, sofern abweichend von den Vorgaben der MHolzBauRL die Brandsperren nicht im Bereich der Geschossdecken angeordnet werden sollen, dies nur dann möglich ist, wenn nachgewiesen wird, dass die Brandausbreitung ebenso wirkungsvoll begrenzt wird. Das heißt, dass ein Überlaufen aufseiten des Geschosses nicht einfach möglich ist, die Einbindung von Fenstern die Wirkung der Brandsperren nicht beeinflusst und auch die konstruktiven Details, wie Balkone oder Brüstungen aus brennbaren Baustoffen, die Brandausbreitung nicht begünstigen und nicht zu einem früheren Überspringen der Brandsperren führen. Die Ausbildung von Brandsperren außerhalb der Geschossdecken erfordert im Regelfall eine detaillierte Planung, um die Schutzziele gleichwertig sicherzustellen.

Satz 3 fordert, dass die Brandsperren an der Oberfläche der Außenwand anzuschließen sind (siehe Abb. C.60). Damit soll ebenfalls ein Hinterlaufen der Brandsperre aufseiten der Konstruktion verhindert werden.

Satz 4 fordert, dass die Befestigungsmittel bis in die tragende Konstruktion der Außenwand zu führen sind. Im Brandfall existieren hohe thermische Einwirkungen auf die Brandsperren aus Stahlblech. Aufgrund der thermisch bedingten Ausdehnung der Stahlbrandsperren entstehen dabei zusätzliche Spannungen (siehe hierzu auch die Hinweise zu den Befestigungsmitteln im weiteren Verlauf dieses Kapitels). Eine ausreichende Befestigung ist in jedem Fall sicherzustellen.

Mit dieser Festlegung soll ausgeschlossen werden, dass Brandsperren beispielsweise lediglich in Plattenwerkstoffen der äußeren Bekleidung der Außenwand befestigt werden. Die Befestigung ist daher robust, beispielsweise

Abb. C.61: Beginn der Verkohlung der Unterkonstruktion

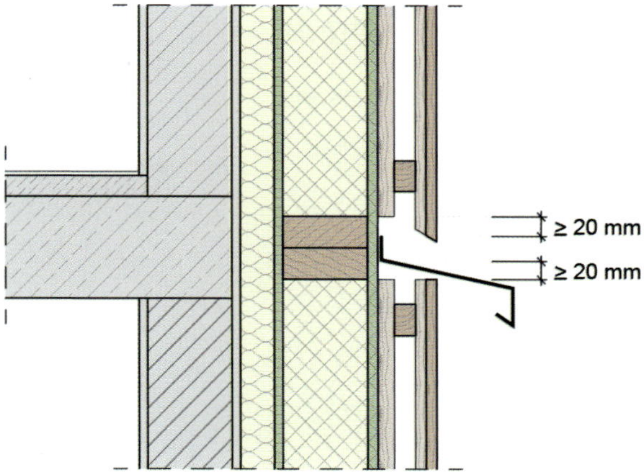

Abb. C.62: Mindestabstand von 20 mm zu brennbaren Bauteilen

in Konstruktionsvollhölzer, auszuführen (siehe Abb. C.60). Ob diese Konstruktionsvollhölzer Teil der tragenden Konstruktion der Außenwand sind oder lediglich zum konstruktiven Anschluss der Brandsperren angeordnet werden, ist dabei nicht von Belang.

Satz 5 fordert, dass brennbare Teile der Außenwandbekleidung, wie Schalung oder Unterkonstruktion, einen Mindestabstand von 20 mm zur Brandsperre aufweisen müssen. Hintergrund ist, dass die Brandeinwirkung auf Brandsperren aus Stahlblech, wie zuvor beschrieben, zu thermischen Verformungen führt und infolgedessen ein Ausbeulen bzw. Anheben der Brandsperren auftreten kann.

Im Rahmen von Brandversuchen (Engel, 2023; Engel/Werther, 2020) wurde beobachtet, dass sich Brandsperren, die einer hohen Brandbeanspruchung ausgesetzt waren, nach oben wölbten und dadurch gegen die Holzlattung sowie die darüberliegende Schalung des nächsten Geschosses gedrückt wurden. Die dabei auftretenden hohen Temperaturen der Brandsperren aus Stahlblech führten zu einem Brand der Holzlattung bzw. der Holzschalung, wie in Abb. C.61 dargestellt.

Um diesem Effekt entgegenzuwirken, sind Unterkonstruktionen und andere brennbare Bauteile mit einem Abstand von $h \geq 20$ mm zur Brandsperre aus Stahlblech anzuordnen (siehe Abb. C.62).

Satz 6 besagt, dass das Maß des horizontalen Mindestüberstandes der Brandsperre über die Außenkante der Außenwandbekleidung (Maß X) vom jeweiligen Bekleidungstyp sowie von der Ausrichtung der Außenwandbekleidung abhängt. Die Ausführung hat nach Prinzipskizze 6 und Tabelle 6 der MHolzBauRL zu erfolgen.

Die geschossweisen horizontalen Brandsperren sind in ihren Abmessungen, insbesondere bezogen auf die horizontale Auskragung vor der Außenwandbekleidung, in Abhängigkeit von der jeweils zum Einsatz kommenden Art der Fassadenbekleidung auszuführen. Tabelle C.10 und Abb. C.12 im Kommentar zu Abschnitt 2.4 stellen die notwendigen Auskragungen über die Bekleidung in Abhängigkeit von dem Fassadentyp dar.

Tabelle C.10: Mindestauskragung der horizontalen Brandsperre

Bekleidungstyp	**Schemaskizze**	**Ausrichtung**	**Auskragung Maß X in mm**
flächiger Holzwerkstoff Platte	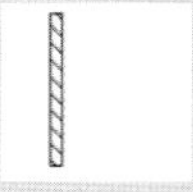	horizontal oder vertikal	≥ 50
formschlüssige Schalung Profil mit Nut und Feder	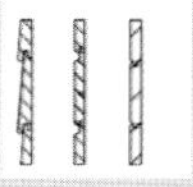	horizontal	≥ 50
	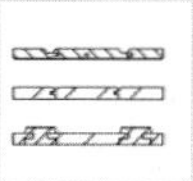	vertikal	≥ 100
kraftschlüssige Schalung Profil mit Winkelfalz	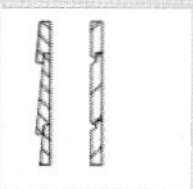	horizontal	≥ 100
	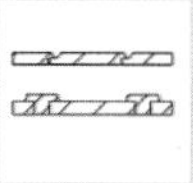	vertikal	≥ 150
offene Schalungen Leistenschalung Deckelschalung Stülpschalung Deckleisten-schalung	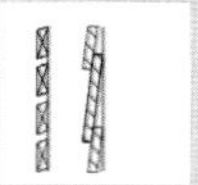	horizontal	≥ 200
	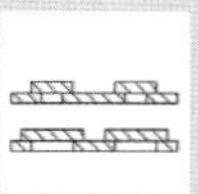	vertikal	≥ 250

Hintergrund für diese Vorgaben ist, dass das Brandverhalten einer Holzfassade stark von der Art der Bekleidung abhängt. Das bedeutet, dass die Art der Fassadenbekleidung in Kombination mit der Unterkonstruktion und dem Hinterlüftungsspalt einen großen Einfluss auf die Brandausbreitung entlang der Fassade hat (Engel, 2023; Engel/Werther, 2020).

Im Allgemeinen wurde festgestellt, dass eine **geschlossene** Fassadenbekleidung und die mit der Verringerung der Tiefe des Hinterlüftungsspalts einhergehenden konstruktiven Maßnahmen zu einer geringeren Brandausbreitung entlang der Fassade führen. Es kann also festgestellt werden, dass die in Tabelle C.10 aufgeführten Arten von Fassadenbekleidungen – von oben nach unten – unter dem Gesichtspunkt des Brandschutzes kritischer zu bewerten sind (Engel, 2023; Engel/Werther, 2020). Eine als vollständig geschlossenes System konzipierte Plattenverkleidung stellt die beste Konstruktion hinsichtlich der vertikalen und horizontalen Brandausbreitung dar, während eine vertikal offene Schalung mit vierseitiger Brandbeanspruchung die schlechteste Variante ist.

Entscheidend für die Brandausbreitung ist der Grad der thermisch bedingten Fugenbildung der Fassadenbekleidung. Eine schnellere Brandausbreitung tritt in der Regel nach Öffnung der ersten Fugen in der Bekleidung im Bereich der Primärflamme auf. Hintergrund hierfür ist, dass die Bekleidung von zwei Seiten dem Feuer ausgesetzt ist und durch die geöffneten Fugen zusätzlich Sauerstoff in den Hinterlüftungsspalt nachströmen kann, wodurch dieser Vorgang weiter begünstigt wird. Hinsichtlich des gesamten Brandverhaltens verhalten sich formschlüssige Bekleidungen mit z. B. Nut-Feder-Verbindungen, die über eine längere Branddauer das Öffnen von Fugen verhindern, typischerweise besser als kraftschlüssige Bekleidungen. Das gilt insbesondere dann, wenn Alterungs- und Schwindprozesse im Rahmen der Nutzungsdauer der Holzfassade berücksichtigt werden. Dies ist auch der Grund für die teilweise Dopplung von Begrifflichkeiten. So wird beispielsweise die Stülpschalung in Tabelle 6 MHolzBauRL sowohl als kraftschlüssige Schalung als auch als offene Schalung aufgeführt. Ähnliches gilt für die Deckleistenschalung: Die Ausführung mit Profil wird als formschlüssige Schalung eingeordnet, die Ausführung ohne Profil als offene Schalung.

Allein anhand der Bezeichnung lassen sich die Fassadenformen daher nicht eindeutig einer konkreten Fassadenart zuordnen. Im Vordergrund steht vielmehr die zu erwartende Fugenausbildung über die Nutzungsdauer. So kann beispielsweise eine Stülpschalung mit geringer Überdeckung und fehlendem Formschluss (z. B. Nut-Feder) an bestimmten Stellen eher dem Verhalten einer offenen Schalung entsprechen, während sie bei ausreichender Überdeckung und kraftschlüssiger Ausbildung den Kriterien einer kraftschlüssigen Schalung entspricht.

Gleiches gilt für die Deckleistenschalung. Diese wird zwar grundsätzlich der offenen Schalung zugeordnet, weist jedoch eine profilierte Ausführung auf, wodurch sie in ihrer Wirkungsweise einer Nut-und-Feder-Schalung ähnelt und folglich als formschlüssige Schalung betrachtet werden kann.

Eine vertikal ausgerichtete Bekleidung führt zu einer schnelleren und stärkeren vertikalen Brandausbreitung als eine horizontal ausgerichtete Bekleidung. Dies kann insbesondere auf zwei Ursachen zurückgeführt werden. Zum einen kann davon ausgegangen werden, dass die Abbrandgeschwindigkeit von Holz in Faserrichtung doppelt so hoch ist wie senkrecht zur Faser

(Werther, 2016). Zum anderen trägt die Kreuzlattung ebenfalls zu einer schnelleren und intensiveren Brandausbreitung bei. Der Grund dafür ist, dass die Kreuzlattung typischerweise für vertikal angeordnete Holzbekleidungen verwendet wird. Das bedeutet, dass sowohl vertikale als auch horizontale Latten unter der Beplankung angeordnet sind, wodurch der Hinterlüftungsspalt auf die doppelte Größe erhöht wird. Der größere Hohlraum und die dreiseitige Brandeinwirkung auf die vertikal verlaufende Lattung tragen zu einer schnelleren Brandausbreitung in vertikaler Richtung bei (Engel, 2023; Engel/Werther, 2020).

Anwendbarkeit von Holzschindelfassaden

Zur brandschutztechnischen Anwendbarkeit von Holzschindelfassaden finden sich zum aktuellen Zeitpunkt keine Hinweise in Tabelle 6 MHolzBauRL. Aus architektonischer Sicht ergeben sich jedoch regelmäßig Anfragen zur Anwendung dieser Fassadenform.

In der Schweiz wurden im Rahmen von Genehmigungsplanungen für konkrete Bauvorhaben Brandversuche (Stierli/Burgherr, 2017) an einer Holzschindelfassade durchgeführt. Anhand des prinzipiellen Aufbaus einer Holzschindelfassade und der Ergebnisse des Brandversuchs lassen sich folgende Prinzipien für eine brandschutztechnische Anwendung ableiten:

- Eine Holzwerkstoffplatte ist der äußere Abschluss des Lüftungsspalts. Im Bereich der Außenwand wird der Lüftungsspalt durch den nichtbrennbaren Abschluss begrenzt.
- Auf die Holzwerkstoffplatte werden die Holzschindeln vertikal mit ⅔ ihrer Fläche und horizontal zur Hälfte überlappend aufgebracht.
- Die mechanische Befestigung der Schindeln erfolgt mittels mehrfacher Befestigungsmittel über die gesamte Breite je Schindel.

Aufgrund des äußeren Abschlusses des Lüftungsspaltes in Form einer Holzwerkstoffplatte verhält sich die Fassade isoliert bezogen auf die Brandausbreitung im Lüftungsspalt wie eine mittels Plattenwerkstoff geschlossene Fassade. Kritischer verhält sich dafür die Brandweiterleitung entlang der Holzschalung in Form der Holzschindel. Dies tritt vor allem nach einer entsprechenden Alterung der Schindel und der Ausbildung von Fugen und Spalten im Überlappungsbereich auf. Maßgebend sind daher die in der obigen Aufzählung genannten Prinzipien und insbesondere die ausreichende mechanische Fixierung. Sofern diese Gegebenheiten eingehalten sind, die Anwendbarkeit im Einzelfall unter Berücksichtigung der jeweiligen Gegebenheiten geprüft wurde und die Fassade einer regelmäßigen Pflege und Wartung unterliegt, kann sie für die brandschutztechnische Bewertung der Kategorie „kraftschlüssige Schalung" zugeordnet werden. Aufgrund der wesentlichen Abweichung von der technischen Baubestimmung ist nach Abschnitt 7.1 MHolzBauRL ein Anwendbarkeitsnachweis erforderlich (siehe Kommentar zu Abschnittes 7.1 Satz 5 MHolzBauRL).

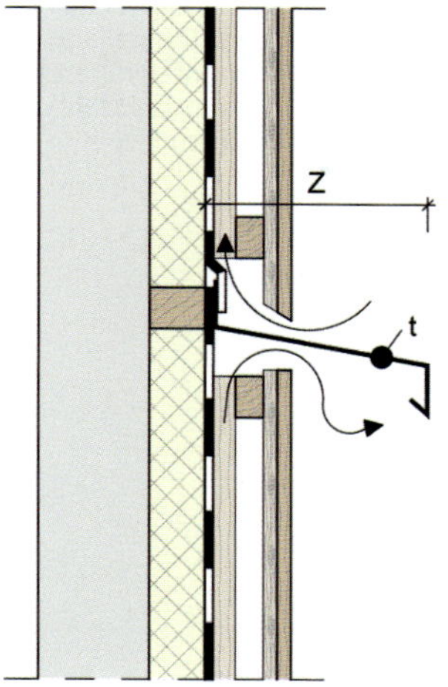

Abb. C.63: Maß Z der Brandsperre zur Bestimmung der notwendigen Dicke *t*

Satz 7 konkretisiert, dass in Abhängigkeit vom Maß der Auskragung der horizontalen Brandsperren (Maß Z = Länge der freien Auskragung) bei Z ≤ 150 mm eine Blechdicke von 1,5 mm erforderlich ist, während bei Z > 150 mm eine Blechdicke von 2,0 mm erforderlich ist. Hintergrund hierfür ist die Sicherstellung einer ausreichenden Robustheit der Brandsperre. Mit zunehmender Auskragung wird daher der Querschnitt entsprechend erhöht.

In diesem Zusammenhang ist zu beachten, dass das Maß Z nicht mit dem Maß X der notwendigen Auskragung nach Tabelle 6 MHolzBauRL gleichzusetzen ist. Das Maß Z beschreibt die Gesamtlänge der Brandsperre und umfasst somit auch den Bereich der Trennung im Lüftungsspalt sowie ggf. den Bereich der Dämmung, sofern die Brandsperre dort weitergeführt wird (siehe Abb. C.63).

Kantungen und Falzungen sind bei Stahlblechen mit einer Blechdicke von 2 mm, sog. Feinblechen, unproblematisch möglich (siehe u. a. DIN 6935 „Kaltbiegen von Flacherzeugnissen aus Stahl“ [2011]).

Satz 8 führt aus, dass für die jeweiligen Konstruktionen die Angaben zu Material und Befestigung zu beachten sind.

Materialität der horizontalen Brandsperre

Für horizontale Brandsperren wurde die Materialität Stahlblech bereits in Abschnitt 2.5 MHolzBauRL festgelegt. Diese Forderung wird durch die Beschreibung zu Prinzipskizze 6 nochmals präzisiert: *„Horizontale Brandsperre nach Abschnitt 7.2.4; Stahlblech, kein Aluminium.“*

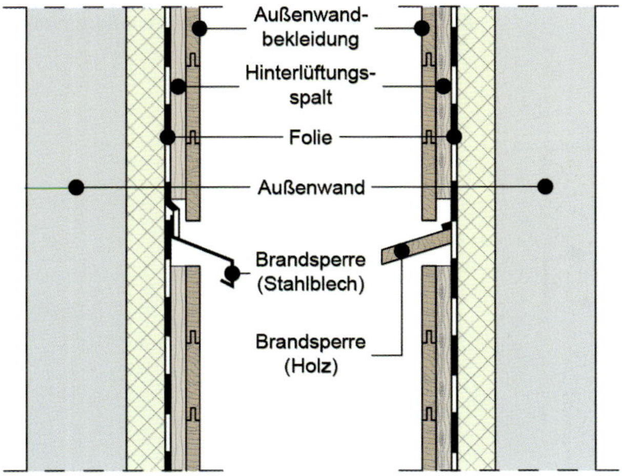

Abb. C.64: Schematische Darstellung horizontaler Brandsperren aus Stahlblech und Holz

Hintergrund dieser Festlegung ist die hohe Robustheit von Stahlblech gegenüber Brandeinwirkungen. Aluminium eignet sich beispielsweise aufgrund seines vergleichsweise niedrigen Schmelzpunktes von ca. 660 °C nicht für den Einsatz als horizontale Brandsperre (Engel, 2023).

Vorschriften anderer Länder, wie beispielsweise der Schweiz, führen hingegen auch Holz als Material für Brandsperren auf (siehe Abb. C.64). Die Begrenzung der Materialität der Brandsperren auf Stahlblech lässt sich wie folgt begründen. Die positive Wirkung von horizontalen Brandsperren aus Stahlblech konnte im Gegensatz zu Brandsperren aus Holz auch über eine längere Versuchsdauer bestätigt werden. Die hölzernen Brandsperren trugen nach einiger Zeit durch ihren Mitbrand zur horizontalen Brandausbreitung bei (Engel, 2023; Engel/Werther, 2020). Hintergrund hierfür ist, dass die Flamme an der hinterlüfteten Fassade durch die Brandsperre abgelenkt wird und im Falle einer normalentflammbaren Ausbildung auf der Unterseite der Brandsperre zu einer starken horizontalen Brandausbreitung führt. Dies steht den Schutzzielen der Bauordnung entgegen. Weiterführend ist anzumerken, dass die Dauerhaftigkeit von Holzbrandsperren geringer ausgeprägt ist als im Vergleich zu Stahlbrandsperren, womit die dauerhafte Funktionsfähigkeit entsprechender Brandsperren stark von deren Wartung abhängen würde.

Brandsperren aus mineralischen Platten (z. B. Kalziumsilikatplatten) bieten ebenso Potenzial, wurden in den Brandversuchen (Engel/Werther, 2020) jedoch nicht ausdrücklich untersucht. Allerdings wurden in Modellversuchen Probleme bei der angemessenen Befestigung der Brandschutzvorrichtungen festgestellt (Engel, 2023; Engel/Werther, 2020).

Verbundbrandsperren aus Stahlblechen und mineralischen Platten könnten jedoch hinsichtlich der Wärmeausdehnung oder der Befestigung Vorteile bieten, jedoch muss das Verhalten solcher Verbundbrandsperren aktuell im Einzelfall über Anwendbarkeitsnachweise bestätigt werden.

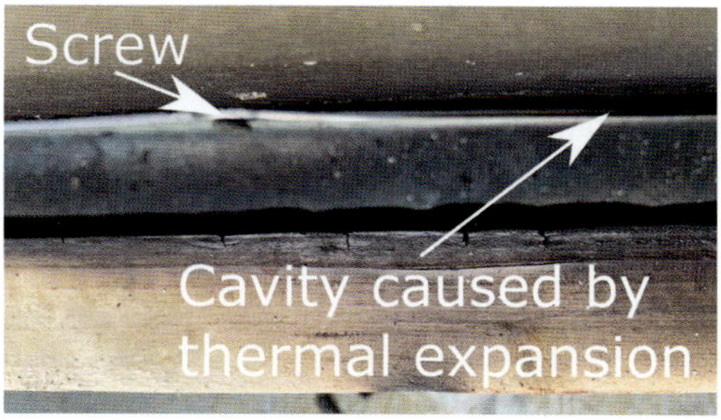

Abb. C.65: Brandsperre von oben mit durch Wärmeausdehnung verursachter Lücke

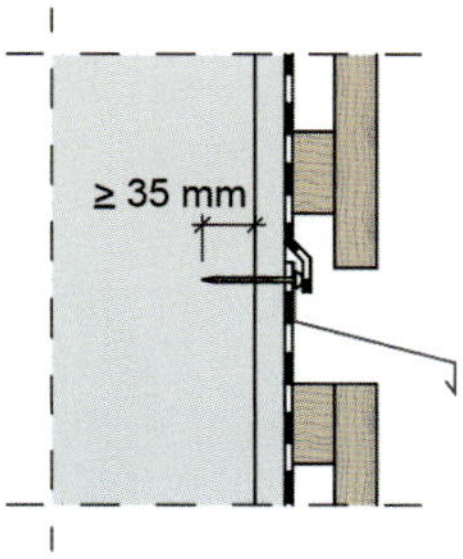

Abb. C.66: Verankerungstiefe der Befestigungsmittel zur Befestigung der Brandsperre in mm

Befestigung der horizontalen Brandsperre

Die Vorgaben an die korrekte Befestigung von horizontalen Brandsperren werden in der Beschreibung zu Prinzipskizze 6 präzisiert: „*Befestigung Brandsperre bis in die tragende Konstruktion der Außenwand mit Stahlschrauben Ø ≥ 4 mm, e ≤ 200 mm*".

Hintergrund für die Beschränkung der Schraubenabstände ist, dass sich die Brandsperren aus Stahlblech unter thermischer Belastung ausdehnen, was zu einer Öffnung der Fuge zwischen den Verschraubungspunkten der Brandsperre führt und die Brandausbreitung in den darüberliegenden Bereich begünstigt (Engel, 2023; Engel/Werther, 2020).

Abb. C.65 zeigt die Brandsperre nach einem Brandversuch mit vorhandenem Spalt. Auf der Grundlage der Versuchsergebnisse wurden Befestigungsabstände von ≤ 200 mm für die MHolzBauRL gewählt.

Bestimmungsgemäße Fugen, die über die übliche baupraktisch relevante Ausführung hinausgehen, sind hinter der Brandsperre zur Außenwand hin nicht zulässig. **Satz 3** fordert bereits, dass die Brandsperre an der Oberfläche der Außenwand anzuschließen ist. Damit soll ein Hinterlaufen der Brandsperre auf der Seite der Konstruktion ebenfalls verhindert werden.

Die MHolzBauRL macht keine weitergehenden Angaben dazu, wie die Befestigung der Brandsperren im Hinblick auf die Schraubeneinbindung in die dahinterliegende Konstruktion konkret auszuführen ist. Prinzipskizze 6 der MHolzBauRL und zuvor schon **Satz 4** fordern jedoch, dass die Befestigungsmittel bis in die tragende Konstruktion der Außenwand zu führen sind.

Auf Basis der Versuchsreihe (Engel/Werther, 2020) wird empfohlen, dass die Befestigungsmittel mindestens 35 mm in die tragende Konstruktion der dahinterliegenden Wand einbinden sollten, wie in Abb. C.66 dargestellt.

Mindestabmessungen und -rohdichte der Holzschalung

Tabelle 6 MHolzBauRL enthält Vorgaben für die Mindestrohdichte und Mindestdicke der Holzschalung in Abhängigkeit von der Art der Außenwandbekleidung. Diese sind in Tabelle C.11 dargestellt.

Tabelle C.11: Mindestabmessungen und -rohdichte je Holzfassadenart

	flächiger Holzwerkstoff	formschlüssige Schalung	kraftschlüssige Schalung	offene Schalung
Rohdichte	≥ 350 kg/m³			
Beplankungs- bzw. Plattendicke	≥ 20 mm			
Brettbreite	–	kernfrei ≤ 160 mm	–	–
Kantenlänge	≥ 625 mm	–	–	–
Plattenfläche	≥ 1,0 m²	–	–	–
Entlastungs- und Schattennuten	–	Restdicke ≥ 14 mm Breite ≤ 5 mm Achsabstand ≥ 30 mm		Restdicke ≥ 14 mm
Brettquerschnittsfläche	–	–	–	≥ 1.000 mm²
Dicke Abdeckleisten	–	–	–	≥ 14 mm
Sonstiges	Fläche geschlossen			

Die Vorgaben für eine Mindestdicke und -rohdichte resultieren daraus, dass die Bekleidungsdicke ein wesentlicher Faktor für den Zeitpunkt ist, zu dem durchgehende Fugen in der Fassadenbekleidung auftreten (Engel; 2023; Engel/Werther, 2020).

Wie zuvor beschrieben verhalten sich formschlüssige Bekleidungen mit z. B. Nut-Feder-Schalungen, die bei längerer Branddauer durchgehende Fugen verhindern, bezogen auf das Brandverhalten besser als kraftschlüssige Bekleidungen, insbesondere wenn thermische Verformung und Schwinden berücksichtigt werden. Die Dicke der Bekleidung ist ein wesentlicher Faktor für den Zeitpunkt, zu dem durchgehende Fugen in der Fassadenbekleidung über die gesamte Fläche auftreten. In Studien wurde nachgewiesen, dass die Erhöhung der Dicke der Holzschalung zu einer Verringerung der Wärmefreisetzungsrate führte (Dhima/Gaillard, 2017). Das Ziel ist also, dass die Holzfassade im Brandfall möglichst lange geschlossen bleibt und sich nicht vorzeitig öffnet. Wie zuvor beschrieben, verhält sich eine Holzfassade brandschutztechnisch umso günstiger, je geschlossener sie ausgebildet ist.

Werden die Mindestquerschnittswerte nicht eingehalten, wäre grundsätzlich mit einer schnelleren und kritischeren Brandausbreitung zu rechnen, die sich auch nachteilig auf die Wirksamkeit der vorgesehenen Brandsperren aus Stahlblech auswirken könnte.

Die Forderung nach kernfreien Brettern mit begrenzter Brettbreite dient der Minimierung von schwind-, temperatur- und brandinduzierten Spannungen im Holz.

Holzphysikalisch weist der Kernbereich eines Stammes (Markröhre bzw. juveniles Holz) gegenüber dem äußeren Holz deutlich ungünstigere Eigenschaften auf. Dazu zählen erhöhte Schwind- und Quellmaße, ein stark anisotropes Verformungsverhalten sowie höhere innere Spannungen. Kernhaltige Bretter neigen daher verstärkt zu Kern- und Sternrissen, Schüsselung und Verwerfen. Bei Trocknungsvorgängen, Feuchteschwankungen oder Temperaturbeanspruchung entstehen Zugspannungen quer zur Faser, die vom Holz nicht aufgenommen werden können und in der Folge zu Rissbildung führen. Dies kann im Brandfall zu einer vergrößerten wirksamen Oberfläche, zu beschleunigter Pyrolyse sowie zu einer ungünstigen Beeinflussung der Branddynamik führen. Durch die Begrenzung auf kernfreie Bretter wird ein kontrolliertes und reproduzierbares Verformungs- und Rissverhalten sichergestellt. Maßgeblich ist dabei, ein möglichst homogenes, berechenbares Materialverhalten über die gesamte Nutzungsdauer sicherzustellen.

Neben der Kernfreiheit ist auch die Begrenzung der Brettbreite maßgebend. Holz schwindet quer zur Faser, wobei das tangentiale Schwindmaß etwa doppelt so groß ist wie das radiale. Die absolute Maßänderung steigt proportional zur Bauteilbreite. Breite Bretter sind daher deutlich stärker schwind- und spannungsbeansprucht als schmale. Ab einer gewissen Breite können die entstehenden Zwangsspannungen nicht mehr aufgenommen werden, was zu Rissen über die gesamte Brettdicke führt. Schmalere Bretter bauen Spannungen besser ab, bleiben formstabiler und zeigen in der Regel nur unkritische Haarrisse.

Aus brandschutztechnischer Sicht ist dieser Zusammenhang besonders relevant. Rissbildung führt zu einer Verschlechterung des Brandverhaltens der Holzschalung.

Die Begrenzung der Brettbreite – ebenso wie die Forderung nach kernfreien Brettern – dient daher der Sicherstellung eines möglichst kontrollierten, reproduzierbaren Verformungs- und Rissverhaltens. Die Grenze von etwa 160 mm hat sich aus Versuchen, Schadensbeobachtungen und praktischer Erfahrung als sinnvoller Ansatz etabliert. Größere Brettbreiten wie beispielsweise oberhalb von etwa 180 mm zeigen ein signifikant erhöhtes Risiko für unkontrollierte Rissbildung und damit für eine ungünstigere Brandausbreitung.

Diese Systematik bildet auch die Grundlage für die Begrenzung der Maße von Entlastungs- und Schattennuten, um ein kontrolliertes Verformungs- und Rissverhalten sicherzustellen. In der Praxis ist unter der Schattennut

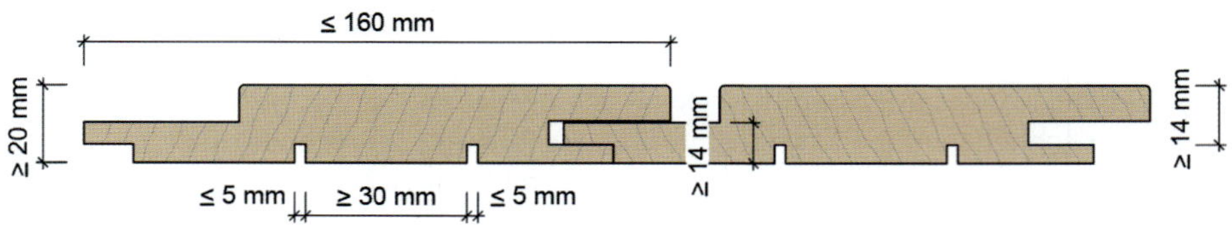

Abb. C.67: Mindestmaße für eine Nut-Feder-Schalung nach MHolzBauRL

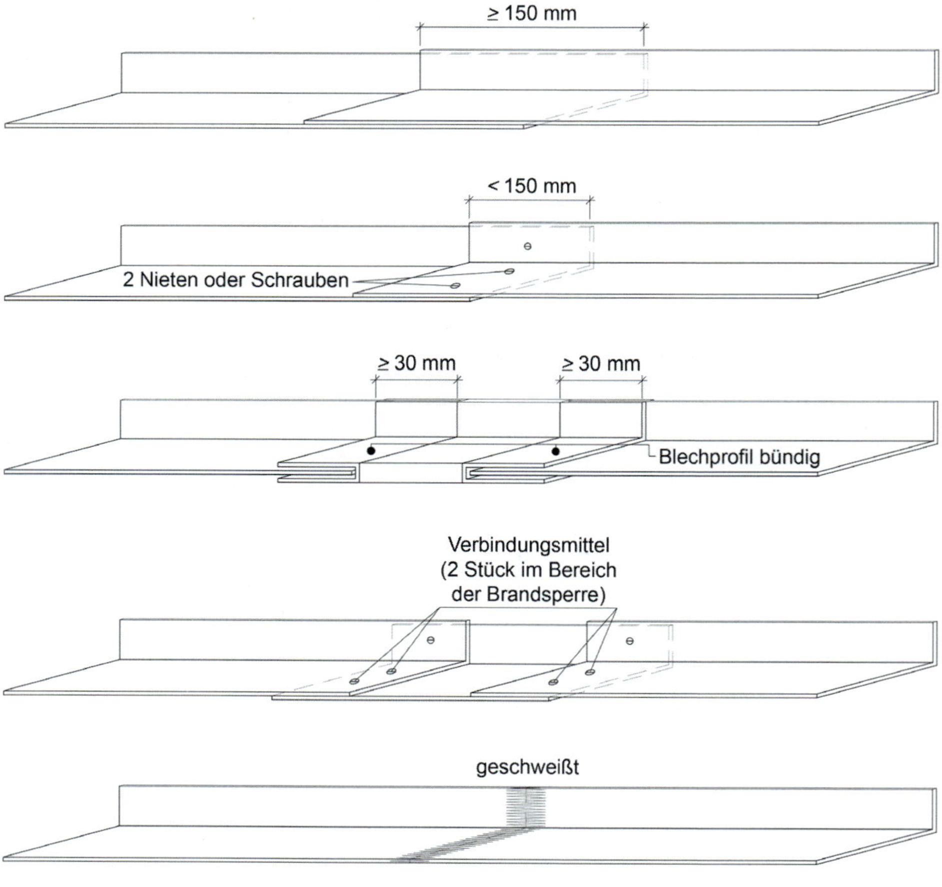

Abb. C.68: Beispiele für die Ausführung von Längsstößen von Brandsperren

der Bereich der Nut-Feder-Verbindung zu verstehen. Die gemäß Richtlinie vorgegebene maximale Breite von 5 mm lässt sich im Anschlussbereich zwischen zwei Brettern jedoch regelmäßig nicht einhalten. Die Mindestdicke von 14 mm ist in diesem Bereich einzuhalten und die Breite auf das konstruktiv mögliche Mindestmaß zu begrenzen. Aus Sicht der Autoren bezieht sich die Begrenzung auf 5 mm vor allem auf Entlastungsnuten innerhalb des jeweiligen Brettquerschnitts und nicht auf die Schattennut im Bereich der Nut-Feder-Verbindung.

Abb. C.67 zeigt die Mindestmaße für eine Nut-Feder-Schalung nach MHolzBauRL.

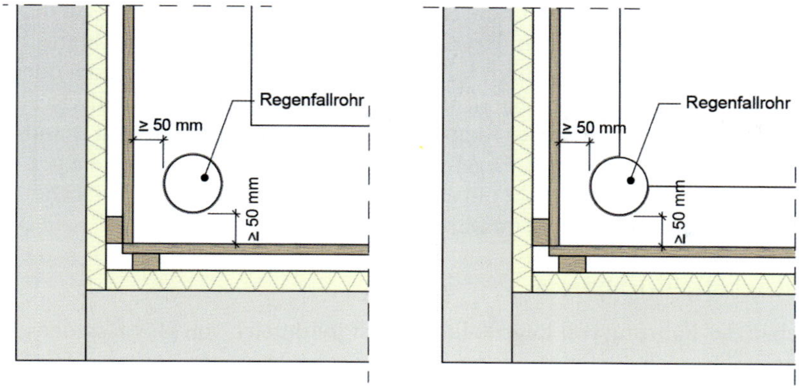

Abb. C.69: Führung von Regenfallrohren durch Brandsperren mit Darstellung der Mindestabstände

Satz 9 fordert, dass die Elemente der Brandsperren kraftschlüssig und fugenlos miteinander zu verbinden sind; zulässig ist dabei eine Fugenbreite von max. 1 mm. In **Satz 10** wird konkretisiert, dass diese Anforderung als erfüllt gilt, wenn die Stoßüberlappung mindestens 150 mm beträgt oder die Stoßverbindung auf beiden Seiten mit mindestens zwei Verbindungsmitteln (z. B. Nieten) ausgeführt oder verschweißt ist.

Hintergrund dieser Vorgaben für Längsstöße von Brandsperren sind die Wirkung thermischer Verformungen und das daraus resultierende Anheben von Brandsperren aus Stahlblech. Sofern keine ausreichenden Überlappungen oder mechanischen Verbindungen vorhanden sind, stellen die Längsstöße Schwachstellen innerhalb der Brandsperre dar und können die Brandausbreitung über die Fassade begünstigen (Engel, 2023; Engel/Werther, 2020). Aus diesem Grund sind Längsfugen von Brandsperren aus Stahlblech mechanisch oder durch Schweißen schlüssig und fugenlos auszubilden oder mit einer Fugenüberlappung von mindestens 150 mm auszuführen. Auch formschlüssige Ausführungen sind denkbar. Abb. C.68 zeigt hierzu beispielhafte Ausführungen.

Satz 11 erlaubt Durchführungen durch Brandsperren, beispielsweise für Regenfallrohre, sofern diese einen Mindestabstand von 50 mm zur Holzaußenwandbekleidung aufweisen, aus Stahlblech mit einer Mindestdicke von 1,5 mm ausgeführt sind und der umlaufende Ringspalt max. 2 mm beträgt.

Hintergrund dieser Festlegung ist, dass insbesondere bei weit auskragenden Brandsperren oder im Bereich von Innenecken eine Führung von Regenfallrohren durch die Brandsperre konstruktiv erforderlich sein kann. Um einen Branddurchtritt zu verhindern, sind Regenfallrohre in diesem Bereich aus Stahlblech mit einer Mindestdicke von 1,5 mm auszuführen. Diese verbleiben auch im Brandfall formstabil in der Öffnung und verschließen den Querschnitt der Durchführung. Regenfallrohre aus Stahlblech mit der geforderten Mindestdicke sind marktüblich erhältlich. Ein Materialwechsel von anderen Werkstoffen auf Stahlblech ausschließlich im Bereich der Durchführung ist nicht zulässig, da dies zu einem Durchbrand führen würde. Das Regenfallrohr ist daher im gesamten Bereich der Holzfassade aus Stahlblech auszuführen.

Der Abstand der Öffnung für die Durchführung des Regenfallrohres in der Brandsperre zur eigentlichen Holzfassade muss mindestens 50 mm betragen (siehe Abb. C.69). Dadurch soll sichergestellt werden, dass Funken oder kleine Flammenspitzen im Bereich der Fuge die Holzfassade nicht direkt erreichen. Weiterhin darf der Ringspalt zwischen Regenfallrohr und Brandsperre max. 2 mm betragen. Fugen mit einer Breite von ≤ 2 mm sind aus brandschutztechnischer Sicht unbedenklich, was auch durch die Versuche von Dederich et al. (2020) bestätigt wurde.

Blitzschutzeinrichtungen

Neben der Führung von Regenfallrohren ist im Bereich von Holzfassaden regelmäßig auch die Führung von Blitzschutzeinrichtungen, insbesondere von blitzstromführenden Leitern (Ableitungseinrichtung), erforderlich. Grundsätzlich sind hierbei die technischen Regeln für Blitzschutzsysteme zu beachten, insbesondere die erforderlichen Trennungsabstände zwischen blitzstromführenden Leitern und anderen elektrisch leitfähigen Bauteilen nach der Normenreihe DIN EN IEC 62305 „Blitzschutz“, Teil 1 bis 4.

Aus rein brandschutztechnischer Sicht bestehen jedoch keine weitergehenden Anforderungen an einen Abstand zwischen einer Holzfassade und dem blitzstromführenden Leiter. Untersuchungen (Jugelt et al., 2025; Olabi, 2025; Li, J. et al., 2017) zeigen, dass eine direkte Entzündung von Vollholzquerschnitten als eher unwahrscheinlich einzustufen ist. Anders verhält es sich bei Holzweichfaserbaustoffen; diese sind jedoch im Bereich der Außenwandbekleidung nach MHolzBauRL nicht anzutreffen.

Satz 12 führt aus, dass im Bereich von Innenecken die Brandsperre aus einem Stück herzustellen ist und dabei zu beiden Schenkelseiten eine Mindestlänge von jeweils 1,0 m aufweisen muss.

Analog zu den Regelungen in **Satz 9** und **Satz 10** soll damit sichergestellt werden, dass die thermischen Verformungen der Brandsperren aus Stahlblech nicht zu Schwachstellen innerhalb der Brandsperre führen und folglich die Brandausbreitung über die Fassade nicht begünstigt wird (Engel, 2023; Engel/Werther, 2020). Im Bereich beider Seiten von Innenecken sind Brandschutzvorrichtungen daher fugenlos, also verschweißt oder aus einem Stück, mit einer Länge von ≥ 1,0 m auszuführen.

Für die Anschlusspunkte an die anschließenden horizontalen Brandsperren gelten nach diesem 1,0-m-Bereich wieder die Vorgaben nach **Satz 9** und **Satz 10**.

Satz 13 besagt, dass zur Begrenzung der Brandausbreitung in Innenecken von Außenwänden besondere Vorkehrungen zu treffen sind. **Satz 14** und **Satz 15** konkretisieren diese Forderung und benennen drei Varianten, mit denen dieses Schutzziel erfüllt werden kann:

- wenn die Außenwandbekleidung im Bereich der Innenecke jeweils zu beiden Seiten mit einer mindestens 1,0 m breiten nichtbrennbaren Bekleidung ausgeführt wird oder
- wenn die horizontalen Brandsperren im Bereich der Innenecke jeweils zu beiden Seiten über eine Länge von 1,0 m mindestens 0,25 m über die Außenwandbekleidung auskragen (siehe Abb. C.70), oder

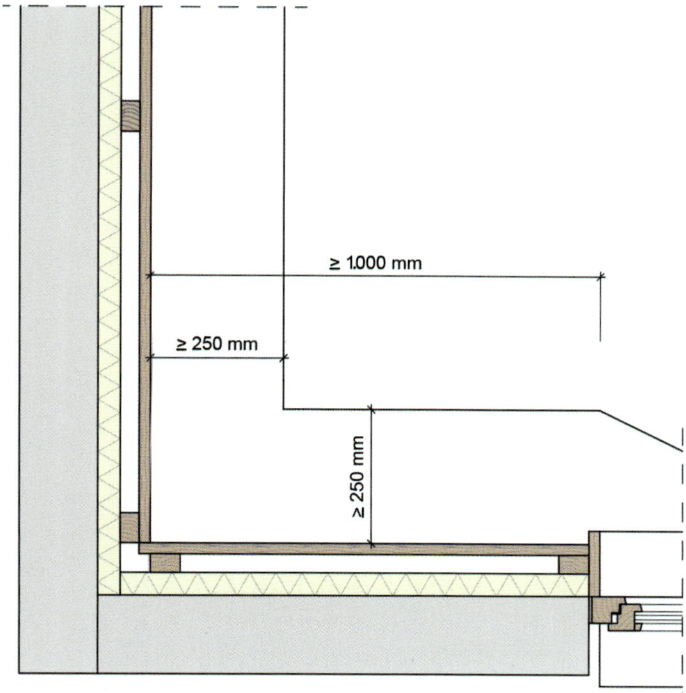

Abb. C.70: Ausbildung horizontaler Brandsperren in Innenecken mit beidseitigem Überstand von mindestens 0,25 m über jeweils 1,0 m Länge

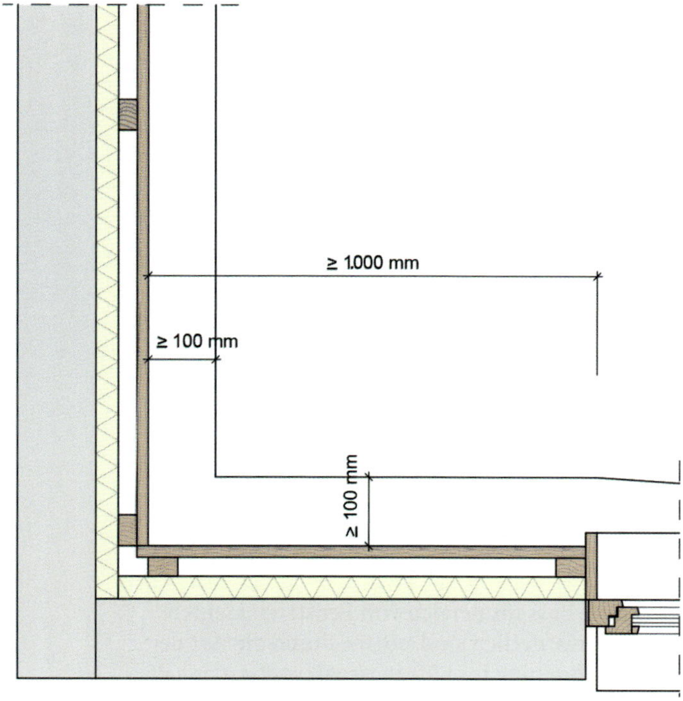

Abb. C.71: Horizontale Auskragung der Brandsperre von 0,10 m in Innenecken bei formschlüssigen Schalungen und flächigen Holzwerkstoffplatten (Abstand der Öffnungen ≥ 1,0 m)

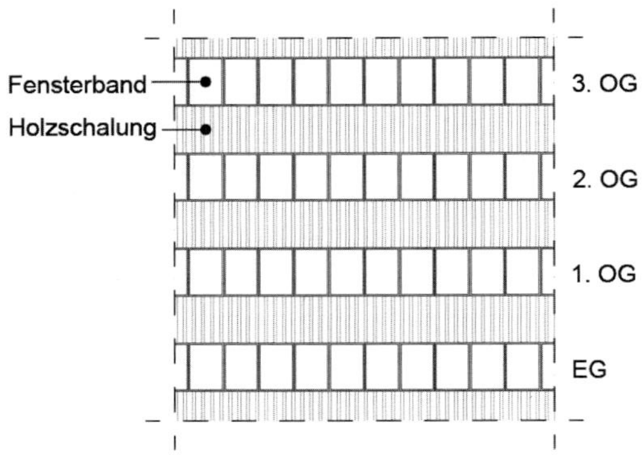

Abb. C.72: Entfall von horizontalen Brandsperren bei durchgehenden Fensterbändern

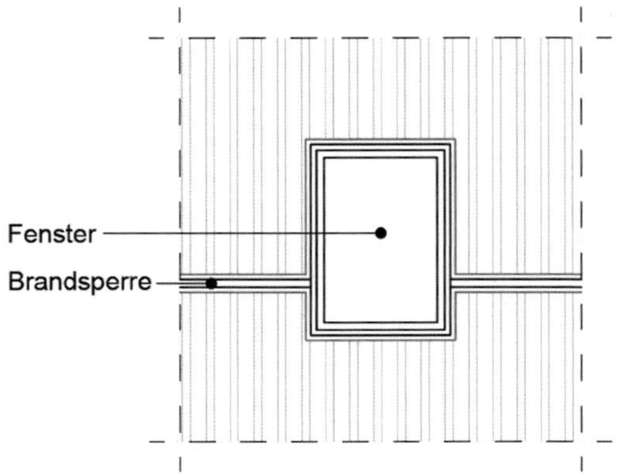

Abb. C.73: Unterbrechung der horizontalen Brandsperren durch ein Fenster oder eine andere Öffnung

- bei formschlüssigen Schalungen sowie flächigen Holzwerkstoffplatten (siehe Kommentar zu Satz 6) darf das Maß des Überstandes der horizontalen Brandsperre in Innenecken von Außenwänden auf 0,10 m reduziert werden, sofern Öffnungen einen Abstand von mindestens 1,0 m zur Innenecke einhalten (siehe Abb. C.71).

Hintergrund dieser Festlegung ist, dass aus brandschutztechnischer Sicht besonderes Augenmerk auf Innenecken zu legen ist, insbesondere im Kontext von Holzfassaden. Eine Reihe von Untersuchungen (Engel, 2023; McGrattan/Stroup, 2021; McGrattan et al., 2018) zeigt eine deutlich kritischere Brandausbreitung im Bereich von Innenecken. Diese haben einen spürbaren Einfluss auf die Flammenhöhe und die daraus resultierenden Temperaturen bei Fassadenbränden. Aus diesem Grund legt die MHolzBauRL besonderes Augenmerk auf die Ausbildung von Innenecken und zeigt hierfür verschiedene konstruktive Möglichkeiten auf.

Satz 16 lässt die Erleichterung zu, dass im Bereich von Fensterelementen horizontale Brandsperren nicht erforderlich sind, sofern durch die Art der Fensteranordnung eine Brandausbreitung im Lüftungsspalt und entlang der Holzfassade ausgeschlossen werden kann (z. B. bei geschossübergreifenden Fensterelementen mit üblicher Höhe). Damit ist gemeint, dass Fensterbänder die Holzfassade unterbrechen und folglich keine geschossübergreifende

Fassadenfläche aus Holz vorhanden ist. In diesen Fällen sind horizontale Brandsperren nicht notwendig, da eine vertikale Brandausbreitung innerhalb des Lüftungsspalts über mehrere Geschosse durch die Fensteranordnung verhindert wird. Ein entsprechendes Beispiel ist in Abb. C.72 dargestellt.

Gleichwohl sind damit nicht standardmäßig einzelne Fensterelemente oder vergleichbare Öffnungen gemeint, an die Brandsperren lediglich herangeführt werden, wie in Abb. C.73 dargestellt. In diesen Fällen bleibt zu prüfen, inwiefern eine Brandausbreitung durch offene Fenster, die Nutzung der dahinterliegenden Räume, Fensterlaibungen oder weitere Randbedingungen begünstigt werden kann. Der Einzelfall ist hierbei ebenso zu bewerten wie in Konstellationen, in denen sich die Brandsperre nicht im Bereich der Geschossdecke befindet (siehe Kommentar zu Satz 1), wobei diese beiden Punkte in den meisten Fällen ohnehin kombiniert auftreten dürften.

7.2.5 Vertikale Brandsperren

[1]Im Bereich von Brandwänden beziehungsweise Wänden nach § 30 der Musterbauordnung[1], die anstelle von Brandwänden zulässig sind, ist die brennbare Außenwandbekleidung über eine Breite von mindestens 1,0 m durch nichtbrennbare Baustoffe zu unterbrechen. [2]Der Lüftungsspalt darf über die Brandwand nicht hinweggeführt werden, sondern ist mindestens in Brandwanddicke mit einem im Brandfall formstabilen Dämmstoff nach Abschnitt 3.3 und einer Nennrohdichte von mindestens 100 kg/m³ auszufüllen (siehe Prinzipskizze 9). [3]§ 30 Absatz 7 Satz 1 der Musterbauordnung[1] bleibt unberührt.

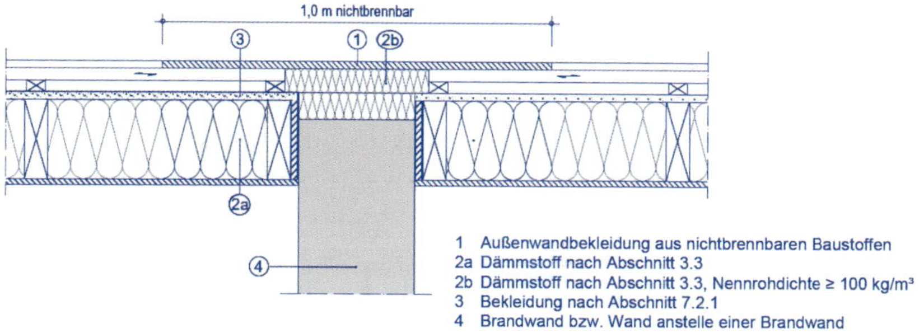

Prinzipskizze 9: Ausbildung Außenwandbekleidung im Bereich von Brandwänden (Horizontalschnitt)

[4]Bei Außenwandbekleidungen sind bei der Ausbildung von Außenecken besondere Vorkehrungen zur Begrenzung einer Brandausbreitung erforderlich. [5]Das gilt als erfüllt mit einer Verblockung im Lüftungsspalt der Außenecke mit mindestens 50 mm breiten Holzlatten (siehe Prinzipskizze 10).

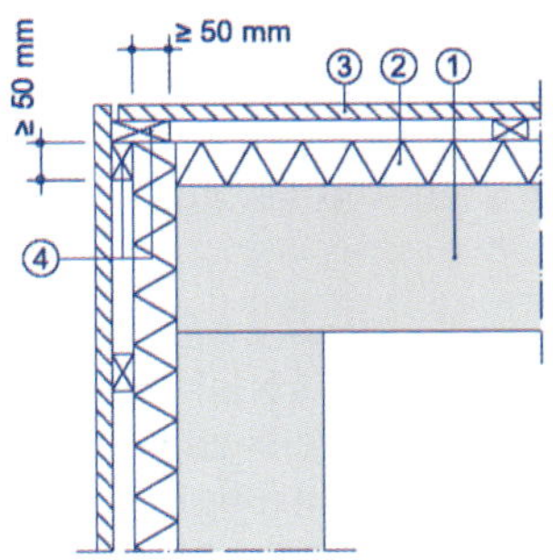

1 Außenwand
2 Bekleidung nach Abschnitt 7.2.1
3 Außenwandbekleidung nach Tabelle 6
4 Holzlatten zur Verblockung im Lüftungsspalt der Außenecke

Prinzipskizze 10: Ausbildung Außenwandbekleidung bei Außenecken (Horizontalschnitt)

Kommentar

Nach **Satz 1 bis 3** ist im Bereich von Brandwänden sowie bei Wänden, die anstelle von Brandwänden zulässig sind, eine brandschutztechnische Unterbrechung der brennbaren Außenwandbekleidung erforderlich. Diese Unterbrechung ist über eine Mindestbreite von 1 m mit nichtbrennbaren Baustoffen auszuführen (siehe Abb. C.74).

Zusätzlich ist sicherzustellen, dass der Hinterlüftungsspalt im Bereich der Brandwand nicht durchgängig geführt wird. Hierzu ist der Lüftungsspalt über die gesamte Wanddicke mit einem im Brandfall formstabilen, nichtbrennbaren Dämmstoff vollständig auszufüllen. Der Dämmstoff muss einen Schmelzpunkt von mindestens 1.000 °C sowie eine Nennrohdichte von mindestens 100 kg/m^3 aufweisen.

Diese Maßnahme dient dazu, eine unkontrollierte vertikale Brandausbreitung im Hinterlüftungsspalt zu verhindern. Brennbare Bauteile dürfen nicht über Brandwände hinweggeführt werden.

Hintergrund des 1 m breiten Streifens ist, dass hierdurch eine Brandausbreitung von einer Seite der brennbaren Holzfassade auf die andere Seite verhindert werden soll. Die Breite von 1 m wurde gewählt, um diese Schutzwirkung auch bei zumindest mäßigen Windeinflüssen sicherzustellen.

Sofern im Bereich von Brandwänden oder von Wänden anstelle von Brandwänden Fenster innerhalb dieses 1-m-Streifens angeordnet werden sollen, ist dies im Hinblick auf das Schutzziel gesondert zu berücksichtigen.

Bei einzelnen Fensterelementen ist es erforderlich, den nichtbrennbaren Streifen unmittelbar an die Brandwand anzuschließen und den 1-m-Streifen im Anschluss daran anzuordnen, um die Behinderung der Brandausbreitung über die Brandwand hinweg entlang der Holzfassade weiterhin sicherzustellen, wie in Abb. C.75 dargestellt.

Werden hingegen auf beiden Seiten der Brandwand Fenster angeordnet, ist sicherzustellen, dass der verbleibende nichtbrennbare Fassadenstreifen zwischen den Fenstern, in Verbindung mit den jeweiligen Fensterflächen, insgesamt größer als 1 m ist, wie in Abb. C.75 dargestellt.

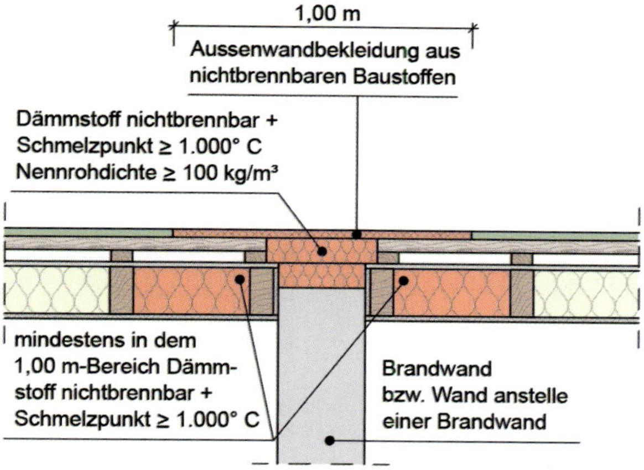

Abb. C.74: Nichtbrennbarer 1-m-Streifen im Bereich von Brandwänden und Wänden anstelle von Brandwänden

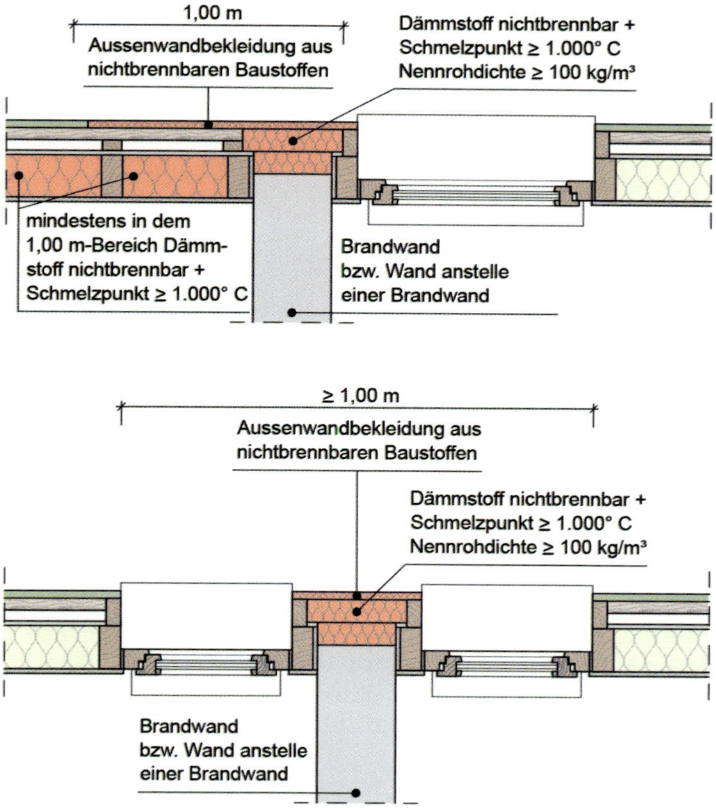

Abb. C.75: Anordnung von Fenstern im Bereich des nichtbrennbaren 1-m-Streifens

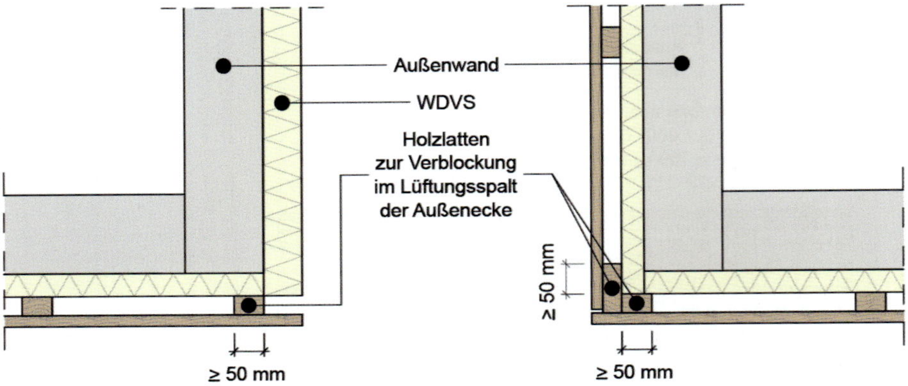

Abb. C.76: 50-mm-Verblockung im Bereich von Außenecken und Enden der Holzfassade

Alternativen hierzu gibt es zum aktuellen Zeitpunkt nur über vBG. So wurde beispielsweise eine Brandprüfung (Prüfbericht 21P1-PB1, 2022) an einer hinterlüfteten Holzfassade mit integrierter vertikaler Brandsperre in Form eines auskragenden U-Profils in Breite der Brandwand durchgeführt. Die vertikale Brandsperre im geprüften Aufbau zeigte eine hohe Wirksamkeit zur Begrenzung der Brandausbreitung und das angestrebte brandschutztechnische Schutzziel (keine Brandweiterleitung über die Brandwand hinweg) wurde erfolgreich nachgewiesen.

Einzelne hervorstehende Bleche im Bereich der Holzfassade schützen jedoch nicht in gleicher Weise vor einer Brandausbreitung wie der 1 m breite nichtbrennbare Streifen und stellen daher keine gleichwertige Alternative dar.

Satz 4 fordert, dass der Lüftungsspalt an den seitlichen Außenecken der Holzfassade durch eine Verblockung mit einer Breite von ≥ 50 mm vollständig verschlossen werden muss. Daher ist es notwendig, Ecken, aber auch Enden der Holzfassade seitlich zu schließen. Soll beispielsweise nur an einer Seite des Gebäudes eine Holzfassade angeordnet werden, so ist diese seitlich ebenfalls mit einer mindestens 50 mm breiten Verblockung zu schließen, wie in Abb. C.76 dargestellt. Dieses Prinzip sollte auch, wenn nicht explizit in der MHolzBauRL gefordert, für Innenecken entsprechend umgesetzt werden. (Engel, 2023; Engel/Werthers, 2020)

Hintergrund dieser Forderung ist, dass eine offene Ausbildung des Hinterlüftungsspalts eine Brandausbreitung stark begünstigt. Entscheidend hierfür ist insbesondere, wie im Kommentar zu Abschnitt 7.2.4 Satz 3 bereits für offene Holzschalungen beschrieben, dass durch die Öffnung zusätzlich Sauerstoff in den Hinterlüftungsspalt nachströmt und die Brandausbreitung weiter begünstigt wird. (Engel, 2023)

7.3 Wirksame Löscharbeiten für die Feuerwehr

[1]Jede Gebäudeseite mit einer Außenwandbekleidung aus Holz oder Holzwerkstoffen muss für wirksame Löscharbeiten erreicht werden können. [2]Im Einvernehmen mit der Brandschutzdienststelle sind auf dem Grundstück gegebenenfalls Zu- oder Durchfahrten und Bewegungsflächen, entsprechend der Technischen Baubestimmung Nummer A 2.2.1.1 der Muster-Verwaltungsvorschrift Technische Baubestimmungen herzustellen.

Kommentar

Satz 1 stellt klar, dass Gebäudeseiten mit Holzfassaden für wirksame Löscharbeiten durch die Feuerwehr erreichbar sein müssen. **Satz 2** führt aus, dass im Einvernehmen mit der Brandschutzdienststelle ggf. Zu- oder Durchfahrten bzw. Bewegungsflächen nach der Technischen Baubestimmung „Flächen für die Feuerwehr“ (je nach Landesrecht) herzustellen sind. Dabei ist zu beachten, dass die Herstellung solcher Flächen nur bei Bedarf („ggf.“) vorgesehen ist und keine generelle Pflicht darstellt. Es werden daher nicht pauschal Aufstellflächen nach der technischen Baubestimmung allein aufgrund einer Holzfassade gefordert.

Vielmehr sollen diese Absätze sicherstellen, dass wirksame Löscharbeiten möglich sind und die Feuerwehr die Holzfassade erreichen kann. Grundsätzlich kann festgehalten werden, dass Fassadenbrände an Holzfassaden in der Regel unkompliziert gelöscht werden können, sofern die Vorgaben der MHolzBauRL berücksichtigt werden. Bei den durchgeführten Brandversuchen waren keine besonderen Taktiken oder Ausrüstungen erforderlich (Engel, 2023; Engel/Werther, 2020; Hox/Bøe, 2017; Schlussbericht zum Vorhaben Optimierung der Brandbekämpfungsmethoden und -techniken für Gebäude in moderner Holzbauweise HoBraTec, 2024); dies trifft auch für belüftete Holzfassaden zu (Engel, 2023).

Gleichwohl muss die Erreichbarkeit der Fassaden für wirksame Löscharbeiten sichergestellt werden. Daher ist im Brandschutznachweis bzw. -konzept für jede Gebäudeseite nachvollziehbar darzustellen, auf welchem Weg ein Zugriff durch die Feuerwehr möglich ist. Dies kann bei geringer Fassadenhöhe vom Boden aus erfolgen oder beispielsweise über Balkone, Laubengänge oder das Flachdach des Gebäudes.

Sofern keine dieser Varianten in Betracht kommt, sind in der Regel Feuerwehrflächen vorzusehen. Diese Flächen müssen nicht vollumfänglich der Richtlinie über Flächen für die Feuerwehr entsprechen, da sie lediglich dem Ablöschen der Fassade und nicht der Sicherstellung des zweiten Rettungsweges (zeitkritische Menschenrettung) dienen (Wirksame Löscharbeiten an Holzfassaden, 2025). Diese Festlegungen müssen im Einvernehmen mit der Brandschutzdienststelle erfolgen.

Grundsätzlich sollten die Empfehlungen der Arbeitsgemeinschaft der Leiterinnen und Leiter der Berufsfeuerwehren sowie des Deutschen Feuerwehrverbandes „Wirksame Löscharbeiten an Holzfassaden“ (2025) bei der Planung, Ausführung und für Abstimmungen herangezogen werden. Diese unterscheiden fünf Fälle:

- Fall 1: Erreichbarkeit der Fassade mit Drehleiter,
- Fall 2: Fassadenhöhe bis 12 m,
- Fall 3: Fassadenhöhe bis 16 m,
- Fall 4: Fassadenhöhe bis zur Hochhausgrenze (25 m Fassadenhöhe),
- Fall 5: Erreichbarkeit über Balkone oder Vordächer.

Sonstiges – Kombination verschiedener Fassaden

Es stellt sich regelmäßig die Frage, ob verschiedene Fassadenformen miteinander kombiniert werden dürfen. Dies wird in diesem Abschnitt erläutert.

Fassaden aus expandiertem Polystyrol (EPS) in Kombination mit Holzfassaden

EPS-Fassaden, die im System als schwerentflammbar klassifiziert sind, können mit Holzfassaden kombiniert werden, sofern die EPS-Fassade entsprechend dem zugehörigen Anwendbarkeitsnachweis ausgeführt ist und im Übergangsbereich zur Holzfassade mit einem Mineralwolle-Brandriegel abschließt.

Der Übergang von einer Holzfassade zu einer EPS-Fassade ist mit einer Brandsperre nach MHolzBauRL auszuführen. Oberhalb der Brandsperre ist ein Mineralwolle-Brandriegel anzuordnen.

Hinterlüftete Fassaden nach Anhang 6 MVV TB 2025/1 in Kombination mit Holzfassaden

Hinterlüftete Fassaden nach Anhang 6 MVV TB 2025/1 können mit Holzfassaden kombiniert werden, wenn die Vorgaben des Anhangs 6 MVV TB 2025/1 eingehalten werden und im Bereich des Fassadenwechsels Brandsperren nach MHolzBauRL angeordnet sind. Für den weiteren Verlauf der Holzfassade gelten die Vorgaben der MHolzBauRL.

Der Übergang von einer Holzfassade zu einer hinterlüfteten Fassade nach Anhang 6 MVV TB 2025/1 endet mit einer Brandsperre nach MHolzBauRL. Ab diesem Punkt gelten die Anforderungen des Anhangs 6 MVV TB 2025/1.

Begrünte Fassaden in Kombination mit Holzfassaden

Der Begriff „begrünte Fassade“ umfasst unterschiedliche Systeme, von bodengebundenen Kletterpflanzen bis zu wandgebundenen Begrünungssystemen (Living Walls).

Abb. C.77: Brandversuch mit Holz- und Grünfassade

Eine zentrale Frage für die Realisierung kombinierter Holz- und Grünfassaden sind die entstehenden Wechselwirkungen im Brandfall. Die konkrete Frage ist, ob der Wärmestrom einer brennenden begrünten Fassade ausreicht, um eine dahinterliegende Außenwandbekleidung aus Holz zu entzünden, und ob eine begrünte Fassade im Bereich von Brandsperren von Holzfassaden zu einem Zündschnurreffekt, somit zu einer Brandausbreitung über die Brandsperre hinweg, führt.

Zur Untersuchung dieser Fragestellung wurden mittelmaßstäbliche Brandversuche mit Kletterpflanzen an Rankgittern durchgeführt (siehe Abb. C.77) (Engel, 2023).

Bei beiden Versuchen mit Kletterpflanzen an Rankgittern wurde weder während der Versuchsdurchführung noch im Rahmen der anknüpfenden Beobachtungszeit (60 Minuten) eine Entzündung oder ein Brand der Holzschalung beobachtet (Engel, 2023). Betrachtet wurde die Holzschalung oberhalb der Brandsperre.

Zusammenfassend lässt sich festhalten, dass ein Abbrand der Begrünung im Rahmen der Versuche (Engel, 2023) nicht zu einer Entzündung der dahinterliegenden Holzfassade führte. Voraussetzung hierfür ist ein ausreichender Mindestabstand zwischen Rankgitter und Holzschalung.

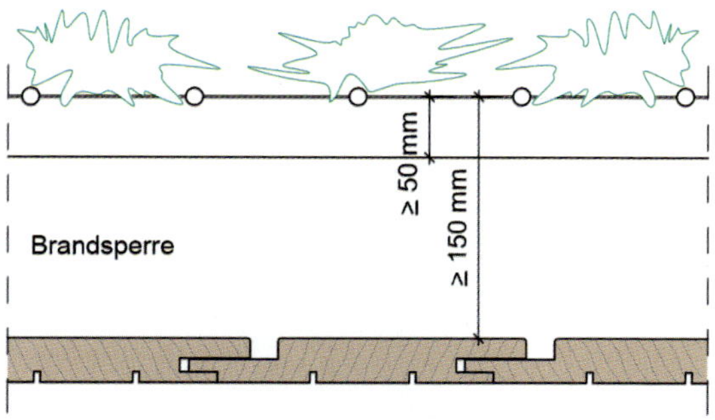

Abb. C.78: Abstände zwischen Holzfassade und Kletterpflanzen an Rankgittern

Zwischen einer Holzfassade und Kletterpflanzen an Rankgittern sollte mit Blick auf die Versuchsergebnisse und die Übereinstimmung aus Vorgaben zum Pflanzenschutz (Überhitzung) ein Abstand von mindestens 150 mm gewahrt werden oder mindestens 50 mm zusätzlich zur Tiefe der auskragenden Brandsperre (siehe Abb. C.78). Neben dem Mindestabstand sind eine regelmäßige Pflege und Wartung der Begrünung, bei denen Totholz entfernt wird, elementar. (Engel et al., 2025; Engel/Kahler, 2025)

Eine Kombination von wandgebundenen Begrünungssystemen (Living Walls) und Holzfassaden ist ohne einen zugehörigen Anwendbarkeitsnachweis und folglich eine zugrunde liegende Bewertung der vorliegenden Situation ausgeschlossen.

Die im Jahr 2025 aktualisierten Empfehlungen „Brandschutz großflächig begrünter Fassaden" der Arbeitsgemeinschaft der Leiterinnen und Leiter der Berufsfeuerwehren und des Deutschen Feuerwehrverbandes zu Brandschutz großflächig begrünter Fassaden sollten berücksichtigt werden.

8 Bauleitung, Übereinstimmungsbestätigung

8.1 Bauleitung

Der Bauherr hat nach § 53 in Verbindung mit § 56 der Musterbauordnung[1] einen Bauleiter zu benennen, der die Erfüllung der Anforderungen dieser Richtlinie auf der Grundlage der in Abschnitt 9 geforderten Planunterlagen systematisch stichprobenartig überwacht und dokumentiert.

Kommentar

Die in der Richtlinie enthaltene Verpflichtung des Bauherrn, nach § 53 in Verbindung mit § 56 MBO einen Bauleiter zu benennen, stellt keine eigenständige zusätzliche Anforderung dar, sondern wiederholt eine bereits bestehende bauordnungsrechtliche Grundpflicht. Die Bestellung eines Bauleiters ist originäre Verpflichtung nach der MBO und gilt unabhängig von der MHolzBauRL. Die Richtlinie konkretisiert diese Pflicht lediglich in Bezug auf ihren spezifischen Anwendungsbereich und hebt die Überwachungs- und Dokumentationsaufgabe im Hinblick auf die dort geregelten Anforderungen besonders hervor.

Ziel dieser Wiederholung ist erkennbar die Sensibilisierung dafür, dass bei Gebäuden im Anwendungsbereich der MHolzBauRL eine qualifizierte Bauleitung von besonderer Bedeutung ist. Die baupraktische Umsetzung der brandschutztechnisch relevanten Details, insbesondere im Bereich von Bekleidungen, Fügungen, Anschlüssen, Installationsführungen und Außenwandbekleidungen, erfordert eine fachkundige Begleitung der Bauausführung. Je nach Komplexität des Vorhabens kann daher neben der Bestellung eines geeigneten Bauleiters auch die Hinzuziehung von Fachbauleitern erforderlich sein, um eine ordnungsgemäße Errichtung sicherzustellen.

Die konkrete Qualifikation des Bauleiters wird, analog zu §§ 55 und 56 MBO, nicht näher bestimmt. Maßgeblich ist vielmehr § 56 Abs. 2 MBO. Danach muss der Bauleiter über die für seine Aufgabe erforderliche Sachkunde und Erfahrung verfügen. Besitzt er auf einzelnen Teilgebieten nicht die notwendige Sachkunde, sind geeignete Fachbauleiter heranzuziehen, die insoweit an die Stelle des Bauleiters treten. Der Bauleiter hat dabei die Tätigkeiten zu koordinieren und aufeinander abzustimmen.

Vor diesem Hintergrund ist für Bauvorhaben nach der MHolzBauRL entscheidend, dass die eingesetzten Personen über spezifische Kenntnisse im Holzbau verfügen. Erforderlich sind insbesondere

- fundierte Kenntnisse der Holztafelbauweise und der Massivholzbauweise einschließlich ihrer konstruktiven und brandschutztechnischen Besonderheiten,
- fundierte Kenntnisse der Trockenbauweise,
- vertiefte Kenntnisse im Umgang mit vorgefertigten Bauelementen oder modularen Systemen,
- Verständnis von Funktion und Wirkungsweise mineralischer Dämmstoffe und brandschutztechnischer Bekleidungen,
- sichere Beherrschung der mangelfreien Ausbildung von Fügungen und Anschlüssen,
- Verständnis zum Unterschied zwischen Bauprodukten und Bauarten einschließlich der jeweiligen Nachweis- und Kennzeichnungssystematik sowie der erforderlichen Qualitätssicherungsmaßnahmen.

Als grundsätzlich geeignet können insbesondere Personen mit einer abgeschlossenen Ausbildung im Zimmererhandwerk und einer darauf aufbauenden Qualifikation mindestens zum (Holz-)Bautechniker oder zum Bauingenieur angesehen werden. Entscheidend ist jedoch nicht allein die formale Berufsbezeichnung, sondern das tatsächliche Vorhandensein der erforderlichen Sachkunde und Erfahrung im Sinne des § 56 Abs. 2 MBO.

8.2 Übereinstimmungsbestätigung

[1]Die Ausführung der Bauart nach dieser Richtlinie bedarf der Bestätigung der Übereinstimmung durch den Anwender der Bauart (Unternehmer) nach § 16a Absatz 5 der Musterbauordnung[1]. [2]Die Mindestangaben nach Anhang 4 sind zu beachten.

Kommentar

Die in der Richtlinie enthaltene Verpflichtung, die Ausführung der Bauart nach § 16a Abs. 5 MBO durch den Anwender der Bauart (Unternehmer) bestätigen zu lassen, begründet keine neue eigenständige Anforderung. Vielmehr handelt es sich auch hier um die Wiederholung einer bereits bauordnungsrechtlich bestehenden Verpflichtung. Die MHolzBauRL konkretisiert diese lediglich für ihren Anwendungsbereich und macht deutlich, dass die dort geregelten Bauarten als Technische Baubestimmung dem System der Übereinstimmungsbestätigung unterliegen. Nach § 16a Abs. 5 MBO ist bei Bauarten, die auf Technischen Baubestimmungen beruhen oder auf diese verweisen, die Übereinstimmung der Ausführung mit den maßgeblichen Vorgaben durch den Anwender der Bauart zu bestätigen. Die MHolzBauRL erinnert somit daran, dass auch bei ihrer Anwendung eine formelle Übereinstimmungsbestätigung erforderlich ist. Inhaltlich bezieht sich die Bestätigung darauf, dass die Errichtung der Bauteile unter Beachtung und in Übereinstimmung mit den jeweils einschlägigen Abschnitten der MHolzBauRL erfolgt ist. Maßgeblich sind insbesondere die in Abschnitt 4 aufgeführten möglichen Bauteilausführungen. Hierzu zählen im Wesentlichen feuerwiderstandsfähige Bauteile mit der jeweils erforderlichen Standsicherheit und/oder Raumabschlussfunktion, die zutreffende Verwendung geeigneter Dämmstoffe, eine ausreichende brandschutztechnische Bekleidung sowie ordnungsgemäß und richtlinienkonform ausgeführte Fügungen und Anschlüsse. Die konkrete Form der Übereinstimmungsbestätigung wird, entsprechend der Systematik der MBO, nicht vorgegeben. Sie ist formfrei möglich, muss jedoch inhaltlich eindeutig und nachvollziehbar sein. Als Mindestinhalt sollten folgende Angaben enthalten sein:

- Identifikation des Bauvorhabens:
  - Bezeichnung des Bauvorhabens,
  - Bauort (Adresse),
  - ggf. Angabe des Bauherrn,
- Beschreibung der Bauart:
  - eindeutige Bezeichnung der Bauart (siehe auch Anhang A 4),
- Bezug auf wesentlich verwendete Bauprodukte (sofern einschlägig):
  - genaue Beschreibung der ausgeführten Konstruktion mit Bezug auf die einschlägigen Regelungen, insbesondere Abschnitt 4.2 bzw. 4.3 MHolzBauRL,
  - Angabe der maßgeblichen technischen Regeln (DIN EN 1995-1-2 bzw. DIN 4102-4 [2025]),
  - Nennung der Leistungserklärung bei CE-gekennzeichneten Produkten,
  - Nennung sonstiger An- bzw. Verwendbarkeitsnachweise, wie abZ, Zustimmung im Einzelfall (ZiE), aBG, vBG,

- Erklärung der Übereinstimmung:
  - formelle Erklärung, dass die Bauart entsprechend den maßgeblichen Regelungen und Nachweisen ausgeführt wurde,
  - ggf. Hinweis auf Bereiche, in denen nicht wesentlich abgewichen wurde,
  - ggf. Hinweis auf die Einhaltung von Nebenbestimmungen oder besonderen Auflagen,
- Angaben zum Ersteller der Erklärung:
  - Name und Anschrift des ausführenden Unternehmens,
  - Benennung der verantwortlichen Person,
  - Datum der Ausstellung,
  - Unterschrift.

Die Übereinstimmungsbestätigung dient damit der formellen Sicherstellung, dass die Bauausführung der genehmigten bzw. geregelten Bauart entspricht. Sie ist Ausdruck der Eigenverantwortung des Unternehmers im bauordnungsrechtlichen System und ergänzt die Überwachungsaufgaben der Bauleitung, ohne diese zu ersetzen.

Die Kommentierenden schlagen vor, die bereits im Herstellwerk im Rahmen der Ü-Kennzeichnung verwendeten Elementdatenblätter zu den einzelnen Bauelementen durch sinnvolle Ergänzungen zu erweitern und als eine Art „Laufzettel“ fortzuführen. Diese Elementdatenblätter enthalten im Wesentlichen bereits sämtliche erforderlichen Angaben zur Identifikation der jeweiligen Bauweise bzw. Bauart. Eine Ü-Kennzeichnung (siehe § 22 MBO) wird für national geregelte Bauprodukte (z. B. Holztafelbauwand) vorgenommen, um die Übereinstimmung des Produktes mit den maßgebenden technischen Regeln, der abZ, dem abP oder der ZiE (siehe Abb. A.12) verantwortlich zu bestätigen.

Durch die Kombination der Bestätigung des Bauprodukts mit der Erklärung der übereinstimmenden Ausführung der Bauart lässt sich ein erheblicher qualitätssichernder Mehrwert erzielen, nicht zuletzt auch für die Arbeiten des Prüfingenieurs/Prüfsachverständigen für Standsicherheit sowie den Prüfsachverständigen für Brandschutz bzw. die Behörde. Abb. C.79 und C.80 enthalten einen Vorschlag für ein entsprechend erweitertes Elementdatenblatt.

Hinweis: Sowohl die Auflistung der Mindestinhalte der Übereinstimmungsbestätigung als auch der Vorschlag für ein erweitertes Elementdatenblatt entsprechen keiner ausdrücklich vorgegebenen bauordnungsrechtlichen Formatvorgabe. Es handelt sich vielmehr um eine persönliche Ableitung aus dem Verständnis der Zielsetzung der jeweiligen bauordnungsrechtlichen Anforderungen.

Firma:			
Bauvorhaben:		Bauort:	
Element:		Elementbezeichnung:	

Konstruktionszeichnung des vollständigen Elements	**Angaben zu den bautechnischen Nachweisen des Elements**		
	Standsicherheitsnachweis	vom:	
		Aufsteller:	
	Brandschutznachweis	vom:	
		Aufsteller:	
	Wärmeschutznachweis	vom:	
		Aufsteller:	
	Feuchteschutznachweis	vom:	
		Aufsteller:	
	Schallschutznachweis	vom:	
		Aufsteller:	
	Holzschutznachweis	vom:	
		Aufsteller:	

Elementnachweis zur Feuerwiderstandsfähigkeit entsprechend MHolzBauRL Abschnitt:		
3.2 Feuerwiderstandsdauer	DIN EN 1995-1-2 (Berechnung / Brandversuch) ☐	R / EI / REI
	DIN 4102-4 (Fassung / Tabelle) ☐	
	hEN / ETA (Nr. / DoP) ☐	
	Raumabschluss nach Abschnitt 1.4 ☐	
3.3 Dämmstoff	nichtbrennbarer Dämmstoff, Schmelzpunkt > 1.000°C (DIN 4102-17)	
3.4 Brandschutzbekleidung	4.2/4.3, Tabelle ____	A1.5, t_{ch} = _______ min
Bei Nachweis über Brandversuch Angabe der zugrundeliegenden Klassifizierungs- und Prüfberichte:		
Nachweis	Klassifizierungsbericht / Datum	Prüfbericht / Datum
$REI_{(innen/unten)}$		
$REI_{(außen/oben)}$		
$t_{ch\ (innen/unten)}$		
$t_{ch\ (außen/oben)}$		
Bemessungswert der Tragfähigkeit = 0,8 * Prüflast / Spannung		kN/m , N/mm²
Das Element stimmt mit den Vorgaben aus den zugehörigen bautechnischen Nachweisen überein:		
☐ Beanstandung / Bemerkung siehe Rückseite	Datum:	Name/Unterschrift:
Elementaufbau:	von:	nach:

Schicht	Bauprodukt / Eigenschaft / Dimension / Abstand / Achsmaß	W	B	F	WPK
1					☐
2					☐
3					☐
4					☐
5					☐
6					☐
7					☐
8					☐

W: Werksleistung B: Ausführung auf Baustelle F: Fremdleistung auf Baustelle WPK: Werkseigene Produktionskontrolle

Abb. C.79: Erweitertes Elementdatenblatt, Seite 1, mit Informationen zum Bauprodukt

Verbindungsmittel: Schicht	Art Eigenschaft	Dimension [mm]	Abstand Reihe / Rand [mm]	WPK
1				☐
2				☐
3				☐
4				☐
5				☐
6				☐
7				☐
8				☐

werkseigene Produktionskontrolle / Kennzeichnung / Bestätigung der Übereinstimmung der Bauart

☐ Die Ausführung entspricht den in den Zeilen 1 bis 8 mit in Spalte W angekreuzten Elementschichten und Verbindungen.

☐ Element(e) wurden entsprechend MVV TB Punkt C 2.3.1.4 als beidseitig geschlossene, nicht geklebte Holztafelelemente entsprechend DIN 1052-11, Typ M2 gekennzeichnet.

☐ Das Elementdatenblatt wird dem Errichter zur Bestätigung der Übereinstimmung der Bauart (§ 16a Absatz 5 MBO) übergeben.

☐ Beanstandung / Bemerkung siehe nachfolgend	Produktionsdatum: Anzahl kontrollierter Elemente:	Name/Unterschrift:

Beanstandung / Bemerkung (Werkplanung / Produktion)

Bestätigung der Übereinstimmung der Bauart nach MHolzBauRL (§16a Absatz 5 MBO)

☐ Errichtung eines hochfeuerhemmenden Bauteils nach § 26 Absatz 2 Satz 2 Nummer 3 MBO

☐ Errichtung eines aus brennbaren Baustoffen zulässigen hochfeuerhemmenden / feuerbeständigen Bauteils nach § 26 Absatz 2 Satz 4 MBO

☐ Errichtung einer unter mechanischer Beanspruchung hochfeuerhemmenden Wand nach § 30 Absatz 3 Satz 2 Nr. 1 bzw. § 35 Absatz 4 Satz 1 Nr. 2 MBO

☐ Hiermit wird bestätigt, dass die vorliegenden Elemente unter vollständiger Beachtung und Einhaltung der Vorgaben nach MHolzBauRL 2024, insbesondere der in Abschnitt A 3 vorgegebenen Element- und Bauteilanschlüsse eingebaut wurden.

Zeitraum der Ausführung:	Ausführendes Unternehmen:	Datum / Name/Unterschrift:

Abb. C.80: Erweitertes Elementdatenblatt, Seite 2, mit Informationen zum Bauprodukt (obere Hälfte) und der Erklärung der übereinstimmenden Bauart (untere Hälfte)

9 Planunterlagen

[1]Zusätzlich zu den Bauvorlagen[1] sind rechtzeitig vor Beginn der Errichtung der betreffenden Bauteile Unterlagen zu erstellen und auf der Baustelle vorzuhalten, um eine Ausführung des Bauvorhabens in Übereinstimmung mit dieser Richtlinie zu ermöglichen und zu dokumentieren. [2]Zu den Unterlagen gehört insbesondere die Ausführungsplanung mit:

- Übersichtszeichnungen
- Detailzeichnungen zum Aufbau der Bauteile und zu allen relevanten Ausführungsdetails (zum Beispiel Bauteilfugen, Elementfugen)
- Verwendbarkeits- und Anwendbarkeitsnachweise beziehungsweise Leistungserklärungen für Bauprodukte mit CE-Kennzeichnung (§ 55 Absatz 1 Satz 2 der Musterbauordnung[1]
- Dokumentation des Einvernehmens mit der Brandschutzdienststelle bei Außenwandbekleidungen aus Holz und Holzwerkstoffen

Kommentar

Die in der Richtlinie enthaltene Verpflichtung, zusätzlich zu den Bauvorlagen rechtzeitig vor Beginn der Errichtung der betreffenden Bauteile Ausführungsunterlagen zu erstellen und auf der Baustelle bereitzuhalten, begründet keine neue eigenständige Anforderung. Vielmehr handelt es sich um eine Konkretisierung bereits bestehender bauordnungsrechtlicher Pflichten.

Nach § 54 Abs. 1 Satz 3 MBO hat der Entwurfsverfasser dafür zu sorgen, dass die für die Ausführung notwendigen Einzelzeichnungen, Einzelberechnungen und Anweisungen den öffentlich-rechtlichen Vorschriften entsprechen. Ergänzend verpflichtet § 55 Abs. 1 Satz 2 und 3 MBO den Unternehmer, die zur Erfüllung der Anforderungen erforderlichen Nachweise und Unterlagen zu den verwendeten Bauprodukten und angewandten Bauarten zu erbringen und auf der Baustelle bereitzuhalten. Bei Bauprodukten mit CE-Kennzeichnung ist insbesondere die zugehörige Leistungserklärung vorzuhalten.

Die MHolzBauRL wiederholt diese Grundpflichten nicht nur, sondern konkretisiert sie für den Bereich des mehrgeschossigen Holzbaus. Gerade hier ist eine präzise und detaillierte Ausführungsplanung von zentraler Bedeutung, da brandschutzrelevante Anforderungen häufig von der exakten Ausbildung von Details, etwa Fugen, Anschlüssen, Bekleidungen oder Dämmstoffanordnungen, abhängen.

Die geforderte Ausführungsplanung mit Übersichts- und Detailzeichnungen dient daher der eindeutigen Festlegung der konkreten Bauart im Sinne der Richtlinie. Gleiches gilt für die Bereithaltung der einschlägigen Verwendbarkeits- und Anwendbarkeitsnachweise bzw. Leistungserklärungen. Nur wenn diese Unterlagen vollständig und aktuell auf der Baustelle verfügbar sind, kann eine richtlinienkonforme Ausführung überprüft und dokumentiert werden.

Die Dokumentation des Einvernehmens mit der Brandschutzdienststelle bei Außenwandbekleidungen aus Holz und Holzwerkstoffen hat demgegenüber vor allem koordinierenden Charakter. Sie stellt sicher, dass brandschutzrelevante Belange, insbesondere im Zusammenhang mit der Freiflächengestaltung und -ausführung, frühzeitig abgestimmt und in der Bauausführung berücksichtigt werden.

Bei einer integralen und fachlich koordinierten Planung sollten sämtliche erforderlichen Planunterlagen mit den notwendigen Informationen ohnehin vorliegen und für die Bauausführung herangezogen werden können. In diesem Zusammenhang können die in Abschnitt 8.2 vorgeschlagenen erweiterten Elementdatenblätter als eine Art „Laufzettel" ein geeignetes Instrument darstellen. Sie ermöglichen eine durchgängige Dokumentation von der Planung und Bemessung über die Produktherstellung (Vorfertigung) bis hin zur Montage auf der Baustelle unter Anwendung der jeweiligen Bauarten und verdeutlichen beispielhaft, wie die bauordnungsrechtlich geforderten Unterlagen praxisgerecht gebündelt werden können.

A 1 Nachweis der Feuerwiderstandsdauer und der Brandschutzbekleidung

A 1.1 Allgemeines

[1]Der Nachweis der Feuerwiderstandsdauer bezüglich der Standsicherheit im Brandfall sowie des Nachweises des Raumabschlusses kann

- nach DIN EN 1995-1-2:2010-12 - Abschnitt A 1.2 dieser Richtlinie oder
- nach DIN 4102-4 in jeweils eingeführter Fassung oder
- nach Europäisch Technischer Spezifikation – Abschnitt A 1.3 dieser Richtlinie

geführt werden.

[2]Abweichend von Satz 1 darf der Nachweis des Raumabschlusses nach Abschnitt A 1.4 dieser Richtlinie geführt werden.

[3]Abweichend zu den Tabellen in Abschnitt 4.2 und 4.3 dieser Richtlinie darf der Nachweis auf ausreichenden Schutz vor Entzündung der brennbaren Konstruktionsbauteile durch eine brandschutztechnisch wirksame Bekleidung nach Abschnitt A 1.5 dieser Richtlinie geführt werden.

[4]Prüfungen nach europäischen Prüfnormen sind durch nach Verordnung (EU) Nr. 305/2011 entsprechend notifizierte Prüfstellen durchzuführen.

Kommentar

Für den bereits in der Kommentierung zu Abschnitt 3.1 beschriebenen „Nachweisbaukasten" stellt Anhang A 1 die technischen Grundlagen für die beiden zentralen Bausteine Feuerwiderstand und Brandschutzbekleidung bereit (siehe Abb. C.81).

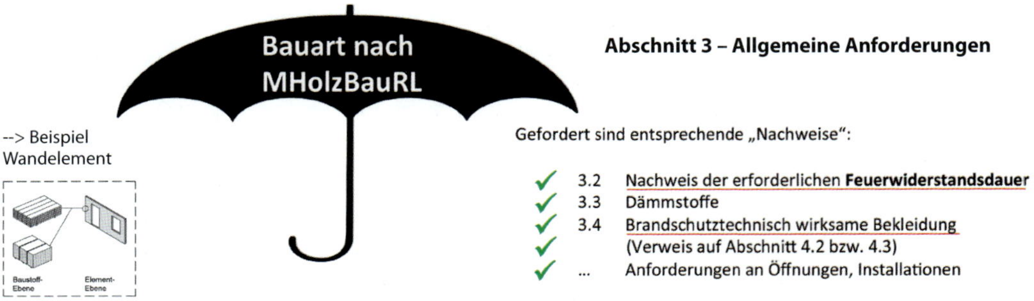

Abb. C.81: Nachweisbaukasten nach MHolzBauRL mit Darstellung der beiden Bausteine aus Anhang A 1

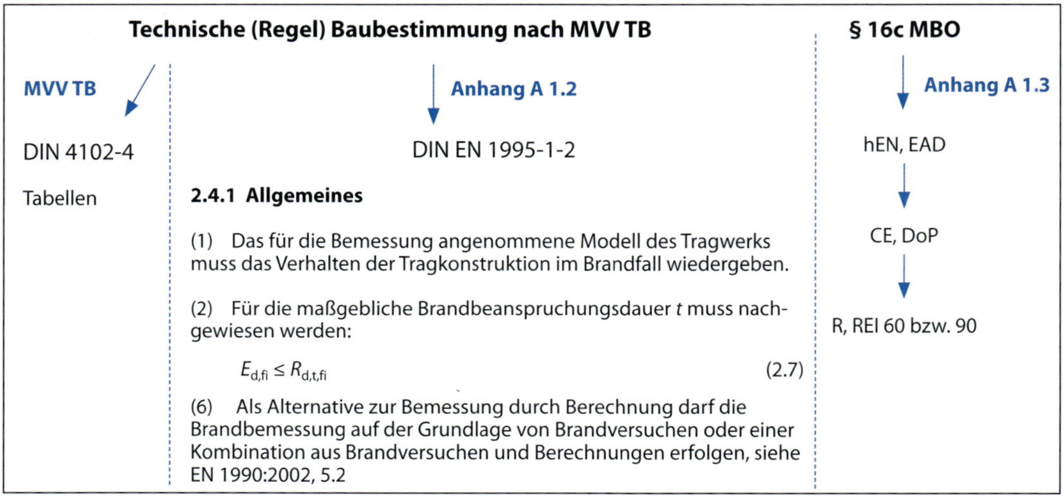

Abb. C.82: Darstellung der nach MHolzBauRL, Anhang A 1.1 möglichen Bemessungs- bzw. Nachweiswege

Mit Bekanntmachung und Einführung der MHolzBauRL 2020 wurde die zuvor verbreitete Nachweisführung über abP aufgegeben (siehe hierzu auch die Ausführungen zu Abschnitt A 3.2). Mit dem Verweis in Abschnitt 3.2 Satz 1 MHolzBauRL tritt an ihre Stelle ein neues Nachweismodell über Technische Baubestimmungen. Abschnitt A 1.1 konkretisiert hierfür die zulässigen technischen Wege.

Satz 1 eröffnet im Wesentlichen drei Möglichkeiten zum Nachweis der Feuerwiderstandsdauer hinsichtlich der Standsicherheit im Brandfall sowie des Raumabschlusses (siehe Abb. C.82).

Nachweis nach DIN 4102-4

Der tabellarische Nachweis nach DIN 4102-4 ist formal die einfachste Variante. Feuerwiderstände werden aus vordefinierten Schichtaufbauten unmittelbar aus Tabellen entnommen. Maßgeblich ist die jeweils in der MVV TB 2025/1 unter Abschnitt A 2.2 eingeführte Fassung (siehe MVV TB 2025/1,

Tabelle C.12: Auszug F60-B- und F-90-B-Konstruktionen für eine Anwendung in der Gebäudeklasse 5 nach DIN 4102-4 (2025), Tabelle 52 (Verweise auf Abschnitte in dieser Tabelle beziehen sich auf die Norm DIN 4102-4 (2025))

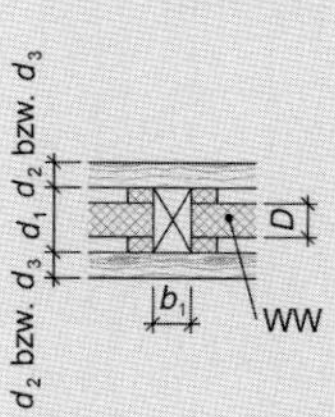

Zeile	Konstruktionsmerkmale	Holzrippen		Bekleidung(en) Mindestdicke von		Dämmschicht			Feuerwiderstandsklasse-Benennung
						Mindest-dicke	Mindest-rohdichte	Mindest-dicke	
		Mindestmaße nach 10.3.2.2	Maximalwert der Druckspannung nach Gleichung (10.1)	Holzwerkstoffplatten Rohdichte $\rho \geq$ 600 kg/m³	Feuerschutzplatten (GKF) oder Gipsfaserplatten (GF)	von Mineralwolle-Platten oder -Matten (MW)[i]		von Holzwolleplatten (WW)[i]	
				nach 10.3.1.3		nach 10.3.1.4			
		$b_1 \times d_1$ in mm × mm	$\sigma_{c,0}$ in N/mm²	d_2 in mm	d_3 in mm	D in mm	ρ in kg/m³	D in mm	
11		40 × 80[a]	1,25	19[d]	–	80	100	–	F 60-B
12			1,25	19[d]	–	–	–	50	
13		60 × 100	2,50	–	2 × 12,5	60	30	–	
14		60 × 120	2,00	22	–	120	30	–	
15		60 × 140	2,50	25	–	140	30	–	
16		40 × 100[a]	0,50	2 × 19[e]	–	100	100	–	F 90-B
17		40 × 80[a]	0,50	2 × 19[e]	–	–	–	75	
18		60 × 100	1,75	–	2 × 15	100	30	–	
19		60 × 140	2,50	–	2 × 18	140	30	–	

Abschnitt A 2.2.1.3). Die derzeit bauaufsichtlich eingeführte Fassung der DIN 4102-4 vom Mai 2016 enthält allerdings nur eine begrenzte Anzahl geeigneter Konstruktionen für mehrgeschossige Holzgebäude der Gebäudeklassen 4 und 5. Die fortgeschriebene Fassung vom Juni 2025 erweitert dieses Spektrum deutlich, kann jedoch ebenfalls nicht jede projektspezifische Variante vollständig abdecken.

Im Einzelfall können Schichten im Wege einer ingenieurmäßigen Bewertung ausgetauscht werden, sofern mindestens gleichwertige brandschutztechnische Eigenschaften nachgewiesen werden. Bestenfalls sind die Schichten in ihrer Art und Beschaffenheit mit der geplanten Konstruktion bereits unmittelbar übereinstimmend, wie beispielsweise in Tabelle C.12, Zeile 19. Für den reinen Nachweis der Feuerwiderstandsdauer genügen oftmals bereits geringere Bekleidungsdicken und/oder ein brennbarer Gefachdämmstoff.

Nachdem die Dämmschicht bereits die Anforderungen der Abschnitt 3.3 MHolzBauRL erfüllt, müssten für den Fall in Zeile 18 für einen nach MHolzBauRL konformen Aufbau lediglich in Übereinstimmung mit Abschnitt 4.2 MHolzBauRL die beiden Brandschutzbekleidungen von 2 × 15 mm auf 2 × 18 mm Dicke erhöht werden (siehe hierzu MHolzBauRL, Abschnitt 4.2, Tabelle 2). Bezüglich der Standsicherheit darf nach Gleichung 10.1 aus DIN 4102-4 (2025) der Bemessungswert der Druckspannung um 25 % reduziert werden und dann den Maximalwert aus Spalte 4 (hier $\sigma_{c,0} \leq$ 1,75 N/mm²) nicht übersteigen (siehe Formel C.2).

$$\sigma_{c,0} = 0{,}75 \times \frac{|N_d|}{A} \qquad \text{(C.2)}$$

mit

$|N_d|$ Betrag des Bemessungswertes der Druckkraft in Faserrichtung in der Holzrippe in der Grundkombination (ständige und vorübergehende Bemessungssituation)

A Querschnittsfläche der Holzrippe

Bei den Zeilen 18 und 19 in Tabelle C.12 würde eine Konstruktion sofort auf Zeile 19 ausgerichtet, die vorgenannten Beispiele zeigen jedoch prinzipiell in einfacher und anschaulicher Weise das Vorgehen.

Nachweis nach DIN EN 1995-1-2

Der Nachweis nach dem Brandschutzteil der DIN EN 1995-1-2 unterscheidet sich grundlegend vom tabellarischen Ansatz, da er detaillierte rechnerische Bemessungsmethoden bereitstellt. In der derzeit bauaufsichtlich eingeführten Fassung (Dezember 2010) sind rechnerische Nachweise überwiegend bis zu einer Klassifizierungszeit von 60 Minuten angelegt. Die künftige Eurocode-Generation wird Nachweise bis 120 Minuten ermöglichen, steht jedoch noch nicht bauaufsichtlich eingeführt zur Verfügung. Eine Anwendung als bauaufsichtlich eingeführte Baubestimmung wird voraussichtlich frühestens 2028 möglich sein.

Bereits die geltende Norm erlaubt jedoch alternativ zur rein rechnerischen Bemessung eine Nachweisführung auf Grundlage von Brandversuchen oder einer Kombination aus Versuch und Berechnung. Damit ist ein vollständiges europäisches Nachweismodell für den mehrgeschossigen Holzbau etabliert. Detaillierte Festlegungen zur Anwendung dieses Nachweismodells finden sich im Abschnitt A 1.2 der Richtlinie sowie ergänzende Hinweise zur Ausstellung von Klassifizierungsberichten und zur Ermittlung der Abbrandtiefe von geklebten Massivhölzern in MVV TB 2025/1, Abschnitt A 2.2, lfd. Nr. A 2.2.1.4, Anlage 2.2.1.4/1.

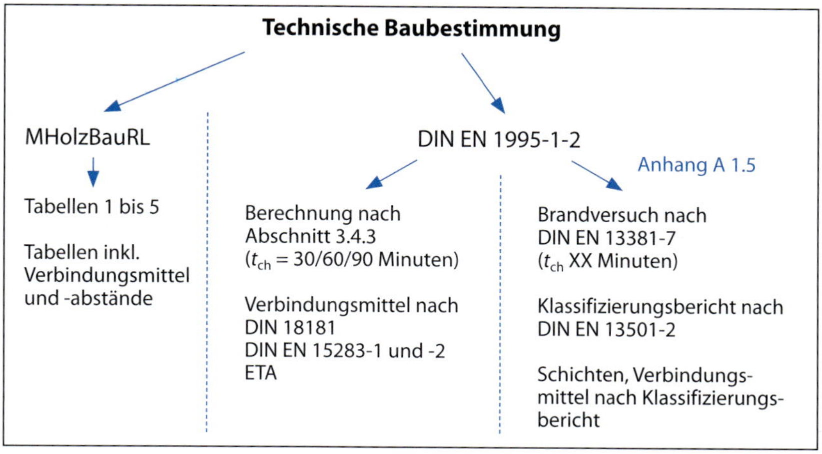

Abb. C.83: Zusammenstellung der möglichen Nachweisarten zum Schutzvermögen von Brandschutzbekleidungen (rechts der versuchstechnische Weg über Anhang A 1.5)

Nachweis über europäische Technische Spezifikationen (CE-gekennzeichnete Bauprodukte nach § 16c MBO)

Als dritte Möglichkeit nennt **Satz 1** den Nachweis über CE-gekennzeichnete Bauprodukte nach Verordnung (EU) Nr. 305/2011. Grundlage sind harmonisierte europäische Normen oder – sofern diese fehlen – Europäische Technische Bewertungen (ETA). Voraussetzung ist eine gültige DoP, in der die wesentlichen Merkmale und ihre deklarierten Leistungen aufgeführt sind.

Für die Anwendung im Bauwerk ist maßgeblich, dass die erklärten Leistungen mit den Anforderungen der Planung übereinstimmen. Abschnitt A 1.3 der Richtlinie konkretisiert, welche Angaben speziell für den Nachweis der Feuerwiderstandsdauer erforderlich sind. CE-gekennzeichnete Holzbauteile dürfen nur verwendet werden, wenn eine entsprechende Leistungserklärung mit den erforderlichen Leistungsmerkmalen vorliegt.

Satz 2 eröffnet ergänzend zu den drei vorgenannten ein vereinfachtes Verfahren zum Nachweis des Raumabschlusses nach Abschnitt A 1.4. Unter definierten Randbedingungen können für voll bekleidete Holztafel- und Massivholzbauteile sowie für bestimmte un- oder reduziert bekleidete Massivholzbauteile Feuerwiderstände unmittelbar abgeleitet werden, ohne dass ein zusätzlicher rechnerischer oder versuchstechnischer Nachweis erforderlich ist.

Satz 3 betrifft den zweiten wesentlichen Baustein des Nachweisbaukastens, nämlich die brandschutztechnisch wirksame Bekleidung. Abweichend von den tabellarischen Vorgaben der Abschnitte 4.2 und 4.3 kann der Schutz vor Entzündung der brennbaren Konstruktionsbauteile auch über einen alternativen Nachweis nach Abschnitt A 1.5 geführt werden. Analog zu den Verfahren beim Feuerwiderstand ergeben sich hier im Wesentlichen drei Wege: tabellarischer Nachweis, rechnerischer Ansatz oder versuchstechnische Prüfung. Insbesondere der versuchstechnische Weg eröffnet für innovative Baustoffe und neuartige Bekleidungssysteme eine praxisnahe und zukunftsorientierte Möglichkeit der Nachweisführung (siehe Abb. C.83).

Satz 4 stellt schließlich klar, dass Prüfungen nach europäischen Prüfnormen ausschließlich durch nach der Verordnung (EU) Nr. 305/2011 notifizierte Prüfstellen durchgeführt werden dürfen. Diese Vorgabe wiederholt lediglich eine bereits unmittelbar aus der Bauproduktenverordnung folgende Anforderung und hat insoweit deklaratorischen Charakter.

A 1.2 Nachweis der erforderlichen Feuerwiderstandsdauer nach DIN EN 1995-1-2

[1]Der Nachweis ist nach DIN EN 1995-1-2:2010-12 Abschnitt 2.4 zu führen.

[2]Alternativ zur Bemessung durch Berechnung darf die Brandbemessung nach DIN EN 1995-1-2:2010-12 Abschnitt 2.4.1 (6) auch auf der Grundlage von Brandversuchen oder einer Kombination aus Brandversuchen und Berechnungen erfolgen. [3]Die Tragfähigkeit und/oder der Raumabschluss sind auf Basis von Versuchen nach DIN EN 1363-1:2012-10, DIN EN 1363-2:1999-10, DIN EN 1364-1:1999-10, DIN EN 1365-1:2013-08, DIN EN 1365-2:2000-02, DIN EN 1365-3:2000-02 und DIN EN 1365-4:1999-10 zu ermitteln. [4]Die Klassifizierung muss nach DIN EN 13501-2:2023-12 erfolgen.

[5]Bei unsymmetrischem Aufbau ist der Nachweis von beiden Seiten zu führen.

[6]Anmerkung: Der konstruktive Aufbau der Prüfkörper soll sicherstellen, dass sich dieser bei der Brandprüfung gleichmäßig auslenkt/verformt.

[7]Für die Bestimmung der Bemessungswerte der maximalen Normal- und Biegespannungen aus den Versuchen sind folgende Gleichungen anzuwenden:

- für Normalspannung $\sigma_{c,0,d,fi} \leq 0{,}8\ \sigma_{c,0,Prüflast}$
- für Biegespannung $\sigma_{m,d,fi} \leq 0{,}8\ \sigma_{m,Prüflast}$

mit

- $\sigma_{c,0,d,fi}$ Bemessungswert der Normalspannung im Bauteil im Brandfall
- $\sigma_{c,0,Prüflast}$ Normalspannung im Bauteil resultierend aus der aufgebrachten Prüflast
- $\sigma_{m,d,fi}$ Bemessungswert der Biegespannung im Bauteil im Brandfall
- $\sigma_{m,Prüflast}$ Biegespannung im Bauteil resultierend aus der aufgebrachten Prüflast

[8]Anmerkung: Die Bestimmung der Bemessungswerte darf auch direkt auf im Brandversuch aufgebrachte Lasten bezogen werden (80 Prozent der Prüflast).

[9]Bezüglich der Feuerwiderstandsdauer als nachgewiesen gelten nur Konstruktionen und deren Bestandteile, die in Gegenstand und Ausführung dem Klassifizierungsbericht entsprechen.

[10]Dies gilt unabhängig von den Festlegungen im Anwendungsbereich des Klassifizierungsberichts. [11]Abschnitt 4.4 und Abschnitt 6 dieser Richtlinie

bleiben unberührt. [12]Erweiterte Anwendungsbereiche sind ausschließlich nach DIN EN 13501-2:2023-12 zulässig.

Kommentar

Abschnitt A 1.2 regelt die Nachweisführung der Feuerwiderstandsfähigkeit von Bauteilen auf Grundlage der europäischen Planungs- und Bemessungsnorm DIN EN 1995-1-2 sowie ergänzend durch Brandversuche nach den europäischen Prüfnormen der Reihen DIN EN 1363 „Feuerwiderstandsprüfungen", DIN EN 1364 „Feuerwiderstandsprüfungen für nichttragende Bauteile" und DIN EN 1365 „Feuerwiderstandsprüfungen für tragende Bauteile" sowie der anschließenden Klassifizierung nach DIN EN 13501-2.

Grundsätzlich ist der Nachweis nach DIN EN 1995-1-2, Abschnitt 2.4 zu führen. Damit wird zunächst der rechnerische Nachweis auf Basis etablierter ingenieurmäßiger Bemessungsverfahren als Regelfall definiert. In der derzeit nach MVV TB 2025/1, Abschnitt A 1.2 bautechnisch eingeführten Version der DIN EN 1995-1-2 lässt sich jedoch nur ein Teil der notwendigen Nachweise für die Bauteile mehrgeschossiger Gebäude in Holzbauweise führen. Keine hinreichenden Bemessungsregeln existieren derzeit insbesondere für

- die Bemessung von Holztafelbauwänden für eine Feuerwiderstandsdauer von mehr als 60 Minuten,
- die Bemessung der Standsicherheit im Brandfall und des Raumabschlusses von geklebten Massivholzbauteilen mit zu erwartendem Lagenabfall unter Brandbeanspruchung, wie z. B. Brettsperrholz,
- die Bemessung sonstiger mehrschichtiger oder hybrider Aufbauten mit nicht normativ erfassten Baustoffen bzw. deren Kennwerten.

Wie bereits in der Kommentierung zu **Abschnitt 3.2 MHolzBauRL** beschrieben, wurden für alle Fälle, in denen eine Bemessung über die Technische Bemessungsregel nicht möglich war, bis zur Bekanntmachung und Veröffentlichung der MHolzBauRL 2020 in Verbindung mit zugehörigem Stand der MVV TB reghaft abP nach § 16a Abs. 3 MBO verwendet. Mit Wegfall dieser Option (siehe Abb. C.17) musste eine Alternative bereitgestellt werden.

Alternativ zur rechnerischen Bemessung auf Basis von Rechenmodellen erlaubt die Richtlinie nun ausdrücklich eine Nachweisführung auf Grundlage von

- Brandversuchen oder
- einer Kombination aus Brandversuchen und rechnerischen Verfahren

nach DIN EN 1995-1-2, Abschnitt 2.4.1 (6).

Werden solche Brandversuche zur Nachweisführung herangezogen, sind diese auf Grundlage der einschlägigen europäischen Prüfnormen durchzuführen. Diese sind

- DIN EN 1363-1 und DIN EN 1363-2 (allgemeine Prüfverfahren),
- DIN EN 1364-1 (nicht tragende Wände),
- DIN EN 1365-1 bis -4 (tragende Bauteile wie Wände, Decken, Stützen und Träger).

Die Ergebnisse der Brandversuche sind anschließend nach DIN EN 13501-2 zu klassifizieren. Erst durch diese Klassifizierung wird eine bauordnungsrechtlich verwertbare Aussage über die Feuerwiderstandsdauer (z. B. R, REI) getroffen, die im Kontext bzw. unter dem „Deckmantel" der technisch eingeführten Baubestimmung DIN EN 1995-1-2 verwendet werden darf.

Satz 5 enthält den weitgehend selbsterklärenden Hinweis, dass bei Bauteilen mit unsymmetrischem Aufbau, beispielsweise aufgrund unterschiedlicher Bekleidungen oder Schichtfolgen auf beiden Seiten wie bei Außenwänden, der Nachweis von beiden Seiten zu führen ist. Dies ist erforderlich, da das Brandverhalten solcher (raumabschließender) Bauteile maßgeblich von der Brandangriffsrichtung abhängt und sich unter Umständen unterschiedliche Versagensmechanismen ergeben können.

In **Satz 6** wird für die Bauteilprüfung ein ergänzender Hinweis gegeben, dass der konstruktive Aufbau der Prüfkörper so zu wählen ist, dass sich dieser im Brandversuch gleichmäßig verformen bzw. auslenken kann. Ziel ist es, realitätsnahe Beanspruchungszustände abzubilden und ungewollte Zwängungen oder Verformungsbehinderungen an den seitlichen Randstielen als abweichende Randbedingungen zu vermeiden. Solche Zwängungen würden das Versuchsergebnis verfälschen und keine Reproduzierbarkeit ergeben.

Für die Überführung von Versuchsergebnissen in bemessungsrelevante Größen werden in **Satz 7** klare Vorgaben gemacht. Hintergrund ist das dem Eurocode zugrunde liegende semiprobabilistische Sicherheitskonzept, bei dem Widerstände grundsätzlich aus statistisch ausgewerteten Versuchsreihen abgeleitet und über charakteristische Quantilwerte beschrieben werden.

Demgegenüber erfolgt die Bestimmung der Leistungsfähigkeit von Bauteilen im Rahmen von Brandversuchen in der Regel lediglich auf Basis einzelner Versuche und unter Einbezug von Nennwerten der Festigkeitseigenschaften je Fragestellung. Um dennoch ein vergleichbares Sicherheitsniveau zu gewährleisten, wurde auf Grundlage der Auswertung einer Vielzahl von Versuchen mit signifikanten Versagensmechanismen eine repräsentative Grundgesamtheit als statistisches Ersatzkonzept herangezogen. Damit wird ein Sicherheitsniveau eingeführt, das Unsicherheiten aus Versuchsdurchführung, Materialverhalten und Übertragbarkeit der Ergebnisse berücksichtigt.

Entsprechend ist der sich jeweils aus der Brandprüfung ergebende Wert pauschal um 20 % abzuwerten. Es ist weitgehend unerheblich, auf welchen durch den Brandversuch erhaltenen Wert die Abminderung angewendet wird. Als Werte aus Brandversuchen können im Wesentlichen erhalten werden:

- aufgebrachte Punkt- oder Linienlasten,
- abgeleitete Normal- bzw. Knickspannungen,
- Biege- oder Kippspannungen bzw.
- kombinierte Beanspruchungen (z. B. Normalkraft und Biegung).

Unabhängig von der Art darf das Prüfergebnis aus dem Brandversuch nur zu maximal 80 % in den weiteren Berechnungsansatz der DIN EN 1995-1-2 mit übernommen bzw. eingebracht werden.

Ein zentraler Grundsatz dieses Abschnitts ist die nach **Satz 9** streng formulierte Bindung der Nachweisführung an den geprüften Aufbau. Eine Gültigkeit und Übertragbarkeit von Versuchsergebnissen sind nur bei vollständiger Übereinstimmung der Ausführung mit dem geprüften Aufbau gegeben. Mit dieser Festlegung soll die in vielen Bereichen gelebte Praxis der „gutachterlichen" Ergebniserweiterung und Extrapolationspraxis ein Stück weit zurückgefahren werden.

Als nachgewiesen gelten ausschließlich Konstruktionen, die

- in ihrem konstruktiven Aufbau,
- in ihren Materialien sowie
- in ihrer Ausführungsweise

dem geprüften und im Klassifizierungsbericht dokumentierten Bauteil entsprechen.

Diese Einschränkung gilt unabhängig von möglichen erweiterten Anwendungsbereichen, die im Klassifizierungsbericht angegeben sein können.

Erweiterte Anwendungsbereiche sind ausschließlich im Rahmen der Regelungen der DIN EN 13501-2 zulässig. Damit wird sichergestellt, dass eine Übertragung von Versuchsergebnissen nur innerhalb klar definierter und normativ geregelter Grenzen erfolgt.

Wird von diesen benannten Nachweisverfahren abgewichen bzw. lässt sich der im Klassifizierungsbericht erweiterte Anwendungsbereich nicht erfüllen, liegt eine wesentliche Abweichung im Sinne des § 16a Abs. 2 MBO vor. Entsprechend muss eine aBG durch das DIBt oder eine vBG durch die oberste Bauaufsichtsbehörde erteilt werden (siehe Teil A, Kapitel 4).

A 1.3 Nachweis der Feuerwiderstandsdauer mit Europäisch Technischer Spezifikation

Die Leistungserklärung in Verbindung mit der Europäisch Technischen Bewertung muss folgende Angaben enthalten:

- Die Angabe der Feuerwiderstandsdauer als Klassifikation nach DIN EN 13501-2:2023-12 zum spezifischen Aufbau des Bauproduktes oder
- die Festlegung eines Rechenmodelles inklusive der erforderlichen Eingangsparameter (zum Beispiel Abbrandrate), mit der die Feuerwiderstandsdauer berechnet werden kann.

Kommentar

Abschnitt A 1.3 konkretisiert die Anforderungen an die DoP (Leistungserklärung) in Verbindung mit einer ETA im Hinblick auf den Nachweis der Feuerwiderstandsfähigkeit.

Grundsätzlich wird gefordert, dass die brandschutztechnische Leistungsfähigkeit eines europäisch geregelten und CE-gekennzeichneten Bauprodukts entweder

- über eine klassifizierte Feuerwiderstandsdauer nach DIN EN 13501-2 oder
- über ein definiertes Rechenmodell mit zugehörigen Eingangsparametern

in der zugehörigen DoP eindeutig beschrieben wird.

Im Fall einer direkten Klassifizierung ist die Feuerwiderstandsdauer (R60, R90 bzw. EI 60, EI 90 bzw. REI 60, REI 90) auf Grundlage von Prüfungen nach DIN EN 1363-1 in Verbindung mit DIN EN 1365-1 bis -4 zu ermitteln und in der DoP anzugeben.

Dabei ist entscheidend, dass sich die angegebene Klassifikation eindeutig auf den spezifischen geprüften Bauteilaufbau bezieht. Dies umfasst insbesondere

- Schichtaufbau und Materialkombination,
- Dicken der einzelnen Komponenten,
- Art und Anzahl von Bekleidungen sowie
- ggf. zusätzlich konstruktive Details.

Eine pauschale oder verallgemeinerte Angabe der Feuerwiderstandsdauer ohne eindeutigen Bezug zum konkreten Aufbau ist nicht ausreichend, da die Leistungsfähigkeit im Brandfall maßgeblich vom Gesamtsystem bzw. Schichtaufbau abhängt.

Alternativ zur direkten Klassifizierung kann die Feuerwiderstandsdauer auch über ein in der ETA definiertes Rechenmodell bestimmt werden. In diesem Fall muss die Leistungserklärung zwingend

- das zugrunde liegende Rechenmodell benennen und
- die erforderlichen Eingangsparameter vollständig angeben.

Hierzu zählen insbesondere die Abbrandraten für einzelne Brettlagen sowie ggf. zugehörige Parameter zur Berücksichtigung von Bekleidungen und deren Schutzwirkung, sofern nicht normativ beschreibbar.

In der Praxis bedeutet dies, dass die in der DoP angegebenen Leistungen direkt auf den konkret geplanten Aufbau anwendbar sein müssen. Abweichungen im Schichtaufbau, im Material oder in der Geometrie können dazu führen, dass die angegebene Leistung nicht mehr gültig ist.

Die Verantwortung liegt somit bei der Planung, die Übereinstimmung zwischen geplantem Bauteil und bewerteter Produktleistung sicherzustellen.

A 1.4 Raumabschließende Bauteile ohne zusätzlichen Nachweis

A 1.4.1 Allgemeiner Nachweis für Wände

[1]Für nach Abschnitt 4.2 „vollständig bekleidete" Holztafelbauteile mit nichtbrennbaren Dämmstoffen gemäß Abschnitt 3.3 sowie Massivholzbauteile mit einer Mindestdicke der Konstruktionsebene (Massivholz beziehungsweise der Holzrippe) von 80 mm genügt als Nachweis für den Raumabschluss der Nachweis der ausreichenden Standsicherheit im Brandfall. [2]Die Fügung von Elementen ist entsprechend den Anforderungen nach Abschnitt 5 auszuführen.

Tabelle A 1.4.1: Allgemeiner Nachweis des Raumabschlusses von Holztafel- (Abschnitt 2.1) sowie Massivholzbauteilen (nach Abschnitt 2.2)

Raumabschluss	Brandschutzbekleidung nach Abschnitt 4.2	Mindestdicke der Konstruktionsebene (Massivholz bzw. der Holzrippe) [mm][a]	Zu führender Nachweis für tragende Bauteile
60 min	Tabelle 1 bzw. $t_{ch} \geq 60$ min	80	Standsicherheit nach EN 1995-1-2
90 min	Tabelle 2 bzw. $t_{ch} \geq 90$ min	80	

[a] Wenn Hohlräume oder Gefache vorhanden sind, dann sind diese vollständig mit Dämmstoffen nach Abschnitt 3.3 auszufüllen.

A 1.4.2 Allgemeiner Nachweis für Massivholzbauteile unbekleidet oder mit reduzierter Brandschutzbekleidung

[1]Für Bauteile mit reduzierter Brandschutzbekleidung nach Abschnitt 4.3 Buchstabe b oder unbekleidete Bauteile nach Abschnitt 4.3 Buchstabe c kann der Nachweis des Raumabschlusses über den Nachweis der eingehaltenen Mindestmassivholzdicke für Wände nach Tabelle A 1.4.2 und für Decken nach Tabelle A 1.4.3 geführt werden. [2]Die Fügung von Elementen ist entsprechend den Anforderungen des Abschnitts 5 dieser Richtlinie auszuführen.

Tabelle A 1.4.2: Nachweis des Raumabschlusses von Wänden in Massivholzbauweise

Beidseitige Brandschutzbekleidung Mindestdicke [mm] von Feuerschutzplatten (GKF) oder Gipsfaserplatten (GF)	Mindestdicke Massivholzelemente[a] [mm]	Feuerwiderstandsdauer in Minuten
-	120[b]	60
-	180[b]	90
18	90	60
18	130	90

[a] Nach Abschnitt 2.2

[b] Bei stumpfgestoßenen, mechanisch verbundenen Massivholzelementen ist zur Verhinderung von Konvektionsströmen beidseitig eine mindestens einlagige Bekleidung nach Abschnitt 3.4 bzw. aus Plattenwerkstoffen nach DIN EN 12467:2018-07, DIN EN 13986:2015-06 oder DIN EN 14374:2005-02 anzuordnen. Die Bekleidung muss eine geschlossene Fläche aufweisen und über das gesamte Bauteil mindestens stumpf gestoßen eingebaut werden.

Tabelle A 1.4.3: Nachweis des Raumabschlusses von Decken in Massivholzbauweise

Beidseitige Brandschutzbekleidung[a] Mindestdicke [mm] von Feuerschutzplatten (GKF) oder Gipsfaserplatten (GF)	Mindestdicke Brettsperrholzelemente[b] [mm]	Mindestdicke Brettschichtholzelemente [mm]	Feuerwiderstandsdauer in Minuten
-	170[c]	120	60
-	220[c]	160	90
18	110	100	60
18	190	140	90

[a] Oberseitige Brandschutzbekleidung ersetzbar gemäß Abschnitt 4.3 Buchstabe d

[b] Nach Abschnitt 2.2

[c] Bei stumpfgestoßenen, mechanisch verbundenen Massivholzelementen ist zur Verhinderung von Konvektionsströmen deckenoberseitig eine mindestens einlagige Brandschutzbekleidung nach Abschnitt 3.4 bzw. ein Fußbodenaufbau nach Abschnitt 4.3 Buchstabe d anzuordnen. Die Brandschutzbekleidung nach Abschnitt 3.4 muss eine geschlossene Fläche aufweisen und über das gesamte Bauteil mindestens stumpf gestoßen eingebaut werden.

Kommentar

Weiterführend zu den in Abschnitt A 1.1 der Richtlinie bereits aufgeführten technischen Regeln DIN EN 1995-1-2 und DIN 4102-4 bzw. zu ETAs als Nachweisgrundlage des Feuerwiderstandes von Bauteilen gibt Abschnitt A 1.4 die Möglichkeit, die raumabschließende Funktion von Holztafelelementen und Massivholzbauteilen auf Basis von tabellierten Aufbauten abzuleiten.

Entgegen dem bisherigen Prinzip im Nachweis der F-Klassen nach DIN 4102-2 wird hierbei der europäischen Nachweisphilosophie im brandschutztechnischen Bauteilnachweis gefolgt, in der die Leistungseigenschaften der Tragfähigkeit (R) und die des Raumabschlusses (EI) getrennt erfasst werden. Trotz der Trennung der Nachweise zum Raumabschluss und zur Tragfähigkeit müssen für die jeweilige Klassifikationszeit beide Nachweise erbracht werden, um die Ganzheitlichkeit des Feuerwiderstandes abzubilden.

Hintergrund des in Abschnitt A 1.4 aufgeführten Inhalts ist die Bereitstellung von einfachen Regeln im Nachweis des Raumabschlusses entsprechender Bauteile. Ebenso sei angemerkt, dass zum Erscheinungsdatum der Richtlinie die technischen Regeln der DIN 4102-4 und DIN EN 1995-1-2 keine oder nur sehr begrenzte Nachweismöglichkeiten für entsprechende Bauteile enthalten und erst deren Nachfolgegeneration (aktuell in Überarbeitung und bauaufsichtlicher Einführung) zugehörige Inhalte liefern wird. Um hier anwenderfreundlich zu agieren, wurden diese technischen Inhalte bereits in die MHolzBauRL integriert.

Abschnitt A 1.4.1 der Richtlinie geht in diesem Kontext auf Wände mit einer „vollständigen" Brandschutzbekleidung nach Abschnitt 4.2 ein.

Basierend auf den Anforderungen nach den Abschnitten 4.1 und 4.2 stimmen für entsprechende Wände die Klassifikationszeiten zum Schutz der Holzbauteile durch die Brandschutzbekleidung und die des Feuerwiderstandes des Bauteils überein (vgl. Tabelle C.13).

Tabelle C.13: Klassifikationszeiten zum Schutz der Holzbauteile durch die Brandschutzbekleidung und die des Feuerwiderstandes des Bauteils

Klasse	**Feuerwiderstands-anforderung** **in Minuten**	**Schutzwirkung Brandschutzbekleidung t_{ch}** **in Minuten**
(R)EI 60	60	60
(R)EI 90	90	90

Grundlage für den in Abschnitt A 1.4.1 enthaltenen allgemeinen Nachweisansatz ist, dass bereits durch die brandraumseitige Brandschutzbekleidung nach Abschnitt 4.2 ein wesentlicher Beitrag im Nachweis des Feuerwiderstandes des gesamten Bauteils erbracht wird und die Schichten hinter der Brandschutzbekleidung nur noch einen geringen thermischen Beitrag zur raumabschließenden Funktion im Feuerwiderstand leisten müssen. Dies wird bereits aus den in Abb. C.21 aufgeführten Beurteilungskriterien deutlich.

Infolge der Brandschutzbekleidung mit einer Schutzzeit von t_{ch} = 60 bzw. 90 Minuten kann davon ausgegangen werden, dass zur Klassifikationszeit hinter dieser max. Temperaturen von 300 °C vorliegen (siehe Abb. C.84). Durch den hinter der Bekleidung verbleibenden unbeschädigten Bauteilquerschnitt aus voll gedämmtem Holzständerwerk bzw. bei Massivholz mit einer Dicke von jeweils mindestens 80 mm wird zur brandabgewandten Seite hin ein deutlicher Temperaturabfall erreicht, wodurch die Kriterien der Wärmedämmung (I) und des Raumabschlusses (E) in Verbindung mit der brandabgewandten Bekleidung immer eingehalten werden. Wesentlich hierfür ist jedoch, dass die Randbedingungen der Tabelle A 1.4.1 MHolzBauRL eingehalten sind und das Bauteil während der Klassifikationszeit des Feuerwiderstandes nicht bereits hinsichtlich seiner Tragfähigkeit versagt, womit auch die raumabschließende Funktion verloren ginge. Abb. C.84 zeigt exemplarisch die Temperaturentwicklung für ein mit einer Bekleidung von t_{ch} = 90 Minuten versehenes Massivholzelement in verschiedenen Ebenen, wodurch der zuvor beschriebene Gegenstand der Dämmwirkung der Bauteilschichten hinter der Brandschutzbekleidung verdeutlicht wird. Die Bekleidung der brandabgewandten Seite fungiert hierbei als in Bauteilebenen durchgehende Schicht und verhindert infolge ihrer geringen Erwärmung das Öffnen von Fugen und Spalten hin zur brandabgewandten Seite.

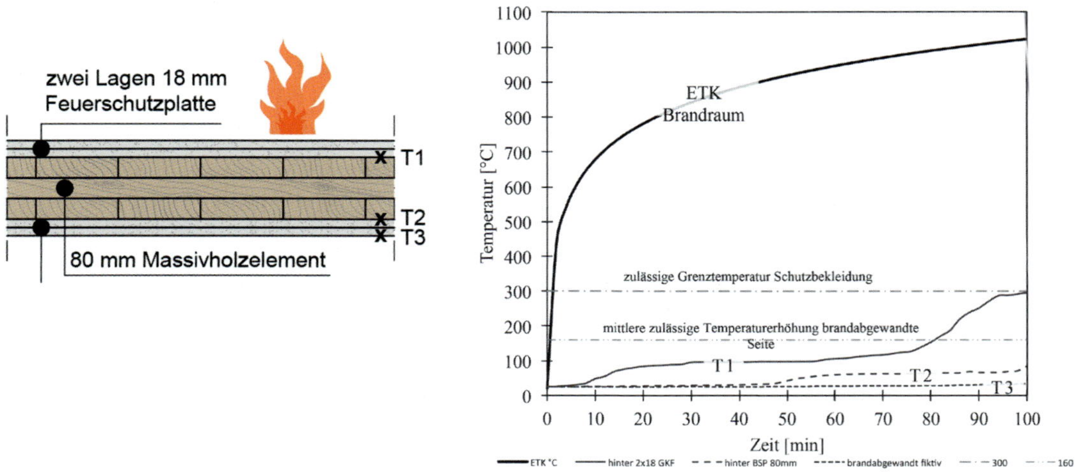

Abb. C.84: Temperaturentwicklung in einem brandbeanspruchten Massivholzelement mit Brandschutzbekleidung

Unter Wahrung der Tragfähigkeit entsprechender Holzbauwände im Brandfall und Einhaltung der konstruktiven Randbedingungen nach Abschnitt A 1.4.1 darf damit der Nachweis des Raumabschlusses für die jeweilige Klassifikationszeit als erfüllt angesehen werden.

Im Kontext des Nachweises der Standsicherheit im Brandfall sei

- auf den begrenzten Anwendungsbereich der DIN EN 1995-1-2 hingewiesen, die für Holztafelelemente die Nachweise auf 60 Minuten begrenzt oder Brettsperrholz nicht explizit erfasst, und
- nochmals der Unterschied zwischen der in DIN EN 1995-1-2 und der in Abschnitt 3.4 MHolzBauRL erfassten Brandschutzbekleidung angemerkt, auf den in der Kommentierung zu Abschnitt 3.4 und Abschnitt A 1.5 intensiv eingegangen wird.

Tabelle C.14 zeigt, dass sich für den letztgenannten Aspekt je nach Nachweisgrundlage für die Schutzwirkung t_{ch} unterschiedliche Klassifikationszeiten ergeben können.

Tabelle C.14: Schutzwirkung t_{ch} nach MHolzBauRL und DIN EN 1995-1-2

Bekleidung nach Abschnitt 4.2 MHolzBauRL	**Schutzwirkung t_{ch} nach Abschnitt 4.2 MHolzBauRL**	**Schutzwirkung t_{ch} nach DIN EN 1995-1-2, Abschnitt 3.4.3**
2 · 15 mm	≥ 60 Minuten	61,1 Minuten
2 · 18 mm	≥ 90 Minuten	76,7 Minuten

Bei konsequenter Umsetzung dieses Aspekts wäre im Nachweis der Standsicherheit im Brandfall nach DIN EN 1995-1-2 für 2 · 18 mm dicke Gipsplatten nur eine Schutzwirkung von 76,7 Minuten ansetzbar, wodurch eine zusätzliche Querschnittsreduktion am Holzbauteil infolge des Abbrandes zu berücksichtigen wäre. Abweichend hierzu wird für die praktische Anwendung im Nachweis des Feuerwiderstandes empfohlen, einheitlich von einer Schutzwirkung der Brandschutzbekleidung analog zu den Vorgaben des Abschnitts 4.2 MHolzBauRL auszugehen, da die positive Wirkung dieser speziellen Arten von Brandschutzbekleidungen in den Gleichungen nach DIN EN 1995-1-2 Abschnitt 3.4.3 nicht erfasst wird.

Da DIN EN 1995-1-2 nicht für alle nach MHolzBauRL relevanten Holztafel- und Massivholzbauteile Anwendungsregeln enthält, soll hier bereits auf die zweite Generation der EN 1995-1-2, FprEN 1995-1-2, hingewiesen werden. Nach deren Einführung werden die vorbenannten Nachweislücken, u. a. für Brettsperrholz oder Holztafelelemente mit 90 Minuten Feuerwiderstand, geschlossen. Ebenso wird darauf hingewiesen, dass diese Regelungen teilweise bereits jetzt schon zur Anwendung kommen.

Für den Nachweis der Standsicherheit vorbenannter Holzbauwände sei angemerkt, dass zwar durch die „vollständige" Brandschutzbekleidung nach Abschnitt 4.2 ein Abbrand an den Holzbauteilen ausgeschlossen werden kann, für den statischen Nachweis nach DIN EN 1995-1-2 jedoch die thermische Entfestigung des Materials (z. B. in der Methode mit reduziertem Querschnitt – Schicht ohne Festigkeit und Steifigkeit d_0 nach DIN EN 1995-1-2 bzw. FprEN 1995-1-2) berücksichtigt werden muss. Trotz dieser Abminderung der Querschnittskennwerte im Vergleich zum Nachweis unter Normaltemperatur wird dieser Nachweis unter den reduzierten Lasten im Brandfall in der Regel immer erfüllt.

Abschnitt A 1.4.1 Satz 2 verweist nochmals darauf, dass Fügungen entsprechender Elemente nach den Vorgaben des Abschnitts 5 auszuführen sind und der allgemeine Nachweis auch für Wände mit solchen Elementfugen erfüllt wird.

An dieser Stelle sei nochmals angemerkt, dass alle vorangestellten Aussagen des allgemeinen Nachweises nach Abschnitt A 1.4.1 nur Wände erfassen und Decken ausschließen.

Unter konsequenter Umsetzung der Vorgaben, dass die Tragfähigkeit der Bauteile nachgewiesen wird, ist aus der Erfahrung der Autoren jedoch auch für Decken davon auszugehen, dass deren raumabschließende Funktion unter Wahrung eines entsprechenden Mindestbauteilquerschnitts gegeben ist. Bereits aus statischen und weiterführenden konstruktiven Gründen wird die Bauteildicke bei Decken deutlich über 80 mm liegen. Daher ist davon auszugehen, dass entsprechende Regelungen auch für Decken anwendbar wären, sofern brandzugewandt über die Klassifikationszeit eine „vollständige" Schutzbekleidung vorliegt und die Tragfähigkeit unter Normaltemperatur nachgewiesen wurde.

Abschnitt A 1.4.2 liefert erweiternd zu den Möglichkeiten des Abschnitts A 1.4.1 spezifische Nachweisansätze für den Raumabschluss bei Massivholzbauteilen in unbekleideter Ausführung oder mit reduzierter Brandschutzbekleidung. Hierbei werden in Tabellenform Lösungsvarianten für Wände und Decken gegeben, deren Raumabschluss bei Einhaltung der benannten konstruktiven Randbedingungen (Bekleidungsdicke und Mindestdicke der Massivholzelemente) als erfüllt angesehen werden kann. Für tragende raumabschließende Elemente ist weiterführend noch deren Tragfähigkeit separat nachzuweisen.

Grundlage dieser Nachweise sind die Angaben aus dem österreichischen nationalen Anhang zur EN 1995-1-2 ÖNORM B 1995-1-2 „Eurocode 5: Entwurf, Berechnung und Bemessung von Holzbauten – Teil 1-2: Allgemeine Regeln – Bemessung für den Brandfall" (2011) und die im Rahmen der Überarbeitung von DIN 4102-4 (2016) bereitgestellten Prüfergebnisse an bekleideten und unbekleideten tragenden, raumabschließenden Massivholzelementen, die sich auch in der neuen Generation der DIN 4102-4 (2025) wiederfinden. Die in der MHolzBauRL aufgeführten Aufbauten stellen jedoch nur auf Ausführungen ohne Bekleidungen bzw. mit einer reduzierten Brandschutzbekleidung aus 18 mm dicken Feuerschutzplatten (GKF) bzw. Gipsfaserplatten (GF) ab und erfassen damit Lösungen für abweichend hochfeuerhemmende und abweichend feuerbeständige Massivholzbauteile. Im Gegensatz zur ÖNORM bzw. DIN beschränkt sich die Auflistung damit nur auf die in der MHolzBauRL beschriebenen Varianten.

Innerhalb der Tabellen A 1.4.2 und A 1.4.3 wird zwischen Massivholzelementen aus Brettsperrholz und Massivholzelementen aus Brettschichtholz differenziert, was dem unterschiedlichen brandschutztechnischen Verhalten und den zugehörigen Nachweisgrundlagen geschuldet ist.

Generell liegt infolge des lagenweisen Aufbaus für Brettsperrholz ohne hochtemperaturbeständige Verklebung (bond line integrity – nach DIN EN 1995-1-2 die Fähigkeit der Klebefuge von Flächenverklebungen, die Haftung zwischen den Lagen im Brandfall zu gewährleisten) ein schnellerer Abbrand im Vergleich zu Brettschichtholzelementen vor, da bei Brettsperrholz im Brandfall verkohlte Lamellen abfallen können und so den Restquerschnitt nicht mehr vor direkter Brandeinwirkung schützen (Werther et al., 2022; Werther et al., 2023). Dieses Phänomen tritt bei Decken infolge ihrer Orientierung ausgeprägter als bei Wänden auf. Für Brettsperrholz wird dieses Verhalten in der Bauteilbemessung durch das sog. Stufenmodell abgebildet. Im Gegensatz dazu liegt bei Brettschichtholzelementen keine Flächenverklebung über die Bauteilhöhe, sondern nur über die Bauteilbreite vor, womit ein Abfallen verkohlender Schichten nicht auftritt und so ein eindimensionaler Abbrand vergleichbar zum Vollholz vorliegt (siehe Abb. C.85).

Da bei der Erarbeitung der Tabellen für Wände nur Prüfergebnisse mit Brettsperrholzelementen vorlagen und der Unterschied im Abbrandverhalten zwischen den beiden Arten von Massivholzelementen bei Ausführung als Wand gering ist, wurde in Tabelle A 1.4.2 keine Differenzierung zwischen den beiden Ausführungsarten vorgenommen. Da für Deckenelemente dieser Einfluss größer ist und die Wirtschaftlichkeit sowie der ressourceneffiziente Einsatz der Elemente ebenso von Bedeutung sind, erfolgte

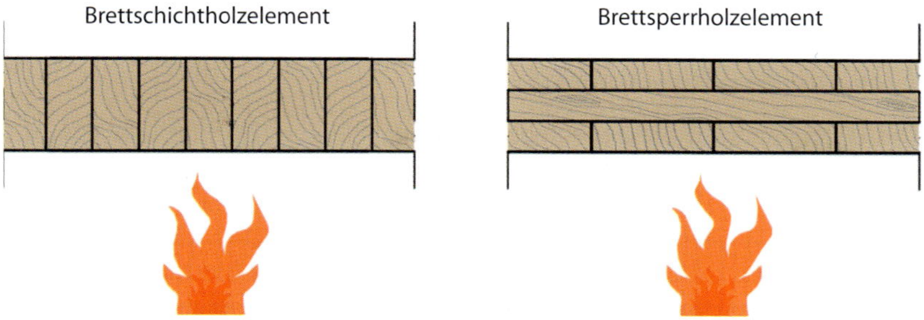

Abb. C.85: Vergleich der Orientierung der Verklebung bei Brettschichtholz und Brettsperrholzelementen bei einseitiger Brandbeanspruchung

für Deckenelemente eine Differenzierung zwischen Brettsperrholz und Brettschichtholzelementen.

Ebenso bleibt festzuhalten, dass die in den Tabellen A 1.4.2 und A 1.4.3 für Brettsperrholz angegebenen Mindestdicken bereits eine Vorbetrachtung zum Einfluss von Lagenanzahl und Lamellendicke enthalten, da diese Parameter Einfluss auf die Abbrandgeschwindigkeit und damit den Feuerwiderstand nehmen. Bei den tabellierten Werten wurden bereits die brandschutztechnisch kritischsten Aufbauten berücksichtigt, wodurch für den Anwender eine einfache Nutzung gegeben ist. Anzumerken ist ebenso, dass die angegebenen Schichtdicken der Massivholzelemente aus belasteten Brandversuchen abgeleitet wurden, in denen die Tragfähigkeit deren maßgebendes Beurteilungskriterium war. Die angegebenen Schichtdicken liegen somit für den Nachweis des Raumabschlusses immer deutlich auf der sicheren Seite und geben bereits für die finale Anwendung einen Hinweis zu praxisrelevanten Aufbauten.

Ein zusätzlicher Aspekt, auf den in den Fußzeilen der Tabellen A 1.4.2 und A 1.4.3 eingegangen wird, ist der Nachweis der raumabschließenden Wirkung für mechanisch verbundene Massivholzelemente, wie z. B. genagelte Brettsperrholz- oder gedübelte Brettstapelelemente. Im Gegensatz zu geklebten Produkten liegen hier im Element Fugen zwischen den Brettlagen bzw. Kantholzlamellen vor. Neben der Erhöhung der Abbrandrate kann hierdurch vor allem die raumabschließende Funktion entsprechender Bauteile negativ beeinflusst werden. Zur Verhinderung von Konvektionsströmen und damit bezüglich des Aspektes der Rauchdichtigkeit wird für solche Produkte eine durchgehende flächige Bekleidung notwendig. Infolge der möglichen Brandeinwirkung von jeder Seite ist diese Bekleidung beidseitig anzuordnen. Sie stellt jeweils auf der brandabgewandten Seite die Konvektionsdichtheit sicher, da davon ausgegangen werden muss, dass die brandzugewandte Bekleidungslage während der Beanspruchungsdauer vollständig abbrennt. Für die Bekleidung können je nach Anwendungssituation auch Holzwerkstoffe als Sichtbekleidung der unbekleideten Massivholzwände zulässig sein.

Für Deckenelemente wird hingegen nur eine oberseitig aufgebrachte Brandschutzbekleidung (nicht reduzierte, „vollständige“ Brandschutzbekleidung) bzw. ein Fußbodenaufbau nach Abschnitt 4.3 d als ausreichend erachtet, um den Konvektionsstrom im Brandfall durch entsprechende Massivholzdecken auszuschließen. Die oberseitige Bekleidung oder der Fußbodenaufbau muss hierfür eine geschlossene Fläche aufweisen und die Bekleidung muss mindestens stumpf gestoßen sein.

Die MHolzbauRL führt diese Regelung in Tabelle A 1.4.3 mittels Fußnote c nur für mechanisch verbundene Brettsperrholzdeckenelemente, jedoch nicht für Brettschichtholzdeckenelemente auf. Aus Sicht der Autoren liegt hier ein Übertragungsfehler vor, da diese Regelung ursprünglich aus der Überarbeitung von DIN 4102-4:2025 entnommen wurde und hierin mechanisch verbundene Brettstapel- und Brettschichtholzelemente infolge ihrer vertikal durchgehenden Fugen zwischen den Brettern oder Kanthölzern dieser Zusatzmaßnahme bedürfen, jedoch nicht die in der MHolzBauRL benannten Brettsperrholzelemente.

Analog zur Betrachtung bei Wänden liegt im Fall einer von der Unterseite brandbeanspruchten Decke der rückseitige Aufbau im „kalten" Bereich. Im Fall einer Brandbeanspruchung von der Oberseite stellen die Bekleidung oder der Fußbodenaufbau einen vollständigen Entzündungsschutz für das Massivholzbauteil dar, wodurch konvektive Durchströmungen durch die verbleibende geschlossene Fläche ausgeschlossen werden. Ebenso tragen die vorliegenden branddynamischen Bedingungen dazu bei, dass diese konstruktive Ausführung als ausreichend erachtet werden darf.

Entgegen der Ausführung in Tabelle A 1.4.3 empfehlen die Autoren, die Fußnote c auch hinsichtlich der Ausführung unbekleideter mechanisch verbundener Brettschichtholzelemente anzuwenden, da hier technisch die gleiche Situation wie für die Brettsperrholzelemente vorliegt.

Ebenso wird für bekleidete Decken nach Tabelle A 1.4.3 die Möglichkeit gegeben, die oberseitige Bekleidung vollständig durch einen Fußbodenaufbau nach Abschnitt 4.3 d zu ersetzen, wodurch eine wirtschaftliche Ausführung unterstützt wird. Die hierfür nach Anhang 2 bereitgestellten Lösungen für den oberseitigen Fußbodenaufbau erlauben eine höhere Schutzwirkung als die in Tabelle A 1.4.3 aufgeführten Brandschutzbekleidungen mit 18-mm-Gipsplatten.

Hinsichtlich der ganzheitlichen Betrachtung der Feuerwiderstandsfähigkeit verweist der Abschnitt nochmals auf die brandschutztechnische Ausführung der Fügungen sowie auf die Ausführungen in Abschnitt 5.

A 1.5 Allgemeiner Nachweis der brandschutztechnisch wirksamen Bekleidung

[1]Der Nachweis des ausreichenden Schutzes vor Entzündung der brennbaren Konstruktionsbauteile während des definierten Zeitraumes darf für Bekleidungen nach Abschnitt 3.4 nach DIN EN 1995-1-2:2010-12 Abschnitt 3.4.3.3 sowohl rechnerisch als auch durch Brandversuch nach DIN EN 13381-7:2019-09 geführt werden. [2]Es sind für die Ermittlung von t_{ch} Brandversuche nach DIN EN 13381-7:2019-09 Abschnitt 13.2.2 durchzuführen.

[3]Als Schutzzeit t_{ch} ist der Wert t_{ch},frame-test-specimen aus dem zum Brandversuch zugehörigen Klassifizierungsbericht nach DIN EN 13501-2:2023-12 zu verwenden.

[4]Die Schutzzeit einer Brandschutzbekleidung mit K_2-Klassifizierung darf bei gleicher Minutenanzahl der entsprechenden Schutzzeit t_{ch} als gleichwertig angenommen werden.

[5]Bezüglich der für die Befestigung der Brandschutzbekleidung erforderlichen Verbindungsmittel ist ein Abgleich zu den Mindestanforderungen aus dem Nachweis der Feuerwiderstandsdauer vorzunehmen. [6]Die geringeren Abstände bzw. größeren Verbindungsmittel sind maßgebend.

Kommentar

Der Abschnitt A 1.5 konkretisiert die Nachweisgrundlagen für die in Abschnitt 3.4 MHolzBauRL definierte Brandschutzbekleidung. Wie hierin bereits erläutert, wird die Schutzfunktion der Brandschutzbekleidung im Zuge der Überarbeitung der Richtlinie basierend auf umfangreichen Forschungsergebnissen nunmehr als Zeitdauer bis zum Beginn des Abbrandes eines geschützten Bauteils mittels der Schutzzeit t_{ch} charakterisiert. Als Nachweisgrundlage werden hierfür DIN EN 1995-1-2 bzw. DIN EN 13381-7 angegeben. Der bisherige Ansatz aus der MHolzBauRL 2020 einer Brandschutzbekleidung mit der Schutzfunktion $K_2$60 bzw. $K_2$30 nach DIN EN 13501-2 wird damit abgelöst. Eine Gegenüberstellung der Schutzfunktionen beider Arten von Bekleidungen und Hintergründe zum erfolgten Wechsel geben die Kommentierungen zu Abschnitt 3.4.

Mit Benennung von DIN EN 1995-1-2 wird auf eine technisch eingeführte Baubestimmung abgestellt, die bereits im Rahmen des Nachweises des Feuerwiderstandes von Holzbauteilen bekannt und bewährt ist. Anzumerken ist in diesem Kontext, dass für die Anwendung von DIN EN 1995-1-2 auch deren nationales Anwendungsdokument DIN EN 1995-1-2/NA „Nationaler Anhang – National festgelegte Parameter – Eurocode 5: Bemessung und Konstruktion von Holzbauten – Teil 1-2: Allgemeine Regeln – Tragwerksbemessung für den Brandfall“ (2010) zu berücksichtigen ist. Ebenso muss in diesem Kontext darauf hingewiesen werden, dass während der Erarbeitung dieses Kommentars bereits die zweite Generation der EN 1995-1-2, FprEN 1995-1-2, erarbeitet wurde und vor der Einführung steht. Bei konsequenter Fortschreibung der Richtlinie ergeben sich hieraus neue Nachweisgrundlagen und Möglichkeiten für bisher nur über Brandversuche nachzuweisende Brandschutzbekleidungen.

Nachfolgende Erläuterungen fokussieren sich auf die in der Richtlinie aufgeführte DIN EN 1995-1-2, Abschnitt 3.4.3.3. Hierüber werden für ein- und mehrlagig ausgeführte Brandschutzbekleidungen aus Holz und Holzwerkstoffen, Gipsplatten nach DIN EN 520 und Steinwollematten empirisch ermittelte Gleichungen gegeben, um produktneutral den Beginn des Abbrandes t_{ch} für anfänglich geschützte Bauteile rechnerisch zu bestimmen. Auch wenn zugehörige Regelungen in DIN EN 1995-1-2, Abschnitt 3.4.3 „Oberflächen von anfänglich vor Brandeinwirkung geschützten Balken und Stützen“ aufgeführt sind, ist deren Anwendung auch zum Schutz flächiger Holzbauteile möglich, was in einer zugehörigen Auslegungsanfrage zur DIN EN 1995-1-2 klargestellt wurde (NA 005-52-22 AA N 1047: Auslegungsanfrage zu DIN EN 1995-1-2 Abschnitt 3.4.3, 2023).

Tabelle C.15: Darstellung von Schutzzeiten t_{ch} für Gipsplatten und Steinwollematten nach DIN EN 1995-1-2 für relevante Schichtdicken

Gipsplatte Typ F

$t_{ch} = 2{,}8 \cdot h_p - 14$

mit:
h_p Plattendicke in mm

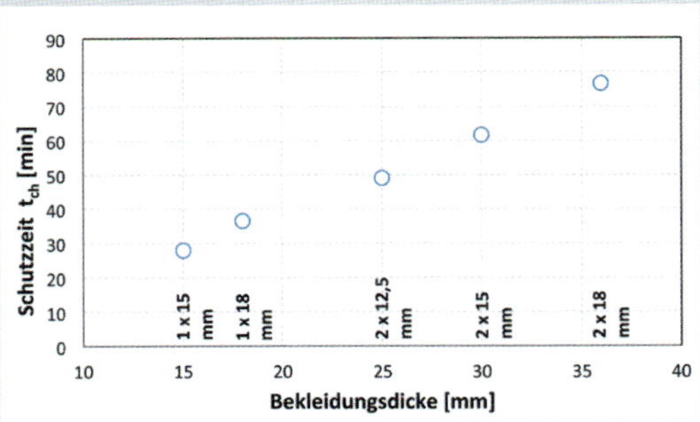

Abb. C.86: Schutzzeit von Gipsplatten Typ F

Steinwollematte

$t_{ch} = 0{,}07 \cdot (h_{ins} - 20)\sqrt{\rho_{ins}}$

mit:
h_{ins} Dicke Steinwollematte in mm
ρ_{ins} Rohdichte Steinwollematte in kg/m³

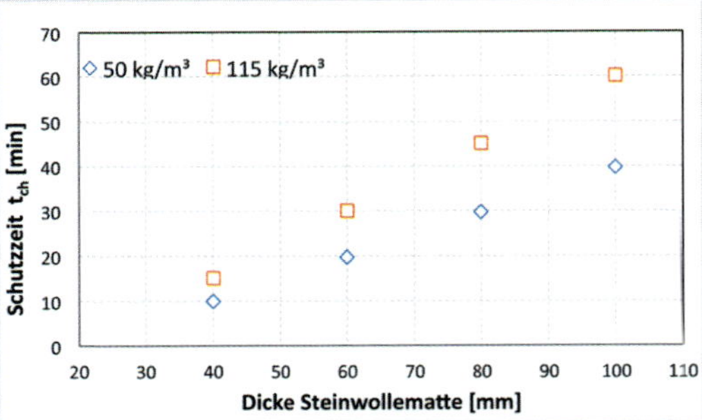

Abb. C.87: Schutzzeit von Steinwollematten

Schutzzeit von Gipsplatten Typ F Bekleidungsdicke in mm	**Schutzzeit in Minuten**
15	28,0
18	36,4
2 × 12,5	49,0
2 × 15	61,1
2 × 18	76,7

Schutzzeit von Steinwollematten		
Dicke Dämmstoff in mm	**Schutzzeit in Minuten**	
	Rohdichte 50 kg/m³	**Rohdichte 115 kg/m³**
40	9,9	15,0
60	19,8	30,0
80	29,7	45,0
100	39,6	60,1
140	59,4	90,1

Auch wenn die in der Norm benannten Holz- und Holzwerkstoffe dahinterliegende Holzbauteile vor einer Entzündung schützen können, scheiden diese durch die Forderung der MHolzBauRL, dass Brandschutzbekleidungen aus nichtbrennbaren Materialien bestehen müssen, für die weiterführenden Betrachtungen aus.

Tabelle C.15, Abb. C.86 und C.87 stellen für Gipsplatten und Steinwollematten die Beurteilungsgrundlagen der DIN EN 1995-1-2 zur Bestimmung der Schutzzeiten t_{ch} dar und werten diese für relevante Schichtdicken aus. Grundlage dieser Betrachtungen stellt eine Beanspruchung durch die ETK dar.

Entgegen der in Abschnitt 3.4 MHolzBauRL benannten Gips- und Gipsfaserplatten bezieht sich DIN EN 1995-1-2 auf Gipsplatten des Typ A, H und F nach DIN EN 520 bzw. liegen den Bestimmungsgleichungen nur Daten aus Untersuchungen mit diesen Plattentypen zugrunde. Das positive Verhalten der aus den nationalen Zusatzregelungen der MHolzBauRL (z. B. definierte hohe Rohdichte) resultierenden Bekleidungen wird in diesen Gleichungen jedoch nicht abgebildet, wodurch sich für die normativen Bekleidungen konservative Werte ergeben. Aus diesem Grund lassen sich auch die im Vergleich zu den tabellierten Vorgaben des Abschnitts 4.2 erreichten Mindestschutzzeiten für 2 × 18 mm dicke Feuerschutzplatten von t_{ch} = 90 Minuten nicht über die Gleichungen aus DIN EN 1995-1-2 bestätigen.

Anzumerken ist ebenso, dass die Schutzwirkung zweilagiger Bekleidungen innerhalb der Bestimmungsgleichungen reduziert wird, weil davon auszugehen ist, dass die brandraumseitige Bekleidungslage nach einem partiellen Abfallen keinen Schutz für die dahinterliegende Bekleidungslage mehr darstellt. Ein entsprechendes vorzeitiges Abfallen kann bei einlagigen Bekleidungen so nicht auftreten. Ersichtlich wird dies aus dem Vergleich der Steigungen zugehöriger Datenpunkte für ein- und mehrlagige Bekleidungen in Abb. C.86.

Bezüglich der konstruktiven Ausführung der Befestigung entsprechender Bekleidungen verweist DIN EN 1995-1-2 auf die Vorgaben des Abschnitts 7 „Konstruktive Ausführung", die für Unterstützungsabstände, Verbindungsmittelabstände untereinander und Einbindelänge einzuhalten sind. Auch wenn aktuell Gipsfaserplatten in DIN EN 1995-1-2 nicht benannt sind, wird durch produktspezifische Herstellernachweise wie in ETA-03/0050 (2023) die Anwendung zugehöriger normativer Gleichungen zur Bestimmung der Schutzzeit t_{ch} ermöglicht.

Neben den Beurteilungsgrundlagen für Gipsplatten erfasst DIN EN 1995-1-2 auch die Schutzwirkung von Steinwollematten für Holzbauteile. Es muss klargestellt werden, dass Steinwolle zwar eine geläufige Bezeichnung in der Baupraxis ist, jedoch hierfür keine eindeutige normative Spezifikation vorliegt. Im Gesamtkontext von DIN EN 1995-1-2 sind hier Mineralwolleplatten nach DIN EN 13162 mit einem Schmelzpunkt von mindestens 1.000 °C gemeint. Im Vergleich der Angaben aus Abschnitt 7.2.1 MHolzBauRL mit den Schutzzeiten nach DIN EN 1995-1-2 (siehe Abb. C.87) wird deutlich, dass hier Schutzwirkungen von 30 Minuten erreicht werden und DIN EN 1995-1-2 damit maßgeblich für die Spezifikationen formstabiler Dämmstoffe anstelle von Brandschutzbekleidungen der MHolzBauRL war.

Für die praktische Anwendung zeigt sich, dass die in DIN EN 1995-1-2 aufgeführten Brandschutzbekleidungen bereits über die Vorgaben in den Abschnitten 4.2, 4.3 und 7.2 MHolzBauRL erfasst und spezifiziert sind. Erst in der neuen Generation von DIN EN 1995-1-2, FprEN 1995-1-2, werden z. B. Bestimmungsgleichungen für Lehmbauplatten oder dreilagige Bekleidungen aus Gipsplatten enthalten sein, deren Schutzwirkung bisher nur über prüftechnische Nachweise bestimmt werden können.

Ergänzend zur DIN EN 1995-1-2 nimmt die MHolzBauRL für Brandschutzbekleidungen ebenso Bezug auf experimentelle Nachweise, um so auch die Anwendung von neuen, innovativen Bekleidungen zu ermöglichen. Auf Basis von DIN EN 13381-7 wird ein Prüfverfahren zur Bestimmung des Beitrages von Brandschutzsystemen und Produkten zum Feuerwiderstand von tragenden Holzbauteilen beschrieben. Der Fokus liegt hierbei auf dem Wort „Beitrag". Damit wird klargestellt, dass zugehörige Schutzmaßnahmen als Teil eines Gesamtsystems anzusehen sind und nicht explizit deren Feuerwiderstand bewertet wird. Die Prüfnorm umfasst neben den Untersuchungskonzepten für Bekleidungen auch Ansätze, um aufgesprühte Brandschutzmaterialien und reaktive Beschichtungen auf Holzbauteilen bewerten zu können. Nachstehende Ausführungen nehmen Brandschutzbekleidungen unter ETK-Brandbeanspruchung in den Fokus. Ziel der DIN EN 13381-7 ist die Bestimmung des Beitrages von Brandschutzsystemen zum Feuerwiderstand von tragenden Holzbauteilen, wie Balken, Stützen, Wänden, Decken und Dächern, wobei die Anwendung für nicht tragende Bauteile ebenso zulässig ist.

Die Prüfnorm unterscheidet zwar bei der Versuchsausführung zwischen Großmaßstab und Modellmaßstab, jedoch wird hinsichtlich

- der Bestimmung der Fähigkeit des Brandschutzsystems, den Temperaturanstieg an der Oberfläche des Holzbauteils bezüglich einer einsetzenden Verkohlung zu verzögern (t_{ch}), und
- der Ermittlung der Zeit bis zum Abfallen der Bekleidung (Haftvermögen [t_f])

immer eine Untersuchung im Großmaßstab notwendig.

Der Modellmaßstab wird hingegen hauptsächlich verwendet, um die Schutzwirkung von reaktiven Brandschutzmaterialien auf Basis der Schwelbrandkurve weiterführend zu beurteilen.

Entsprechend dem vorgesehenen Anwendungsfall der Bekleidung wird zwischen Wand, Decke und Balken als Prüfkörper differenziert, um den Einfluss von Orientierung, Befestigung und Hinterlegung auf das Verhalten der Bekleidung im Brandfall zu erfassen. Die grundlegenden Prüfbedingungen und Prüfeinrichtungen inkl. Belastungseinrichtung entsprechen dabei den Vorgaben von DIN EN 1365-1 (Wände), DIN EN 1365-2 (Decken) und DIN EN 1365-3 (Balken), jeweils in Verbindung mit DIN EN 1363-1.

Gemein ist allen Untersuchungsszenarien die Berücksichtigung einer praxisrelevanten Auflast, um auch den Einfluss von Verformungen aus der Tragkonstruktion auf das Verhalten der Bekleidung im Brandfall zu erfassen. Als Belastung wird hier ein Wert von 60 % der Tragfähigkeit unter Normaltemperatur in Ansatz gebracht, ermittelt nach DIN EN 1995-1-1. Anzumerken

Abb. C.88: Wandprüfkörper mit innen liegenden Verkohlungskörpern vor Aufbringen der Bekleidung (Quelle: James Hardie)

Abb. C.89: Segmentierte Randrippen an einem Wandprüfkörper (Quelle: James Hardie)

ist in diesem Zusammenhang, dass in der Prüfung der bisher im mehrgeschossigen Holzbau genutzten K_2-Bekleidungen nach DIN EN 14135 ein horizontal orientierter Prüfkörper ohne zusätzliche mechanische Auflast Grundlage war. Somit können trotz partiell ähnlicher Bewertungsmaßstäbe die Prüfergebnisse nicht direkt mit denen nach DIN EN 13381-7 verglichen werden, da neben den Beurteilungskriterien auch die Versuchsrandbedingungen abweichen.

Hinsichtlich der unter zusätzlicher Auflast durchzuführenden Brandversuche ist zu beachten, dass aus dem Prüfkörperaufbau und den Lagerungsbedingungen keine Verformungsbehinderungen und zusätzliche Halterungen für die zu untersuchende Bekleidung entstehen dürfen. So wird bei Wandprüfkörpern neben den beiden vertikal frei verformbaren Rändern, entgegen DIN EN 1365-1, eine gelenkige Auflagerung am Wandkopf und Wandfuß vorgesehen (siehe Abb. C.88 und C.89). Letztgenannte Ausführung wird entgegen einer klassischen Feuerwiderstandsprüfung auch bei Deckenprüf-

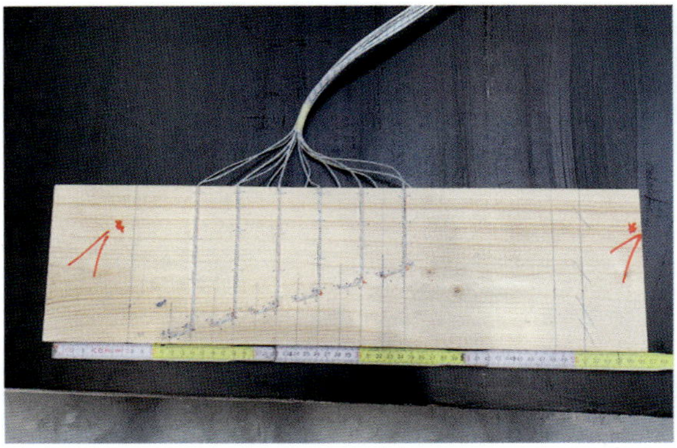

Abb. C.90: Herstellung eines mit Thermoelementen versehenen Verkohlungskörpers (Quelle: James Hardie)

Abb. C.91: Verkohlungskörper zur Bestimmung des Abbrandverhaltens hinter der Brandschutzbekleidung nach dem Brandversuch

körpern umgesetzt. Für Decken und Balken ist eine einseitige horizontale Verschiebbarkeit durch ein Rollenlager in den Versuchen vorzusehen.

Zur messtechnischen Erfassung der Erwärmung hinter der Bekleidung und im Prüfkörper sowie zur Ermittlung der Abbrandgeschwindigkeit (t_{ch}: Beginn des Abbrandes, t_f: Zeitpunkt bis zum Abfallen der Bekleidung, k_2: reduzierter Abbrand in der Phase 2a nach DIN EN 1995-1-2) sind sog. Abbrandprüfkörper (Verkohlungskörper) vorgesehen, die mit Thermoelementen instrumentiert sind und bei Wand- und Deckenprüfkörpern in den Gefachbereichen hinter der Brandschutzbekleidung eingebaut werden. Eine Befestigung der Bekleidung mit den Verkohlungskörpern erfolgt nicht. Mittels dieses Aufbaus werden

- die Oberflächentemperatur der Holzbauteile,
- die Temperaturverteilung über die Bauteildicke der Verkohlungsprobekörper (siehe Abb. C.90 und C.91),
- das allgemeine Verhalten des Brandschutzsystems und
- sein Versagen unter Brandeinwirkung in Verbindung mit der Durchbiegung während der Prüfung untersucht.

Die so gewonnenen Versuchsergebnisse werden auf Basis der in der Norm definierten Vorgaben ausgewertet und beurteilt. Die ermittelten Kennwerte t_{ch} , t_f , und k_2 sind als Eingangswerte zur Berechnung des Feuerwiderstandes im Rahmen der DIN EN 1995-1-2 vorgesehen. Trotz einer Bauteilprüfung im Großmaßstab, die an eine übliche Feuerwiderstandsprüfung erinnert, erlauben die Ergebnisse jedoch keine vollständige REI-Klassifikation des Feuerwiderstandes nach DIN EN 13501-2.

Für die nach DIN EN 13381-7 experimentell ermittelte Schutzzeit t_{ch} der Brandschutzbekleidung wird in der MHolzBauRL nochmals darauf hingewiesen, dass hierfür nur Versuche im Großmaßstab zugrunde liegen dürfen und in der Auswertung der Kennwert für $t_{ch,frame-test-specimen}$ anzuwenden ist. Zugehörige Grundlagen und Ergebnisse sind innerhalb eines europäischen Klassifizierungsberichtes auf Basis von DIN EN 13501-2 zu erfassen und zu bestätigen. Hierfür bildet der Prüfbericht nach DIN EN 13381-7 die Grundlage. Inhalt des Klassifizierungsberichtes sind neben der Beschreibung der Brandschutzbekleidung und deren Klassifikation ebenso Angaben zur konstruktiven Ausführung, Befestigung und Fugenausführung.

In Bezug auf die aktuelle DIN EN 13381-7 muss darauf hingewiesen werden, dass deren deutsche Übersetzung zahlreiche unpassende Begriffe oder Formulierungen nutzt, die den Sinn und Kontext teilweise verzerren und sogar zu Fehlinterpretationen führen. Hier wird, um Missverständnisse zu vermeiden, die englische Ausgabe empfohlen. Weiterführend wird darauf hingewiesen, dass sich die aktuelle Prüfnorm gerade in Überarbeitung befindet.

Trotz der Unterschiede in der versuchstechnischen Beurteilung und der Bewertung der Ergebnisse zwischen einer K_2-Bekleidung und einer Bekleidung mit Schutzfunktion t_{ch} ermöglicht die MHolzBauRL über einen Ansatz, dass Prüfergebnisse für bisherige K_2-Brandschutzbekleidungen auch als Bekleidungen mit der Schutzfunktion t_{ch} angewendet werden können. Innerhalb dieses Ansatzes folgt

- $K_2 30 \Rightarrow t_{ch} = 30$ Minuten,
- $K_2 60 \Rightarrow t_{ch} = 60$ Minuten.

Hintergrund für diese konservative Überführung sind einerseits die unterschiedlichen Prüf- und Beurteilungsmethoden und andererseits der Aspekt, dass zugehörige Brandversuche für K_2-Brandschutzbekleidungen nur bis zur jeweiligen Klassifikationszeit vorliegen. Dass diese Überführung zu konservativen Ergebnissen neigt, zeigt sich anhand des Beispiels von zweilagig ausgeführten 18 mm dicken Feuerschutzplatten, die in der bisherigen MHolzBauRL 2020 eine $K_2 60$-Klassifikation ermöglichten und aktuell unter Einhaltung zugehöriger Spezifikationen nach Abschnitt 4.2 eine Klassifikation von $t_{ch} = 90$ Minuten erreichen.

Abschließend weist Abschnitt A 1.5 MHolzBauRL nochmals auf die Verknüpfung der zu führenden brandschutztechnischen Nachweise hin. Abzugleichen sind für die Brandschutzbekleidung insbesondere die Vorgaben und Randbedingungen, die für den Nachweis der Schutzzeit t_{ch} erfüllt sein müssen, und die Randbedingungen, die Grundlage für den Nachweis des Feuerwiderstandes sind. Dies trifft insbesondere auf die notwendige Dicke der Brandschutzbekleidung, deren Fugenausführung und deren Befestigung zu. Hierfür ist ein direkter Vergleich der zugehörigen Anwendbarkeitsnachweise bezüglich der jeweiligen Mindestanforderungen notwendig. Überdies können auch Anforderungen wie aus statischen Nachweisen unter Normaltemperatur oder bauphysikalische Notwendigkeiten zugehörige Mindestanforderungen bestimmen. Dies wird vor allem bei Wänden im Holztafelbau bezüglich der Abstände der Verbindungsmittel untereinander oder auch bei der Dimensionierung der Dämmstoffdicke bei Außenwänden ersichtlich.

Tabelle C.16 gibt in Bezug auf die Brandschutzbekleidung Hinweise, welche Randbedingung als maßgebend für die Ausführung anzusehen ist.

Tabelle C.16: Maßgebende Eigenschaften und Kenngrößen für Brandschutzbekleidungen im Vergleich der brandschutztechnischen Randbedingungen

Merkmal	**maßgebende Beeinflussung des Leistungsmerkmals**
Dicke der Brandschutzbekleidung	größere Dicke maßgebend
Unterstützungsabstände/Abstand der Reihen der Verbindungsmittel	geringerer Abstand der Unterkonstruktion maßgebend
Abstand der Verbindungsmittel untereinander in einer Reihe	geringerer Verbindungsmittelabstand maßgebend
Einbindelänge	größere Einbindelänge des Verbindungsmittels in die Unterkonstruktion maßgebend
Durchmesser Verbindungsmittel	größerer Durchmesser des Verbindungsmittels maßgebend
Randabstand Verbindungsmittel	größerer Randabstand maßgebend
Fugenversatz	größerer Fugenversatz maßgebend

A 2 Deckenbauteile – Nachweis für eine Brandbeanspruchung von oben

[1]Die Feuerwiderstandsfähigkeit von Decken muss gemäß der Muster-Verwaltungsvorschrift Technische Baubestimmungen grundsätzlich sowohl von oben nach unten als auch von unten nach oben erfüllt sein. [2]Für eine Brandbeanspruchung von oben, kann bei Anordnung von Fußbodenaufbauten nach Prinzipskizze A 2.1 die Anforderung an die oberseitige Brandschutzbekleidung von Decken nach Abschnitt 4.2 beziehungsweise 4.3 Buchstabe d dieser Richtlinie und der Feuerwiderstand nach Abschnitt 3.2 dieser Richtlinie als erfüllt angesehen werden.

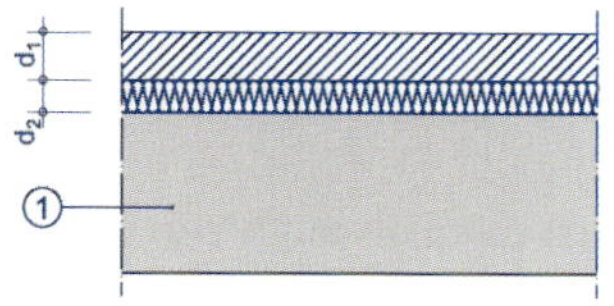

1 Rohdecke in Holztafel- oder Massivholzbauweise, ggf. mit zusätzlichen Schichten nach Abschnitt 6.1
d_1 Naß-, Trockenestrich oder Gussasphalt
d_2 Dämmschicht oder Schüttung

Prinzipskizze A 2.1: Darstellung Fußbodenaufbau – Zuweisung d 1/d 2 (Horizontalschnitt)

Tabelle A 2.1: Mindestdicken von Fußbodenaufbauten für Deckenbauteile ohne weiteren Nachweis für eine Brandbeanspruchung von oben

Deckenbauteile	Mindestdicken für schwimmenden Estrich oder Fußboden [mm]		
	Nichtbrennbare Mineralwolle Dämmschicht oder Blähperlit [a]	Gipsplatte/ Gipsfaserplatte [b] (schwimmender Estrich)	Estrich[c] oder nichtbrennbare Fertigteilestrichplatten [c] oder Gussasphalt (Fußboden)
	d_2	d_1	d_1
t_{ch} = 60 min für Bauteile hochfeuerhemmend bzw. abweichend hochfeuerhemmend	20	-	30
	20	2 x 12,5	-
	-	-	60
t_{ch} = 90 min für Bauteile abweichend feuerbeständig	30	-	45
	20	25	-
	20	-	55
	20	2 x 15	-
	-	-	80

[a] Nichtbrennbare Mineralwolle nach DIN EN 13162:2015-04 mit $\rho \geq 30$ kg/m³, Blähperlit nach DIN EN 13169:2015-04 mit $\rho \geq 130$ kg/m³

[b] Bekleidung nach Abschnitt 3.4 dieser Richtlinie

[c] Estrich nach DIN EN 13813:2003-01 und DIN 18560-1:2021-02

Kommentar

Die im Anhang A 2 MHolzBauRL aufgeführten Regelungen schließen in ihrer Intention an den Anhang A 1 an und stellen vordefinierte Lösungen zum Nachweis von Deckenbauteilen dar. Hierbei werden Fußbodenaufbauten vorgegeben, durch die die Anforderungen und Schutzziele an eine Brandschutzbekleidung und der Feuerwiderstand von Deckenbauteilen bei Brandbeanspruchung von der Oberseite erfüllt werden, ohne dabei gesonderte, zusätzliche Nachweise erbringen zu müssen. Auch wenn im europäischen Klassifikationskonzept nach DIN EN 13501-2 eine Brandeinwirkung von der Deckenoberseite vorgesehen ist, ist der Nachweis nicht in allen europäischen Ländern zu erbringen und beispielsweise auch innerhalb einer zugehörigen europäischen Feuerwiderstandsprüfung nicht direkt vorgesehen. Für eine Anwendung von Deckenbauteilen in Deutschland ist hingegen nach MVV TB 2025/1 deren Feuerwiderstandsfähigkeit ganzheitlich und damit bei Brandeinwirkung sowohl von unten nach oben als auch von oben nach unten nachzuweisen.

Die Regelungen im Anhang A 2 nutzen die Grundlage, dass die Klassifikationszeiten zum Schutz der Holzbauteile durch eine Brandschutzbekleidung und die des Feuerwiderstandes des Deckenbauteils übereinstimmen. Damit wird durch den Fußbodenaufbau, der hier als Brandschutzbekleidung fungiert, bereits ein wesentlicher Beitrag im Nachweis des Feuerwiderstandes des gesamten Bauteils bei Brandeinwirkung von der Oberseite erbracht. Dies wird bereits aus den in Abb. C.21 aufgeführten Beurteilungskriterien ersichtlich.

Die Angaben der Tabelle A 2.1 wurden für hochfeuerhemmende und abweichend hochfeuerhemmende Bauteile im Wesentlichen aus der bisherigen MHolzBauRL 2020 übernommen, wobei hier anstelle der Anforderung t_{ch} die Anforderung K_260 bestand (siehe Abschnitt 3.4). Ergänzend wurden Angaben zur Schutzwirkung von Estrichen allein, basierend auf experimentellen und numerischen Untersuchungen (Rauch et al., 2020), aufgenommen. Die Angaben zu Fußbodenaufbauten für abweichend feuerbeständige Bauteile wurden neu aufgenommen und basieren ebenso auf den experimentellen und numerischen Untersuchungen nach Rauch et al. (2020) und den Erfahrungen aus Brandversuchen innerhalb der Fortschreibung der DIN 4102-4 (2025).

Die in Tabelle A 2.1 aufgeführten Aufbauten sind immer zeilenweise im System anzuwenden und dürfen nicht gemischt werden. Die Analogie zur DIN 4102-4 (2025) im Aufbau der Estrich- und Fußbodensysteme, bestehend aus einer Dämmschicht bzw. Schüttung und einem Nass- oder Trockenestrich, Gipsplatten oder Gussasphalt, ist gewollt, da hierdurch bereits praktisch relevante Systeme hinsichtlich der Mindestanforderung zum Feuerwiderstand erfasst sind. In Analogie zur DIN 4102-4 (2025) wird damit innerhalb der Schutzfunktion nicht zwischen Trittschalldämmung und Blähperlitschüttung sowie zwischen Estrich, Fertigteilestrich und Gussasphalt differenziert und in diesen Gruppen ein gleiches Verhalten angenommen. Entgegen den Vorgaben aus DIN 4102-4 (2025), die allein den Feuerwiderstand betrachtet, fallen die in der Tabelle A 2.1 enthaltenen Fußbodenaufbauten dicker aus, was aus der Anforderung resultiert, dass der Fußbodenaufbau einen Abbrand am darunterliegenden Holzbauelement und an zusätzlichen Schichten verhindern soll.

Um den Unterschied zwischen den Anforderungen der MHolzBauRL und DIN 4102-4 (2025) zu verdeutlichen, stellt Tabelle C.17 die Mindestvorgaben der Aufbauten direkt gegenüber.

Die in Tabelle A 2.1 angegebenen Aufbauten erfüllen damit nicht nur die Anforderung an eine Brandschutzbekleidung nach Abschnitt 4.2, sondern erlauben ebenso in Verbindung mit dem Deckenbauteil einen Nachweis der Feuerwiderstandsfähigkeit bei Brandeinwirkung von der Oberseite. Hierbei ist entgegen dem Ansatz in Abschnitt A 1.4 kein weiterführender Tragfähigkeitsnachweis im Brandfall nötig. Einzig sind die Bedingungen und Nachweise unter Normaltemperatur nach DIN EN 1995-1-1 in Verbindung mit DIN EN 1995-1-1/NA zu erfüllen, die jedoch ohnehin für eine Anwendung erfüllt sein müssen. Dem Anwender wird damit eine effiziente Möglichkeit gegeben, die Feuerwiderstandsfähigkeit und die Anforderungen an die Brandschutzbekleidung allein durch das Einhalten der Schichtdicken der jeweiligen Fußbodenaufbauten zu erfüllen. Der Aufbau des darunterliegenden tragenden Deckenbauteils spielt für diese Betrachtung keine Rolle und wird erst im Nachweis bei Brandeinwirkung von der Unterseite relevant. Hierbei sei angemerkt, dass der Nachweis entsprechender Deckenelemente bei Brandbeanspruchung von der Unterseite in der Regel ohne einen Fußbodenaufbau erfolgt und ein zusätzliches Aufbringen des Fußbodenaufbaus keine Verschlechterung des Feuerwiderstandes mit sich bringt. Die Masse des Fußbodenaufbaus ist jedoch im statischen Nachweis bei Brandeinwirkung von der Unterseite zu berücksichtigen und ggf. von den zulässigen Nutzlasten in Nachweisen nach z. B. Europäischer Technischer Spezifikation (hEN oder ETA) abzuziehen.

Aus Sicht der Kommentierenden sind zusätzliche Schichten aus mindestens normalentflammbaren Baustoffen innerhalb und unterhalb der nach Tabelle A 2.1 aufgeführten Fußbodenaufbaus möglich und behindern die vorgesehene Leistung nicht.

Auch wenn Abschnitt 4.3 MHolzBauRL mit „Reduzierung der brandschutztechnisch wirksamen Bekleidung nach Abschnitt 4.2" benannt ist und die Fußbodenaufbauten für Deckenbauteile unter Punkt d aufgeführt sind, darf festgehalten werden, dass deren Schutzniveau mindestens gleichwertig zu den Aufbauten nach Abschnitt 4.2 angesehen werden kann und keine Reduzierung der Schutzfunktion vorliegt. Die in der realen Brandeinwirkung reduzierte Beanspruchung im Bodenbereich geht innerhalb dieser Betrachtungen nicht ein. Grundlage der Bewertungen ist auch hier die ETK.

Analog zu den Vorgaben in Abschnitt 4.3 d sei an dieser Stelle ebenfalls nochmals auf die Notwendigkeit der Anordnung eines nichtbrennbaren Randdämmstreifens im Übergangsbereich zwischen Fußbodenaufbau und aufgehenden Bauteilen hingewiesen. Diese Notwendigkeit wird auch noch einmal dadurch deutlich, da sich nach Abschnitt 6.1 unterhalb des Fußbodenaufbaus auch brennbare Dämmstoffe befinden dürfen. Erst durch den flächigen Fußbodenaufbau nach Tabelle A 2.1 und den nichtbrennbaren Randdämmstreifen mit einem Schmelzpunkt von mindestens 1.000 °C kann

Tabelle C.17: Mindestdicke für schwimmende Estriche oder Fußboden nach MHolzBauRL und DIN 4102-4 (2025) im Vergleich

Deckenbauteile	**Mindestdicke für schwimmende Estriche oder Fußboden in mm** **nach MHolzBauRL und DIN 4102-4 (Klammerwerte)** **in mm**		
	nichtbrennbare Mineralwolle Dämmschicht oder Blähperlit	**Gipsplatte/ Gipsfaserplatte**	**Estrich oder nichtbrennbare Fertigteilestrichplatten oder Gussasphalt**
für Bauteile hochfeuerhemmend bzw. abweichend hochfeuerhemmend	–	2 · 15 Grundvariante nach Abschnitt 4.2	–
	20 (15)	–	30 (20)
	20 (15)	2 · 12,5 (18)	–
	–	–	60 (30)
für Bauteile abweichend feuerbeständig	–	2 · 18 Grundvariante nach Abschnitt 4.2	–
	30 (15)	–	45 (30)
	20 (15)	25 (25)	–
	20 (15)	–	55 (30)
	20 (15)	2 · 15 (25)	–
	–	–	80 (40)

ein seitlicher Einbrand am flächigen Fußbodenaufbau vollständig verhindert werden. Im Zuge gleichlautender technischer Regeln wird auch für die MHolzBauRL die Konkretisierung zur Ausführung des nichtbrennbaren Randdämmstreifens mit einem Schmelzpunkt von mindestens 1.000 C empfohlen, was den Spezifikationen aus DIN 4102-4 (2025) entspricht. Abweichende Ausführungen und Regelungen hierzu sind über herstellerspezifische Anwendbarkeitsnachweise weiterhin möglich.

Ein direkter prüftechnischer Nachweis alternativ zu den bereits im Anhang A 2 angegebenen Fußbodenaufbauten lässt sich aktuell aufgrund fehlender Prüfverfahren nicht führen. Hierzu sind gesonderte Betrachtungen im Rahmen einer Bauartgenehmigung erforderlich, bei denen situationsbezogen entsprechende Prüfgrundsätze dann festgelegt werden.

A 3 Element- und Bauteilanschlüsse ohne weiteren Nachweis

[1]Anschlüsse und Fügungen von raumabschließenden Bauteilen zwischen Elementen (Elementfugen) und zu angrenzenden Bauteilen (Bauteilfugen) sind dicht auszuführen, um die raumabschließende Funktion sicherzustellen. [2]Die nachfolgend dargestellten Maßnahmen (siehe Prinzipskizze A 3.1) dienen der ausreichenden Vorbeugung der Übertragung von Feuer und Rauch.

[3]Unter Einhaltung der nachfolgend beschriebenen Konstruktionsprinzipien kann davon ausgegangen werden, dass der Feuerwiderstand der flächigen Bauteile trotz Bauteil- und Elementfugen auch unter Berücksichtigung flankierender Bauteile erhalten bleibt.

[4]Die Dichtheit von Anschlüssen und Fügungen zur Vorbeugung der Übertragung von Feuer und Rauch kann durch Ausführung nach Tabelle A 3.1 erreicht werden. [5]Entsprechende Maßnahmen sind grundsätzlich auf beiden Seiten eines raumabschließenden Bauteils beziehungsweise für jeden Brandübertragungsweg separat zu planen und auszuführen.

[6]Verspachtelungen und Verfugungen als äußere Abdichtung im Bereich von Anschlüssen und Fügungen sind in der Dicke der Brandschutzbekleidung auszuführen. [7]Die Breite von Dichtungsmaßnahmen in der Kontaktfläche muss mindestens der Breite der Rippen der angeschlossenen Tragkonstruktion entsprechen. [8]Abweichend dazu darf für unbekleidete Massivholzelemente die äußere Abdichtung auch in der Ebene der ersten 15 mm der Tragkonstruktion erfolgen. [9]Die verbleibende Kontaktfläche ist entsprechend der Maßnahmen nach Tabelle A 3.1 auszuführen.

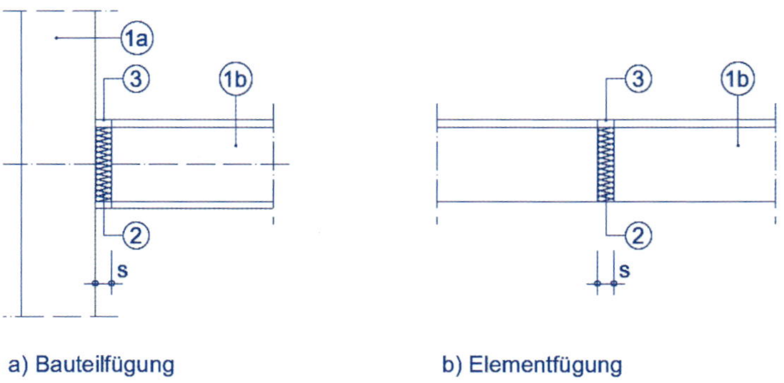

1a raumabschließendes Bauteil Wand/Decke
1b raumabschließendes Bauteil Wand/Decke
2 Maßnahme/Ausführung Kontaktfläche nach Tabelle A 3.1
3 Maßnahme äußere Abdichtung (brandzugewandte bzw. brandabgewandte Seite) nach Tabelle A 3.1

Prinzipskizze A 3.1: Ausführung von Element- und Bauteilfugen – Zuordnung der Maßnahmen nach Tabelle A 3.1

Tabelle A 3.1: Ausführungsprinzipien für Bauteilanschlüsse und Elementfugen

Zeile	Variante	Maßnahme/Ausführung in der Kontaktfläche	Ort und Maßnahme zur äußeren Abdichtung und Angaben zur seitlichen Anordnung (brandzugewandte bzw. brandabgewandte Seite)[3]
	Ausführung mit Fuge der Breite s in der Kontaktfläche, 0 < s ≤ 30 mm (siehe Prinzipskizze A 3.1)		
1	dicht gestoßen s ≤ 0,5 mm	keine Maßnahme notwendig	keine Maßnahme notwendig
2	s ≤ 2 mm	keine Maßnahme notwendig	nur brandabgewandte Seite a), b), c), d) oder e)
3	s ≤ 5 mm	Dichtungstreifen aus mindestens normalentflammbarem Dämmstoff mit ρ ≥ 50 kg/m³ im unkomprimierten Zustand[1] oder aus Dämmstoff gemäß DIN EN 13162:2015-04 mit ρ ≥ 15 kg/m³ im unkomprimierten Zustand[1]	nur brandzugewandte Seite: a), b) oder c)
4	s ≤ 15 mm	Dichtungsstreifen / Schalldämmlager mindestens normalentflammbar mit ρ ≥ 200 kg/m³ oder Brandschutzdichtmasse bzw. im Brandfall aufschäumende Baustoffe	nur brandzugewandte Seite: a), b) oder c)
5	s ≤ 30 mm	Dichtungsstreifen aus Mineralwolle-Dämmstoffen mit Schmelzpunkt ≥ 1.000°C nach DIN 4102-17:2017-12 und ρ ≥ 30 kg/m³ im unkomprimierten Zustand[1]	keine zusätzliche Maßnahme notwendig

Maßnahmen zur außenseitigen Abdichtung im Bereich von Fugen und Kehlen:

a) Verspachtelung;
b) Brandschutzdichtmasse[2];
c) vollständige Abdeckung mit der Brandschutzbekleidung der flächigen Bauteile bzw. durch Fußbodenaufbau;
d) dauerelastische Verfugung[2] bzw. komprimiertes Dichtungsband[2] oder
e) luftdichte Abklebung.

[1]Im eingebauten Zustand muss der Dämmstoff mindestens auf die Hälfte seiner Ausgangsdicke komprimiert werden.

[2]Entsprechende Maßnahmen dürfen auch innerhalb der Kontaktfuge angeordnet werden sofern diese mindestens 20 mm innerhalb des jeweiligen rechnerischen Restholzquerschnittes liegen. Abweichend dazu darf für Brandschutzdichtmassen/-stoffe/-bänder dieses Vorhaltemaß auf 0 reduziert werden.

[3]Soweit nichts anderes bestimmt ist, bezieht sich die Feuerwiderstandsfähigkeit auf jede der möglichen Brandeinwirkungsrichtungen.

10 Ergänzend zu den Ausführungsprinzipien nach Tabelle A 3.1 können Elementfugen zur Vorbeugung der Übertragung von Feuer und Rauch ausgeführt werden als:

a) Fugen mit Abdeckung durch Brandschutzbekleidungen oder Fußbodenaufbau (Prinzipskizze A 3.2)

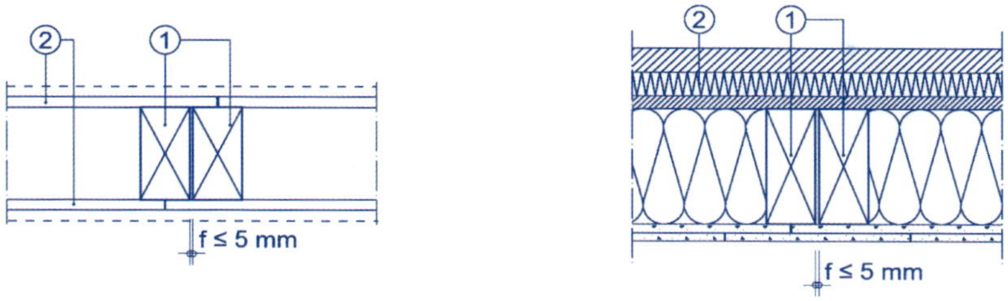

1 Vollholzquerschnitt (Randrippe Holztafelbauelement) oder Massivholzelement in Wand oder Decke
2 Brandschutzbekleidung nach Abschnitt 4.2 bzw. 4.3 (einlagige Bekleidung) oder Fußbodenaufbau nach Anhang 2, Tabelle

Prinzipskizze A 3.2: Ergänzende Ausführung von Elementfugen als stumpfer Stoß bei Holztafelbauelementen

b) Verbindungen mit Stufenfalz, mit Nut-Feder, mit eingelegter Feder (Dicke mindestens 19 mm) oder mit beidseitig angeordnetem Deckbrett (Dicke mindestens 19 mm); die Überdeckung des Deckbrettes, der Fremdfeder oder des Fugenversatzes durch das verbleibende Restholz muss nach Abbrand (Bemessungswert der Abbrandtiefe nach DIN EN 1995-1-2:2010-12) mindestens 20 mm betragen (Prinzipskizze A 3.3 bis Prinzipskizze A 3.5)

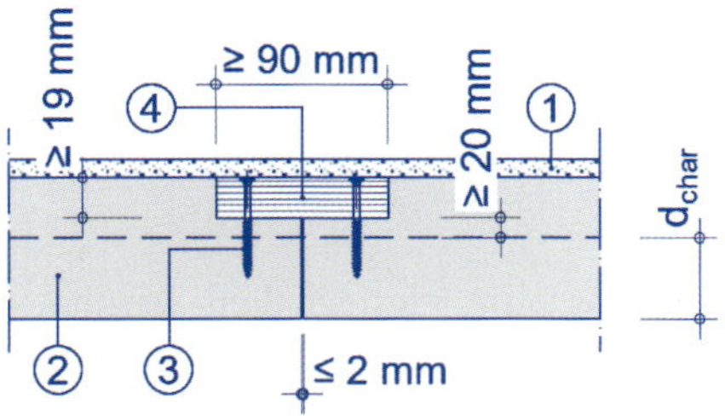

1 Brandschutzbekleidung nach Abschnitt 4.2 bzw. 4.3 oder Fußbodenaufbau nach Anhang 2, Tabelle A 2.1
2 Massivholzelement
3 Verbindungsmittel
4 Deckbrett
d_{char} Bemessungswert der Abbrandtiefe nach DIN EN 1995-1-2:2010-12

Prinzipskizze A 3.3: Elementstoßausbildung von Massivholzelementen mit Deckbrettverbindung

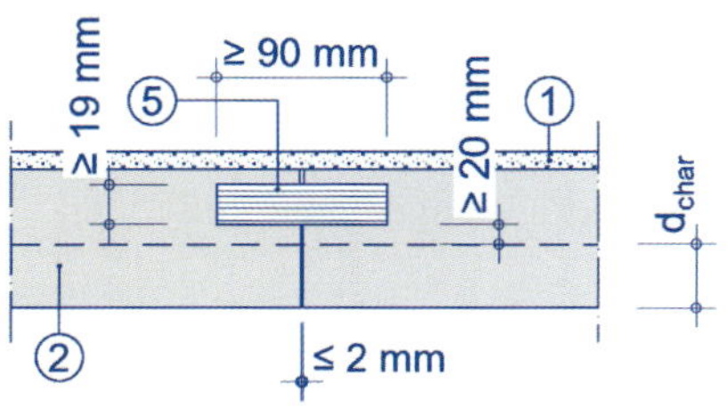

1 Brandschutzbekleidung nach Abschnitt 4.2 bzw. 4.3 oder Fußbodenaufbau nach Anhang 2, Tabelle A 2.1
2 Massivholzelement
5 Fremdfederverbindung
d_{char} Bemessungswert der Abbrandtiefe nach DIN EN 1995-1-2:2010-12

Prinzipskizze A 3.4: Elementstoßausbildung von Massivholzelementen mit Fremdfederverbindung

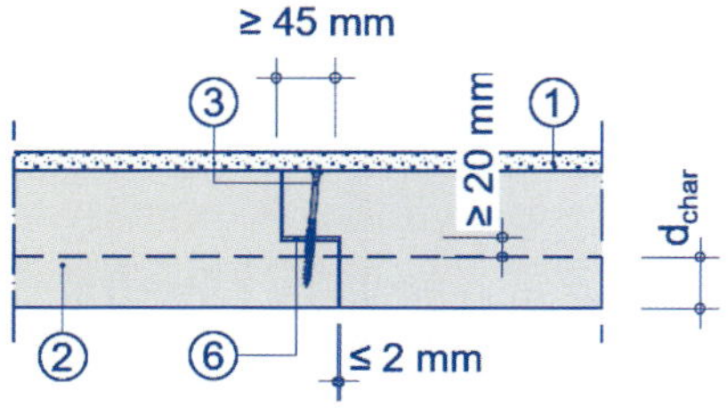

1 Brandschutzbekleidung nach Abschnitt 4.2 bzw. 4.3 oder Fußbodenaufbau nach Anhang 2, Tabelle A 2.1
2 Massivholzelement
3 Verbindungsmittel
6 Stufenfalz mit eingelegtem komprimierten Dichtungsband oder Dichtungsstreifen aus Mineralwolle gemäß Zeile 3 der Tabelle A 3.1
d_{char} Bemessungswert der Abbrandtiefe nach DIN EN 1995-1-2:2010-12

Prinzipskizze A 3.5: Elementstoßausbildung von Massivholzelementen zum Nachweis des Raumabschlusses

Kommentar

Wie bereits in den Kommentierungen zu Abschnitt 5 festgehalten, werden im Anhang 3 konkrete Lösungen zum Erfüllen der Anforderungen an einen ganzheitlichen Raumabschluss zwischen brandschutztechnischen Abschnitten gegeben. Hierbei werden neben den flächigen Elementen explizit deren Bauteil- und Elementfugen einbezogen, um sicherzustellen, dass trotz zugehöriger Fügungen der Feuerwiderstand der flächigen Bauteile erhalten bleibt.

Da die technischen Regeln DIN 4102-4 (2025) und FprEN 1995-1-2 zum Zeitpunkt der Veröffentlichung der MHolzBauRL 2024 noch überarbeitet wurden und somit die entsprechenden technisch eingeführten Baubestimmungen noch nicht mit dem erforderlichen inhaltlichen Konkretisierungsgrad vorlagen, wurden die wesentlichen Ausführungsprinzipien und Richtzeichnungen für Bauteil- und Elementfugen aus den laufenden Bearbeitungen dieser Regelwerke in den Anhang 3 der MHolzBauRL über-

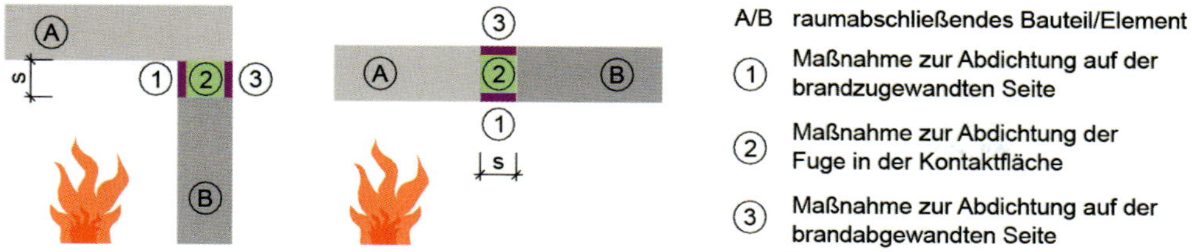

Abb. C.92: Ausführung der Maßnahmen für Element- und Bauteilfügungen

nommen. Dadurch sollten, wenn auch zu späterem Zeitpunkt in paralleler Form vorliegend, bereits frühzeitig einheitliche und fachlich abgestimmte Grundlagen für die Planung und Ausführung dieser konstruktiven Details bereitgestellt werden. Anzumerken ist, dass DIN 4102-4 (2025) und FprEN 1995-1-2 weitere Optimierungen erfahren haben, auf die nachfolgend in den Erläuterungen ebenso eingegangen wird.

Anhang A 3 Satz 3 stellt klar, dass unter Einhaltung der aufgeführten Konstruktionsprinzipien keine weiteren Nachweise notwendig sind und davon ausgegangen werden darf, dass eine Übertragung von Feuer und Rauch auch im Fügungsbereich ausreichend lang verhindert wird und der Feuerwiderstand der flächigen Bauteile erhalten bleibt. Gleichwohl muss in diesem Kontext noch einmal auf die in Abschnitt 5 bzw. DIN 4102-4 (2025) benannten Maßnahmen zur Verbindung der Bauteile und Elemente hingewiesen werden, die als Grundlage für die nachfolgenden Regelungen gelten und ein weiterführendes Öffnen der Fügungen im Brandfall verhindern. Gleichwohl ist für tragende und raumabschließende Elemente der Nachweis der Tragfähigkeit im Brandfall noch gesondert zu führen.

Die Tabelle A 3.1 stellt in Verbindung mit der Prinzipskizze A 3.1 konstruktive Grundlagen hinsichtlich der Maßnahmen zur dichten Ausführung von Anschlüssen im Holzbau zusammen, die aus der Auswertung von zahlreichen Brandversuchen resultieren. Werden entsprechende Maßnahmen umgesetzt, können ein vorzeitiger Einbrand in die Konstruktion sowie eine vorzeitige Ausbreitung von Feuer und Rauch vermieden werden.

Die 5 konstruktiven Ausführungsprinzipien in Tabelle A 3.1, die in der Planung auf den jeweiligen objektspezifischen Anwendungsfall zu überführen sind, unterscheiden sich in der Breite des Spaltmaßes s der Fügung und den damit anzuwendenden Dichtungsmaßnahmen. Entsprechende Lösungen werden dabei ausführungsabhängig für Spaltmaße bis 30 mm angegeben.

In den Ausführungen wird zwischen Maßnahmen im Bereich der Kontaktfläche der Holzbauteile und Maßnahmen im Bereich der Bekleidungslagen (äußere Abdichtung auf der brandzugewandten oder brandabgewandten Seite des Bauteils) unterschieden, die miteinander zu kombinieren sind (siehe Abb. C.92). Eine Unterscheidung zwischen der Holztafel- und Holzmassivbauweise erfolgt hierbei nicht, da in beiden Ausführungsvarianten immer

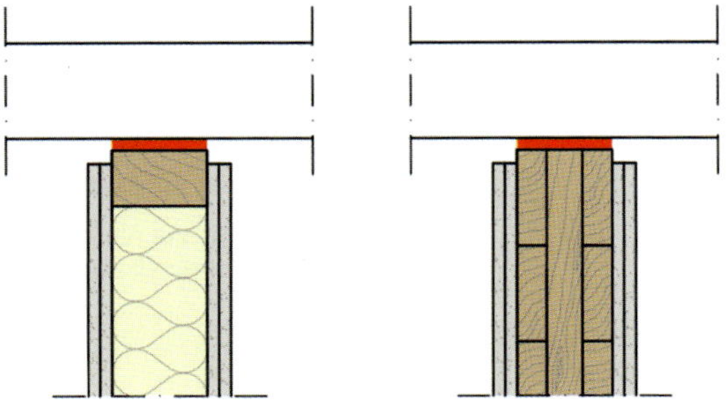

Abb. C.93: Darstellung der Ausführung der Kontaktfläche für die Holztafel- und Massivholzbauweise

konstruktive Holzbauteile aufeinanderstoßen und damit ein gleichwertiges Verhalten beider Ausführungen vorliegt (siehe Abb. C.93). Auch wenn Anhang A 3 Satz 7 bezüglich der Dimension der Maßnahme in der Kontaktfläche explizit den Begriff Holzrippe enthält, die üblicherweise basierend auf dem Feuerwiderstandsnachweis eine Mindestbreite von 80 mm aufweist, sind zugehörige Regelungen ebenso für Massivholzelemente zu verstehen und anwendbar. Um hier nicht differenzieren zu müssen, wurde die Prinzipskizze A 3.1 bauweiseneutral ausgeführt und verdeutlicht zudem auch, dass entsprechende Maßnahmen ebenso im Anschluss von Holzbauteilen an Bauteile in mineralischer Bauweise angewendet werden können.

Auch wenn die beschriebenen Maßnahmen in verschiedenen Arten von Fugen auftreten können (Element-/Bauteilfugen, vertikal/horizontal usw.) sind die prinzipiellen Maßnahmen in der Art und Weise der Ausführung grundsätzlich gleich. Allgemein gilt dabei, dass Elemente und Bauteile dicht zu fügen sind. Hierzu sind konvektive Strömungen in durchgehenden Fugen durch konstruktive Maßnahmen auszuschließen und eine dauerhafte Lagesicherung vorzusehen.

Im Detail lassen sich die in Tabelle C.18 benannten Maßnahmen wie folgt zusammenfassen.

Maßnahmen bei dicht gestoßenen Fugen

In dicht gestoßenen Fugen müssen keine Maßnahmen getroffen werden. Brandschutztechnisch gelten Fugen mit einem Spaltmaß *s* bis 0,5 mm als dicht gestoßen. Anzumerken ist, dass solche Kontaktstöße zwar möglich sind, aber bereits z. B. einzelne Hobelschläge oder auch Schwindvorgänge des Holzes die Wirksamkeit der Maßnahme hinterfragen lassen. Da baupraktisch an entsprechende Anschlüsse weiterführende Anforderungen gestellt werden, erfolgt für diese in der Regel auch eine Kombination mit Maßnahmen, wie einer luftdichten Abklebung, wodurch die Vorgaben von Ausführungen mit Fügungen von bis zu 2 mm erfüllt werden und die Auswirkungen von Fertigungstoleranzen über zugehörige Maßnahmen der äußeren Abdichtung kompensiert werden. Infolge der strikten Anforderung an den geschlossenen, dichten Fugenspalt gewinnt die Notwendigkeit einer mechanischen Verbindung nochmals besondere Bedeutung.

Maßnahmen bei Fugen mit einer Breite von $s \leq 2$ mm

Fugen mit einer Breite von $s \leq 2$ mm sind mittels Verspachtelungen, Brandschutzdichtmassen, dauerelastischer Verfugungen, luftdichter Abklebungen oder vollflächiger Abdeckungen durch Bekleidungen oder Fußbodenaufbauten auf der brandabgewandten Seite zu verschließen. Grundlage dieses Ansatzes ist, dass durch den rückseitigen Verschluss bzw. die rückseitige Abdeckung keine Konvektionsströme durch die Fügung hindurch entstehen können und die geringe Breite des Fugenspaltes in der Kontaktfläche eine unzuträgliche Erwärmung infolge der begrenzten Zugänglichkeit vom Brandraum her ausschließt. Erst die Kombination beider Maßnahmen ermöglicht die abschließende Wirksamkeit. Abb. C.94 visualisiert das Verhalten einer solchen Fuge im Brandfall und zeigt, dass hierdurch kein vorzeitiger Einbrand im Fugenbereich auftritt, sofern der Konvektionsstrom ausgeschlossen wird. Verdeutlicht wird in diesem Zusammenhang nochmals, dass bereits typische Maßnahmen zur Luftdichtung, angeordnet auf der brandabgewandten Seite, hierfür ausreichend sind. Entsprechende Untersuchungen zur Temperaturbeständigkeit von Luftdichtungsmaßnahmen zeigen, dass typische Dichtbänder auch unter Temperatureinwirkung funktionstüchtig bleiben können. So leisten diese an Fugen von Holzelementen einen wesentlichen Beitrag zur Vorbeugung der Ausbreitung von Feuer und Rauch, wenn sie in einer thermisch unkritischen Lage und damit jeweils auf der brandabgewandten Seite angeordnet sind.

Maßnahmen bei Fugen mit einer Breite von $s \leq 5$ mm in der Kontaktfläche

Mit normalentflammbaren oder brandschutztechnisch nicht qualifizierten Dämmstoffen gefüllte Fugen in der Kontaktfläche mit einer Breite von $s \leq 5$ mm sind auf der brandzugewandten Seite mit einer Bekleidung, Brandschutzdichtmasse oder Verspachtelung zu überdecken. Mit Zunahme des Spaltmaßes in der Fuge können Heißgase in diese eindringen und zum erhöhten Abbrand führen und damit die Möglichkeit für eine ungehinderte thermische Beanspruchung im Fugenbereich weiter erhöhen (siehe Abb. C.96). Werden brennbare Dämmstoffe wie Holzweichfaserdämmstoffe oder auch Mineralwolledämmstoffe nach DIN EN 13162 ohne nachgewiesenen Schmelzpunkt von mindestens 1.000 °C in der Kontaktfläche eingebracht, können diese das Verhalten im Fugenbereich jedoch allein nicht vollständig kompensieren, da auch sie einer thermischen Zersetzung im Brandfall unterliegen. Findet diese pyrolytische Zersetzen oder das Schmelzen entsprechender Baustoffe schneller als im Bereich der flächigen Holzbauteile statt, resultieren daraus ein vorzeitiger Einbrand und Durchtritt von Feuer und Rauch. Daher benötigen diese Maßnahmen in der Kontaktfläche eine zusätzliche Schutzmaßnahme auf der brandzugewandten Seite. Hierfür kann die brandschutztechnische Bekleidung, aber auch deren Verspachtelung im Anschlussbereich zu anderen Bauteilen bzw. ein Verschluss mit einer Brandschutzdichtmasse in der Dicke der Bekleidung genutzt werden.

Als weitere konstruktive Anforderung wird an die in der Kontaktfläche eingebrachten Dämmstoffe eine Rohdichteanforderung gestellt. Die dabei benannten Mindestwerte für normalentflammbare Dämmstoffe mit 50 kg/m³ bzw. Mineralwolledämmstoffe nach DIN EN 13162 ohne Nachweis des Schmelzpunktes mit 15 kg/m³ sollen in Verbindung mit einem im Einbauprozess resultierenden Kompressionsgrad von 50 % eine ausreichende Strömungsdichtung und zugleich Sicherung gegen Herausfallen darstellen. Abb. C.95 zeigt exemplarisch das Erscheinungsbild und Abbrandverhalten einer anfänglich geschützten, mit Holzweichfaserdämmstoff gefüllten Fuge und verdeutlicht damit die Notwendigkeit der brandraumseitigen Schutzmaßnahmen.

Maßnahmen bei Fugen mit einem Spaltmaß $s \leq 15$ mm in der Kontaktfläche

Fugen mit einem Spaltmaß $s \leq 15$ mm in der Kontaktfläche, die u. a. durch mindestens normalentflammbare Dichtungsstreifen oder Schalldämmlager ausgefüllt sind, sind auf der brandzugewandten Seite mit einer Bekleidung, Brandschutzdichtmasse oder Verspachtelung zu überdecken und zu schützen. Auch hier tritt, wie bei der zuvor beschriebenen Maßnahme (Spaltmaß bis 5 mm), ansonsten ein übermäßiger Einbrand im Fugenbereich in die konstruktiven Holzbauteile auf (siehe Abb. C.96). Als gleichwertig dazu wird das Füllen der Kontaktfläche mit Brandschutzdichtmassen oder im Brandfall aufschäumenden Baustoffen angesehen, ohne dass für diese Ausführungen weitere Erleichterungen bei der Maßnahme der brandraumseitigen Abdeckung erfolgen. Für mindestens normalentflammbare Dichtungsstreifen und Schalldämmlager wird ebenso eine Mindestrohdichte benannt, die sich aus den Produkten in den Feuerwiderstandsprüfungen von Dederich et al. (2020) ableitet. Es sei angemerkt, dass auch Schalldämmlager aus nichtbrennbaren Baustoffen und anderen Ausführungen am Markt vorhanden sind, die ggf. ein besseres Verhalten als die in Dederich et al. (2020) betrachteten Produkte aufweisen können und damit auch mit einfacheren oder ohne Maßnahmen auf der brandzugewandten Seite ausgeführt werden können. Für alle abweichenden Ausführungen zur MHolzBauRL wird jedoch ein gesonderter Nachweis notwendig.

Maßnahmen bei Fugenabständen bis $s \leq 30$ mm in der Kontaktfläche

Bei Fugenabständen bis $s \leq 30$ mm in der Kontaktfläche ist bei Verfüllung mit komprimierter Mineralwolle (Schmelzpunkt mindestens 1.000 °C) eine Ausführung ohne zusätzliche weitere Abdeckung auf der brandzugewandten oder brandabgewandten Seite möglich. Abb. C.97 zeigt eine solche Ausführung nach einer Brandeinwirkung und verdeutlicht damit, dass trotz des Materialwechsels im Fugenbereich (Holz zu Mineralwolle) infolge des Kompressionsgrades auf 50 % der Ausgangsdicke ein vollständiger Flan-

Abb. C.94: Gleichmäßiger flächiger Abbrand an rückseitig abgedeckter anfänglich 2 mm breiter Fuge

Abb. C.95: Abbrand im Bereich von mit Holzweichfaser-Dämmstoff und einer brandraumseitigen Bekleidung ausgeführten Fuge

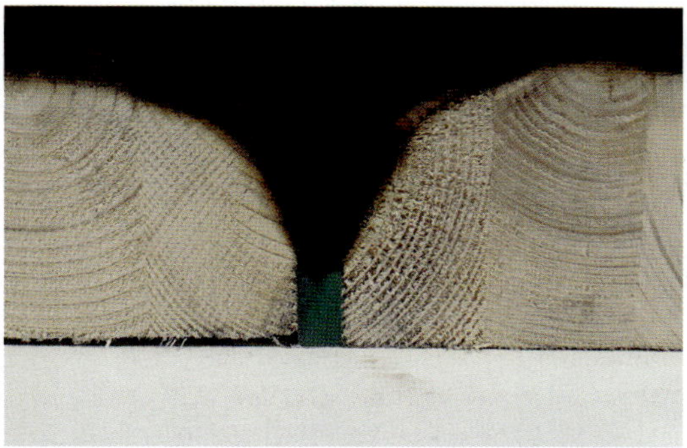

Abb. C.96: Einbrand im Bereich eines brandraumseitig unzureichend geschützten Schallschutzlagers

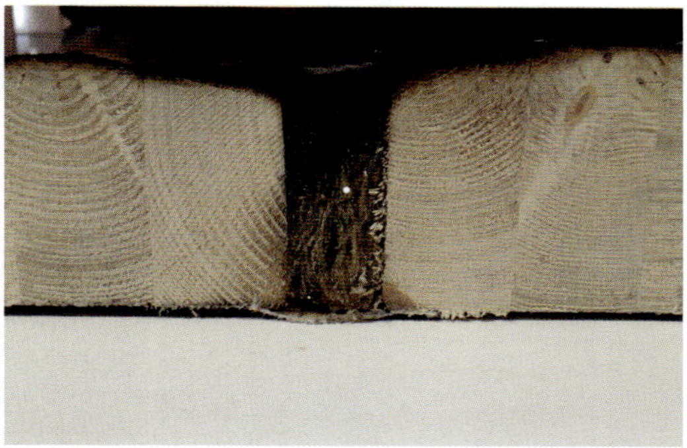

Abb. C.97: Abbrand im Bereich von mit Mineralwolle-Dämmstoff mit einem Schmelzpunkt von ≥ 1.000 °C ausgefüllter 300 mm breiter Fuge

kenschluss zum Holzbauteil erfolgt, konvektive Durchströmungen ausgeschlossen werden und kein erhöhter Abbrand auftritt. Der Kompressionsgrad führt ebenso zu einer Lagesicherung, wodurch weitere mechanische Fixierungsmaßnahmen für den Dämmstoff nicht notwendig werden. Unter Berücksichtigung einer Ausgangsdichte der brandschutztechnischen Mineralwolle von mindestens 30 kg/m³, die in einem max. Spaltmaß von 30 mm beim Einbau auf 50 % komprimiert wird, ergeben sich somit eine Ausgangsdicke des Dämmstoffs von mindestens 60 mm und eine Rohdichte im eingebauten Zustand von 60 kg/m³. Auch wenn weiterführende Maßnahmen auf der brandzugewandten oder brandabgewandten Seite brandschutztechnisch nicht nötig sind, können diese ebenso in Verbindung mit dieser Ausführung erfolgen.

Tabelle C.18: Varianten und Maßnahmen zur brandschutztechnisch sicheren Ausführung von Element- und Bauteilfügungen

Zeile	Variante	Darstellung	Ausführung Maßnahme		
			① **brandzugewandte Seite**	② **Kontaktfläche**	③ **brandabgewandte Seite**
1	$s \leq 0{,}5$ mm	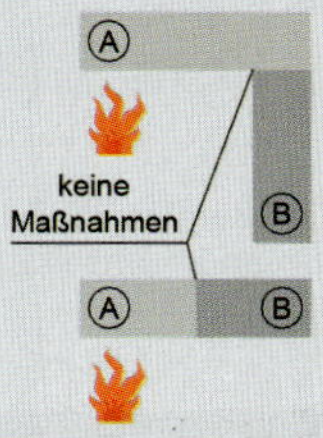	keine Maßnahme notwendig	keine Maßnahme notwendig	keine Maßnahme notwendig
2	$s \leq 2$ mm	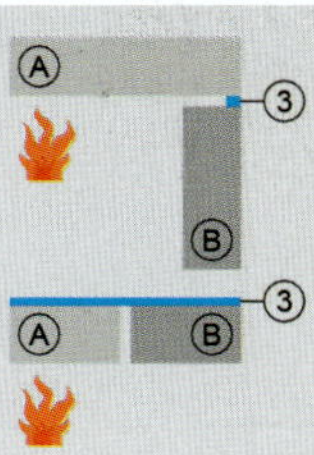	keine Maßnahme notwendig	keine Maßnahme notwendig	Verspachtelung, Brandschutzdichtmasse, dauerelastische Verfugung, komprimiertes Dichtband, luftdichte Abklebung Abdeckung mit Bekleidung, Fußboden
3	$s \leq 5$ mm	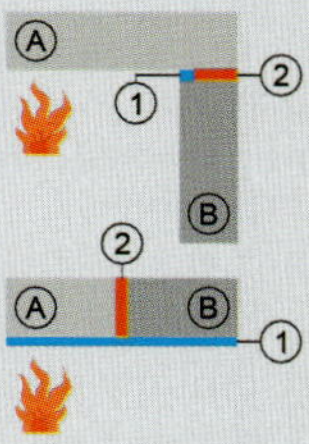	Verspachtelung, Brandschutzdichtmasse Abdeckung mit Bekleidung, Fußboden	Dichtungstreifen aus mindestens normalentflammbarem Dämmstoff mit $\rho \geq 50$ kg/m^3 oder aus Mineralwolledämmstoff mit $\rho \geq 15$ kg/m^3 jeweils mit Kompression auf 50 % der Ausgangsdicke	keine Maßnahme notwendig
4	$s \leq 15$ mm	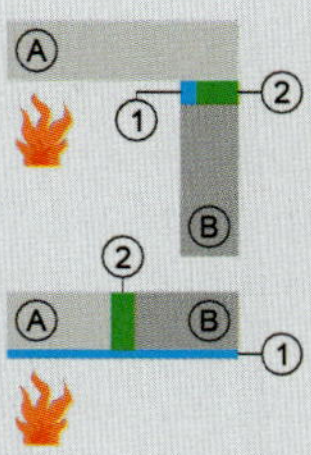	Verspachtelung, Brandschutzdichtmasse Abdeckung mit Bekleidung, Fußboden	normalentflammbarer Dichtungsstreifen / Schalldämmlager mit $\rho \geq 200$ kg/m^3 oder Brandschutzdichtmasse bzw. im Brandfall aufschäumende Baustoffe	keine Maßnahme notwendig
5	$s \leq 30$ mm		keine Maßnahme notwendig	Einlage aus Mineralwolle-Dämmstoffen mit Schmelzpunkt ≥ 1.000 °C und $\rho \geq 30$ kg/m^3, mit Kompression auf 50 % der Ausgangsdicke	keine Maßnahme notwendig

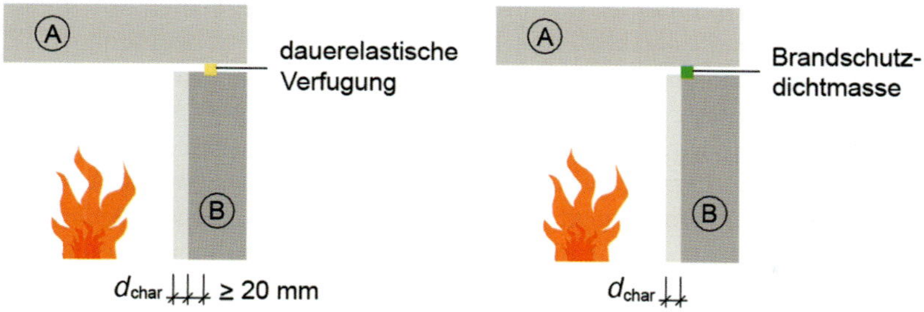

Abb. C.98: Sonderregel mit dauerelastischer Verfugung oder Brandschutzdichtmasse in der Kontaktfläche

Um für bekleidete Bauteile im Bereich der Fuge die gleiche Schutzmaßnahme wie in der Fläche zu erreichen, sind Verfugungen oder Verspachtelungen in der gleichen Dicke wie die jeweilige Brandschutzbekleidung auszuführen. Ebenso muss die Maßnahme in der Kontaktfläche mindestens in der Breite der angeschlossenen Bauteile (Rippe, Massivholzelement, Verblockung) ausgeführt werden (siehe Abb. C.93). Um aus den vorbenannten Regelungen für unbekleidete Massivholzbauteile keine Anwendungshürde zu generieren, wurden für diese ergänzende Ausführungsregelungen definiert, die die Anordnung der äußeren Abdichtung auch in den jeweils ersten 15 mm des Massivholzelementes erlauben. Die Kontaktfläche ist im verbleibenden Querschnitt hierbei weiterführend vollflächig auszufüllen.

Ebenso wird für die äußere Abdichtung mit dauerelastischer Verfugung und Brandschutzdichtmasse die Sonderregelung getroffen, dass diese auch innerhalb der Kontaktfläche angeordnet werden kann. Der Fokus dieser Sonderregelung liegt auf der Ausführungsvariante 2 mit einem Spaltmaß von $s \leq 2$ mm, da hier aus gestalterischen und fertigungstechnischen Gründen eine dauerhafte äußere Abdichtung auf der jeweils brandabgewandten Seite nur schwer möglich ist. Für Ausführungsvarianten 3 und 4, bei denen eine entsprechende Abdichtung auf der brandzugewandten Seite vorgesehen ist, ist diese Sonderregel nicht anwendbar, da in der Kontaktfläche bereits eine Dichtungsmaßnahme angeordnet ist. Abb. C.98 zeigt für die zugehörigen Ausführungsvarianten die einzuhaltenden Randbedingungen. Hierbei wird für die dauerelastische Verfugung ohne klassifizierte Brandschutzfunktion durch ein Vorhaltemaß von 20 mm innerhalb des rechnerischen Restquerschnittes eine Position in einem thermisch unkritischen Bereich sichergestellt. Für spezielle Brandschutzdichtmassen darf das Vorhaltemaß entfallen und die rechnerische Abbrandgrenze bis zur Position der Dichtmaßnahme reichen.

Da mit den in Anhang 3 MHolzBauRL aufgeführten Prinzipien und Maßnahmen eine vorzeitige Brandausbreitung zwischen unterschiedlichen Nutzungseinheiten im Anschlussbereich der Bauteile und Elemente ausgeschlossen werden soll und eine Brandbeanspruchung grundsätzlich auf jeder Seite eines raumabschließenden Bauteils auftreten kann, sind die Maßnahmen der brandzugewandten Seite, der brandabgewandten Seite und der Kontaktfläche an jeder Seite einer möglichen Brandbeanspruchung separat zu planen und auszuführen. Die in Tabelle A 3.1 aufgeführten Prinzipien erlauben es, die jeweiligen Brandübertragungswege getrennt zu betrachten und unter Einbezug der jeweils objektspezifischen konstruktiven Randbedingungen Lösungen für ganzheitliche Konstruktionsdetails zu entwickeln. Für unsymmetrische Anschlüsse resultiert daraus eine Kombination der Maßnahmen für jeden Brandübertragungsweg. Bei symmetrischen Anschlüssen folgt daraus, dass entsprechende Maßnahmen an beiden Seiten des Bauteils auszuführen sind. In diesem Kontext wird auf die Richtzeichnungen in Dederich et al. (2021) hingewiesen, die für zahlreiche Anschlüsse bereits aufbereitete Lösungen enthalten, wie z. B. für Geschossstöße in Holztafel- oder Massivholzbauweise. Dabei wird berücksichtigt, dass die Maßnahmen für jede mögliche Richtung der Brandeinwirkung anzuwenden sind.

Treten in der konstruktiven Ausführung abweichende Ausführungen auf, wie z. B. Fugen, die planmäßig gegenseitige Verschiebungen auch im Brandfall erwarten lassen, sind gesonderte Ausführungen nötig, die jedoch nur im Rahmen eines Anwendbarkeitsnachweises in Form einer Bauartgenehmigung beurteilt werden können, da hier die zugehörigen Verformungen bekannt sein müssen und Sonderlösungen notwendig werden.

Erweiternd zu den Prinzipien aus Tabelle A 3.1 werden mit **Anhang A 3 Satz 10 MHolzBauRL** brandschutztechnische Ausführungsregeln für Elementfügungen gegeben. Entsprechende Ausführungen stellen Sonderlösungen dar, die sich nicht für jeden Anwendungsfall direkt aus den Prinzipien der Tabelle A 3.1 ergeben. Diese Ausführungen entsprechen mit einigen Einschränkungen im Grundsatz den Regelungen der Überarbeitung von DIN 4102-4 (2025), aber auch denen der nächsten Generation des Brandschutzteils der EN 1995-1-2 und wurden ursprünglich aus dem Nationalen Anwendungsdokument ÖNORM B 1995-1-2 zur EN 1995-1-2 abgeleitet und im Rahmen von Dederich et al. (2020) weiterentwickelt.

Die Prinzipskizze A 3.2 geht auf beidseitig mit einer Brandschutzbekleidung versehene Wand- und Deckenelemente in Holztafel- oder Massivholzbauweise ein. Durch die beidseitige Bekleidung darf trotz eines Fugenspaltes von max. 5 mm davon ausgegangen werden, dass eine Übertragung von Feuer und Rauch ausreichend lang ausgeschlossen wird. Entgegen den Ausführungen aus Tabelle A 3.1 schützt die brandraumseitige Bekleidung den in der Kontaktfläche nicht verschlossenen Fugenspalt. Gleichwohl verhindert die Bekleidung auf der brandabgewandten Seite bzw. ein Fußbodenaufbau eine konvektive Durchströmung durch die Elemente. Sie bietet auch nach Versagen der Bekleidung auf der brandzugewandten Seite eine ausreichende thermische Schutzwirkung, die in den Fugenspalt eingedrungene Heißgase abschirmen kann. Mit dem Fugenspalt von bis zu 5 mm werden baupraktisch relevante Spaltmaße abgedeckt. Verbindungsmittel zwischen den Elementen sind in Prinzipskizze A 3.2 nicht eingezeichnet, jedoch essenziell notwendig und nach den Vorgaben aus Abschnitt 5 auszuführen. Für größere Spaltmaße wird auch aus anderen baukonstruktiven Anforderungen heraus ein Ausfüllen des Spaltmaßes notwendig und damit auf die Lösungen aus Tabelle A 3.1 verwiesen.

Weiterführend werden mit den Prinzipskizzen A 3.3 bis A 3.5 Regelungen für die Ausführung von Elementfugen für die Massivholzbauweise gegeben, die auch für einseitig unbekleidete Ausführungen oder Ausführungen mit einer Bekleidung abweichend zu den Abschnitten 4.2 bzw. 4.3 zur Anwendung kommen können. Im Grundsatz lassen sich die drei Ausführungsskizzen als Visualisierung und Konkretisierung der Zeile 2 aus Tabelle C.18 auffassen, wobei explizit nur auf die Ausführung mit rückseitiger Abdeckung durch eine Brandschutzbekleidung oder einen Fußbodenaufbau eingegangen wird.

Nachweisgrundlage hierfür ist die Gewährleistung eines ausreichenden Restquerschnitts für die Ausführung mit Stufenfalz, mit Nut und Feder, mit eingelegter Feder oder mit außenseitigem Deckbrett. Entsprechende Ausführungen müssen zum Klassifikationszeitpunkt mindestens noch eine Holzüberdeckung von 20 mm bis zu diesen Maßnahmen aufweisen. Zur Bemessung der Abbrandtiefe d_{char} wird mit DIN EN 1995-1-2 auf den aktuellen Brandschutzteil des Eurocode 5 verwiesen. Hierbei ist jedoch festzuhalten, dass diese Norm nur die Bestimmung der Abbrandtiefe für Massivholzelemente erlaubt, bei denen wie bei Brettstapel-Elementen oder Brettschichtholzdielen ein Abfallen von verkohlenden Brettlamellen nicht zu erwarten ist (siehe Abb. C.99 a). Brettsperrholzelemente, bei denen durch den lagenartigen Aufbau ein Abfallen von verkohlenden Lamellenlagen auftreten kann (siehe Abb. C.99 b), sind hierüber nicht erfasst, da diese Bauweise während der Erarbeitung der Norm noch keine entsprechende Verbreitung aufwies. Mit der zweiten Generation der EN 1995-1-2, hier FprEN 1995-1-2, die sich aktuell in Veröffentlichung befindet, werden zugehörige Bemessungsmodelle gegeben. Grundlage hierfür ist das sog. Stufenmodell, das es für Produkte ohne nachgewiesene Eignung der Verklebung im Brandfall (bond line integrity) ermöglicht, den Einfluss eines erhöhten Abbrandes nach dem Abfall verkohlender Brettlamellen zu erfassen und so zeitabhängig die jeweilige Abbrandtiefe zu bestimmen (siehe Abb. C.99, vgl. Tabelle C.19). Dieses Modell kann auch für anfänglich geschützte Bauteile angewendet werden, die mit einer Brandschutzbekleidung nach Abschnitt 4.2 oder 4.3 ausgeführt werden. Der Hintergrund und die Anwendung des Stufenmodells werden in Werther et al. (2023) erläutert. Da die bauaufsichtliche Einführung der zweiten Generation des Eurocodes 5, hier FprEN 1995-1-2, noch aussteht, gleichzeitig aber die Notwendigkeit zur Anwendung zugehöriger Modelle zur Bestimmung der ideellen Abbrandtiefe besteht, wurden diese durch Aufnahme in die MVVTB zur Anwendung freigegeben.

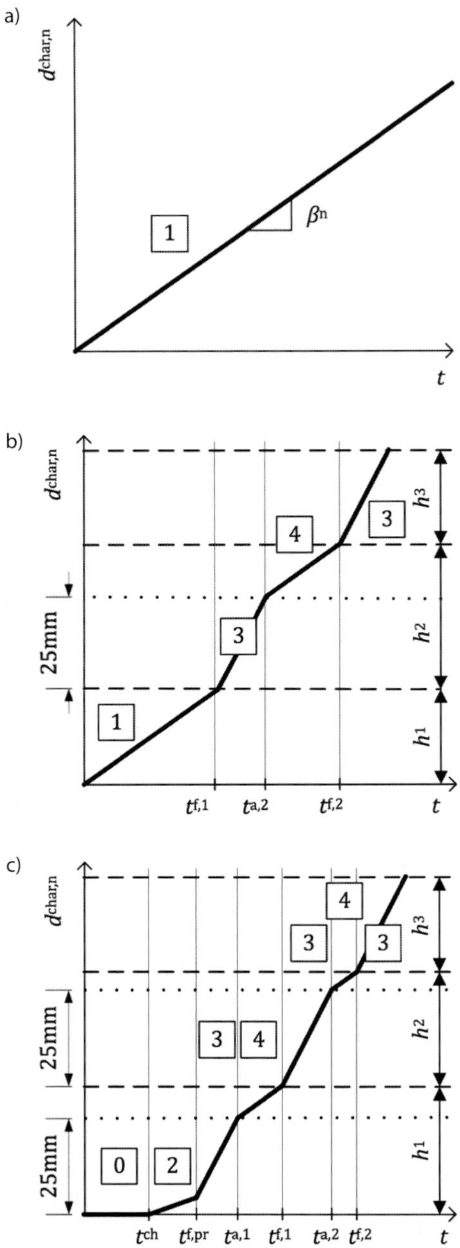

Abb. C.99: Abbrandmodell für:
a) anfänglich ungeschützte Seiten von Holzbauteilen, wenn die Verklebung keinen Einfluss auf das Abbrandverhalten hat,
b) anfänglich ungeschützte Seiten von Holzbauteilen, wenn die Verklebung Einfluss auf das Abbrandverhalten hat,
c) anfänglich geschützte Seiten von Holzbauteilen, wenn die Verklebung Einfluss auf das Abbrandverhalten hat

mit

0	encapsulated phase (Phase 0), Phase ohne Abbrand
1	normal charring phase (Phase 1), Phase des normalen Abbrandes
2	protected charring phase (Phase 2), Phase mit reduziertem Abbrand
3	post-protected charring phase (Phase 3), Phase mit einem erhöhten Abbrand
4	consolidated charring phase (Phase 4), Phase mit konsolidiertem Abbrand, nachdem die Holzkohleschicht eine Dicke von 25 mm erreicht hat
t_{ch}	Zeit bis zum Einsetzen des Abbrandes hinter der Schutzbekleidung
$t_{f,pr}$	Zeit bis zum Abfall der Schutzbekleidung
t_a	Zeit bis zum Erreichen eines konsolidierten Abbrandes
$t_{f,i}$	Zeit bis zum Erreichen der Klebefuge einer Lamelle i, Versagenszeit
h	Lamellendicke
$d_{char,n}$	ideelle Abbrandtiefe

Tabelle C.19: Übersicht zu Abbrandraten β_n für Brettsperrholz, für das kein Nachweis der „bond line integrity" vorliegt

horizontal ausgerichtete Bauteile (Decken)		**vertikal ausgerichtete Bauteile (Wände)**	
erste Brettlage	**jeweils andere Brettlagen**	**erste Brettlage**	**jeweils andere Brettlagen**
unbekleidet: $\beta_n = 0{,}65$ mm/min bekleidet: $\beta_{n\ \text{bis 25 mm}} = 1{,}3$ mm/min $\beta_{n\ \text{ab 25 mm}} = 0{,}65$ mm/min	$\beta_{n\ \text{bis 25 mm}} = 1{,}3$ mm/min $\beta_{n\ \text{ab 25 mm}} = 0{,}65$ mm/min	unbekleidet: $\beta_n = 0{,}65$ mm/min bekleidet: $\beta_{n\ \text{bis 25 mm}} = 1{,}3$ mm/min $\beta_{n\ \text{ab 25 mm}} = 0{,}65$ mm/min	$\beta_{n\ \text{bis 25 mm}} = 0{,}9$ mm/min $\beta_{n\ \text{ab 25 mm}} = 0{,}65$ mm/min

Grundlage der Prinzipskizzen A 3.3 bis A 3.5 ist, dass diese ein Spaltmaß von max. 2 mm zwischen den Elementen aufweisen dürfen, das während der Nutzungsdauer, auch unter Berücksichtigung von Quell- und Schwindvorgängen, zu gewährleisten ist. In der Praxis zeigt sich, dass dieses Maß auch überschritten wird, wodurch die Anwendungsregeln der MHolzBauRL verlassen werden. An dieser Stelle sei auf einen Ansatz der zweiten Generation der EN 1995-1-2, FprEN 1995-1-2, hingewiesen, der in der Bestimmung der flächigen Abbrandtiefe $d_{char,n}$ im Elementfugenbereich bei Spaltmaßen 2 mm < $s \leq$ 5 mm einen um 20 % erhöhten Grundwert der Abbrandrate nutzt, um die Vorholzüberdeckung von mindestens 20 mm bis zur Maßnahme nachzuweisen. Dieser Ansatz wäre nach bautechnischer Einführung der zweiten Generation von EN 1995-1-2, FprEN 1995-1-2, ebenso im brandschutztechnischen Nachweis der Elementfügungen anwendbar und würde aktuelle spezifische Sonderbetrachtungen ersparen.

Analog zu Zeile 2 der Tabelle A 3.1 wird für die drei Prinzipskizzen A 3.3 bis A 3.5 ergänzend zur konstruktiven Fügungsmaßnahme im Elementstoß eine rückseitige/oberseitige Abdeckung durch eine Brandschutzbekleidung nach Abschnitt 4.2 bzw. 4.3 oder ein Fußbodenaufbau gefordert, was bei Deckenbauteilen im Regelfall auch die Standardausführung darstellt. Die Ausführung mit einer zur rückseitigen Bekleidung optionalen Abklebung oder Abdichtung in einem thermisch unkritischen Bereich bzw. innerhalb des Elementstoßes wird in den Prinzipskizzen nicht explizit gegeben. Einzig stellt das in der Prinzipskizze A 3.5 im Stufenfalz eingelegte komprimierte Dichtungsband (Position 6) ein Überbleibsel aus den redaktionellen Überarbeitungen innerhalb der MHolzBauRL 2024 dar. In der Neufassung von DIN 4102-4 (2025) oder der zweiten Generation von EN 1995-1-2, FprEN 1995-1-2, sind diese optionalen Lösungen weiterhin Bestandteil und lassen sich aus Sicht der Autoren auch bereits aus Tabelle A 3.1 auch für die Anwendung innerhalb der MHolzBauRL ableiten. Diese Ausführung ist insbesondere bei in der Regel zweischaligen Trennwänden von Bedeutung, die ansonsten im Trennwandspalt statt eines im Element angeordneten Dichtungsbands bzw. rückseitiger Abklebung eine Bekleidung aufweisen müssten. Konkretisierend ist in diesem Kontext ebenso anzumerken, dass in Satz 10 Variante b) von einem „beidseitig angeordneten Deckbrett" gespro-

Abb. C.100: Erhöhter Einbrand im Bereich einer Schraubverbindung

chen wird, das in der Prinzipskizze A 3.3 nicht ersichtlich ist. Ausgedrückt werden soll damit, dass der Nachweis immer für jeden Brandübertragungsweg separat erfolgen muss (jede mögliche Richtung der Brandeinwirkung) und das Deckbrett damit jeweils auf der brandabgewandten Seite anzuordnen ist.

Abb. C.101: Brandübertragungsweg flankierende Bauteile: a) Übertragungsweg in der Elementfuge; b) Dichtungsmaßnahme im Übertragungsweg an einer Elementfuge

Festzuhalten ist, dass einerseits die Darstellung der Verbindungsmittel für die Elementverbindungen nicht konsequent erfolgt und damit für die Ausführung mit Fremdfeder nach Prinzipskizze A 3.4 Verbindungsmittel analog der Prinzipskizze A 3.3 notwendig werden. Andererseits dürfen die dargestellten Verbindungsmittel nach der Neufassung von DIN 4102-4 (2025) nicht bis in den verkohlten Bereich hineinragen. Nach DIN 4102-4 (2025) darf eine kraftschlüssige Verbindung zwischen den Elementen angenommen werden, wenn zugehörige Verbindungsmittel innerhalb des rechnerischen Restquerschnittes liegen. Mit dieser Regelung soll sichergestellt werden, dass sich die Elementfugen während der Brandbeanspruchung nicht gegenseitig verschieben und geschlossen bleiben. Um dies zu gewährleisten, wird eine ungestörte Einbindelänge im Bereich des Vorhaltemaßes vor der Elementfuge (mindestens 20 mm) vorausgesetzt. Liegt das Verbindungsmittel teilweise im brandbeanspruchten Bereich, kann es hierdurch zu einer erhöhten Brandbeanspruchung um das Verbindungsmittel herum kommen (siehe Abb. C.100), wodurch eine Kraftübertragung nicht mehr möglich ist. Um dieser Regelung gerecht zu werden, kann es notwendig sein, spezifisch für den Brandfall ausgewählte Verbindungsmittel einzusetzen.

Zusätzliche herstellerspezifische Lösungen zur Ausführung von Elementfugen bei Massivholzelementen können aktuell auch am Markt vorliegenden aBG entnommen werden.

Neben den Prinzipien und Lösungen aus Anhang 3 sei noch explizit auf Anschlussfugen verwiesen, die sich an flankierenden durchlaufenden Bauteilen ergeben. Neben Verblockungen innerhalb von Elementen ist dabei besonderes Augenmerk auf die Fugen zwischen Elementen zu legen, die über ein raumabschließendes Bauteil hinwegführen (siehe Abb. C.101). Auch diese Fugen können entsprechend den Maßnahmen nach Tabelle A 3.1 berücksichtigt werden.

A 4 Übereinstimmungsbestätigung

[1]Die Bestätigung der Übereinstimmung der Bauart mit dieser Richtlinie muss soweit zutreffend folgende Angaben enthalten:

- hochfeuerhemmende tragende Wand / Decke / Außenwand / nichttragende Innenwand / Außenwand mit brandschutztechnisch wirksamer Bekleidung nach Abschnitt 4.2 der MHolzBauRL nach § 26 Absatz 2 Satz 2 Nummer 3 MBO und/oder
- hochfeuerhemmende / feuerbeständige tragende Wand / Decke / Außenwand / nichttragende Innenwand / Außenwand mit brandschutztechnisch wirksamer Bekleidung nach Abschnitt 4.2 der MHolzBauRL und aus brennbaren Baustoffen zulässig nach § 26 Absatz 2 Satz 4 MBO und/oder
- hochfeuerhemmende / feuerbeständige tragende Wand / Decke / Außenwand / nichttragende Innenwand / Außenwand mit Brandschutzbekleidung nach Abschnitt 4.3 der MHolzBauRL und aus brennbaren Baustoffen zulässig nach § 26 Absatz 2 Satz 4 MBO und/oder
- hochfeuerhemmende Wand anstelle einer Brandwand, auch unter zusätzlicher mechanischer Beanspruchung hochfeuerhemmend und mit brandschutztechnisch wirksamer Bekleidung nach Abschnitt 4.2 der MHolzBauRL, gemäß § 30 Absatz 3 Satz 2 Nummern 1 und 2 MBO und/oder
- als hochfeuerhemmende Wand eines notwendigen Treppenraumes, auch unter zusätzlicher mechanischer Beanspruchung und mit voller brandschutztechnisch wirksamer Bekleidung nach Abschnitt 4.2 der MHolzBauRL, nach § 35 Absatz 4 Satz 1 Nummer 2 MBO und/oder
- Außenwandbekleidung nach Abschnitt 7 dieser Richtlinie

[2]Für die versuchstechnisch erbrachten Nachweise zur Standsicherheit im Brandfall, Raumabschluss und brandschutztechnisch wirksamer Bekleidung sind die Angaben des Klassifizierungsberichtes nach DIN EN 13501-2:2023-12 inklusive zugehöriger Prüfberichtsnummer jeweils unter Angabe des Datums erforderlich.

Kommentar

Im Wesentlichen enthält Abschnitt A 4 eine Zusammenfassung der übergeordneten Bauarten, für die im Sinne des § 16a Abs. 5 MBO entsprechend eine Übereinstimmung mit der Richtlinie bestätigt werden kann. Dies sind die feuerwiderstandsfähigen tragenden und/oder raumabschließenden Bauteile, die Wände anstelle einer Brandwand sowie die Wände notwendiger Treppenräume mit den jeweils unterschiedlichen Varianten der Brandschutzbekleidung. Neben den Wand- und Deckenbauteilen nach der Richtlinie bedarf auch die Ausführung der Außenwandbekleidung in Holzbauweise nach Abschnitt 7 durch das ausführende Unternehmen einer Übereinstimmungsbestätigung.

Eine detaillierte Information über Form und Inhalt der Übereinstimmungsbestätigung kann der Kommentierung zu Abschnitt 8.2 entnommen werden. An dieser Stelle sei noch einmal auf die Empfehlung der Kommentierenden zur systematischen Nutzung der Elementdatenblätter auch im Rahmen der Übereinstimmungsbestätigung der Bauart hingewiesen.

Teil D Anhang

1 Checkliste holzbaugerechte Brandschutzplanung

Mit dem diesen Kommentar abschließenden Kapitel soll eine Hilfestellung bzw. ein Fahrplan für die Bearbeitung einer holzbaugerechten, die Besonderheiten berücksichtigenden Brandschutzplanung gegeben werden. Nachfolgend wird über die einzelnen nach AHO (2022) abgebildeten Leistungsphasen (LPH) auf die notwendigen Maßnahmen und Inhalte näher eingegangen.

Grundlagenermittlung (Vorplanung/LPH 1–2)	
Ziel:	
☐	klären, ob und wie die MHolzBauRL anzuwenden ist
Prüfschritte:	
☐	Gebäudeklasse bestimmen (insbesondere GK 4 oder 5) und mit dem Bauantrag bzw. den Angaben des Entwurfsverfassers abstimmen. Dieser ist für die zweifelsfreie Gebäudeklassifizierung im Bauantrag verantwortlich. (Hinweis: Auch brandabschnittsbildende Bauteile in der Gebäudeklasse 3 müssen, sofern in Holzbauweise geplant, entsprechend der Richtlinie geplant und ausgeführt werden.)
☐	Größe brandschutztechnisch abgetrennter Raumgruppen bestimmen/begrenzen: • 0–200 m^2 • 201–400 m^2 • > 400 m^2
☐	Sonderbautatbestand • zusätzliche Anforderungen prüfen • Sind die Nutzer selbstrettungsfähig?
☐	Flächen für die Feuerwehr (Löschbarkeit Holzfassaden, zweiter Rettungsweg), Lage von Hydranten
☐	tragende/raumabschließende Bauteile identifizieren, bauordnungsrechtliche Anforderung definieren
☐	Sind Außenwandbekleidungen in Holzbauweise geplant?
☐	Sind im Gebäude brennbare Oberflächen bei Bauteilen in Massivholzbauweise geplant?
☐	festlegen der grundlegenden Bauweise (Modulbau, Systembau usw.)

☐	Festlegen grundlegender Abweichungen und deren Kompensationsmaßnahmen hinsichtlich des Holzbaus. Hier bereits die Hinweise auf die dann notwendigen Fachplaner (Brandmeldeanlage/Löschanlage usw. geben).
☐	erste Vorabstimmung mit Brandschutzplaner und ggf. Prüfingenieur
Ergebnis:	
☐	Entscheidung, dass Bemessung, Planung und Nachweise über MHolzBauRL geführt werden können und welche Bauteile davon betroffen sind. Feststellung, inwiefern hier Abweichungen zur MHolzBauRL entstehen, z. B. hinsichtlich der Bauart Brandwand/Treppenraumwand.

Entwurfsplanung (LPH 3)	
Ziel:	
☐	Systementscheidung und Nachweisstrategie festlegen
Festzulegen sind:	
☐	Bauweise (Holztafel- oder Massivholzbauweise),
☐	Feuerwiderstandsfähigkeit der Bauteile (z. B. hochfeuerhemmend, feuerbeständig),
☐	Art der brandschutztechnisch wirksamen Bekleidung,
☐	Dämmstoffqualität (nichtbrennbar, Schmelzpunktanforderung),
☐	Installationskonzept (Führung in Bauteilen).
wichtige Weichenstellung:	
☐	Nachweisführung nach Abschnitt 3.2 in Verbindung mit Anhang 1
☐	Detailkonzept für Fugen, Anschlüsse und Öffnungen
☐	Außenwandbekleidung inkl. Brandsperren planen
Praxistipp:	
☐	Die frühzeitige Abstimmung mit Bauaufsicht bzw. Prüfbehörde reduziert spätere Umplanungen.

Genehmigungsplanung (LPH 4)	
Ziel:	
☐	vollständige, prüffähige Unterlagen einreichen
erforderliche Inhalte Brandschutznachweis:	
☐	Beschreibung der Bauweise (Massivholz/Holztafelbauweise)
☐	Darstellung der erforderlichen Feuerwiderstandsfähigkeit
☐	Verweis auf MHolzBauRL als Technische Baubestimmung
☐	Nachweisführung nach Anhang 1
☐	Detaildarstellungen: • Wand-, Decken- und Stützenaufbauten • Bekleidungsaufbau mit Dickenangaben • ggf. Identifizierung von Fugen- und Anschlussdetails mit abweichender Ausführung gegenüber MHolzBauRL oder DIN 4102-4 • Ausbildung von Öffnungen (Laibungen) • Hinweis auf bestmöglich außerhalb der Bauteile anzuordnenden Installationsführung
☐	Außenwände (falls relevant): • Hinterlüftungsebene • Lage und Ausführung der Brandsperren • Materialangaben Bekleidung/Dämmung
☐	Übereinstimmungskonzept: • Beschreibung der vorgesehenen Qualitätssicherung • brennbare Bauteile in/an Rettungswegen • Oberflächengestaltung
zugehörige Genehmigungsphase/Prüfung:	
☐	Typische Prüfpunkte der Bauaufsicht bzw. Prüfingenieure: • Ist die MHolzBauRL korrekt angewendet? • Sind alle Bauteile vollständig erfasst? • Ist die Bekleidung brandschutztechnisch wirksam bemessen?
☐	Häufige Rückfragen entstehen bei unklarer Bekleidungsdefinition durch: • fehlende Detailzeichnungen • unzureichende Installationsdarstellung • unklare Zuordnung zur Gebäudeklasse

Ausführungsplanung (LPH 5)	
Ziel:	
☐	Umsetzungssicherheit herstellen
Erforderlich ist die Begleitung der:	
☐	konstruktiven Detailplanung aller Anschlüsse
☐	exakten Festlegung der Bekleidungsdicken und Befestigungen
☐	brandschutzkonformen Durchdringungsplanung
☐	Abstimmung mit Haustechnik
Wichtig:	
☐	Die brandschutztechnisch wirksame Bekleidung ist systemrelevant. Baustellenänderungen sind kritisch.

Bauausführung/Bauüberwachung (LPH 8)	
Nach Abschnitt 8 MHolzBauRL:	
☐	Kontrolle der eingebauten Materialien
☐	Dokumentation der Ausführung
☐	Überwachung der Installationsführung
☐	Sicherstellung der Übereinstimmung mit Planung
☐	am Ende erforderlich: • Übereinstimmungsbestätigung
Abnahme/Dokumentation:	
☐	Vorlage von: • Übereinstimmungsbestätigung • ggf. Herstellererklärungen • Fotodokumentation kritischer Details • Revisionsplänen

2 Normen, Rechtsvorschriften und Literatur

Normen

CSTB Bois construction et propagation du feu par les façades; Appréciation de laboratoire; 25/11/2020 – Version 3.0; CSTB & Institut Technologique FCBA

DIN 1052-11:2026-03
Holzbauwerke – Herstellung und Ausführung von Holzbauwerken – Teil 11: Vorgefertigte Wand-, Decken- und Dachelemente und Raummodule – Anforderungen an die Herstellung

DIN 4070-1:1958-01
Nadelholz; Querschnittsmaße und statische Werte für Schnittholz, Vorratskantholz und Dachlatten

DIN 4074-1:2012-06
Sortierung von Holz nach der Tragfähigkeit – Teil 1: Nadelschnittholz

DIN 4102-1:1998-05
Brandverhalten von Baustoffen und Bauteilen – Teil 1: Baustoffe; Begriffe, Anforderungen und Prüfungen

DIN 4102-2:1977-09
Brandverhalten von Baustoffen und Bauteilen; Bauteile, Begriffe, Anforderungen und Prüfungen

DIN 4102-4:2025-06
Brandverhalten von Baustoffen und Bauteilen – Teil 4: Zusammenstellung und Anwendung klassifizierter Baustoffe, Bauteile und Sonderbauteile

DIN 4102-4:2016-05
Brandverhalten von Baustoffen und Bauteilen – Teil 4: Zusammenstellung und Anwendung klassifizierter Baustoffe, Bauteile und Sonderbauteile

DIN 4102-17:2017-12
Brandverhalten von Baustoffen und Bauteilen – Teil 17: Schmelzpunkt von Mineralwolle-Dämmstoffen – Begriffe, Anforderungen und Prüfung

DIN 6935:2011-10
Kaltbiegen von Flacherzeugnissen aus Stahl

DIN EN 14081-1:2019-10
Holzbauwerke – Nach Festigkeit sortiertes Bauholz für tragende Zwecke mit rechteckigem Querschnitt – Teil 1: Allgemeine Anforderungen

DIN 18180:2014-09
Gipsplatten – Arten und Anforderungen

DIN 18181:2019-04
Gipsplatten im Hochbau – Verarbeitung

DIN 18516-1:2024-10
Außenwandbekleidungen, hinterlüftet – Teil 1: Anforderungen, Prüfgrundsätze

DIN 18948:2024-03
Lehmplatten – Anforderungen, Prüfung und Kennzeichnung

DIN 20000-3:2022-02
Anwendung von Bauprodukten in Bauwerken – Teil 3: Brettschichtholz und Balkenschichtholz nach DIN EN 14080:2013-09

DIN 68800-2:2022-02
Holzschutz – Teil 2: Vorbeugende bauliche Maßnahmen im Hochbau

DIN EN 300:2006-09
Platten aus langen, flachen, ausgerichteten Spänen (OSB) – Definitionen, Klassifizierung und Anforderungen

DIN EN 312:2010-12
Spanplatten – Anforderungen

DIN EN 520:2009-12
Gipsplatten – Begriffe, Anforderungen und Prüfverfahren

DIN EN 622-2:2004-07
Faserplatten – Anforderungen – Teil 2: Anforderungen an harte Platten

DIN EN 622-3:2004-07
Faserplatten – Anforderungen – Teil 3: Anforderungen an mittelharte Platten

DIN EN 622-4:2024-05
Faserplatten – Anforderungen – Teil 4: Anforderungen an poröse Platten

DIN EN 622-5:2010-03
Faserplatten – Anforderungen – Teil 5: Anforderungen an Platten nach dem Trockenverfahren (MDF)

DIN EN 634-1:1995-04
Zementgebundene Spanplatten – Anforderungen – Teil 1: Allgemeine Anforderungen

DIN EN 634-2:2007-05
Zementgebundene Spanplatten – Anforderungen – Teil 2: Anforderungen an Portlandzement (PZ) gebundene Spanplatten zur Verwendung im Trocken-, Feucht- und Außenbereich

DIN EN 636:2015-05
Sperrholz – Anforderungen

DIN EN 1363-1:2020-05
Feuerwiderstandsprüfungen – Teil 1: Allgemeine Anforderungen

DIN EN 1363-2:1999-10
Feuerwiderstandsprüfungen – Teil 2: Alternative und ergänzende Verfahren

DIN EN 1364-1:2015-09
Feuerwiderstandsprüfungen für nichttragende Bauteile – Teil 1: Wände

DIN EN 1364-2:2018-03
Feuerwiderstandsprüfungen für nichttragende Bauteile – Teil 2: Unterdecken

DIN EN 1364-3:2014-05
Feuerwiderstandsprüfungen für nichttragende Bauteile – Teil 3: Vorhangfassaden – Gesamtausführung

DIN EN 1364-4:2014-05
Feuerwiderstandsprüfungen für nichttragende Bauteile – Teil 4: Vorhangfassaden – Teilausführung

DIN EN 1364-5:2017-09
Feuerwiderstandsprüfungen für nichttragende Bauteile – Teil 5: Lüftungsbausteine

DIN EN 1364-6:2025-05
Feuerwiderstandsprüfungen für nichttragende Bauteile – Teil 6: Hohlraum-Brandsperren

DIN EN 1365-1:2013-08
Feuerwiderstandsprüfungen für tragende Bauteile – Teil 1: Wände

DIN EN 1365-2:2015-02
Feuerwiderstandsprüfungen für tragende Bauteile – Teil 2: Decken und Dächer

DIN EN 1365-3:2000-02
Feuerwiderstandsprüfungen für tragende Bauteile – Teil 3: Balken

DIN EN 1365-4:1999-10
Feuerwiderstandsprüfungen für tragende Bauteile – Teil 4: Stützen

DIN EN 1365-5:2005-02
Feuerwiderstandsprüfungen für tragende Bauteile – Teil 5: Balkone und Laubengänge

DIN EN 1365-6:2005-02
Feuerwiderstandsprüfungen für tragende Bauteile – Teil 6: Treppen

DIN EN 1602:2013-05
Wärmedämmstoffe für das Bauwesen – Bestimmung der Rohdichte

DIN EN 1995-1-1:2010-12
Eurocode 5: Bemessung und Konstruktion von Holzbauten – Teil 1-1: Allgemeines – Allgemeine Regeln und Regeln für den Hochbau

DIN EN 1995-1-1/NA:2013-08
Nationaler Anhang – National festgelegte Parameter – Eurocode 5: Bemessung und Konstruktion von Holzbauten – Teil 1-1: Allgemeines - Allgemeine Regeln und Regeln für den Hochbau

DIN EN 1995-1-2:2010-12
Eurocode 5: Bemessung und Konstruktion von Holzbauten – Teil 1-2: Allgemeine Regeln – Tragwerksbemessung für den Brandfall

DIN EN 1995-1-2/NA:2010-12
Nationaler Anhang – National festgelegte Parameter – Eurocode 5: Bemessung und Konstruktion von Holzbauten – Teil 1-2: Allgemeine Regeln – Tragwerksbemessung für den Brandfall

DIN EN 13162:2015-04
Wärmedämmstoffe für Gebäude – Werkmäßig hergestellte Produkte aus Mineralwolle (MW) – Spezifikation

DIN EN 13353:2022-09
Massivholzplatten (SWP) – Anforderungen

DIN EN 13381-1:2020-11
Prüfverfahren zur Bestimmung des Beitrages zum Feuerwiderstand von tragenden Bauteilen – Teil 1: Horizontal angeordnete Brandschutzbekleidungen

DIN EN 13381-2:2014-12
Prüfverfahren zur Bestimmung des Beitrages zum Feuerwiderstand von tragenden Bauteilen – Teil 2: Vertikal angeordnete Brandschutzbekleidungen

DIN EN 13381-3:2015-06
Prüfverfahren zur Bestimmung des Beitrages zum Feuerwiderstand von tragenden Bauteilen – Teil 3: Brandschutzmaßnahmen für Betonbauteile

DIN EN 13381-4:2013-08
Prüfverfahren zur Bestimmung des Beitrages zum Feuerwiderstand von tragenden Bauteilen – Teil 4: Passive Brandschutzmaßnahmen für Stahlbauteile

DIN EN 13381-5:2015-02
Prüfverfahren zur Bestimmung des Beitrages zum Feuerwiderstand von tragenden Bauteilen – Teil 5: Brandschutzmaßnahmen für profilierte Stahlblech/Beton-Verbundkonstruktionen

DIN EN 13381-6:2012-09
Prüfverfahren zur Bestimmung des Beitrages zum Feuerwiderstand von tragenden Bauteilen – Teil 6: Brandschutzmaßnahmen für betonverfüllte Stahlverbund-Hohlstützen

DIN EN 13381-7:2019-09
Prüfverfahren zur Bestimmung des Beitrages zum Feuerwiderstand von tragenden Bauteilen – Teil 7: Brandschutzmaßnahmen für Holzbauteile

DIN EN 13381-8:2013-08
Prüfverfahren zur Bestimmung des Beitrages zum Feuerwiderstand von tragenden Bauteilen – Teil 8: Reaktive Ummantelung von Stahlbauteilen

DIN EN 13381-9:2015-09
Prüfverfahren zur Bestimmung des Beitrages zum Feuerwiderstand von tragenden Bauteilen – Teil 9: Brandschutzmaßnahmen für Stahlträger mit Stegöffnungen

DIN EN 13381-10:2020-08
Prüfverfahren zur Bestimmung des Beitrages zum Feuerwiderstand von tragenden Bauteilen – Teil 10: Brandschutzmaßnahmen für Stahl-Vollstäbe unter Zugbeanspruchung

DIN EN 13501-1:2019-05
Klassifizierung von Bauprodukten und Bauarten zu ihrem Brandverhalten – Teil 1: Klassifizierung mit den Ergebnissen aus den Prüfungen zum Brandverhalten von Bauprodukten

DIN EN 13501-2:2023-12
Klassifizierung von Bauprodukten und Bauteilen zu ihrem Brandverhalten – Teil 2: Klassifizierung mit den Ergebnissen aus den Feuerwiderstandsprüfungen und/oder Rauchschutzprüfungen, mit Ausnahme von Lüftungsanlagen

DIN EN 13986:2015-06
Holzwerkstoffe zur Verwendung im Bauwesen – Eigenschaften, Bewertung der Konformität und Kennzeichnung

DIN EN 14064-1:2019-04
Wärmedämmstoffe für Gebäude – An der Verwendungsstelle hergestellte Wärmedämmung aus Mineralwolle (MW) – Teil 1: Spezifikation für Schüttdämmstoffe vor dem Einbau

DIN EN 14080:2013-09
Holzbauwerke – Brettschichtholz und Balkenschichtholz – Anforderungen

DIN EN 14081-1:2019-10
Holzbauwerke – Nach Festigkeit sortiertes Bauholz für tragende Zwecke mit rechteckigem Querschnitt – Teil 1: Allgemeine Anforderungen

DIN EN 14135:2026-01
Brandschutzbekleidungen – Bestimmung der Brandschutzwirkung

DIN EN 14374:2005-02
Holzbauwerke – Furnierschichtholz für tragende Zwecke – Anforderungen

DIN EN 15283-1:2009-12
Faserverstärkte Gipsplatten – Begriffe, Anforderungen und Prüfverfahren – Teil 1: Gipsplatten mit Vliesarmierung

DIN EN 15283-2:2009-12
Faserverstärkte Gipsplatten – Begriffe, Anforderungen und Prüfverfahren – Teil 2: Gipsfaserplatten

DIN EN 15497:2014-07
Keilgezinktes Vollholz für tragende Zwecke – Leistungsanforderungen und Mindestanforderungen an die Herstellung

DIN EN 16351:2025-07
Holzbauwerke – Brettsperrholz – Anforderungen

DIN EN 16733:2016-07
Prüfungen zum Brandverhalten von Bauprodukten – Bestimmung der Neigung eines Bauprodukts zum kontinuierlichen Schwelen

DIN EN IEC 62305-1:2026-02
VDE 0185-305-1:2026-02 Blitzschutz – Teil 1: Allgemeine Grundsätze (IEC 62305-1:2024)

DIN EN IEC 62305-2:2026-02
VDE 0185-305-2:2026-02 Blitzschutz – Teil 2: Risiko-Management (IEC 62305-2:2024 + COR1:2024)

DIN EN IEC 62305-3:2025-10
VDE 0185-305-3:2025-10 Blitzschutz – Teil 3: Schutz von baulichen Anlagen und Personen (IEC 62305-3:2024)

DIN EN IEC 62305-4:2026-02
VDE 0185-305-4:2026-02 Blitzschutz – Teil 4: Elektrische und elektronische Systeme in baulichen Anlagen (IEC 62305-4:2024)

EAD 130002-00-0304:2015-07
Solid wood slab element – element of dowel jointed timber boards to be used as a structural element in buildings

EAD 130005-00-0304:2015-03
Solid Wood Slab Element To Be Used As A Structural Element In Buildings

EAD 130010-01-0304:2015-03
Glued Laminated Timber Made Of Hardwood – Structural Laminated Veneer Lumber Made of Beech

EAD 130011-00-0304:2016-02
Prefabricated Wood Slab Element Made Of Mechanically Jointed Square-Sawn Timber Members To Be Used As A Structural Element In Buildings

EAD 130013-00-0304:2015-09
Solid Wood Slab Element – Element Of Timber Boards Jointed by Dovetail Connections To Be Used As Structural Element In Buildings

EAD 130031-00-0304:2018-11
Metal Web Beams and Columns

EAD 130191-00-0304:2018-02
Prefabricated Wood Slab Elements Made Of Jointed Cross Laminated Log Elements To Be Used as structural element in buildings

EAD 130320-00-0304:2018-06
Glued Laminated Timber Made of Solid Hardwood

EAD 130323-00-0304:2020-08
Prefabricated wood slabs of milled softwood timber to be used as structural element in buildings

EAD 130337-00-0304:2019-07
Glued Laminated Veneer Lumber

EAD 130367-00-0304:2018-12
Composite Wood-Based Beams and Columns

EAD 140015-00-0304:2018-02
Walls, Roofs And Ceilings Made Of OSB-Panels Which Are Glued Together On Their Surfaces

FprEN 1995-1-2:2025
Design of timber structures Part 1-2: Structural fire design. 5, Version for formal vote

NA 005-52-22 AA N 1047: Auslegungsanfrage zu DIN EN 1995-1-2 Abschnitt 3.4.3. Stand: 30. Januar 2023

ÖNORM B 1995-1-2 Eurocode 5: Entwurf, Berechnung und Bemessung von Holzbauten – Teil 1-2: Allgemeine Regeln – Bemessung für den Brandfall – Nationale Festlegungen zu ÖNORM EN 1995-1-2, nationale Erläuterungen und nationale Ergänzungen

ÖNORM B 2332:2015-12-01 Brandschutztechnische Ausführung von Fassaden aus Holz und Holzwerkstoffen in den Gebäudeklassen 4 und 5 – Anforderungen und Ausführungsbeispiele

Gesetze, Richtlinien und Vorschriften

[BauOBln] Bauordnung für Berlin (BauOBln) vom 29. September 2005 (GVBl. S. 495), zuletzt geändert durch Gesetz vom 21.01.2026 (GVBl. S. 22)

[BauO NRW] Bauordnung für das Land Nordrhein-Westfalen (Landesbauordnung 2018 – BauO NRW 2018) in der Fassung der Bekanntmachung vom 21. Juli 2018, zuletzt geändert durch das Gesetz vom 31. Oktober 2023 (GV. NRW. S. 1172), in Kraft getreten am 1. Januar 2024 [BauO LSA] Bauordnung des Landes Sachsen-Anhalt (BauO LSA) in der Fassung der Bekanntmachung vom 10. September 2013, letzte berücksichtigte Änderung: Inhaltsübersicht, mehrfach geändert sowie §§ 60a und 86a neu eingefügt und § 62 neu gefasst durch Artikel 1 und 2 des Gesetzes vom 14. Januar 2026 (GVBl. LSA S. 10)

[BayBO] Bayerische Bauordnung (BayBO) in der Fassung der Bekanntmachung vom 14. August 2007 (GVBl. S. 588, BayRS 2132-1-B), die zuletzt durch § 2 des Gesetzes vom 23. April 2026 (GVBl. S. 190) geändert worden ist

[BbgBO] Brandenburgische Bauordnung (BbgBO) in der Fassung der Bekanntmachung vom 15. November 2018 (GVBl.I/18, Nr. 39), zuletzt geändert durch Gesetz vom 28. September 2023 (GVBl.I/23, Nr. 18)

[BremLBO] Bremische Landesbauordnung vom 29. Mai 2024 (Brem.GBl. 2024, S. 270), zuletzt Berichtigung Brem.GBl. 2024, 381

[Bauproduktenverordnung] Verordnung (EU) (EU) 2024/3110 des Europäischen Parlaments und des Rates vom 27. November 2024 zur Festlegung harmonisierter Vorschriften für die Vermarktung von Bauprodukten und zur Aufhebung der Verordnung (EU) Nr. 305/2011

[HBauO] Hamburgische Bauordnung (HBauO) vom 6. Januar 2025, letzte berücksichtigte Änderung: zuletzt geändert durch Artikel 3 des Gesetzes vom 18. November 2025 (HmbGVBl. S. 679)

[HBO] Hessische Bauordnung (HBO) vom 28. Mai 2018, letzte berücksichtigte Änderung: mehrfach geändert sowie §§ 63a und 64a neu eingefügt durch Gesetz vom 9. Oktober 2025 (GVBl. 2025 Nr. 66)

[HOAI] Honorarordnung für Architekten und Ingenieure vom 10. Juli 2013 (BGBl. I S. 2276), die zuletzt durch Artikel 3 des Gesetzes vom 22. März 2023 (BGBl. 2023 I Nr. 88) geändert worden ist

Landesbauordnung für Baden-Württemberg (LBO) in der Fassung vom 5. März 2010 (GBl. S. 358, ber. S. 416), zuletzt geändert durch Artikel 70 der Verordnung vom 25. Januar 2012 (GBl. S. 65, 73)

Landesbauordnung für das Land Schleswig-Holstein (Landesbauordnung – LBO) in der Fassung der Bekanntmachung vom 5. Juli 2024, letzte berücksichtigte Änderung: § 58a geändert (Art. 5 Ges. v. 13.12.2024, GVOBl. S. 875, 928)

Landesbauordnung für das Saarland (LBO) in der Fassung vom 18. Februar 2004, zuletzt geändert durch Artikel 6 des Gesetzes vom 27. August 2025 (Amtsbl. I S. 854, 855)

[LBauO] Landesbauordnung Rheinland-Pfalz (LBauO) vom 24. November 1998, letzte berücksichtigte Änderung: zuletzt geändert durch Artikel 3 des Gesetzes vom 19.11.2025 (GVBl. S. 672, 673)

[LBauO M-V] Landesbauordnung Mecklenburg-Vorpommern (LBauO M-V) in der Fassung der Bekanntmachung vom 15. Oktober 2015, letzte berücksichtigte Änderung: mehrfach geändert, §§ 48, 53 bis 56, 61 bis 63, 75 und 76 neu gefasst durch Artikel 1 und 2 des Gesetzes vom 26. Mai 2026 (GVOBl. M-V S. 522)

[MBO] Musterbauordnung. Fassung November 2002, zuletzt geändert durch Beschluss der Bauministerkonferenz vom 25.09.2020 [online]. Internet: https://www.bauministerkon ferenz.de/Dokumente/42323530.pdf [Zugriff: 11.05.2026] #

[M-HFHHolzR] Muster-Richtlinie über brandschutztechnische Anforderungen an hochfeuerhemmende Bauteile in Holzbauweise. Fassung Juli 2004. Internet: https://www.is-argebau.de/Dokumente/4234256.pdf [Zugriff: 11.05.2026]

[MHHR] Muster-Richtlinie über den Bau und Betrieb von Hochhäusern (Muster-Hochhaus-Richtlinie – MHHR). Fassung April 2008, zuletzt geändert durch Beschluss der Fachkommission Bauaufsicht vom Februar 2012 [online]. Internet: https://www.is-argebau.de/Dokumente/42310702.pdf [Zugriff: 18.05.2026]

[MHolzBauRL] Muster-Richtlinie über brandschutztechnische Anforderungen an Bauteile und Außenwandbekleidungen in Holzbauweise. Fassung Oktober 2020. Berlin: Deutsches Institut für Bautechnik (DIBt), 2020 [online]. Internet: https://www.dibt.de/fileadmin/dibt-website/Dokumente/Amtliche_Mitteilungen/2021_04_MHolzBauRL.pdf [Zugriff: 11.05.2026] #

[MHolzBauRL] Muster-Richtlinie über brandschutztechnische Anforderungen an Bauteile und Außenwand-bekleidungen in Holzbauweise (MHolzBauRL). Fassung 24. September 2024. Bekanntmachung durch die Amtliche Mitteilung 2025/2 (Ausgabe: 12. Mai 2025). Berlin: Deutsches Institut für Bautechnik (DIBt), 2025 [online]. Internet: https://www.dibt.de/fileadmin/dibt-website/Dokumente/Amtliche_Mitteilungen/2025_2_MHolzBauRL_2024.pdf [Zugriff: 11.05.2026]

[MLAR] Muster-Richtlinie über brandschutztechnische Anforderungen an Leitungsanlagen (Muster-Leitungsanlagen-Richtlinie MLAR). Fassung 10.02.2015, zuletzt geändert durch Beschluss der Fachkommission Bauaufsicht vom 03.09.2020. Berlin: Deutsches Institut für Bautechnik (DIBt), 2020 [online]. Internet: https://www.dibt.de/fileadmin/dibt-website/Dokumente/Amtliche_Mitteilungen/2021_03.pdf [Zugriff: 13.05.2026]

[M-LüAR] Muster-Richtlinie über brandschutztechnische Anforderungen an Lüftungsanlagen (Muster-Lüftungsanlagen-Richtlinie M-LüAR). Fassung: 29.09.2005, zuletzt geändert durch Beschluss der Fachkommission Bauaufsicht vom 03.09.2020. Berlin: Deutsches Institut für Bautechnik (DIBt), 2020 [online]. Internet: https://www.dibt.de/fileadmin/dibt-website/Dokumente/Amtliche_Mitteilungen/2021_02.pdf [Zugriff: 13.05.2026]

[MVV TB] Muster-Verwaltungsvorschrift Technische Baubestimmungen. Ausgabe 2025/1. Berlin: Deutsches Institut für Bautechnik, 2025 [online]. Internet: https://www.dibt.de/fileadmin/dibt-website/Dokumente/Referat/P5/Technische_Bestimmungen/MVVTB_2025-1.pdf [Zugriff: 11.05.2026]

[NBauO] Niedersächsische Bauordnung (NBauO) vom 3. April 2012 (Nds. GVBl. S. 46 - VORIS 21072 -), zuletzt geändert durch Artikel 8 des Gesetzes vom 22. September 2022 (Nds. GVBl. S. 578)

[SächsBO] Sächsische Bauordnung in der Fassung der Bekanntmachung vom 11. Mai 2016 (SächsGVBl. S. 186), die zuletzt durch Artikel 1 des Gesetzes vom 1. März 2024 (SächsGVBl. S. 169) geändert worden ist

[ThürBO] Thüringer Bauordnung (ThürBO) vom 2. Juli 2024

[VwV TB] Verwaltungsvorschrift des Ministeriums für Landesentwicklung und Wohnen über Technische Baubestimmungen (Verwaltungsvorschrift Technische Baubestimmungen – VwV TB) vom 10. Dezember 2025 – Az.: MLW21-26-11/5 [online]. Internet: https://mlw.baden-wuerttemberg.de/fileadmin/redaktion/m-mlw/intern/Dateien/03_Bauen-Wohnen/Baurecht/3_Verwaltungs vorschriften/VWV_TB/VwV_TB_2025_12/_A2.1__VwV_TB_2025-2_vom_10._Dezember_2025.pdf [Zugriff: 11.05.2026]

Literatur

ABM Beschluss Nr. BT-PRF-DE-02-01 Prüfung von Decken verschiedener Bauart in Verbindung mit Estrichen; Übertragung von Prüfergebnissen, 30.01.2014

Anwendung der Neufassung der Muster-Holzbaurichtlinie (MHolzBauRL); Hinweise zum bauaufsichtlichen Verfahren; Verzicht auf Bauartgenehmigungen nach Art. 15 Abs. 4 BayBO. Aktenzeichen StMB-27-4130-1-33-2. Stand: 26. November 2024. München: Bayerisches Staatsministerium für Wohnen, Bau und Verkehr, 2024

Bart, B.; Kotthoff, I.; Wiederkehr, R.: Lignum-Dokumentation Brandschutz 7.1 Aussenwände – Konstruktion und Bekleidungen. Zürich, Lignum Holzwirtschaft Schweiz, 2019

Bauprüfdienst (BPD) 2018-03 Bauen in Massivholzbauweise (BPD Massivholzbau). Hamburg: Freie und Hansestadt Hamburg Behörde für Stadtentwicklung und Wohnen Amt für Bauordnung und Hochbau, 2018 [online]. Internet: https://www.hamburg.de/resource/blob/467892/783d1386aad1650a83681dc1ee966a7a/bpd-2018-3-bauen-in-massivholzbauweise-data.pdf [Zugriff: 11.05.2026]

Bechtold, Rolf; Ehlert, Klaus Peter; Wesche, Jürgen: Brandversuche Lehrte: Brandversuche an einem zum Abbruch bestimmten, viergeschossigen modernen Wohnhaus in Lehrte. Bonn-Bad Godesberg: Bundesminister für Raumordnung, Bauwesen und Städtebau, 1978 [online]. Internet: https://doi.org/10.24355/dbbs.084-201608021250-0

Bechtold, Rolf: Zur thermischen Beanspruchung von Außenstützen im Brandfall. Braunschweig: Technische Universität Braunschweig, Institut für Baustoffkunde und Stahlbetonbau (IBMB), Diss., 1977 [online]. Internet: https://leopard.tu-braunschweig.de/servlets/MCRFileNodeServlet/dbbs_derivate_00035134/2508-0254-Bechtold.pdf [Zugriff: 07.06.2026]

Boström, L.; Skarin, C.; Duny, M.; McNamee, R.: Fire test of ventilated and unventilated wooden façades. SP Report 2016:16. Borås: SP Technical Research Institute of Sweden, 2016

Brandschutz großflächig begrünter Fassaden. Empfehlungen der Arbeitsgemeinschaft der Leiterinnen und Leiter der Berufsfeuerwehren und des deutschen Feuerwehrverbandes. Stand: 9. Oktober 2025. Bonn: AGBF bund, 2025 [online]. Internet: https://www.agbf.de/downloads-fachausschuss-vorbeugender-brand-und-gefahrenschutz/28-fa-vbg-oeffentlich-empfehlungen?download=335:2020-03-fachempfehlung-fassadenbegruenung-akt-2025 [Zugriff: 18.05.2026]

Brandschutz im Holzbau. binderholz Brettsperholz BBS. Stand: September 2023. Kaufering: Hilti Deutschland AG, 2023 [online]. Internet: https://www.binderholz.com/fileadmin/user_upload/pdf/produkte/brandschutz_im_holzbau.pdf [Zugriff: 15.05.2026]

Brandschutznavigator brand-SCHUTZENGEL GmbH, 2026. Internet: https://www.brandschutznavigator.de/ [Zugriff: 11.05.2026]

Čolić, A.; Pečur, I. B.: Influence of Horizontal and Vertical Barriers on Fire Development for Ventilated Façades. In: Fire Technology 56 (4), 2020, S. 1725–1754 [online]. Internet: https://doi.org/10.1007/s10694-020-00950-w

Dederich, L.; Rüther, N.; Sudhoff, P.; Kampmeier, B.; Suttner, E.; Werther, N.; Winter, S.: Leitdetails für Bauteilanschlüsse in der Gebäudeklasse 4 und 5. In: Dederich, L. (Hrsg.): Holzbau Handbuch. Reihe 3, Teil 5, Folge 2. Rottenburg: Hochschule für Forstwirtschaft Rottenburg, 2021 [online]. Internet: https://informationsdienst-holz.de/fileadmin/Publikationen/2_Holzbau_Handbuch/R03_T05_F02_Leitdetails-fuer-Bauteilanschluesse-in-den-Gebaeudeklassen-4-und-5_2021-07.pdf [Zugriff: 17.06.2026]

Dederich, L.; Sudhoff, P.; Kampmeier, B.; Rüther, N.; Winter, S.; Suttner, E.; Werther, N.: HolzbauRLBW – Abschlussbericht zum Forschungsprojekt Entwicklung einer Richtlinie für Konstruktionen in Holzbauweise in den Gebäudeklassen 4 und 5 gemäß der LBO BW – HolzbauRLBW –. Rottenburg: Hochschule für Forstwirtschaft, 2020 [online]. Internet: https://storage-2.hrzg.de/mlr-holzbau/public/content/projekte/20-12-21abholzbaurlbwfinal-2.pdf [Zugriff: 17.06.2026]

Dhima, D.; Gaillard, J.-M.: Experimental Study of the Fire Behaviour of Wooden Facades. In: Harada, K., Matsuyama, K., Himoto, K., Nakamura, Y., Wakatsuki, K. (Hrsg.): Fire Science and Technology 2015. Singapur: Springer, 2016, S. 193–203 [online]. Internet: https://doi.org/10.1007/978-981-10-0376-9_19

Engel, T.: Brandschutz für biogene Fassaden – Experimentelle Untersuchungen als Grundlage brandschutztechnischer Prinzipien. München, Technische Universität München, Lehrstuhl für Holzbau und Baukonstruktion, Diss. 2023 [online]. Internet: https://mediatum.ub.tum.de/download/1715368/1715368.pdf [Zugriff: 18.05.2026]

Engel, T.; Brunkhorst, S.; Steeger, F.; Butscher, D.; Kurzer, C.; Werther, N.; Winter, S.; Zehfuß, J.; Kampmeier, B.; Neske, M.: Schlussbericht zum Verbundvorhaben TIMpuls – Brandschutztechnische Grundlagenuntersuchung zur Fortschreibung bauaufsichtlicher Regelungen im Hinblick auf eine erweiterte Anwendung des Holzbaus. Gülzow-Prüzen: Fachagentur Nachwachsende Rohstoffe e. V. (FNR), 2022 [online]. Internet: https://doi.org/10.14459/2022md1661419

Engel, T.; Kahler, J.: Fire Safety for Green Façades: Part 2: Full-Scale Façade Fire Tests and Means for Fire-Safe Green Façade Design for Climbing Plants on Trellises. In: Fire Technology Vol. 62, Nr. 51, 2026 [online]. Internet: https://doi.org/10.1007/s10694-025-01826-7

Engel, T.; Kahler, J.; Duthweiler, S.; Winter, S.: Schlussbericht FireSafeGreen – Untersuchung der brandschutztechnischen Anwendbarkeit von begrünten Fassaden an mehrgeschossigen Gebäuden. München: Technische Universität München, 2025 [online]: Internet: https://doi.org/10.14459/2024md1759976

Engel, T.; Werther, N.: Structural Means for Fire-Safe Wooden Facade Design. In: Fire Technology, 95 (2023), S. 117–151 [online]. Internet: https://link.springer.com/content/pdf/10.1007/s10694-021-01174-2.pdf

Engel, T.; Lechner, M. (2025) Baurechtskonformes Planen und Bauen mit Holz – Nachweismöglichkeiten für den Brandfall im Holzbau. 3. Auflage September 2025; Technische Universität München. Internet: https://doi.org/10.14459/2025md1796118

ETA-03/0050 fermacell Gipsfaserplatten – „fermacell Gipsfaser-Platte“, „fermacell Vapor“, „fermacell Gipsfaser-Platte greenline“. Gipsfaserplatten für die Beplankung und Bekleidung von Bauteilen. Ausgestellt für: James Hardie Europe GmbH. Stand: 14. Oktober 2025. Berlin: Deutsches Institut für Bautechnik (DIBt), 2025

Gräfe, M.; Merk, M.; Werther, N.; Fülle, C.; Leopold, N.; Sprinz, D.; Busch, M.; Brunn, M.: Regeldetailkatalog für den mehrgeschossigen Holzbau in Gebäudeklasse 4. Köln: Fraunhofer IRB Verlag, 2015

Gräfe, M.; Merk, M.; Werther, N.; Fülle, C.; Leopold, N.; Sprinz, D.; Busch, M.; Brunn, M.: Erarbeitung weiterführender Konstruktionsregeln/-details für mehrgeschossige Gebäude in Holzbauweise der Gebäudeklasse 4. Stuttgart: Fraunhofer IRB Verlag, 2014 [online]. Internet: http://www.irbnet.de/daten/rswb/14109008377.pdf [Zugriff: 11.05.2026]

Hafner, A.; Schäfer, S.; Krause, K.; Rauch, M.; Merk, M.; Werther, N.; Opitsch, W.: Methodenentwicklung zur Beschreibung von Zielwerten zum Primärenergieaufwand und CO2-Äquivalent von Baukonstruktionen zur Verknüpfung mit Grundstücksvergaben und Qualitätssicherung bis zur Entwurfsplanung. Abschlussbericht zum Forschungsvorhaben AZ 31943, gefördert durch die Deutsche Bundesstiftung Umwelt. Bochum, 2017 [online]. Internet: https://www.ruhr-uni-bochum.de/reb/mam/content/2016_dbu-abschlussbericht_az_31943-25_final_ge.pdf [Zugriff: 11.05.2026]

Hietaniemi, J.: Hakkarainen, T.; Huhta, J.; Jumppanen, U.-M.; Kouhia, I.; Vaari, J.; Weckman, H.: Ontelotilojen paloturvallisuus. Ontelopalojen leviämisen katkaiseminen [Fire safety of cavity spaces. Prevention of fire spread in building voids]. VTT Tiedotteita – Research Notes 2202. Espoo, 2003.

Hofmann, A.; Kaudelka, S.; Hauswaldt, S.: Fire safety of FAÇADES with polystyrene foam insulation. In: Fire and Materials 42 (5) (2018), S. 466–474 [online]. Internet: https://doi.org/10.1002/fam.2662

Hosser, D.; Dehne, M.; Zehfuß, J.: Theoretische und experimentelle Grundlagenuntersuchungen zum Brandschutz bei mehrgeschossigen Gebäuden in Holzbauweise; Forschungsauftrag der Deutschen Gesellschaft für Holzforschung unter Beteiligung des iBMB/MPA der TU Braunschweig sowie der VHT Heusenstamm; Stufe 2: Experimentelle Grundlagenuntersuchungen; Abschlussbericht Juli 2000

Hosser, D., Kampmeier, B., Kruse, D., Rüther, D.: Optimierung der Konstruktion und der Herstellprozesse von hochfeuerhemmenden Holztafelelementen unter sicherheitsrelevanten, technischen und wirtschaftlichen Gesichtspunkten (Optimierung K60). Stuttgart: Fraunhofer IRB Verlag, 2013 [online]. Internet: https://www.irbnet.de/daten/rswb/13039000495.pdf [Zugriff: 11.05.2026]

Hox, K.; Bøe, A. S.: Slokkemetoder med lite vann. Trondheim: SP Fire Research, 2017, SPFR-rapport A17 20099-01:1, 2017 [online]. Internet: https://www.diva-portal.org/smash/get/diva2:1184716/FULLTEXT01.pdf [Zugriff: 07.06.2026]

Jugelt, S.; Rock, M.; Engel, T.; Olabi, H.; Maiworm, B.; Birkl, J. (2025): Entzündung von ökologischen und biogenen Dämmstoffen durch Blitzströme. Esslingen: VDE Blitzschutztagung, 2025, S. 108–115

Kampmeier, B.: Risikogerechte Brandschutzlösungen für den mehrgeschossigen Holzbau. Braunschweig: Institut für Baustoffe, Massivbau und Brandschutz der Technischen Universität Braunschweig, Diss., 2008 [online]. Internet: https://doi.org/10.24355/dbbs.084-200902190100-0

Kaudelka, S.; Hauswaldt, S.: Untersuchungen zum Brandverhalten EPS basierter Wärmedämmverbundsysteme bei Brandbeanspruchungen im Sockelbereich (Teil 1). In: Bauphysik 39 (1) (2017), S. 10–22 [online]. Internet: https://doi.org/10.1002/bapi.201710007

Korhonen, T.; Hietaniemi, J.: Fire Safety of Wooden Façades in Residential Suburb Multi-Storey Buildings. Technical Research Centre of Finland. VTT Working Papers 32. Espoo, 2005

Kotthoff, I.: Forschungsbericht BI5-8001 96-18: Erarbeitung realer Prüfbedingungen für die Durchführung von Original-Brandprüfungen an B 1-Fassadensystemen und eines Verfahrens zur Berechnung von Brandabläufen an Fassaden. 1. Ausfertigung, 3. Okt. 2000. Leipzig: Materialforschung und Prüfungsanstalt für das Bauwesen Leipzig e. V., 2000

Kreiner, H.; Schickhofer, G.: Mehrgeschossiger Holzbau – Konstruktion, Bauphysik, Brandschutz. Wiesbaden: Springer Vieweg, 2016

Kurzer, C., Werther, N., Winter, S. Zehfuß, J.: Hintergründe und Grundlagen zur Anwendung von Brandschutzbekleidungen im Holzbau. In: Bautechnik Zeitschrift für den gesamten Ingenieurbau, 101 (2023), S. 21–28

Leistungen für den bauordnungsrechtlichen Brandschutz. Heft 17. Stand: Dezember 2022. 4. vollst. Überarb. Aufl. Berlin: AHO Ausschuss der Verbände und Kammern der Ingenieure und Architekten für die Honorarordnung e. V., 2022

Li, D.; Zhu, G.; Zhu, H.; Yu, Z.; Gao, Y.; Jiang, X.: Flame spread and smoke temperature of full-scale fire test of car fire. In: Case Studies in Thermal Engineering 10 (2017), S. 315–324 [online]. Internet: https://doi.org/10.1016/j.csite.2017.08.001 [Zugriff: 18.05.2026]

Li, J.; Zhang, X.; Li, J.; Li, R.; Qian, M.; Song, P.: An experimental study of the damage degrees to ancient building timber caused by lightning strikes. In: Journal of Electrostatics, 90, 2017, S. 20–26 [online]. Internet: https://doi.org/10.1016/j.elstat.2017.08.009 [Zugriff: 18.05.2026]

McGrattan, K.; Stroup, D.: Wall and Corner Effects on Fire Plumes as a Function of Offset Distance. In: Fire Technology 57, 2021, S. 977–985 [online]. Internet: https://doi.org/10.1007/s10694-020-01053-2

McGrattan, K.; Selepak, M.; Hnetkovsky, E.: The Influence of Walls, Corners and Enclosures on Fire Plumes. NIST Technical Note 1984. Gaithersburg, MD: National Institute of Standards and Technology, 2018 [online]. Internet: https://doi.org/10.6028/NIST.TN.1984 [Zugriff: 18.05.2026]

Merk, M.; Winter, S.: Verbund-Forschungsprojekt „Holzbau der Zukunft" Teilprojekt 02, Brandsicherheit im mehrgeschossigen Holzbau, Teilprojekt „Fassaden aus Holz und Holzwerkstoffen – Erarbeitung einer Richtlinie für hinterlüftete Fassaden zur Verhinderung und Reduzierung der Brandausbreitung über mehrere Geschosse", Stand: Juli 2008. München: Technische Universität München, Lehrstuhl für Holzbau und Baukonstruktion, 2008

Olabi, H.: Untersuchung des Einflusses von Blitzen und Blitzschutzeinrichtungen auf den Fassadenbrandschutz. München: Technische Universität, Lehrstuhl für Holzbau und Baukonstruktion, Master Thesis, 2025

Park, Y.; Ryu, J.; Ryou, H. S.: Experimental Study on the Fire-Spreading Characteristics and Heat Release Rates of Burning Vehicles Using a Large-Scale Calorimeter. In: Energies 12 (8) (2019), S. 1465 [online]. Internet: https://doi.org/10.3390/en12081465

Prioritätenliste für die Überarbeitung defizitärer harmonisierter Normen. Stand: 1. Juni 2021. Berlin: Deutsches Institut für Bautechnik (DiBt), 2021 [online]. Internet: https://www.dibt.de/fileadmin/dibt-website/Dokumente/Referat/IIN/Prioritaetenliste_Ueberarbeitung_hEN.pdf [Zugriff: 12.05.2026]

Prüfbericht 21P1-PB1 Durchführung einer Brandprüfung an einem Fassadenaufbau „Hinterlüftete vertikale Nut-Feder Holzschalung" unter Verwendung einer vertikalen Brandsperre im Brandwandverlauf. Stand: 10. September 20222. München: brandSCHUTZENGEL GmbH, 2022

Rauch, M.; Werther, N.; Suttner, E.: F-REI 90: Ein analytisches Berechnungsverfahren für Holzrahmen- und Holzmassivbauteile bis zu einer Feuerwiderstandsdauer von 90 Minuten. BBSR-Online-Publikation 24/2022. Stand: Juni 2022. Bonn: Bundesinstitut für Bau-, Stadt- und Raumforschung (BBSR) im Bundesamt für Bauwesen und Raumordnung (BBR), 2022

Rauch, M.; Werther, N.; Winter, S: FIRE DESIGN METHODS FOR TIMBER FLOOR ELEMENTS THE CONTRIBUTION OF SCREED FLOOR TOPPINGS TO THE FIRE RESISTANCE. Presented at WCTE 2020/2021. Stand: 28.10.2020. München: TU München, Chair of Timber Structures and Building Construction, 2020 [online] Internet: https://doi.org/10.13140/RG.2.2.16032.00004

Regierungskonferenz für die Koordination des Feuerwehrwesens (RKKF) (1999) Feuerwehr 2000 plus, Konzeption; Herisau

Schlussbericht zum Vorhaben Optimierung der Brandbekämpfungsmethoden und -techniken für Gebäude in moderner Holzbauweise HoBraTec (2024) Teilvorhaben 1 bis Teilvorhaben 3

Schneider, J.; Hölscher, N.: Brandschutz im Holzbau – Grundlagen, Nachweisverfahren, Praxisbeispiele. Berlin: Beuth Verlag, 2018

Schoofs, N.; Engel, T.; Suttner, E.: Hintergrundbericht für „Brandschutzlösungen bei Elektroinstallationen im Holzbau". Wissenschaftliche Hintergründe zur Planung und Ausführung innerhalb von Holzbauteilen mit Brandschutzanforderungen. Stand: 16. Februar 2026. München: Technische Universität München, 2026 [online]. Internet: https://doi.org/10.14459/2025md1838401

Stierli, S.; Burgherr, A. (2017): Naturbrandversuch Schindelfassade – MFH Wolf Andermatt. Zürich: Timbatec Holzbauingenieure Schweiz AG, 2017

Werther, N.: Einflussgrößen auf das Abbrandverhalten von Holzbauteilen und deren Berücksichtigung in empirischen und numerischen Beurteilungsverfahren. München: Technische Universität, Lehrstuhl für Holzbau und Baukonstruktion, Diss., 2016
Internet: https://mediatum.ub.tum.de/?id=1307126

Werther, N.; Schmid, J.; Fahrni, R.; Klippel, M: Hintergründe und Nachweisgrundlagen zur Brandschutzbemessung von Brettsperrholzkonstruktionen – Teil 1. In: Bautechnik Zeitschrift für den gesamten Ingenieurbau, Vol. 99 (2022), S. 587–593 [online].
Internet: https://doi.org/10.1002/bate.202200041

Werther, N.; Schmid, J.; Fahrni, R.; Klippel, M: Hintergründe und Nachweisgrundlagen zur Brandschutzbemessung von Brettsperrholzkonstruktionen – Teil 2. In: Bautechnik Zeitschrift für den gesamten Ingenieurbau, Vol. 100 (2023), S. 599 [online].
Internet https://doi.org/10.1002/bate.202200042

Wirksame Löscharbeiten an Holzfassaden. Empfehlungen der Arbeitsgemeinschaft der Leiterinnen und Leiter der Berufsfeuerwehren und des Deutschen Feuerwehrverbandes. Stand: Dezember 2025. Bonn: AGBF bund, 2025 [online]. Internet: https://www.agbf.de/downloads-fachausschuss-vorbeugender-brand-und-gefahrenschutz/28-fa-vbg-oeffentlich-empfehlungen?download= 396:2023-03-loeschmassnahmen-holzfassaden-akt-2025 [Zugriff: 18.05.2026]

3 Abkürzungen

aBG	allgemeine Bauartgenehmigung
abP	allgemeines bauaufsichtliches Prüfzeugnis
abZ	allgemeine bauaufsichtliche Zulassung
BauBU	BauBuche
BSH	Brett- oder Balkenschichtholz
DGfH	Deutsche Gesellschaft für Holzforschung
DIBt	Deutsches Institut für Bautechnik
DoP	Declaration of Performance, Leistungserklärung
CLT	Cross Laminated Timber
DLT	Dowel Laminated Timber
EAD	Europäisches Bewertungsdokument
ETA	Europäische Technische Bewertung (European Technical Assessment)
ETK	Einheits-Temperaturzeitkurve
GF	Gipsfaserplatte
GKF	Gipskarton-Feuerschutzplatte
GLVL	glued laminated timber, structural laminated veneer lumber made of hardwood
hEN	harmonisierte europäische Produktnorm
HOAI	Verordnung über die Honorare für Architekten- und Ingenieurleistungen (Honorarordnung für Architekten und Ingenieure – HOAI)
HLS	Heizung, Lüftung, Sanitär
HTB	Holztafelbau
HWS	Holzwerkstoffplatte
KVH	Konstruktionsvollholz
LH	Laubholz
LVL	Laminated Veneer Lumber
MBO	Musterbauordnung
MH	Massivholzplatten
MHolzBauRL	Muster-Holzbaurichtlinie
M-HFHHolzR	Muster-Richtlinie über brandschutztechnische Anforderungen an hochfeuerhemmende Bauteile in Holzbauweise
NH	Nadelholz
NLT	Nail Laminated Timber
OSB	oriented strand board
TB	Technische Bestimmung
TGA	technische Gebäudeausstattung
vBG	vorhabenbezogene Bauartgenehmigung
VH	Vollholz
VHF	vorgehängte hinterlüftete Fassade
WDVS	Wärmedämm-Verbundsystem
ZiE	Zustimmung im Einzelfall Autorenprofile

4 Autorenprofile

Prof. Dr.-Ing. Michael Merk

seit September 2026 Professur für Baukonstruktion und Brandschutz, Technische Hochschule Rosenheim

seit 2022 Prüfsachverständiger für Brandschutz in Bayern

seit 2021 MHolzBauRL – ständiges Mitglied der neu berufenen PG Holzbau zur Fortschreibung der Muster-Holzbaurichtlinie als Vertreter der Prüfstellen und seit 2025 Vorsitzender der Projektgruppe

2020–2023 Fachschullehrer an der Staatlichen Berufsschule Immenstadt; Bereich: Ausbildung zum staatlich geprüften Holzbautechniker

2019–2023 Leiter der Überwachungs- und Zertifizierungsstelle Holzbau; Materialprüfamt für das Bauwesen (MPA BAU)

2015 Promotion an der Technischen Universität München „Sicherheit mehrgeschossiger Holzgebäude im Brandfall – Eine Risikoanalyse unter stochastischer Abbildung realer Ereignisverläufe im Brandfall"

seit 2008 Gründer und Geschäftsführender Gesellschafter des Ingenieurbüros FIRE & TIMBER.ING GmbH

seit 2008 Mitglied der Leitungsgruppe des MPA BAU-Innenstadt; Materialprüfamt für das Bauwesen (MPA BAU)

seit 2008 DIBt anerkannter Prüf-, Überwachungs- und Zertifizierungsstellenleiter im Fachbereich Holzbau sowie Leiter der Überwachungs- und Zertifizierungsstelle für hochfeuerhemmende Bauteile in Holzbauweise nach M-HFHHolzR

2004–2026 an der Technischen Universität München, heute Akademischer Oberrat am Lehrstuhl für Holzbau und Baukonstruktion
Mitglied der Geschäftsleitung am MPA BAU – Prüfamt Konstruktiver Ingenieurbau PKI

2001 Abschluss Diplomstudium Bauingenieurwesen Technische Universität Graz

1991 Lehrabschluss Zimmerer und Maurer

Gremientätigkeit

Mitglied des Arbeitskreises NA 005-04-01-05 AK „Vorgefertigte Bauteile" zur Erarbeitung von DIN 1052-11 „Holzbauwerke – Herstellung und Ausführung von Holzbauwerken – Teil 11: Vorgefertigte Wand-, Decken- und Dachelemente und Raummodule – Anforderungen an die Herstellung"

Prof. Dr.-Ing. Norman Werther

seit Oktober 2023 Professur für Holzbau und konstruktiver Ingenieurbau, Technische Hochschule Augsburg

seit 2019 Gesellschafter der IGNIS – Fire Design Consulting GmbH

2016 Promotion an der Technischen Universität München zum Dr.-Ing. (summa cum laude) „Einflussgrößen auf das Abbrandverhalten von Holzbauteilen und deren Berücksichtigung in empirischen und numerischen Beurteilungsverfahren"

2011 Gastwissenschaftler am College of Engineering der University of Canterbury, Christchurch, New Zealand

2008–2023 wissenschaftlicher Mitarbeiter am Lehrstuhl für Holzbau und Baukonstruktion Technische Universität München, Vorlesungen im Fachbereich Brandschutz, Baukonstruktion und Holzbau; Projektleitung/Bearbeitung von mehr als 20 Forschungsprojekten im Bereich Brandschutz und Baukonstruktion; seit 2012 Leiter des Fachbereichs Brandschutz am Lehrstuhl für Holzbau und Baukonstruktion der Technischen Universität München

2005–2008 Projektingenieur an der Gesellschaft für Materialforschung und Prüfungsanstalt für das Bauwesen Leipzig mbH (MFPA Leipzig)

1999–2004 Studium des Bauingenieurwesens an der Universität Leipzig

Gremientätigkeit

Obmann NA 005-52-04 AA zur DIN 4102-4 „Brandverhalten von Baustoffen und Bauteilen – Teil 4: Zusammenstellung und Anwendung klassifizierter Baustoffe, Bauteile und Sonderbauteile"

Mitglied des Projektteams zur Fortschreibung zur Brandschutzbemessung im Holzbau (Eurocode 5 Teil 1-2), Mitglied CEN/TC 250/SC 5 „Design of timber structures — Part 1-2: Structural fire design"

DIBt Sachverständigenausschuss SVA-B „Tragwerksbemessung für Brandeinwirkung"

Dr.-Ing. Thomas Engel

seit 2025 Stadtbrandmeister für das Gebiet München-Süd der Freiwilligen Feuerwehr München

seit 2023 Gruppenleiter Brandforschung am Lehrstuhl für Holzbau und Baukonstruktion der Technischen Universität München

2023 Promotion an der Technischen Universität München „Brandschutz für biogene Fassaden – Experimentelle Untersuchungen als Grundlage brandschutztechnischer Prinzipien“

seit 2022 Gründer und geschäftsführender Gesellschafter der KET Fire GmbH; Joint Venture mit der NOKERA AG zur brandschutztechnischen Begleitung des seriellen Bauens und Sanierens sowie zur Entwicklung von Bauteilkatalogen

seit 2022 Gründer und geschäftsführender Gesellschafter der brandSCHUTZENGEL GmbH; Ingenieurbüro für lösungsorientierten Brandschutz mit Fokus auf nachhaltiges und ökologisches Bauen; Brandschutzplanung, Bewertungen, Brandversuche und Forschung

seit 2017 wissenschaftlicher Mitarbeiter am Lehrstuhl für Holzbau und Baukonstruktion der Technischen Universität München und Projektleiter der Verbundforschungsvorhaben TIMpuls (https://timpuls-science.info) und FireSafeGreen (www.firesafegreen.de)

2017–2021 Brandschutzingenieur und -sachverständiger bei FIRE & TIMBER .ING GmbH

2015–2025 Kommandant einer Abteilung der Freiwilligen Feuerwehr München (seit 2011 Stellvertreter)

2014–2017 Projektleiter Brandschutzplanung und Fachbauleitung Brandschutz bei hhpberlin Ingenieure für den Brandschutz GmbH

2006–2013 Studium Bauingenieurwesen an der Technischen Universität München

seit 2001 Feuerwehrmann bei der Freiwilligen Feuerwehr München

5 Stichwortverzeichnis

R

S

U

V